Gesteinszonenkarte

Die Karte basiert auf der tektonischen Einteilung der Schweiz. Sie fasst die in diesem Buch verwendeten Zonen gleichartiger Gesteinsverbände zusammen.

Jürg Meyer

Gesteine der Schweiz

Der Feldführer

NATUR

Für Eva

Jürg Meyer

Gesteine der Schweiz

Der Feldführer

2., korrigierte Auflage

Jürg Meyer, Dr. phil. nat. Geologe und eidg. dipl. Bergführer. Nach einer Doktorarbeit am hochalpinen Allalin-Metagabbro war Jürg Meyer vierzehn Jahre als Geologe an der Uni Bern und als selbständiger Bergführer tätig; danach folgten elf Jahre als Leiter des Bereichs Umwelt beim Schweizer Alpen-Club SAC. Seither ist Jürg Meyer selbständig als Berater, Projektleiter, Ausbildner, Exkursions- und Bergführer, Vortragsredner und Autor in den Bereichen Berge/Geologie/Umwelt (www.rundumberge.ch). Seine Passion ist das Vermitteln von wissenschaftlichen Inhalten an Laien.

Übersetzungstabellen der in diesem Buch verwendeten Mineral- und Gesteinsnamen Deutsch – Französisch – Italienisch – Englisch sind als pdf auf folgenden Webseiten zugänglich: www.haupt.ch/gesteinederschweiz und www.rundumberge.ch

2. Auflage 2022
1. Auflage: 2017

ISBN 978-3-258-08277-6

Umschlaggestaltung, Gestaltung und Satz: pool design, CH-Zürich
Grafiken: Siegel Konzeption/Gestaltung, D-Stuttgart

Wir verwenden FSC®-Papier. FSC® sichert die Nutzung der Wälder gemäß sozialen, ökonomischen und ökologischen Kriterien.

Gedruckt in Italien

Diese Publikation ist in der Deutschen Nationalbibliografie verzeichnet. Mehr Informationen dazu finden Sie unter http://dnb.dnb.de.

Der Haupt Verlag wird vom Bundesamt für Kultur für die Jahre 2021–2024 unterstützt.

Wir verlegen mit Freude und großem Engagement unsere Bücher. Daher freuen wir uns immer über Anregungen zum Programm und schätzen Hinweise auf Fehler im Buch, sollten uns welche unterlaufen sein. Falls Sie regelmässig Informationen über die aktuellen Titel im Bereich Natur & Garten erhalten möchten, folgen Sie uns über Social Media oder bleiben Sie via Newsletter auf dem neuesten Stand.

www.haupt.ch

Inhaltsverzeichnis

Themenkästen

Die Maßeinheiten bei den Makrofotos in den Gesteinsporträts zeigen 1 cm an (sofern nichts anderes vermerkt ist)

Vorwort

In der steinreichen Schweiz gibt es kein aktuelles Buch über die Gesteine? Eigentlich unmöglich, aber so war es bis anhin. Nun wird diese Lücke endlich gefüllt: Willkommen im Steinland Schweiz!

Was dieses Buch will und kann ...
Dieses Buch will den Steinfans, Laiengeologen, Lehrern, Studierenden und Schülern etwas Konkretes und Handfestes über die Gesteine der Schweiz zur Hand geben. Es stellt die wichtigsten und schönsten Gesteine der Schweiz mit vielen Abbildungen vor, die jeweils das Gestein makroskopisch, im Aufschluss und in der Landschaft zeigen. Es ist ausgerichtet auf die Benutzung unterwegs auf Wanderungen, Exkursionen und Ausflügen. Dazu kommen Einführungen, welche die notwendigen Grundlagen kurz erläutern. Im Rahmen der Arbeiten an diesem Buch hat der Autor erstmals einen systematischen Bestimmungsschlüssel für Gesteine entwickelt. Dieser wird separat unter dem Titel «Gesteine einfach bestimmen. Der Bestimmungsschlüssel für Feld und Praxis» (ISBN-Nummer: 978-3-258-07991-2) publiziert. Er wird als Ergänzung zu diesem Buch sehr empfohlen.

... und was es nicht will und nicht kann
Das Buch gibt zwar kurze Einführungen in die Welt der Gesteine und in die Alpenbildung, aber es ist weder ein Lehrbuch der Gesteinskunde noch der Alpengeologie. Dafür gibt es genug Werke, auch solche, die sich für den Laien sehr gut eignen – im kommentierten Literaturverzeichnis am Ende des Buches werden diese vorgestellt. Die geologischen Grundlagen werden hier so weit summarisch dargestellt, wie sie als Einstieg in die Nutzung des Buches notwendig sind.
Das Buch ist nach dem 80:20-Prinzip konzipiert: Mit einem Aufwand von 20 % sollen rund 80 % der anzutreffenden Gesteine erfasst werden können. Der Benutzer wird daher immer wieder speziellen, interessanten und lokal auch wichtigen Gesteinen begegnen, die in diesem Buch nicht beschrieben sind.

Wie das Buch benutzen?
Die Systematik beruht auf dem Fundort. Die Karte in der Vorderseite des Buchumschlags erlaubt eine rasche Zuordnung der Fundstelle zu Gesteinsregionen. Einführende Texte zu diesen geben einen Überblick zu den Gesteinsarten, die in den jeweiligen Gesteinsregionen zu erwarten sind. Dadurch ist die Zuordnung eines Gesteins mithilfe der Abbildungen und Beschreibungen in aller Regel gut möglich.

Faszination und Frustration Steine

Umgeben von Steinen

Alle, die dieses Buch in die Hand nehmen, kennen die Faszination, die von Gesteinen ausgeht. Wer hat nicht schon schöne Steine mit interessanten Farben, Formen und Strukturen von seinen Wanderungen oder Reisen nach Hause gebracht? Gesteine prägen unsere Berglandschaften, und viele Bergnamen haben mit der Gesteinsart zu tun; es gibt Rot-, Weiss-, Grau-, Schwarz- und Grünhörner in großer Zahl. Steine dienen seit Urzeiten bis heute als Wegmarkierungen in Form von Steinmännern; auf Pässen, an markanten Punkten stehen häufig imposante Steinmänner.

Schließlich stehen Steine auch am Anfang der menschlichen Zivilisation. Es ist faszinierend zu sehen, mit welcher Kunstfertigkeit und unglaublichen Geduld die Steinzeitmenschen aus härtestem und zähestem Gestein wunderbar regelmäßige und elegante Werkzeuge erarbeiteten. In allen Hochkulturen sind Gesteine verschiedenster Art als Baumaterial, aber auch für Kunstwerke und Gegenstände des täglichen Bedarfs verwendet worden. Mit größtem Respekt stehen wir in Ägypten vor den aus härtestem Diorit herausgearbeiteten Riesenstatuen und Obelisken, sehen wir die gigantischen Granitmauern der Inka in Machu Picchu oder die David-Statue von Michelangelo aus weißem

Das Finsteraarhorn verdankt seinen Namen dem dunklen Amphibolit (Nr. 42), aus dem es besteht.

Uralte Wegbegleiter und Landschaftsmarken.

Carraramarmor. Oder wir denken an das Berner Münster aus Molassesandstein, an das Basler Münster aus Buntsandstein sowie an die Kathedrale von Neuchâtel aus Pierre Jaune. Auch heute noch sind Steine als Rohstoffe aus unserem Leben nicht wegzudenken. Spazieren Sie durch irgendeine Stadt: Auch an modernsten Gebäuden sind Gesteine als Bau- und Dekorationsmaterialien omnipräsent. Gesteine und Mineralien verstecken sich aber auch in vielen verarbeiteten Produkten. So ist z. B. das Isolationsmaterial Flumroc eine künstlich aus Schiefergestein hergestellte Vulkanschlacke, und Ziegelstein ist verarbeitetes und gebranntes, kontaktmetamorphes Tongestein. Glanz und Schwere von hochwertigstem Kunstdruckpapier wird durch Beimengungen der Mineralien Kaolinit und Baryt erreicht. Bei dieser Bedeutung von Steinen und Mineralien ist es kein Wunder, dass Steinen auch seit eh und je mystische und überirdische Kräfte zugedacht wurden; so etwa in Menhiren, Steinreihen und Dolmen, aber auch beim schwarzen Stein in der Kasba von Mekka oder beim zurzeit gerade blühenden Markt der «Heilsteine».

Trotzdem sind Gesteine für viele ein Buch mit sieben Siegeln; so etwa, weil die Vielfalt so verwirrend ist, weil kein Stein dem andern gleicht, weil es so schwierig ist, sich an gewissen Regeln und Regelmäßigkeiten festzuhalten.

Die lokalen Bausteine definierten das Aussehen der Städte; hier der grünliche Berner Sandstein aus der oberen Meeresmolasse.

Auch moderne Architektur setzt gerne Natursteine ein. Das Arte & Cultura-Gebäude in Lugano mit grünem Serpentinit und rötlichem Rhyolith.

Ungewohnte Raum- und Zeitdimensionen

Gesteine entstanden in der Regel nicht dort, wo wir sie heute finden, sondern haben lange Geschichten hinter sich. Ein Beispiel: Der Kalkstein des Eigers wurde vor 150 Mio. Jahren in einem tropischen Meeresbecken abgelagert, als es noch keine Alpen, keinen Jura und kein Mittelland gab. Nach seiner Ablagerung und Verfestigung driftete der Kalkstein mehrere Tausend Kilometer gegen Norden, wurde bei der Alpenbildung in eine Tiefe von rund 15 km versenkt, dort bei hohen Temperaturen und Drucken verformt und verfaltet und erst später langsam bis auf seine heutige Höhe angehoben. Andere Gesteine erlebten noch viel wechselvollere Geschichten, wurden mehrmals in Gebirgsbildungen versenkt und wieder angehoben, dabei jeweils metamorph überprägt und verformt. Das Heraustüfteln solcher Entstehungsgeschichten stellt für die Geologen eine große Faszination dar. Wenn wir also Gesteine anschauen und begreifen wollen, müssen wir immer sowohl räumlich (geografisch und tiefenmäßig) als auch zeitlich ganz ungewohnte Dimensionen einbeziehen.

Der Eiger besteht aus Kalkstein, der am Grund eines Meeres entstand. Dieses lag weit südlich vom heutigen Standort des Eigers.

Ein Ausschnitt aus dem Pluton des Bergeller Granits: große lokale Variation, aber alles Bergeller Granit.

Beliebige Mischbarkeiten

Bei den Pflanzen und Tieren gibt es eine klare hierarchische Einteilung von der Art über die Gattung und Familie zur Ordnung und Klasse. Eine rostblättrige Alpenrose und ein Schneehase sehen immer (fast) genau gleich aus, und zwar egal, ob wir ihnen im Südtirol oder in den französischen Voralpen begegnen. Ein Schneehase kann sich auch nicht mit einem Schneehuhn mischen und plötzlich als Schneehasenhuhn daherkommen. Ganz anders bei den Gesteinen! Bei ihnen kann keine ähnlich scharfe Grenze gezogen werden. Ihre Bestandteile können sich fast beliebig untereinander mischen. Sie können sich leicht vorstellen, dass in einem Meeresbecken je nach Strömung, Klima, Vulkan- oder Erdbebentätigkeit alle Mischungen zwischen lokal produziertem Kalkschlamm, von Flüssen eingetragenem Sand und Ton und von vulkanischer Asche möglich sind. Erdbeben können untermeerische Lawinen auslösen, welche die ganzen Ablagerungen durcheinanderwirbeln. Also müssen wir uns damit herumschlagen, wie wir etwa Übergangsgesteine zwischen Kalkstein, Tonstein und Sandstein bezeichnen.

Räumliche Variabilität

Ein bestimmtes Gestein kann in alle Richtungen kleine Veränderungen in der Zusammensetzung aufweisen – und doch muss es aus praktischen Gründen immer noch als ein Gestein erfasst und benannt werden. Betrachten wir wiederum ein Meeresbecken: Es ist leicht einzusehen, dass die Ablagerungen in einem bestimmten Zeitintervall sich in alle Richtungen verändern können, abhängig etwa davon, wie groß die lokale Artenvielfalt ist, wie viel Sand und Tontrübe eingeschwemmt wird etc. So erhalten wir seitliche Veränderungen in einer einzigen Gesteinsschicht. Wie weit müssen wir also einer sich so verändernden Gesteinsschicht entlanggehen, bis wir sie sinnvollerweise als ein neues Gestein verstehen? Anderes Beispiel: In einer großen Magmakammer kristallisiert langsam ein Granit als plutonisches Gestein aus. Doch gibt es in Magmakammern immer auch Strömungen, welche die schon kristallisierten

Mineralien umlagern können, oder spezifisch schwerere Mineralien sinken in der Schmelze langsam ab. Das Resultat ist wiederum, dass in einem einzigen magmatischen Gesteinskörper verschiedene Gesteinsvariationen anzutreffen sind.

Sekundäre Veränderungen

Gesteine können im Verlaufe ihrer Geschichte, aber auch unter dem Einfluss von Grundwässern und oberflächlichen Verwitterungsprozessen laufend verändert werden. Solche sekundären Umwandlungen äußern sich oft durch die Neubildung kleinster Mineralkörner in bestehenden Gesteinen bzw. ihrer Mineralien, die mit der Lupe nicht erkennbar sind, sondern sich einfach als Verfärbungen zeigen. Deshalb müssen Angaben von Gesteinsfarben mit großer Vorsicht verwendet werden. An der Erdoberfläche bildet sich des Weiteren oft eine Verwitterungskruste, die völlig anders aussehen kann als das frische Gestein. Weiter können Überzüge von Flechten und Algen das Aussehen der Gesteine verändern.

Namenschaos

Last but not least kommt das geologische Namens-Tohuwabohu hinzu: Die Gesteinsnamen wurden im Verlaufe der Erforschungsgeschichte einfach so vergeben, ohne dass dabei irgendeine Systematik berücksichtigt worden wäre. Ein paar Beispiele: Der Dolomit wurde nach seinem Entdecker Déodat de Dolomieu benannt. Der Name «Granit» leitet sich vom lateinischen «granum», körnig, ab und orientiert sich entsprechend an der Beschaffenheit von Granitgestein. Der Gabbro wiederum hat seinen Namen vom gleichnamigen Dorf in Ligurien. Eine Einheitlichkeit bei der Benennung von Gesteinen ist also beim besten Willen nicht zu erkennen! Erschwerend kommt dazu, dass viele Gesteine Lokalnamen tragen, sodass gleiche Gesteine je nach Region unterschiedlich heißen.

Was tun?

Die Flinte ins Korn werfen? Dieses Buch frustriert in eine Ecke stellen? Nein! Wir ermuntern Sie natürlich, dies nicht zu tun, sondern die erwähnten Schwierigkeiten als Herausforderungen aufzufassen, um sozusagen als «SherRock Holmes» die komplexen Botschaften der Gesteine Schritt für Schritt entziffern zu lernen und die Freude an der geologischen Detektivarbeit zu entdecken! Sie werden bald merken, dass es durchaus gewisse Merkmale bei den Gesteinen gibt, an die Sie sich bei Ihrer Detektivarbeit in der Regel halten können. So werden sie immer wieder ähnliche Mischungen, Veränderungen und Überprägungen antreffen, welche Sie bald nicht mehr so leicht irreführen können. Und durch eine geschickte Kombination von verschiedenen Indizien in Raum und Zeit, vom ganz Kleinen unter der Lupe bis zum Großen der Landschaft, wird es fast immer gelingen, einem Gestein auf die Spur zu kommen.

Brechen und Fließen gleichzeitig: Gelbe Dolomitboudins, spröd verformt, in zerflossenem Calcitmarmor; Kaltwasserpass beim Simplon(VS).

Teil I

Das notwendige Rüstzeug

Gesteinsvielfalt der Schweiz

Die Frage liegt auf der Hand: Wie viele Gesteinsarten gibt es in der Schweiz? Und die ehrliche Antwort lautet: Fast unendlich viele! Warum? Weil eben, wie im vorhergehenden Abschnitt dargelegt wurde, bei den Gesteinen keine klaren Artabgrenzungen möglich sind und weil Gesteine durch kleinste Beimengungen oder Veränderungen ihre Farbe oder ihren Charakter deutlich verändern können. Dazu kommt, dass die Alpen wohl eines der komplexesten Gebirge der Welt sind, in welchem Gesteine aus unterschiedlichsten Epochen und Bildungsmilieus auf engstem Raum nebeneinander vorkommen. Aber eben: Es gibt durchaus auch Ordnungen in diesem scheinbaren Chaos, und es gibt Methoden, den Gesteinen auf die Schliche zu kommen.

Wie Ordnung ins Chaos bringen?

Es gibt verschiedene Aspekte, die uns helfen, Ordnung in das Gesteinschaos der Schweiz zu bringen:

— In den Alpen können wir uns generell an der Einteilung «Brot oder Aufstrich», d. h. vor-mesozoisches Grundgebirge oder mesozoische Ablagerungsgesteine – leiten lassen (s. S. 93). Im vor-mesozoischen Grundgebirge stecken zum Teil sehr alte Gesteine mit einer bewegten Geschichte (vgl. S. 90).

— Eine erste Grobeinteilung der Schweiz ergibt sich durch die Dreiteilung Jura, Mittelland und Alpen. Vor allem die Gesteine des Juras und Mittellands weisen eine stark reduzierte Vielfalt aus. Im Jura gibt es ausschließlich mesozoische bis tertiäre Sedimentgesteine, im Mittelland nur tertiäre.

— Bei der Bildung der Alpengesteine und der anschließenden Alpenbildung ergaben sich Zonen mit ähnlichen Gesteinen und ähnlicher Verformungsgeschichte, die seit dem Beginn der Alpenforschung mit Namen belegt wurden: helvetische, penninische, ostalpine und südalpine Zonen. Diese dem Gebirgsbau (d. h. der Tektonik) und der früheren Geografie (Paläogeografie) folgende Einteilung bildet die Basis für die Einteilung der Gesteine im systematischen Teil dieses Buches.

— Bei der Alpenbildung wurden die heute an der Oberfläche liegenden Gesteine mehr oder weniger tief in die Erdkruste hinuntergedrückt, wo Temperatur und Druck erhöht sind. Je nachdem, wie hoch diese waren, wurden die Gesteine zu metamorphen Gesteinen umgewandelt. Dieser «Metamorphosegrad» zeigt keine zufällige, sondern eine strukturierte Verteilung in den heutigen Alpen.

— Jede größere Gesteinsgruppe zeigt charakteristische Erscheinungsformen in der Landschaft, die bei der Gesteinsbestimmung enorm helfen. So weisen etwa silikatreiche Gesteine wie Granite und Gneise oft einen deutlichen Bewuchs von gelbgrünen Landkartenflechten auf, während dies bei Kalksteinen und Dolomiten nie zu beobachten ist; auf diesen Gesteinen wachsen eher die leuchtend orangen Gelbflechten *(Xanthoria)*.

- Weiche Gesteine verwittern leicht und sind in der Landschaft meist von Wiesen, Grasbändern oder Wäldern bedeckt. Harte Gesteine bilden oft die markanteren Felswände, Grate und Bergspitzen und sind seltener bewachsen.

Mit diesen Prinzipien sollten Sie mithilfe dieses Buches einen Großteil der von Ihnen gefundenen schweizerischen Gesteine einordnen können.

Die Schweiz ist ein «steinreiches» Land! Steinboden in Zernez (GR), der das Gesteinsspektrum des Engadins widerspiegelt.

Kristall, Mineral, Gestein

Was sind Kristalle?

Spricht man von «Kristallen», kommen uns in der Regel schön geformte klare Bergkristalle in den Sinn, eine Varietät des Minerals Quarz (SiO_2). Wenn der Bergkristall nun auf den Boden fällt und in tausend Stücke zerspringt, was sind dann die Bruchstücke? Immer noch Kristalle? Aber sicher! Denn es ist nicht die äußere Form, welche ein Material als Kristall definiert, sondern seine innere Ordnung. Alle Substanzen, die derart aus einem oder verschiedenen Atomtypen aufgebaut sind, dass ihre Atome in einer ganz bestimmten, sehr regelmäßigen Art und Weise dreidimensional angeordnet und miteinander verknüpft sind, nennen wir kristallin oder kristallisiert, und die Anordnung der Atome nennen wir Kristallgitter.

Sind Mineralien auch Kristalle?

Und was ist denn ein Mineral? Ganz einfach: Minerale sind natürliche, feste, anorganische kristalline Substanzen – also Kristalle! Damit sind Mineralien auch von organischen kristallinen Substanzen abgegrenzt, die in Lebewesen vorkommen (etwa Proteine), oder auch von künstlich hergestellten Kristallen. Ob die Mineralien als schöne Kristalle mit regelmäßigen Außenflächen in einer Druse oder Kluft oder als unregelmäßige Körner in einem Gestein vorkommen, ist völlig egal.

Die meisten wissen noch von der Schule her, dass Granit aus «Feldspat, Quarz und Glimmer – das vergess' ich nimmer» besteht. Wenn Sie sich die in diesem Buch vorgestellten Granite anschauen (z. B. Nr. 48, 49 oder 121), dann werden Sie sofort sehen, dass der Quarz darin meist rundliche bis unregelmäßige, recht transparente Körner mit starkem Glanz, unregelmäßigen Bruchflächen mit gräulicher bis bräunlicher Farbe bildet. Nichts von schönen Prismen- und Pyramidenflächen! Und trotzdem unterscheidet diese Quarze vom schön geformten Bergkristall oder Rauchquarz einzig und allein die Tatsache, dass sie beim Wachsen nicht beliebig viel Raum zur Verfügung hatten, sondern ständig an irgendwelche Nachbarkörner anstießen und schlussendlich einfach den Platz einnehmen mussten, der zur Verfügung stand: Alle Mineralkörner des Gra-

Bergkristallstufe: Diese wird in der Regel mit dem Stichwort «Kristall» assoziiert.

nits verzahnten sich so zu einem körnigen Gefüge von Einzelkristallen ohne Außenflächen.

Und was sind Gesteine?

Gesteine sind also nichts anderes als mehr oder weniger stark zusammengefügte Gemenge von Mineralkörnern. Auch wenn das Gestein extrem feinkörnig ist wie ein dichter Kalkstein oder Tonstein: ein Blick mit dem Mikroskop oder gar mit dem Röntgengerät verrät auch dort den Aufbau aus kristallinen Mineralkörnern.

Ein paar weitere Dinge können auch noch in Gesteinen vorkommen, etwa Bruchstücke anderer Gesteine. So können Kieselsteine eines Flusses zu einem Konglomeratgestein zusammenzementiert werden (Nr. 11), oder es können Schalen, Skelette und andere Teile von Organismen als Fossilien enthalten sein (wobei auch diese wiederum aus Mineralien bestehen); auch glasige Anteile können vorkommen, etwa in vulkanischen Gesteinen, oder gewisse organische Verbindungen (z. B. Zerfallsprodukte von Pflanzen wie in Torf, Steinkohle und im Erdöl). Schließlich sind auch flüssige oder gasförmige Einschlüsse möglich.

Die allermeisten Gesteine haben eine gewisse Kohärenz und Festigkeit. Die Geologen rechnen aber auch lockere Massen wie etwa Flusssand und Flusskies, Gehängeschutt, Seeton, Gletschermoränen u.v.m. zu den Gesteinen im weitesten Sinne; sie werden unter dem Oberbegriff «Lockergesteine» zusammengefasst. Die wichtigsten davon werden in diesem Buch ebenfalls vorgestellt. Zwar entsprechen sie nicht dem, was ein Laie üblicherweise unter einem Gestein versteht, doch sind sie letztlich genau das. Zudem sind Lockergesteine für viele praktische Belange, z. B. im Hoch- und Tiefbau oder bei der Trinkwasserversorgung von höchster Bedeutung.

Halbkern-Granit mit grauen Quarzkörnern. Dieser Quarz ist genauso Kristall wie der Quarz der Bergkristallstufe. Bildbreite ca. 10 cm.

Die atomare Struktur von Quarz. Diese besteht aus [SiO_4]-Tetraedern, die über alle Ecken mit starken Bindungen miteinander verbunden sind. Aus diesem Grunde ist Quarz sehr hart (H = 7) und verwitterungsresistent.

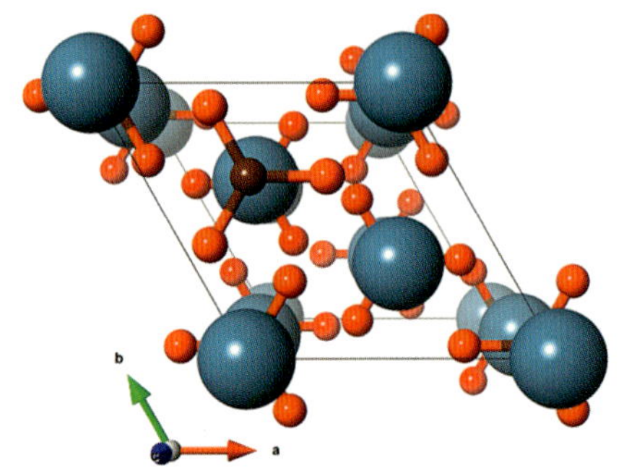

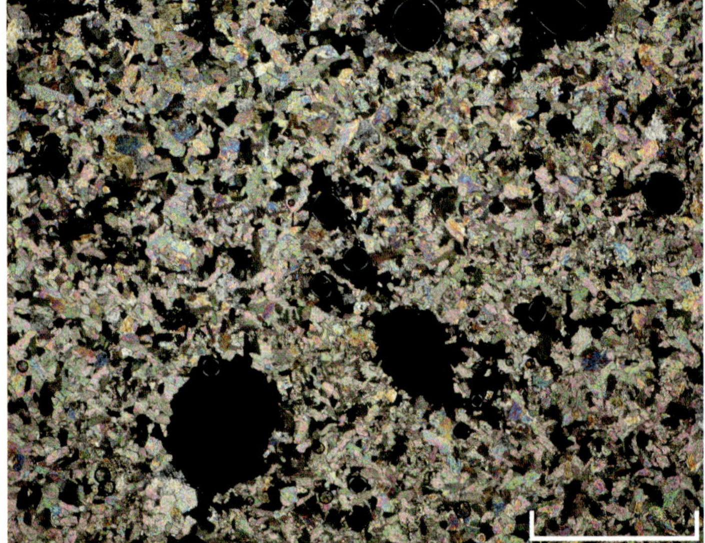

Die atomare Struktur von Calcit. Die Bindungen sind in drei Ebenen ziemlich schwach. Deshalb hat der Calcit drei perfekte Spaltbarkeiten und ist ziemlich weich (H = 3).

Dieser feinstkörnige Kalkstein besteht aus mikroskopisch feinen Calcitkristallen. Bildbreite ca. 5 cm.

Derselbe Kalkstein unter dem Mikroskop: Die einzelnen Calcitkristalle sind gut erkennbar. Maßlinie = 0,5 mm.

Die drei Gesteinsfamilien

Gesteine werden in drei große Gesteinsfamilien unterteilt: magmatische Gesteine (Magmatite), Ablagerungsgesteine (Sedimentite) und Umwandlungsgesteine (Metamorphite). Jede dieser Familien wird weiter unterteilt. Alle drei Gesteinsfamilien sind in der Schweiz mit zahlreichen Vertretern zu finden. Gesteine sind durch geologische Prozesse in vielfältiger Weise miteinander verbunden; so kann etwa ein Sedimentgestein zu einem metamorphen Gestein werden, es kann sogar wieder aufgeschmolzen werden und zur Entstehung eines magmatischen Gesteins beitragen. Man kann so verschiedene Gesteinskreisläufe definieren.

Magmatische Gesteine

Magmatische Gesteine (auch Magmatite oder Erstarrungsgesteine) entstehen durch die Kristallisation einer Gesteinsschmelze, eines Magmas. Magmen entstehen in größerer Tiefe der Erdkruste oder im oberen Erdmantel zwischen 30–200 km, wo die Temperaturen über 700 °C liegen. Magmen enthalten fast immer auch gelöste Gase, und sie können auch schon kristallisierte Mineralien oder Einschlüsse anderer Gesteine mit höheren Schmelzpunkten enthalten.

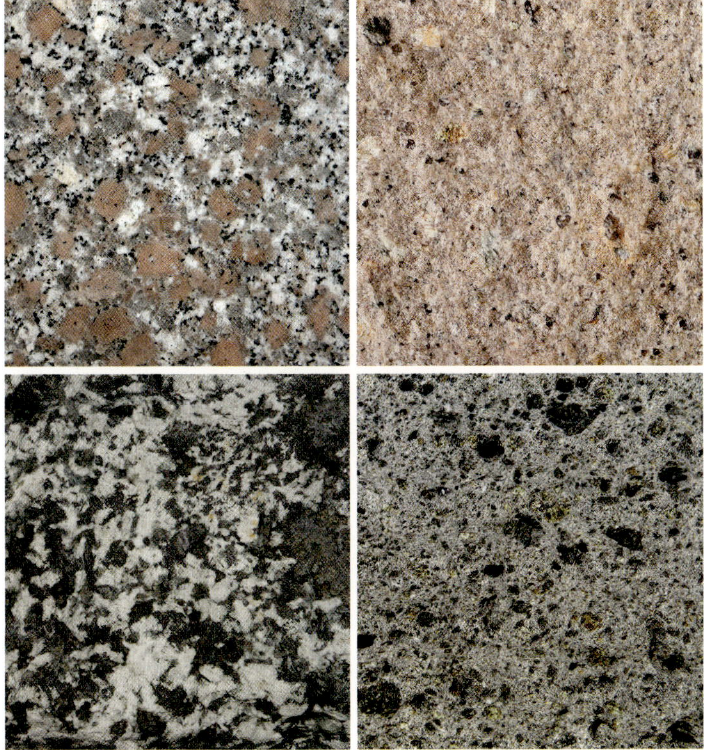

SiO_2-reiche Magmatite; Tiefengestein: Granit und sein vulkanisches Äquivalent Rhyolith. Bildbreite links ca. 10 cm, rechts ca. 5 cm.

SiO_2-arme Magmatite; Tiefengestein: Gabbro und sein vulkanisches Äquivalent Basalt. Bildbreite links ca. 10 cm, rechts ca. 5 cm.

In Plutos Heizkeller

Bei der langsamen Abkühlung eines Magmas in einer Magmakammer der tieferen Erdkruste haben die sich bildenden Mineralkristalle ausreichend Zeit, um eine Größe von mehreren Millimetern und mehr zu erreichen, bis die gesamte Masse als mittel- bis grobkörniges magmatisches Gestein auskristallisiert. So entstandene Gesteine nennt man Tiefengesteine, Intrusivgesteine oder Plutonite. Das bekannteste Beispiel unter ihnen ist der Granit. In den großen Magmakammern können sich komplexe Vorgänge abspielen, die dazu führen, dass im Laufe der langsamen Abkühlung ganze Abfolgen unterschiedlicher Plutonite entstehen können. Eine Faustregel dabei sagt, dass die frühesten Kristallisationen SiO_2-arm sind (Diorite, Gabbros), während die späteren Kristallisationen immer SiO_2-reicher werden. Die Abfolge endet mit den Ganggesteinen (z.B. Aplite und Pegmatite; Nr. 123 und 124), die sehr SiO_2-reich sind.

Vulkane, Auslassventile aus heißen Erdtiefen

Wenn eine Gesteinsschmelze (Magma) an der Oberfläche in einem Vulkan ausfließt oder explosiv hervorbricht, kühlt sie sehr rasch ab und erstarrt so schnell, dass kein langsames Kristallwachstum möglich ist. Das Ergebnis sind feinkörnige Gesteine, die als Vulkanite oder Effusivgesteine bezeichnet werden. Beispiele dafür sind dunkler Basalt oder heller Rhyolith (früher «Quarzporphyr» genannt). Bei extrem rascher Abkühlung können sich überhaupt keine Kristalle bilden; dann entsteht ein vulkanisches Glas (z.B. Obsidian). In der Schweiz gibt es keinen aktiven oder geologisch jungen Vulkanismus. Deshalb finden wir bei

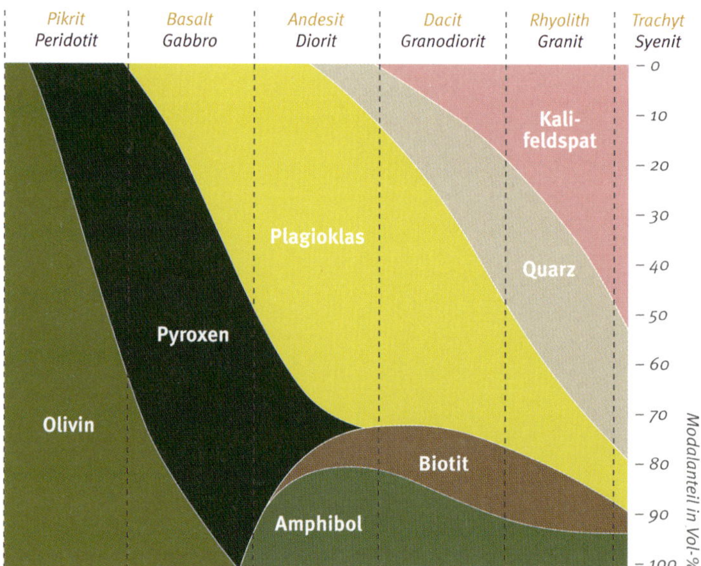

Eine Möglichkeit der Einteilung der magmatischen Gesteine aufgrund ihres Mineralbestands.

uns keine frischen vulkanischen Gesteine. In den Alpen sind aber verschiedentlich Vulkanite aus der Permzeit (vor 299–251 Mio. Jahren) anzutreffen (meist in Form von Rhyolith). Zudem findet man Zeugen von untermeerischem Vulkanismus längst vergangener Zeiten, die sich als metamorph überprägte Basalte und Kissenlaven («Grüngesteine») an vielen Stellen der Alpen zeigen (s. Nr. 90).

Granit in der Tiefe, Basalt an der Oberfläche

Magmatische Gesteine werden vorab nach ihrem Gehalt an Silizium (Si) in der gesamtchemischen Zusammensetzung eingeteilt, die sich auch in ihrer mineralogischen Zusammensetzung ausdrückt (Abb. S. 20). Si-reiche granitische Magmen entstehen vor allem im Bereich der tieferen kontinentalen Kruste. Da das Si auch in der Schmelze stark zur Bildung von verbundenen Netzwerken tendiert, sind siliziumreiche Magmen sehr zähflüssig (hoch viskös) und bleiben meist als größere Tiefengesteinskörper in der Kruste stecken, wo sie große granitische Plutone bilden. Nur ein kleiner Teil der Si-reichen Magmen findet schließlich den Weg an die Erdoberfläche, wo sie als Rhyolithe austreten können.
Ganz anders die Si-armen basaltischen Magmen: Sie entstehen vorab an mittelozeanischen Rücken durch teilweises Aufschmelzen von aufsteigendem heißem Erdmantelperidotit. Basaltmagmen sind wegen ihres tiefen Si-Gehalts viel dünnflüssiger als Granitmagmen, und deshalb gelangen Basaltmagmen leicht an die Erdoberfläche und treten als vulkanische Basaltlavaströme oder, im Meer, als Kissenlaven aus.
Die folgende Tabelle listet die wichtigsten magmatischen Gesteine der Schweiz im Überblick auf. Die Nummern in Klammern verweisen auf die jeweiligen Gesteinsporträts.

Magmentyp	Plutonit/Beispiele Schweiz	Vulkanit/Beispiele Schweiz
granitisch (SiO_2-reich, «sauer»)	Granit, Granodiorit Zentraler Aaregranit (Nr. 49); Grimsel Granodiorit (Nr. 49); Bergeller Granit (Nr. 121)	Rhyolith (alt: Quarzporphyr) Windgällen-Porphyr (Nr. 55) Diavolezza-Trovat-Porphyr (Nr. 104),
alkaligranitisch (SiO_2- und Na/K-reich, «sauer»)	Syenit, Alkalifeldspatgranit Giuvsyenit (Nr. 51), Roter Bernina-Granit (Nr. 103)	Trachyt Keine Vorkommen in der Schweiz
dioritisch/andesitisch (SiO_2-intermediär, «schwach basisch»)	Diorit, Quarzdiorit, Quarz-Monzodiorit Bernina-Diorit (Nr. 102), Düssi-Diorit (Nr. 50)	Andesit In einigen Flyschen und im Taveyannaz-Sandstein (Nr. 17) Komponenten andesitischer Zusammensetzung
basaltisch (SiO_2-arm, «basisch»)	Gabbro Matterhorn-Gabbro (Nr. 106), Allalin-Metagabbro (Nr. 92), Anzola-Gabbro (Nr. 112)	Basalt Keine unmetamorphen Basalte; metamorph in Ophioliten, z. B. Aroser Hörnli (Nr. 89), Piz Platta, Zermatt/Saas-Zone (Nr. 90, 93)
ultrabasisch/peridotitisch (sehr SiO_2-arm, «ultrabasisch»)	Peridotit (= Gestein des Erdmantels) Peridotit von Finero (Nr. 111), Granat-Peridotit Alpe Arami (Nr. 87) Metamorph: alle Serpentinite der Alpen (Nr. 88)	Sehr selten (Komatiit, Boninit) Keine Beispiele aus den Alpen

Flusslandschaft in Neuseeland. In solchen mäandrierenden Flusssystemen wurden viele Molassegesteine des Mittellandes abgelagert.

Arktische Landschaft auf Spitzbergen. So sah das Mittelland während der großen Eiszeiten aus, als Grundmoräne und Löss abgelagert wurden.

Sedimentgesteine

Sediment- oder Ablagerungsgesteine entstehen aus Ablagerungen an der Erdoberfläche, die in der Folge durch weitere Überdeckung mit anderen Ablagerungen zum festen Sedimentgestein umgewandelt werden. Dieser Prozess heißt Diagenese oder Lithifizierung. Er beinhaltet Kompaktion und dadurch Reduktion des Porenwassergehalts, Zementation durch Auskristallisationen aus Porenwässern (meist als Calcit oder Quarz) und manchmal auch Umkristallisation von Bestandteilen.

Viele Sedimentgesteine sind gekennzeichnet durch ihre Schichtung, die in der Regel ursprünglich horizontal liegt. Ausnahmen sind Schrägschichtungen in Fluss- oder Wüstensandsteinen. Schichtungen entstehen durch Änderungen in der Zusammensetzung des Sediments – von jahreszeitlicher Feinschichtung in Seesedimenten (Warven) über zyklische, klimabedingte Schichtungen bis hin zu großräumigen Veränderungen der Ablagerungsbedingungen. Eine Grobeinteilung der Sedimentgesteine erfolgt nach ihren Bildungsbedingungen:

Gesteinsfamilie	Bildungsprozess	Beispiele allgemein	Beispiele Schweiz
Klastische Sedimentgesteine	Mechanischer Transport durch Wasser oder Wind, und Ablagerung von Komponenten (Verwitterungs- und Erosionsprodukte [Gesteinspartikel und Mineralkörner]).	Sandstein, Tonstein, Konglomerat, Löss, Diamiktit (Moränenmaterial)	Trias-Sandsteine (Nr. 1, 19, 62), Flyschsandsteine (Nr. 15), Opalinuston (Nr. 5), «Nagelfluh» (Nr. 11), Löss (Nr. 127), eiszeitliche Moränen des Mittellandes (Nr. 126)
Biogene Sedimentgesteine	Einlagerung wassergelöster Stoffe durch Lebewesen in Schalen- oder Knochengerüsten und andere Partikel sowie deren Akkumulation, Umlagerung und Ablagerung.	Praktisch alle Kalksteine; Radiolarit	Hochgebirgskalk (Nr. 26, 27), Schrattenkalk (Nr. 30), Hauptrogenstein (Nr. 6), Blegi-Oolith (Nr. 25), Radiolarit (Nr. 118)
Chemische Sedimentgesteine → Evaporite	Anorganische Fällung von in (Meer)Wasser gelösten Ionen durch Übersättigung als Salze.	Steinsalz, Gips, Kalisalze; teilweise Dolomit (sekundär durch Porenwässer aus Kalk)	Steinsalze Region Basel und Unterwallis (Nr. 2), Gips von Leissigen und im Jura (Nr. 4), Hauptdolomit der Südalpen (Nr. 108)

Je nach Ablagerungsgebiet entstehen ganz spezifische Sedimentgesteine und Sedimentgesteinsabfolgen (Lithologien).

Ablagerungstyp		Ablagerungsraum	Gesteine	Beispiele Schweiz
auf Land (terrestrisch)	fluviatil	Ablagerungen in Flüssen	Konglomerate, Sandsteine	Süßwassermolasse (Nr. 11–14), Karbon-Molasse Unterwallis (Nr. 57–58)
	limnisch	Ablagerungen in Süßwasserseen	Sand-, Silt- und Tonsteine, oft mit Jahresschichtung (Warven)	Einlagerungen in der Molasse, zurzeit in den heutigen Seen
	glazial	Ablagerungen durch Gletscher	Diamiktite (Silt/Löss und Sand), auch Konglomerat, Brekzien	Eiszeitablagerungen des Mittellandes sowie rund um die heutigen Alpengletscher (Nr. 126, 127)
	äolisch	Ablagerungen durch Wind, v. a. in Wüsten	Meist rote Sandsteine mit Kreuzschichtung Löss (kalter Löss in Gletschergebieten; warmer Löss in Wüsten)	Kein äolischer Sandstein in der Schweiz Eiszeitliche Lössvorkommen in der Nordschweiz (Nr. 127)
	vulkano-sedimentär	Um- und Ablagerung von vulkanischem Auswurfmaterial (Schlammströme, Murgänge etc.)	Chaotische Brekzien, umgelagerte Lapillituffe etc.	Permische Brekzien des Helvetikums, u. a. im Glarner Verrucano (Nr. 59)
im Meer (marin)	lakustrin	Ablagerungen in Brackwasser	Konglomerate, Sandsteine, Kohlen	Karbonsedimente im Helvetikum, z. B. Wendenjoch und Bifertrengrätli (Nr. 57, 58)
	supratidal	Flache Gebiete über der normalen Gezeitenzone	Evaporite	Salz- und Gipsgesteine des Juragebirges und des Penninikums (Nr. 2, 4)
	intertidal	Flache weite Gezeitenzonen	Sand-, Silt- und Tonsteine, Dolomite, Evaporite	Triasgesteine der Ost- und Südalpen (Nr. 108, 116)
	flachmarin	Lagunen- bis Schelfbereich, z. T. Riffzonen	Weites Spektrum von Karbonatgesteinen; auch Mergel und sandige Karbonate	Karbonatgesteine der Jura- und Unterkreidezeit im Jura und Helvetikum (Nr. 6, 7, 9, 24, 30)
	Im marinen Flussdelta	Flussdeltas	Vor allem Sandsteine, zwischengelagert mit Ton- und Kalksteinen	Süßwassermolasse (Nr. 12)
	tiefmarin	Ablagerungen in Tiefseebecken	Tonsteine, Radiolarite, Kalksteine; auch Turbidite (Flysche)	Verschiedene Bündnerschiefer- und Flyscheinheiten (Nr. 15, 16, 60, 61, 96) Radiolarite des Penninikums und Ostalpins (Nr. 118) Tiefmarine Kalksteine (Nr. 117, 120)

Die Summe aller Eigenschaften, welche ein Sedimentgestein auszeichnen, wird als «Fazies» bezeichnet. So redet man etwa von einer «fluviatilen Fazies» oder von einer «flachmarinen Fazies». Dieser Begriff taucht in der Literatur über Sedimentgesteine sehr oft auf.
Drei weitere wichtige Ordnungsbegriffe von Sedimentgesteinen sind «Formation», «Gruppe» und «Member». Sie werden auf S. 106 erläutert.

Metamorphe Gesteine

Metamorphe Gesteine (Metamorphite) entstehen durch Umkristallisation in festem Zustand – also ohne Aufschmelzung! – von bestehenden Gesteinen, wenn diese in der Erdkruste Temperaturen und Drucken ausgesetzt sind, die höher sind als bei ihrer Entstehung. Zu solchen Bedingungen kommt es meist bei der Versenkung von Gesteinen in der Erdkruste infolge tektonischer Prozesse. Druck und Temperatur nehmen in der Erdkruste mit der Tiefe zu, wobei die Temperaturzunahme (der geothermische Gradient) je nach geologischer Situation variieren kann. Wenn wir in der Nordschweiz in den Boden bohren, dann nimmt die Temperatur im Durchschnitt um etwa 30 °C pro Kilometer Tiefe zu, in den Alpen hingegen nur rund 20 °C/km. Die Temperatur- und Druckbereiche der Gesteinsmetamorphose beginnen ab rund 150 °C/1000 bar und reichen bis rund 800 °C/35 000 bar. Die Druck-Temperatur-Bereiche der Gesteinsmetamorphose werden in Felder unterteilt, welche nach metamorphen Basaltgesteinen aus diesen Bereichen benannt sind (Abb. S. 26). Man nennt diese Felder «Metamorphe Fazies» – nicht zu verwechseln mit dem Faziesbegriff bei Sedimentgesteinen. Man unterscheidet zwei Hauptarten der Gesteinsmetamorphose:
Regionalmetamorphose: Die Gesteine gelangen durch tektonische Prozesse, etwa in Subduktionszonen oder bei einer Gebirgsbildung, in tiefere Krustenbereiche mit erhöhten Temperaturen und Drücken.
Kontaktmetamorphose: Die Gesteine werden durch eindringendes Magma erhitzt, was nicht an eine Versenkung in größere Tiefen gebunden ist.
Die Regionalmetamorphose ist in der Schweiz der weitaus überwiegende Metamorphosetyp; die Regionalmetamorphosen fanden bei der alpinen Gebirgsbildung sowie bei früheren Gebirgsbildungen statt.

Was passiert bei der Gesteinsmetamorphose?

Die Gesteine verändern bei einer metamorphen Umwandlung ihre mineralogische Zusammensetzung und/oder ihre Struktur, nicht jedoch ihre chemische Gesamtzusammensetzung – mit einer wichtigen Ausnahme: Bei zunehmender Temperatur verlieren die Gesteine Wasser (H_2O). In der Regel gilt daher, dass je höher die Temperatur bei einer Metamorphose war, desto «trockener» ist in der Folge das davon betroffene Gestein. Das H_2O in metamorphen Gesteinen trägt entscheidend zur Geschwindigkeit der Umkristallisationen bei: Je «trockener» ein Gestein, desto reaktionsträger ist es (vgl. S. 163 und Nr. 92). Die Anpassung der mineralogischen Zusammensetzung geschieht über chemische Reaktionen zwischen den vorhandenen Mineralien. Eine für einen bestimmten Metamorphosegrad typische Mineralzusammensetzung nennt man «Paragenese». Liegt als Ausgangsgestein etwa ein Tonstein vor, so wird sich dieser bei zunehmender Temperatur zuerst zu einem Tonschiefer und dann in einen feinkörnigen Glimmerschiefer umwandeln, der im Wesentlichen aus der Paragenese Quarz- Muskovit-Chlorit besteht. Bei etwa 400 °C läuft dann die folgende Mineralreaktion ab:

Muskovit 1 + Chlorit → Biotit + Muskovit 2 + Quarz + H_2O

Im Gelände kann diese Reaktion erkannt werden, wenn in den Tonschiefern erstmals kleine braune Biotit-Plättchen erscheinen. Nimmt die Temperatur weiter zu, wird sich eine weitere wichtige Mineralreaktion abspielen:

Chlorit + Muskovit → Granat + Biotit + H_2O

Diese Reaktion macht sich in den Gesteinen dadurch bemerkbar, dass erstmals kleine rundliche Granatkörner und noch mehr Biotit auftreten. Aus dem zunächst unansehnlichen grauen Tonstein kann also durch hohe Metamorphosegrade ein wunderschöner Zweiglimmer-Granat-Staurolith-Disthen-Glimmerschiefer entstehen (Abb. S. 26 und 294). Bei beiden durch die Metamorphose ausgelösten Reaktionen wird Wasser frei, welches über Mikrorisse und Klüfte im Gesteinskörper abwandert. Abgesehen von diesem austretenden Wasser bleibt die chemische Zusammensetzung aber vom Tonstein bis hin zum Zweiglimmer-Granat-Staurolith-Disthen-Glimmerschiefer stets dieselbe! Die «Entwässerung» bei zunehmender Metamorphose ist der Hauptgrund, warum metamorphe Gesteine nach dem «Peak» der Metamorphose, also bei der nachfolgenden Abnahme von Temperatur

Eine tropisch-heiße Intertidalebene (Sabkha) in Katar. Hier werden neben Sand auch Salz, Gips und Dolomit abgelagert.

Großes Barriereriff bei Australien. So sah das Juragebirge vor 170–130 Mio. Jahren aus, als viele Riff-, Lagunen- und Beckenkalksteine abgelagert wurden.

Das Mississippi-Delta: Im Deltabereich werden Sandsteine, weiter außen im Meeresbecken Tonsteine abgelagert; genau wie bei den Flyschen der Alpen.

Die Unterteilung der in der Erdkruste realisierten Druck-Temperatur-Bereiche, unterteilt in Felder namens «metamorphe Fazies». Die Namen der Felder basieren auf der Metamorphose von basaltischen Gesteinen, weil diese von allen Gesteinsarten die stärksten Veränderungen zeigen, die auch makroskopisch sichtbar sind (s. Abb. S. 27).

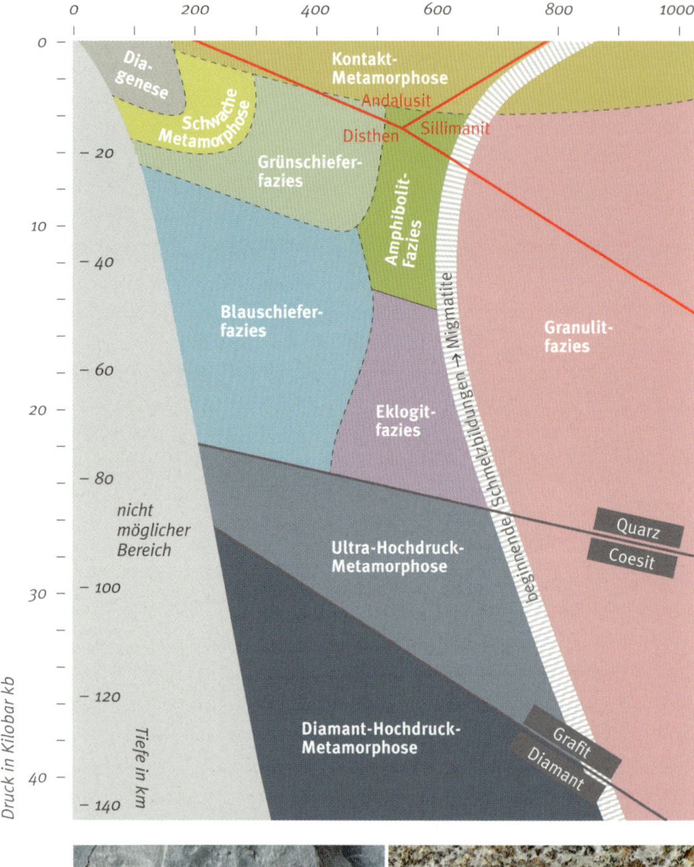

Unmetamorpher Tonstein aus dem Mittelland.

Dasselbe Gestein aus dem Tessin, bei rund 550 °C und 15 000 bar Druck zu einem Granat-Zweiglimmerschiefer umkristallisiert.

und Druck, nicht wieder in den Ursprungszustand zurückreagieren. In gewissen Fällen, wenn nach dem Metamorphose-Peak wieder Fluids ins Gestein gelangten und/oder diese deformiert wurden, können metamorphe Gesteine trotzdem unterschiedliche Grade solcher «Rückreaktionen» aufweisen, die man retrograde Metamorphose nennt. Diese können wertvolle Hinweise auf geologische Ereignisse nach der Metamorphose liefern.

Spezialfälle Marmor und Quarzit

Gesteine mit einer sehr einfachen mineralogischen (und damit auch chemischen) Zusammensetzung verändern bei der Metamorphose lediglich ihre kristalline Struktur, aber nicht ihre mineralogische Zusammensetzung. Bekannteste Beispiele sind:

Unmetamorpher Basalt und Metabasalte in den verschiedenen metamorphen Fazies (vgl. Faziesdiagramm S. 26):

1 *Unmetamorpher Basalt mit Augit und Olivin*
2 *Schwach metamorpher Metabasalt, dicht rekristallisiert (Nr. 89)*
3 *Grünschieferfazieller Metabasalt = Grünschiefer, mit Aktinolith und Chlorit (Nr. 90)*
4 *Amphibolitfazieller Metabasalt = Amphibolit, aus Hornblende und Plagioklas (Nr. 42, 98)*
5 *Granulitfazieller Metabasalt (Nr. 112) aus Plagioklas, Pyroxen, Hornblende und Granat*
6 *Blauschieferfazieller Metabasalt = Blauschiefer (Nr. 76)*
7 *Eklogitfazieller Metabasalt = Eklogit, aus Omphacit und Granat (Nr. 93)*

Ausgangsgestein	metamorphes Gestein
Kalkstein besteht aus feinstkristallinem Calcit, $CaCO_3$	Marmor besteht aus grobkristallinem Calcit, $CaCO_3$
reiner Sandstein besteht aus Quarzsandkörnern, SiO_2	Quarzit besteht aus rekristallisiertem Quarz, SiO_2

Und wenn die Temperaturen noch höher werden?
Bei sehr hohen Temperaturen (über ca. 650 °C) können metamorphe Gesteine aufzuschmelzen beginnen. Gesteine, welche in diesem Übergangsbereich zu den magmatischen Gesteinen erhalten bleiben, werden Migmatite genannt (Nr. 39, 40, 79).

Schieferung, Schiefer und Gneis
Regionalmetamorphose ist mit erhöhten Drucken und meist auch Verformungsprozessen verbunden. Die erhöhten Drucke können zu einer Schieferung führen, falls die Gesteine plättchenförmige Mineralien aus der Großfamilie der Schichtsilikate enthalten (Glimmer, Chlorit, Serpentin, Tonmineralien etc.). Die Kristallplättchen richten sich senkrecht zum größten Druck oder entlang einer Scherfläche aus. Schieferung muss von sedimentärer Schichtung streng unterschieden werden, da beide von ganz unterschiedlichen geologischen Prozessen zeugen – im Felde nicht immer sofort evident (vgl. dazu Kap. «Schichtung vs. Schieferung», S. 55).

Protolith: Das Ursprungsgestein
Jedes Gestein kann eine Metamorphose erleiden. Das Ausgangsgestein eines metamorphen Gesteins nennt man den «Protolith». Es ist eine Aufgabe der Geologen, bei einem metamorphen Gestein den Protolith zu bestimmen. Es kann nämlich sein, dass ein bestimmtes metamorphes Gestein aus ganz unterschiedlichen Protolithen entstanden ist. So gibt es z. B. Gneisarten wie etwa die Biotit-Plagioklasgneise, die entweder aus einem magmatischen Gestein oder aus einem Sedimentgestein entstanden sein können. Metamorphe Sedimentgesteine werden in ihrem metamorphen Zustand auch als Paragesteine, metamorphe magmatische Gesteine hingegen als Orthogesteine bezeichnet.

Mehrfache Metamorphose
Je nach geologischer Geschichte können Gesteine auch eine mehrfache metamorphe Überprägung zeigen. So gibt es etwa Gneise in Grundgebirgsdecken der Alpen, die bei der ordovizischen Gebirgsbildung (vor ca. 450 Mio. J.) unter hohem Druck, bei der variszischen Gebirgsbildung (vor ca. 330 Mio. J.) unter hohen Temperaturen und bei der alpinen Gebirgsbildung (vor ca. 35 Mio. J.) nochmals bei mittleren Temperaturen und Drucken umgewandelt wurden. Diese Gesteine tragen Spuren von allen diesen Metamorphoseereignissen in sich. Man nennt solche Gesteine polymetamorph.

Gesteinsalter und geologische Zeiten

Die Frage nach dem Alter von Gesteinen, von Bergen, ja des gesamten Planeten Erde beschäftigt die Geologen seit Anbeginn ihrer Forschungen. Heute ist es praktisch Allgemeinwissen, dass die Erde rund 4550 Millionen Jahre alt ist. Dass dem so ist, wissen wir allerdings erst seit gut 60 Jahren.

Gesteine datieren, absolut und relativ

Wie aber bestimmt man überhaupt, ob ein Gestein eine, zehn oder hundert Millionen Jahre, oder allenfalls gar eine Milliarde Jahre oder noch älter ist? Gesteine *absolut* datieren zu können, ist eine junge Wissenschaft; man kann das erst seit gut 60 Jahren. Davon handelt das nächste Kapitel. Doch die Geologen beschäftigten sich ja schon vorher mit geologischen Altern. Wie also taten sie das? Das Stichwort heißt «relatives Alter». Damit ist gemeint, dass man bestimmt, ob ein Gestein älter als ein anderes, und diese beiden wiederum jünger als ein drittes sind. Dies zu tun, ist möglich, ohne zu wissen, welches dieser Gesteine wie viele Millionen Jahre alt ist; die Bestimmung, ob ein Gestein älter oder jünger als ein anderes ist, ist ja nur relativ zum Alter anderer Gesteine – daher der Begriff «*relatives* Alter». Auf diese Art und Weise haben die Geologen seit dem 18. Jahrhundert eine höchst fein unterteilte geologische Zeitskala entwickelt, und den einzelnen zeitlichen Perioden, in denen Gesteine entstanden, Namen gegeben. So verfügten die Geologen bis in die 1950er-Jahre zwar bereits über eine hoch differenzierte geologische Alterstabelle (vgl. hintere Umschlagsklappe dieses Buches), aber ohne die dort auch dazugestellten absoluten Altersangaben. Die relative Alterstabelle ist also ein bisschen ähnlich wie ein Maßstab ohne cm-Angaben.
Es gibt drei verschiedene Methoden, um die relativen Alter von Gesteinen zu bestimmen. Diese sind auch heute noch sehr wichtig, gerade bei der Zuordnung von geologischen Ereignissen draußen im Feld:
Methode 1: Prinzip der Überlagerung: Werden Sediment- oder Vulkangesteine abgelagert, so liegt bei ungestörter Abfolge das älteste Gestein zuunterst, während gegen oben die Gesteine immer jünger werden. Dieses «jung-über-alt-Prinzip» ist offensichtlich die simpelste Methode zur relativen Altersbestimmung (Abb. S. 30). Allerdings verhält sich die Natur zuweilen komplizierter: In den Glarner Alpen gibt es einen gut sichtbaren, flach liegenden Gesteinskontakt zwischen zwei Sedimentgesteinen, bei denen das jüngere unten liegt (Flysch, ca. 35 Mio. J.) und das ältere darüber (Verrucano, ca. 270 Mio. J.; Abb. S. 31). Diese Tatsache verwirrte die ersten Alpengeologen. Erst die Erkenntnis, dass diese «verkehrte» Lagerung aufgrund einer großräumigen Deckenüberschiebung entstand und nichts mit der ursprünglichen Ablagerung zu tun hat, brachte das geologische Weltbild wieder mit der Natur in Einklang.
Methode 2: Prinzip der gegenseitigen Schnittverhältnisse: Auch dieses Prinzip ist an sich ganz einfach: Man betrachtet an einem Gesteinsaufschluss, wie sich geologische Strukturen gegenseitig schneiden.

Häufig kann man das an Kieselsteinen mit weißen Calcit- oder Quarzklüften üben (Abb. S. 58). Es ist eine Art Detektivarbeit, die sorgfältiges Beobachten erfordert. Sie können an der Abb. S. 393, einem Aufschlussbild aus dem Bergeller Granit, selbst versuchen, die relative Altersabfolge der Gesteine und Strukturen herauszufinden.

Methode 3: Leitfossilien: Die relative Altersbestimmung anhand von Leitfossilien ist am aufwendigsten, erlaubt aber nicht nur die Ermittlung einer lokalen relativen Altersabfolge von Ablagerungsgesteinen, sondern, im besten Fall, eine weltweite Verbindung von gleichaltrigen Ablagerungsgesteinen.

Tiere und Pflanzen verändern sich gemäß den Gesetzen der Evolution laufend, sterben aus oder entstehen neu. Während der Erdgeschichte herrschte sozusagen ein ständiges Kommen und Gehen. So kann man sich verändernde Fossilien, mit derem Auftreten und Nicht-mehr-Auftreten (= Aussterben) in Ablagerungsgesteinen eine relative Abfolge stellen. In Sedimentgesteinen der Schweiz sind viele Makrofossilien als Leitfossilien bekannt geworden; so etwa Ammoniten, Muscheln und Brachiopoden (Abb. S. 60, 61). Die besten Fossilien für die relative Altersbestimmung sind allerdings Mikrofossilien von marinen Planktontieren, die nur unter dem Mikroskop studiert werden können (Abb. S. 263).

Das Wunderwerk der geologischen Zeitskala

Mit einer Kombination von verschiedenen Leitfossilien kann dann die relative Abfolge noch verfeinert werden. Auf diese Art und Weise haben die Geologen in den letzten 250 Jahren mit höchst fleißiger, minutiöser und weltweiter Arbeit eine hoch verfeinerte relative geologische Altersabfolge erstellt (Abb. hinterer Umschlag).

Wie fast überall in der Geologie waren die Forscher bei der Namensgebung der Zeitperioden sehr frei. Viele davon entstanden letztlich ziemlich zufällig: Die «Jurazeit» ist nach dem Juragebirge benannt, das «Devon» nach der Region Devon in England; die «Kreide» erhielt ihren Namen

Die Churfirsten über dem Walensee mit ihrer Abfolge von älteren (unten) zu jüngeren Sedimentgesteinen (oben).

von den Kreidefelsen in England und Norddeutschland, und das Karbon heißt so, weil es in den Schichten diesen Alters in Europa viele Kohlevorkommen gibt. Die Trias wiederum wurde nach der auffälligen Dreiteilung der Ablagerungsgesteine dieser Zeit in Deutschland benannt (Sandstein – Salz/Gips – Dolomit).

Die Geologen wussten bis vor kurzer Zeit nicht, dass die sogenannte «kambrische Explosion des Lebens», wo plötzlich größere Lebewesen mit Schalen oder Skeletten auftraten, erst relativ spät in der Erdgeschichte stattfand; nämlich vor 542 Mio. Jahren. Sie bezeichneten die Zeit davor als «Proterozoikum», was so viel wie «Zeit vor den Tieren» bedeutet. Die Zeit von 542 Mio. Jahren bis heute wurde entsprechend «Phanerozoikum» bezeichnet; als «Zeit der Tiere». Diese wiederum wird unterteilt in die Phasen Paläozoikum («alte Zeit der Tiere»), Mesozoikum («mittlere Zeit der Tiere») und Känozoikum («junge Zeit der Tiere»). So naheliegend diese Einteilung früher war, so irritierend ist sie heute, wo wir neben der relativen auch die absolute Altersbestimmung kennen und auch viel mehr über Fossilien in alten Gesteinen gelernt haben. Heute wissen wir, dass das Leben schon vor fast 4000 Mio. Jahren entstand, allerdings in Form von Mikroorganismen im Meer, und dass größere Weichtiere schon ab rund 700 Mio. Jahren auftraten. Zudem zeigte sich, dass vor dem Kambrium noch eine enorm lange Periode bis zur Entstehung der Erde vor 4560 Mio. lag (heute unterteilt in Proterozoikum, Archaikum, Hadaikum).

Dies führt dazu, dass das Paläozoikum – die alte Zeit der Tiere – entgegen dem, was der Name suggeriert, relativ kürzlich stattgefunden hat: nämlich vor 240–542 Mio. Jahren. Um sich von diesen verwirrenden Namen nicht durcheinanderbringen zu lassen, ist es nützlich, immer wieder die Zeittabelle im Umschlag dieses Buches zu konsultieren.

Zur Zeitskala noch folgende Anmerkung: Gemäß neuesten internationalen Übereinkünften sollte man die Zeitbegriffe «Lias, Dogger, Malm» und «Tertiär» nicht mehr benutzen; an deren Stelle soll «unterer, mittlerer, oberer Jura» resp. «Paläogen und Neogen» treten. Da die alten Begriffe

Der Ringelspitz in den Glarner/Bündner Alpen, wo viel älterer Verrucano (Nr. 59) über jüngerem Flysch (S. 146 f.) liegt, getrennt durch die Glarner Hauptüberschiebung mit dem gelben Band des Lochsitenkalks (Nr. 37).

jedoch noch stark verbreitet und tief verankert sind, werden sie auch in diesem Buch verwendet.

Wie alt sind die Schweizer Gesteine?

In der ganzen Schweiz können wir ein sogenanntes «Grundgebirge» und darüber abgelagerte jüngere Sedimentgesteine unterscheiden (s. S. 93). Die Zeitgrenze zwischen den beiden liegt an der Basis der Triaszeit vor rund 250 Mio. Jahren. Damals begann der Megakontinent Pangäa zu zerbrechen, wodurch das Gebiet der heutigen Schweiz langsam vom Meer bedeckt und von Sedimentablagerungen erfasst wurde. Praktisch alle Sedimentgesteine der Alpen wurden damit ab dem Mesozoikum («mittlere Zeit der Tiere»; auch «Erdmittelalter» genannt) bis heute abgelagert. Lokale Ausnahmen finden wir in den sogenannten «Permokarbon-Trögen», wo Ablagerungs- und Vulkangesteine aus der Karbon- und Permzeit – beides sind Epochen des Paläozoikums – gebildet wurden. Das heißt, dass die allermeisten Ablagerungsgesteine der Schweiz geologisch gesehen noch ziemlich jung sind.

Im Grundgebirge sind hingegen ältere Gesteine anzutreffen (nämlich aus dem Paläozoikum und Proterozoikum). Wir finden dort Gesteine, die noch während der vorletzten Gebirgsbildung entstanden (sie wird «variszische Gebirgsbildung» genannt). Wichtig dabei sind die vielen Granite, darunter etwa die Granite Mont Blanc (Nr. 48), Aare (Nr. 49), Rotondo (Nr. 53), Bernina (Nr. 101, 102); dazu gehören auch diejenigen Granite, welche bei der Alpenbildung zu Gneisen umgewandelt wurden, etwa die Gneise von Arolla (Nr. 105), Randa (Nr. 71), Rofna (Nr. 70), Tambo (Nr. 78), sowie alle Tessiner Gneise (Nr. 79). Der einzige Granit der Schweiz, welcher *während* der Alpenbildung entstand, ist der Bergeller Granit (Nr. 121). Neben den variszisch gebildeten Gesteinen gibt es im Grundgebirge auch viele Zeugen einer noch älteren Gebirgsbildung aus der Zeit des Ordoviziums (vor rund 450–500 Mio. Jahren). Dazu gehören etwa der Streifengneis der Gotthardecke (Nr. 43) oder der Cenerigneis des Südalpins (Nr. 113).

Aus der Zeit des Proterozoikums (also älter als 542 Mio. Jahre) finden sich im Altkristallin der Grundgebirgseinheiten der Alpen ebenfalls noch Gesteine und Spuren. Die Gesteine sind heute alle metamorph und die Spuren oft nicht mehr so eindeutig interpretierbar. Sie zeugen von noch älteren Sedimentablagerungen, von vulkanischen und plutonischen Ereignissen, von ozeanischer Kruste und von Gebirgsbildungen. Die ältesten datierten Gesteine haben Alter bis gegen 1000 Mio. Jahren, und die ältesten datierten Zirkonmineralien zeigen Alter aus dem Archaikum von über 2500 Mio. Jahren.

Aufschluss im Bergeller Granit mit komplexen Schnittverhältnissen. Versuchen Sie, die relative Altersabfolge zu ermitteln. Bildbreite ca. 1 cm.

Ammoniten der Gattung Arthroceras aus der Grube Frick im Tafeljura. Alter: unterer Lias. Bildbreite ca. 30 cm.

Foraminiferen in Kalkstein. Mit solchen Mikrofossilien wurden sehr feine relative Altersabstufungen möglich. Bildbreite ca. 1 cm.

Vergessen Sie das Urgestein!

Hier ist noch eine notwendige Klärung anzubringen. Bei uns geistert immer noch das «Urgestein» durch Köpfe und Schulstuben. Vergessen Sie es! Der Begriff hat seinen Ursprung in der Geologie Deutschlands und der Schweiz, wo unter den mesozoischen Sedimentgesteinen das deutlich ältere Grundgebirge liegt, in dem viele Granite vorkommen. Deshalb entstand die gedankliche Brücke «Granit = Urgestein». Granite werden aber auch heute in den Tiefen von Gebirgszonen weiter gebildet, sie werden auch in Zukunft gebildet werden. Granite sind also keine Urgesteine im Sinne von urtümlichen, ersten (= ältesten) Gesteinen.

Absolute Altersbestimmung von Gesteinen

Es gibt einige chemische Elemente, die auch in Mineralien vorkommen, und die eine ganz spezielle Eigenart aufweisen: Sie kommen in zwei oder mehreren unterschiedlichen Formen vor, die sich nur in der Anzahl ihrer Neutronen im Atomkern unterscheiden. Diese verschwisterten Atomarten nennt man Isotope. Die unterschiedliche Neutronenzahl der Isotope lässt die Atome zwar unterschiedlich schwer werden, aber in ihrem chemischen Verhalten, etwa der Löslichkeit in Wasser, dem Einbau in Mineralien etc. unterscheiden sie sich voneinander nicht. Die Atome werden mit der Anzahl ihrer Protonen und Neutronen angegeben, z. B. K^{39} und K^{40}. Unter den Elementen mit Atomen verschiedener Isotope gibt es wiederum einige, bei denen eine oder mehrere dieser Isotope nicht stabil sind, sondern sich spontan zu Atomen anderer Elemente umwandeln. Bei dieser Umwandlung – sie wird gemeinhin «radioaktiver Zerfall» genannt – verliert das Ausgangsisotop Elementarteilchen als radioaktive Strahlung und Wärme. Der wohl bekannteste radioaktive Zerfall ist jener von $Uran^{235}$ und $Uran^{238}$ zu Blei, da dieser in großem Ausmaß für die Energieproduktion in Atomkraftwerken genutzt wird. Von zentraler Bedeutung für die Altersbestimmung ist nun, dass der radioaktive Zerfall mit einer außerordentlich stabilen Rate vor sich geht, welche unabhängig ist von äußeren Einflüssen. So kann man für jedes der radioaktiven Isotope experimentell eine «Halbwertszeit» bestimmen; das ist jene Zeitspanne, die notwendig ist, bis von einer bestimmten Menge eines Ausgangsisotops (z. B. $Uran^{235}$) die Hälfte zerfallen ist (zu Blei).
Nehmen wir nun den Fall an, es beginnt in einem Magma in der Erdkruste ein Mineral zu kristallisieren, das Uran in sein Kristallgitter einbaut, nicht aber Blei, da Letzteres von seiner Größe und Chemie her nicht passt. Sobald das Mineral kristallisiert ist, beginnt damit eine Art «geologische Uhr» zu ticken. Das im Mineral eingeschlossene Uran zerfällt nun mit konstanter Rate zu Blei. Falls das Mineral dabei intakt bleibt, bleiben die neu entstandenen Bleiatome im Mineral eingeschlossen. Wenn wir nun noch eine Maschine haben, mit welcher wir die Mengen von Uran- und Bleiatomen im Mineral messen können, so können wir mit der bekannten Halbwertszeit das Kristallisationsalter des Minerals berechnen. Ein Mineral, welches sich genau so verhält, ist Zirkon (Abb. S. 35). Weil es in den meisten Graniten vorkommt, lässt sich deren Alter heute recht genau bestimmen: Der Bergeller Granit entstand demnach vor 30 ± 1 Mio. Jahren, und der Mont-Blanc-Granit vor 300 ± 2 Mio. Jahren.

Die hochkomplexe Umsetzung

Nun, in der Realität ist das Ganze – Sie haben es sicher vermutet! – etwas komplizierter. Erstens: Wie kann man wirklich sicher sein, dass kein Blei von Anfang an im Zirkon war? Und zweitens: Wie weist man nach, dass keines der neu entstandenen Bleiatome aus dem Zirkon

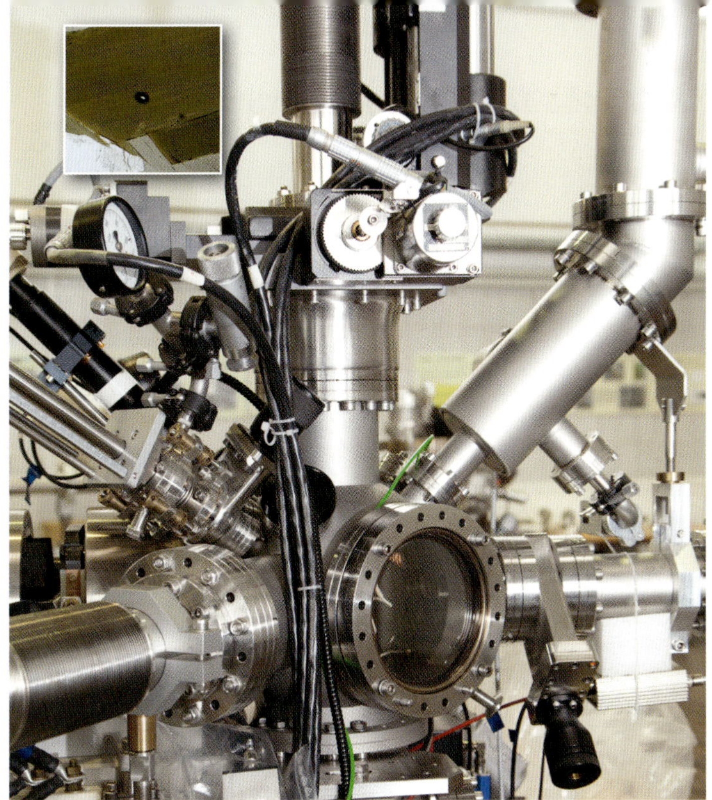

entwichen ist? Wie unterscheidet man, drittens, die beiden radioaktiven Uranisotope U^{235} und U^{238} und die aus den jeweiligen Zerfällen resultierenden Blei-Isotope Pb^{207} und Pb^{206}?

Nehmen wir uns hier nur die letzte dieser Fragen vor: Das Stichwort hierzu heißt «Massenspektrometer». Mit dieser in den 1940er-Jahren entwickelten Maschine können Isotope aufgrund ihrer unterschiedlichen Massen gemessen werden. Eine Unterscheidung verschiedener Isotope desselben Elements ist daher prinzipiell möglich. Allerdings hören hier die Komplikationen noch nicht auf, denn in der Praxis ist die Aufbereitung der Proben außerordentlich aufwendig, und es sind viele, extrem sorgfältig ausgeführte Arbeitsschritte nötig, um schlussendlich zu einem vertrauenswürdigen Messresultat zu gelangen.

Aber Forscher sind hartnäckig! Seit den 1950er-Jahren, als die radiometrische Altersdatierung von Gesteinen und Mineralien ihren Anfang nahm, konnte die gesamte Erdgeschichte mit einer zunehmend genaueren absoluten Zeitskala versehen werden (vgl. hinteren Umschlag). Die wichtigsten Zerfallsreihen für die Altersbestimmung sind, neben jener von Uran zu Blei, jene von Rubidium (Rb) zu Strontium (SR) und von Kalium zu Argon. Für junge Alter bis rund 70000 Jahren wird die C^{14}-Methode verwendet (sogenannte Radiokarbonmethode). So kann heute das Alter der Erde mit 4540 ± 50 Mio. Jahren, der Beginn des Kambriums (Explosion des Lebens) mit 541 ± 1 Mio. Jahren oder das Ende der Kreidezeit mit dem Aussterben der Dinosaurier mit 65,95 ± 0,05 Mio. Jahren angegeben werden.

Modernes Massenspektrometer. Mit dieser Maschine können Konzentrationen von verschiedenen Isotopen in geringsten Materialmengen gemessen werden.

Kleines Foto oben links: Mikroskopaufnahme eines ca. 0,05 mm großen Zirkonkristalls in einem braunen Biotit in Granit.

Gesteinsbildende Mineralien

Die Welt der Mineralien: Das Baumaterial der Gesteine

Wenn Mineralien ins Gespräch kommen, denken die meisten Laien an schöne Kristalle, wie sie etwa in alpinen Zerrklüften oder in runden Drusen vorkommen, mit gut entwickelten Außenflächen, faszinierenden Farben und Formen. Die meisten Mineralien hatten jedoch nicht das Glück, sich frei in einem fluidgefüllten Hohlraum auskristallisieren zu können. Sie wuchsen stattdessen in Konkurrenz mit andern Mineralien und entsprechend in der Gegenwart zahlreicher Kristallkeime. Daraus ergibt sich in der Regel ein Platzproblem, sodass die wachsenden Mineralien nach kurzer Zeit aneinanderstoßen, sich miteinander verzahnen und verbinden: Ein Gestein entsteht! Die sogenannten gesteinsbildenden Mineralien unterscheiden sich abgesehen von ihrer äußeren Form in keiner Weise von den schönen Kristallen in den Klüften und Hohlräumen. Sie haben genau dieselben Eigenschaften und dieselbe Kristallstruktur. Aber sie sind unter ganz anderen Bedingungen gewachsen.

Die Welt der rund 4000 bekannten Mineralien wird nach chemischen Kriterien und ihrem atomaren Aufbau unterteilt. Die folgende Tabelle zeigt diese Einteilung mit den weiter unten kurz vorgestellten wichtigsten gesteinsbildenden Mineralien.

Mineralgruppe	Grundbauelement und wichtigste Eigenschaften	Beispiele von gesteinsbildenden Mineralien. Fett gesetzt sind jene, die weiter unten kurz vorgestellt werden
Elemente	Bestehen nur aus einem einzigen Atomtyp, allenfalls in verschiedenen Isotopen.	Gold, Silber, **Grafit**/Diamant
Sulfide und Verwandte	Verbindungen von Metallelementen mit Schwefel (bzw. Selen, Antimon, Arsen, Bismut, Tellur etc.).	**Pyrit**, Bleiglanz, Zinkblende
Oxide/Hydroxide	Verbindungen von Elementen mit Sauerstoff O^{2-} bzw. mit der Hydroxylgruppe $(OH)^{-}$.	**Magnetit**, Ilmenit, Hämatit, **Goethit**, Lepidokrokit, Chromit
Halogenide	Verbindungen von Halogenidelementen (F, Cl, Br u. a.) mit Na, K, Ca etc.	Fluorit, **Halit**, Sylvin
Karbonate	Karbonatmineralien werden durch den Grundbaustein CO_3^{2-} (Karbonatgruppe) gebildet, mit der sich eine große Menge zweiwertiger Ionen verbinden kann; die häufigsten sind Ca^{2+} und Mg^{2+}.	**Calcit**, **Dolomit**, Aragonit, Magnesit
Sulfate und Verwandte	Salze der Schwefelsäure, mit der Baugruppe $(SO_4)^{2-}$.	**Gips**, Anhydrit, Scheelit
Borate	Salze der Borsäuren.	Borax, Boraxit, Ulexit
Phosphate	Salze der Phosphorsäure, mit der Baugruppe $(PO_4)^{3-}$.	Apatit, Monazit, Xenotim

Silikate **Verbindungen von Elementen mit dem (SiO_4)-Tetraeder als Grundbaustein. Weitere Untergliederung anhand der Verbundarten dieses Tetraeders. Der weitaus größte Teil der gesteinsbildenden Mineralien besteht aus Silikaten.**		
Inselsilikate	Struktur aus isolierten (SiO_4)-Tetraedern. Dazu gehören die Minerale der Granat- und Olivingruppe sowie Zirkon.	**Granat, Olivin** Die drei Alumosilikate **Andalusit, Disthen, Sillimanit**
Gruppensilikate	Zu Zweiergruppen verbundene (SiO_4)-Tetraeder.	**Epidot-Gruppe**
Ringsilikate	Die (SiO_4)-Tetraeder sind zu Ringen verbunden. Oft prismatische, harte Mineralien.	Turmalin, Beryll (Smaragd, Aquamarin)
Kettensilikate	Die (SiO_4)-Tetraeder bilden Einzelketten. Meist prismatische Mineralien, mit Längsspaltbarkeit, mittelhart.	Pyroxen-Familie **Augit, Diopsid, Omphacit**
Bandsilikate	Die (SiO_4)-Tetraeder bilden Doppelketten. Meist stängelige bis faserige Mineralien, mit Längsspaltbarkeit, mittelhart.	Amphibol-Familie **Tremolit, Aktinolith, Hornblende, Glaukophan**
Schichtsilikate	Schichtsilikate (Blattsilikate, Phyllosilikate bestehen aus Schichten eckenverknüpfter (SiO_4)-Tetraeder). Diese Schichten sind untereinander nur über schwache Bindungen verbunden, was die Form und Eigenschaften dieser Minerale bestimmt. Sie sind meist tafelig bis blättrig mit guter bis perfekter Spaltbarkeit parallel zu den Schichten. Alle Schichtsilikate enthalten Wasser in Form von im Kristallgitter eingebauten $(OH)^-$-Gruppen.	**Glimmer, Chlorite, Serpentine, Tonmineralien**
Gerüstsilikate	Bestehen aus einem Gerüst über die Ecken verknüpfter (SiO_4)- und AlO_4-Tetraeder. In den Zwischenräumen dieser Struktur können größere andere Elemente wie K, Na, Ca, Fe etc. Platz finden.	Feldspat-Familie, Feldspat-Vertreter **Kalifeldspat, Albit, Plagioklas**
Quarz	Eigentlich die reinste Form eines Gerüstsilikats.	Quarzfamilie **Quarz, Chalcedon**

Natürlich gibt es noch sehr viele weitere gesteinsbildende Mineralien. Doch wirklich weit verbreitet und quantitativ bedeutend sind nur ziemlich wenige. Mit den hier vorgestellten rund 25 Mineralarten kann man den Großteil der Gesteine in der Schweiz erfassen und beschreiben.

Das magische Tetraeder der Mineralwelt

Da Silizium (Si) und Sauerstoff (O) die beiden weitaus häufigsten chemischen Elemente der Erdkruste sind – sie machen rund 75 % aus –, ist es logisch, dass die meisten Minerale viel Si und O enthalten und damit zu den Silikatmineralien gehören. Die beiden Ionen Si^{4+} und O^{2-} verbinden sich zu einer tetraederförmigen Struktur $[SiO_4]^{-4}$, dem Grundbaustein aller Silikatmineralien. Man kann fast sagen, dieses Tetraeder bilde den Grundbaustein der festen Erde (Abb. S. 38); es ist das «magische Tetraeder» der Mineralwelt. Was in der belebten Welt die DNA-Struktur, ist bei den Mineralien und Gesteinen das $[SiO_4]^{-4}$-Tetraeder. Dieses ist vierfach negativ geladen und kann in ganz verschiedener Weise mit anderen $[SiO_4]^{-4}$-Tetraedern und andern Elementen verbunden sein; so etwa gerüst-, schicht-, ketten, band- oder inselartig. Je nach Verknüpfungsart werden die Silikatmineralien als Gerüst-, Schicht-, Ketten-, Band- und Inselsilikaten klassifiziert.

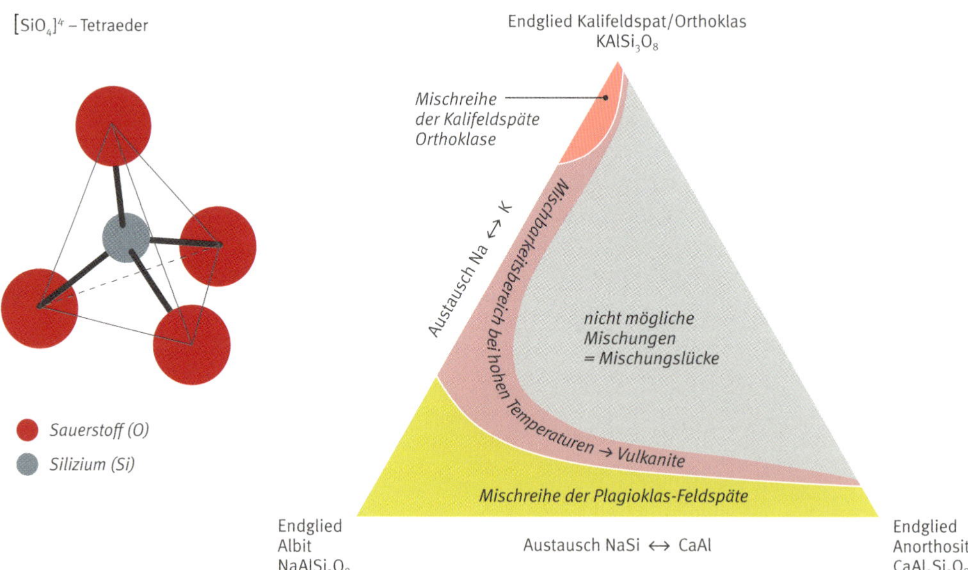

Das große Mischen in der Mineralwelt

Ein Edelweiß ist ein Edelweiß, und ein Alpen-Leinkraut ist etwas anderes, ebenso eine rostblättrige Alpenrose. Man kann diese Pflanzenarten daher eindeutig bestimmen. Ganz anders verhält es sich in der Welt der Mineralien (und auch der Gesteine). Unter dem Stichwort «feste Lösung» (engl. solid solution) können die meisten Mineralien nämlich bestimmte ihrer chemischen Bausteine (Ionen) mit andern, ähnlichen Ionen austauschen. Ein Beispiel: Beim Mineral Olivin gibt es eine reine Magnesium-Variante namens Forsterit (chem. Formel: $Mg_2[SiO_4]$) und eine reine Eisen-Variante namens Fayalit ($Fe_2[SiO_4]$). Weil Fe und Mg ähnliche Eigenschaften haben, sind auch sämtliche Mischformen zwischen diesen beiden sogenannten Endgliedern möglich, also beispielsweise ein Olivin mit der Zusammensetzung $Mg_{1.6}Fe_{0.4}[SiO_4]$. Je nach der chemischen Zusammensetzung des Gesteins, in dem sich der Olivin bildet, wird dieser also eine bestimmte Mischzusammensetzung annehmen. Wir sprechen bei den Mineralien daher von «Mischreihen». Die allermeisten gesteinsbildenden Silikatmineralien zeigen solche Mischbarkeiten. Bei einigen davon, wie etwa bei den Amphibolen oder Glimmern, können Ionen mit unterschiedlichen Eigenschaften kombiniert miteinander ausgetauscht werden, was zu einer großen Vielzahl von Endgliedern und Mischreihen führt – und damit das Leben der Gesteinsliebhaber nicht gerade einfacher macht. Die wohl berühmteste Mischreihe der gesteinsbildenden Mineralien ist diejenige der Feldspäte, die weitaus häufigste Mineralfamilie der Erdkruste. Bei diesen können auf bestimmten Gitterplätzen die einwertigen Ionen Na^+ und K^+ oder das zweiwertige Ion Ca^{2+} sitzen. Dies ergibt die folgenden drei Endglieder:

Das «Magische Tetraeder» $[SiO_4]^{-4}$ der Mineralienwelt, Grundbaustein aller Silikatmineralien.

Dreiecksdarstellung K-Na-Ca der wichtigsten Feldspäte mit ihren Mischbereichen.

$KAl[Si_3O_8]$	Kalifeldspat oder Orthoklas	Mischreihe der Alkalifeldspäte
$NaAl[Si_3O_8]$	Albit oder Natrium-Feldspat	
$CaAl[AlSi_2O_8]$	Anorthit oder Calcium-Feldspat	Mischreihe der Plagioklas-Feldspäte

In der Geologie sind Dreifachmischungen recht häufig, und diese können ganz praktisch in sogenannten Dreiecksdiagrammen dargestellt werden, wie hier gezeigt das Feldspat-Dreieck (Abb. 38).

Gesteinsbildende Mineralien – der eiserne Bestand

Nachfolgend werden die allerwichtigsten gesteinsbildenden Mineralien ganz kurz vorgestellt. Die Beschreibungen beziehen sich auf die Aspekte der Mineralien im typischen Gesteinsverband, nicht als «schöne» Einzelkristalle aus Klüften und dergleichen.

Gerüstsilikate: Hart und sehr häufig

Quarz (SiO_2)   Gerüstsilikat   Zweithäufigstes Mineral in der Erdkruste

Quarz besteht aus über die Ecken miteinander verbundenen SiO_4-Tetraedern. Diese Anordnung ergibt eine sehr stabile Kristallstruktur, und damit eine große Härte (7) und chemische Widerstandsfähigkeit. Deshalb wird Quarz bei der Verwitterung und Erosion nicht zerstört und auf seinem Weg zum Sandkorn in den Flüssen bis ins Meer nur abgerundet. Quarz ist in Gesteinen farblos bis leicht rauch-braungrau, meist durchsichtig, auf den Bruchflächen glas- bis fettglänzend. Quarz ist zahlreichen Gesteinsarten sehr häufig: SiO_2-reiche Plutonite und Vulkanite, in Sandsteinen und in Quarzit ist er Hauptgemengeteil. Auch in Metapeliten und vielen Schiefer- und Gneisarten ist er wichtig. Oft findet man ihn auch als Kluft- und Aderfüllung in sauren, SiO_2-reichen Gesteinen.
Varianten: **Bergkristall** farblos, **Rauchquarz** braun, **Amethyst** violett, **Citrin** gelb, **Eisenkiesel** rostrot undurchsichtig, durch Hämatit/Goethit-Einlagerungen verfärbt

Chalcedon (SiO_2)   Gerüstsilikat   Feinstkristalliner Quarz mit tausend Gesichtern

Chalcedon ist mikrokristallin feinstfaserig ausgebildeter Quarz, der gerne in Hohlräumen und Spaltenfüllungen aus wässrigen Lösungen bei nicht sehr hohen Temperaturen auskristallisiert. Bekannt sind etwa gefüllte Hohlräume in Vulkangesteinen, wo der Chalcedon von den Wänden her gewachsen und durch unterschiedliche chemische Beimengungen verschieden gefärbt wurde, was zu schönen Achaten führt. Es gibt unendlich viele Chalcedonarten mit zahlreichen Fantasienamen, je nach Fremdverfärbungen und Strukturen. Chalcedon kommt in der Schweiz vor allem in Sedimentgesteinen vor: als Hauptbestandteil im Radiolarit (Nr. 118) und in «Feuerstein»-Knollen (Nr. 38)

Feldspäte: Häufigste Mineralgruppe in der Erdkruste

Die Feldspat-Mineralien machen rund 60 % der gesteinsbildenden Mineralien der Erdkruste aus! Die beiden allerwichtigsten Vertreter sind Kalifeldspat und Plagioklas.

Kalifeldspat ($KAl[Si_3O_8]$) Gerüstsilikat Das mineralogische Legoklötzchen

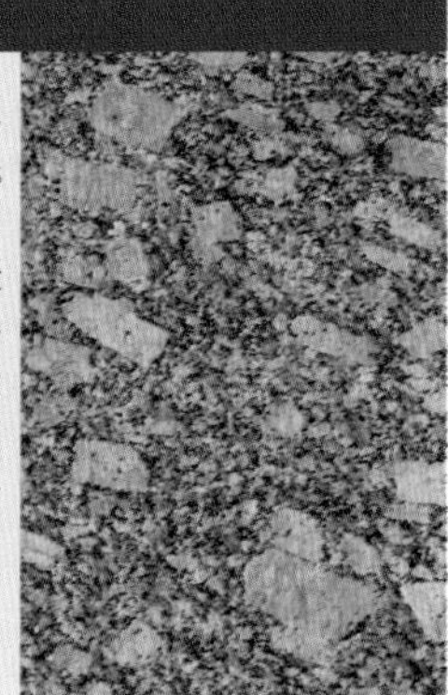

Kalifeldspat ist farblos bis milchigweiß, oft sekundär rötlich-bräunlich-orange verfärbt (Eisenhydroxide); meist halb transparent bis undurchsichtig; glasglänzend, falls verfärbt eher matt. Mit Härte 6 ritzt er Glas nicht. In granitischen Gesteinen sehen Kalifeldspatkristalle oft wie rechtwinklige Legoklötzchen aus (Nr. 51, 121). Er spaltet sich entlang von zwei fast 90° zueinander stehenden Spaltflächen. Kristalle in magmatischen Gesteinen liegen oft als sogenannte Karlsbader Zwillinge vor; dies sind zwei miteinander gesetzmäßig verwachsene Individuen. Die Zwillingsnaht wird bei Aufglänzen im Licht sichtbar, indem nur die eine Hälfte des Kristalls aufglänzt. Kalifeldspat ist sehr häufig in sauren Plutoniten (Granitfamilie) und Vulkaniten, aber auch in vielen metamorphen Gesteinen zu finden.

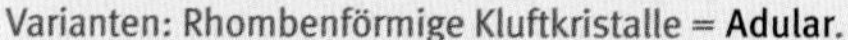

Varianten: Rhombenförmige Kluftkristalle = **Adular.**

Plagioklas (Mischung Albit-Anorthit) Gerüstsilikat Der große Unbekannte

Die im frischen Zustand farblosen bis milchigweißen Plagioklase sind oft sekundär gelblich-grünlich verfärbt (feinste Einlagerungen von Sericit, Chlorit, Epidot etc., s. S. 397). Im frischen Zustand können sie kaum von Kalifeldspat unterschieden werden, es sei denn, es sind die für Kalifeldspäte typischen Karlsbadzwillinge vorhanden. Die Mischreihe der Plagioklas-Feldspäte umfasst die gesamte Spanne von Albit bis Anorthit (Abb. S. 38). Sie wird weiter unterteilt und mit Namen versehen. Die Plagioklase in granitischen Gesteinen haben meistens um 30–50% Anorthit-Anteil, diejenigen der basischen und damit calciumreicheren Gesteine liegen in den Bereichen von 60–90 % Anorthit. Plagioklase sind in den basischen Magmatiten der wichtigste Feldspat (Diorite, Gabbros, Basalte).

Varianten: **Labradorit** ist ein grobkristalliner anorthitreicher Plagioklas, der infolge von Lichtbrechungen an mikroskopisch feinen Lamellen in den Spektralfarben schillernd erscheint.

Schichtsilikate: Eine sehr «kinderreiche» Silikatgruppe!

Muskovit/Hellglimmer K-Al-Schichtsilikat Silberfischchen der Mineralienwelt

Muskovit ist in der Regel gut zu erkennen. Er bildet hell-silbrige bis grünliche Plättchen mit Glas- oder Perlmuttglanz. Die Kristalle sind weich und lassen sich mit dem Messer parallel zu den Plättchen abschuppen. Muskovit ist in sauren Plutoniten, in Gneisen und in vielen metamorphen Gesteinen häufig. In schwach metamorphen Schiefern kann er äußerst feinkörnige, samtig glänzende Überzüge bilden und wird dann **Sericit** genannt.

Biotit/Dunkelglimmer K-Fe-Mg-Schichtsilikat Schwarzbraune Flitterplättchen

Von Form und Erscheinung her identisch mit Muskovit, gibt sich der Biotit leicht durch seine dunkelbraune, manchmal auch goldbraune bis schwarze Farbe zu erkennen. Biotit ist sehr häufig in granitischen bis dioritischen Plutoniten, aber auch in Glimmerschiefern und Gneisen. Biotit neigt zu hydrothermaler Umwandlung zu Chlorit, was durch eine grüne Verfärbung von den Rändern her angezeigt wird. Sehr eisenarmer bis eisenfreier Biotit ist hellbraun und heißt **Phlogopit**. Er kommt in metamorphen ultrabasischen Gesteinen (Peridotiten) und in Dolomitmarmoren vor.

Chlorite Fe-Mg-Al-Schichtsilikat Stumpfgrüner Hansdampf in allen Gassen

Chlorit-Mineralien bilden ebenfalls eine Familie mit verschiedenen Endgliedern, die jedoch makroskopisch kaum auseinanderzuhalten sind; es reicht deshalb, wenn wir ganz einfach von Chlorit sprechen. Normale Chlorite sind stumpf- bis dunkelapfelgrün und undurchsichtig, mit höchstens mattem Glanz. Wie die Glimmer, kristallisieren sie als kleine Plättchen und in mattgrünen Kluftbelägen, aber auch als Plättchenstapel und in Anhäufungen oder gar sandartigen Aggregaten. In magmatischen Gesteinen kommen sie nur sekundär, hydrothermal als Umwandlungsprodukte von Biotit, Amphibol und Pyroxen vor. Sehr häufig ist Chlorit in schwach- bis mittelgradigen Metabasiten (Grünschiefer), recht verbreitet in schwach- bis mittelgradigen Metapeliten. Chlorit kommt in alpinen Zerrklüften oft in größeren Mengen als feinkörnige bis sandiglose Aggregate oder als Überzüge von anderen Mineralien vor.

Serpentine Schichtsilikat $Mg_3[Si_2O_5]\,(OH)_4$ Welt der weiß-gelb-grün-schwarzen Steine

Die Serpentine sind ebenfalls eine ganze Mineralfamilie, welche die Serpentinitgesteine aufbauen. Ihre drei wichtigsten Vertreter sind **Antigorit**, **Chrysotil** und **Lizardit**. Serpentine treten meist als dichte Massen auf, die von Schwarz über Schwarzgrün bis giftighellgrün variieren können. Häufig sind durch Rutschharnischbildung stark fettglänzende gewellte Bewegungsflächen. An der Erdoberfläche bilden sich an Serpentiniten leicht orangebraune Verwitterungskrusten, die den Gesteinen ein ganz eigenes Aussehen geben. Die Serpentinisierung von Mantelperidotit an mittelozeanischen Rücken durch Aufnahme von Meerwasser ist ein sehr wichtiger Prozess in der ozeanischen Lithosphäre.

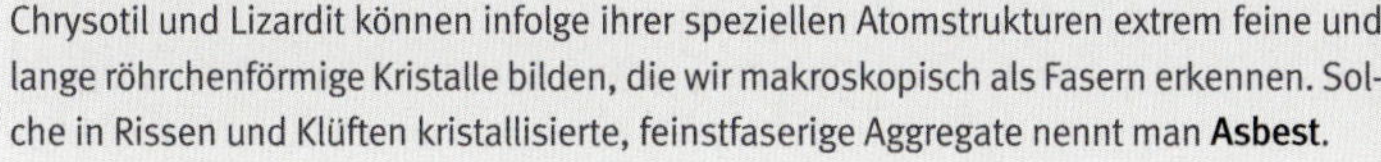

Chrysotil und Lizardit können infolge ihrer speziellen Atomstrukturen extrem feine und lange röhrchenförmige Kristalle bilden, die wir makroskopisch als Fasern erkennen. Solche in Rissen und Klüften kristallisierte, feinstfaserige Aggregate nennt man **Asbest**.

Talk Schichtsilikat $Mg_3[Si_4O_{10}](OH)_2$ Das weiche weiße Bapypulvermineral

Talk ist leicht zu erkennen. Er ist sehr weich (Mohshärte 1), also mit dem Fingernagel problemlos ritzbar, und er fühlt sich unverkennbar «talkig» an. Er ist weiß und bildet schuppige Aggregate oder Überzüge. Talk kommt praktisch ausschließlich in Gesellschaft mit Serpentin-Gesteinen und in hochdruck-metamorphen basischen Gesteinen vor. Zusammen mit Serpentin- und Chloritmineralien ist Talk Hauptbestandteil der sogenannten «Ofensteine» (Giltstein, Lavezstein Nr. 47). Babypuder und die Basis der meisten Hautpuder bestehen aus Talk.

Tonmineralien Mg-Al-H_2O-Schichtsilikate Fantastische mineralische Mikrowelt

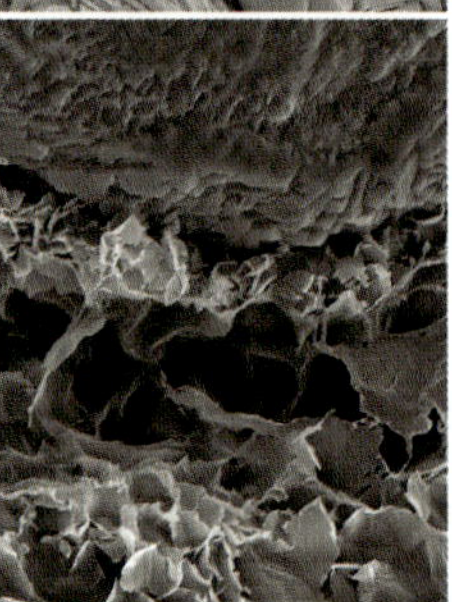

Tonminerale sind eine Welt für sich! Von bloßem Auge wird man nie einen Kristall eines Tonminerals sehen, sondern immer nur Anhäufungen dieser mikroskopisch feinen Schüppchen, die einfach als «Ton» bezeichnen werden. Tonminerale sind einerseits definiert als spezielle Schichtsilikate, die mehr oder weniger Wasser oder andere Elemente in ihr Kristallgitter aufnehmen und es auch wieder abgeben können, andererseits durch ihre winzigen Kristallgrößen von weniger als einigen Tausendstel Millimeter. Im Prinzip sind die Tonminerale diejenigen Silikate, die unter den physikalisch-chemischen Bedingungen an der Erdoberfläche stabil sind. Deswegen werden die meisten andern Silikatmineralien (außer Quarz und Calcit) an der Erdoberfläche früher oder später zu Tonmineralien zersetzt. Diese Umwandlung erfolgt je nach Klima und Mineralart unterschiedlich rasch. Viele wichtige Silikatmineralien wie Feldspäte, Amphibole, Pyroxene und Glimmer sind relativ leicht zersetzbar und überleben in der Regel den Transport über Flüsse in die Meere nicht, sondern kommen dort einfach nur als Tontrübe an. Andere, wie etwa Granat, sind viel stabiler und gelangen zusammen mit dem extrem widerstandsfähigen Quarz als gerundete, aber unzersetzte Sandkörner im Meer an. Es gibt eine komplexe Vielzahl von Tonmineralien. Die bekanntesten sind **Kaolinit**, **Illit**, **Montmorillonit** und **Bentonit**. Sie sind Hauptbestandteil von Tonsteinen und Beimengungen bei anderen Sedimentgesteinen (z. B. Kalkstein Mergel). Bei zunehmendem Metamorphosegrad gehen die Tonmineralien zuerst in Illit, dann in Hellglimmer über.

Band- und Kettensilikate: Immer länglich

Amphibol-Familie (Bandsilikate): Stängel und Strahlen

Die Amphibole sind eine große und komplexe Mineralfamilie, die in viele Mischreihen mit ebenso vielen Endgliedern unterteilt wird. Gemeinsam ist allen, dass sie Kristallwasser in Form von $(OH)^-$-Gruppen enthalten. Alle zeigen eine starke Tendenz zur Ausbildung von langstängeligen bis faserigen Formen, und alle haben zwei charakteristische Längsspaltbarkeiten, welche sich in einem Winkel von 120° schneiden; man kann dies mit der Lupe oft recht gut erkennen. Es handelt sich dabei um das wichtigste Unterscheidungsmerkmal bei den Amphibolen und den Pyroxenen, bei denen die Längsspaltbarkeiten in einem rechten Winkel schneiden. Mit den folgenden vier Mischtypen ist man für die meisten Gesteine «amphibolmäßig» gut gerüstet.

Hornblende Ca-Fe-Mg-Al-Amphibol Schwarze Prismen mit grünem Teint

Der «Gewöhnlichste» in der Familie erscheint als schwarze bis schwarzgrüne, glasglänzende Prismen bis Stängel. Hornblende ist verbreitet in granitischen und häufig in dioritisch-tonalitischen Plutoniten sowie in andesitischen Vulkaniten (oft idiomorphe Einsprenglinge). In metamorphen Gesteinen ist Hornblende neben Plagioklas wichtigster Bestandteil in den Amphiboliten (Nr. 42, 98). In mergeligen Metapeliten können auch garbenförmige Kristalle auftreten (Nr. 46).

Aktinolith/Strahlstein Ca-Fe-Mg-Amphibol Der Name ist Programm!

Aktinolith bildet meist lange Stängel von satt hell- bis mittelgrüner Farbe. Der Name «Strahlstein» kommt von der Tendenz her, strahlige bis gar sonnenartige Aggregate zu bilden. Aktinolith ist in verschiedenen mittelgradigen Metamorphiten recht verbreitet. Er ist Hauptbestandteil der Grünschiefer (Nr. 90). Gerne kommt er auch als Kluftfüllung in parallel- oder wirrstängeligen Aggregaten vor.

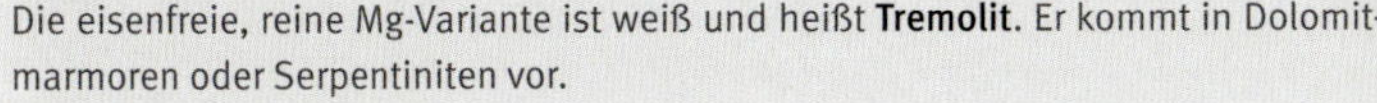

Die eisenfreie, reine Mg-Variante ist weiß und heißt **Tremolit**. Er kommt in Dolomitmarmoren oder Serpentiniten vor.

Glaukophan Na-Ca-Al-Amphibol Schwarzblaue noble Schönheit

Dieser Amphibol hat dunkel-schwarzviolett bis lavendelblaue Farben. Bei sehr dunklen Varietäten zeigt sich der blauviolette Farbton nur in gutem Licht. Glaukophan ist verbreitet in hochdruck-metamorphen Metabasiten. Er gibt der Blauschieferfazies ihren Namen.

Pyroxen-Familie (Kettensilikate): Die dickeren Vettern der Amphibole

Die Pyroxene sind chemisch nicht derart komplex wie die Amphibole, zudem enthalten sie nie Kristallwasser, weshalb sie eher in Hochtemperaturgesteinen vorkommen (Magmatiten, hochgradigen Metamorphiten). Im Unterschied zu den Amphibolen bilden die Pyroxene eher gedrungene Prismen. Sie weisen zwei gute Längsspaltbarkeiten auf, die sich jedoch in einem Winkel von nahezu 90° schneiden – ein sehr wichtiges Unterscheidungsmerkmal zu den Amphibolen. Mit der Lupe kann man oft die rechtwinkligen «Treppchen» erkennen.

Augit Fe-Mg-Ca-Pyroxen Schwarze Lakritze-Bonbons

Was bei den Amphibolen die Hornblende, ist bei den Pyroxenen der Augit: der «Gewöhnliche», Häufigste. Wie die Hornblende ist Augit in frischem Zustand schwarz, durch sekundäre Veränderungen wird er bräunlich oder grünlich. Augit ist verbreitet in basischen Plutoniten, Hauptbestandteil von Gabbro und bei den Vulkaniten Hauptbestandteil von Basalt, wo er oft in schönen idiomorphen Kristallen vorkommt.

Diallag ist eine Augitvarietät in Gabbros und Serpentiniten, die infolge von feinsten Spaltbarkeitslamellen und Einlagerungen von Ti-Mineralen einen spezifisch bronzeartigen Glanz erhält.

Diopsid $CaMg[Si_2O_6]$ mattgrün bis knallgrün

Diopsid ist ein matt- bis olivgrüner Pyroxen. Er bildet gedrungene Prismen mit +/– quadratischem bis rechteckigem Querschnitt. Er kommt in hoch metamorphen unreinen Dolomitmarmoren und in ultrabasischen Plutoniten vor, vorab in Mantelperidotit. Die knallgrüne chromhaltige Varietät ist ein wichtiger Anzeiger für Diamantvorkommen.

Omphacit Na-Al-Pyroxen Grün im Duo mit rotem Pyrop-Granat

Omphacit ist oft nicht leicht von Diopsid zu unterscheiden. Er ist eher stumpf- bis sattgrün. Er kommt in hochdruckmetamorphen Metabasiten vor, wo er neben Granat Hauptbestandteil von Eklogit ist (Nr. 93). Chromhaltige Varietäten können hell-froschgrün sein (z. B. Allalingabbro, Nr. 92).

Gruppensilikate: Wichtige Nebendarsteller

Epidot Ca-Fe-Al-Silikat Nur an Pistazienkerne denken!

Epidot ist leicht zu erkennen. Sein charakteristisches Gelbgrün («Pistaziengrün») erkennt man leicht, wenn man es einmal gesehen hat. Epidot kommt meist in körnigen Aggregaten vor, bildet aber auch gerne längere Stängel. In Magmatiten kommt er nur sekundär-hydrothermal vor, v. a. als feinstes Umwandlungsprodukt in Plagioklas (grünliche Verfärbung). Wichtig ist er in mittelstark- bis hochdruckmetamorphen Metabasiten; er bildet oft einen Hauptbestandteil in Grünschiefern. Aber auch in hydrothermalen Adern und Gängen mit Feldspat und Quarz ist er in den Alpen oft anzutreffen, vor allem in Graniten und Gneisen.

Eisenfreier, farbloser Epidot heißt **Zoisit**. Dieser kommt gerne in hochdruckmetamorphen Metabasiten vor.

Inselsilikate: Immer hart, oft auch Edelsteine

Granatfamilie Fe-Mg-Mn-Ca-Inselsilikate Die Fußballwelt der Mineralien

Die große Familie der Granate wird durch den Austausch von zweiwertigen Ionen wie Ca, Mg, Fe und Mn sowie von dreiwertigen Ionen wie Al, Fe und Cr definiert. Ähnlich wie bei den Pyroxenen mit dem Augit und den Amphibolen mit der Hornblende, gibt es einen «gewöhnlichen» Granat, den Almandin, der eine in vielen Gesteinen auftretende Mischform bildet. Alle Granate kristallisieren im kubischen System und bilden bevorzugt kugelförmige Zwölfflächner. Sie weisen eine hohe «Kristallisationskraft» auf und tendieren deshalb stark zu idiomorpher Ausbildung in den Gesteinen. Sie gleichen oft kleinen Fußbällen.

Almandingranat ist braun, rotbraun bis violettbraun und meist undurchsichtig. Das sehr harte Mineral (H 6,5–7,5) weist wie Quarz keine Spaltbarkeit, aber einen muscheligen Bruch auf. Almandin ist selten in granitischen Plutoniten, hingegen häufiger in Granit-Pegmatiten. Hie und da trifft man ihn als gerundete Körner in klastischen Sedimenten an, da er wie Quarz sehr verwitterungs- und abriebsfest ist. Er ist verbreitet in mittel- bis hochgradigen Metapeliten (Granat-Glimmerschiefer, Nr. 46, 83) und in hochgradigen Metabasiten (Granat-Amphibolit, Nr. 42, 98).

Die magnesiumreiche Varietät **Pyrop** ist Hauptbestandteil in hochdruckmetamorphen Metabasiten (Eklogit, Nr. 93) und Ultrabasiten (Granatperidotit, Nr. 87).

Olivin $(Mg,Fe)_2[SiO_4]$ Olivgrün – aber nur wenn frisch!

Im frischen Zustand ist Olivin gut an seiner grünen bis olivgrünen Farbe zu erkennen. Wie Quarz und Granat ist er sehr hart und hat keine gute Spaltbarkeit. Er weist einen Glas- bis Fettglanz auf sowie muschelige Bruchflächen. Er kommt in rundlichen Körnern bis stumpfen Prismen vor. Olivin ist häufig in basischen Magmatiten (Gabbro und Basalt). Im Peridotit ist er das Hauptmineral. Olivin reagiert sehr leicht und rasch im Kontakt mit heißen Tiefengrundwässern. Dabei entstehen Serpentinmineralien und Eisenhydroxide. Olivine von Basalten und Peridotiten sind oft durch Wassereinwirkung teilweise bis ganz zu Serpentin und Eisenhydroxid umgewandelt.

Alumosilikate Al_2SiO_5 Dreiergespann Andalusit – Disthen – Sillimanit

Es gibt drei Aluminosilikate, die allesamt dieselbe Strukturformel aufweisen, aber in Abhängigkeit zu Druck und Temperatur verschiedene Erscheinungsformen haben (Polymorphie) Die Alumosilikate kommen nur in metamorphen Gesteinen vor, vorab in Metapeliten. Ihr Druck-Temperatur-Stabilitätsdiagramm (Abb. S. 26) ist enorm wichtig für die Metamorphoseeinteilung.

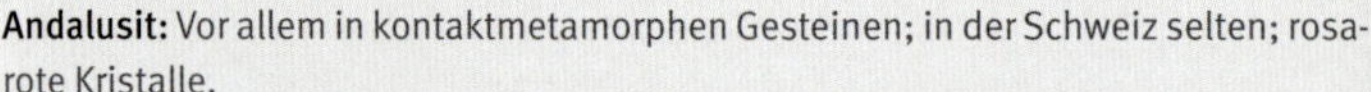

Andalusit: Vor allem in kontaktmetamorphen Gesteinen; in der Schweiz selten; rosarote Kristalle.
Disthen: In mittel- bis hochdruckmetamorphen Gesteinen, z. B. im Tessin (Nr. 83), aber auch in Eklogiten (Nr. 93, 92); unverwechselbare blaue Stängel.
Sillimanit: In hochgradig metamorphen Gesteinen, z. B. in der südlichen Steilzone des Tessins oder in voralpin hoch metamorphen Altkristallin-Gneisen (Nr. 84); meist sehr kleine, farblose Prismen oder nadelige Aggregate.

Karbonate: In der Welt der Meeressedimente

Calcit/Kalkspat $Ca[CaCO_3]$ Baumeister aller Kalksteine

Calcit ist bei Weitem das wichtigste Nichtsilikatmineral in Gesteinen. Weil das Meer eine gigantische Calcit-Produktionsstätte ist, dominiert Calcit bei den marinen Sedimentgesteinen. Calcit ist mit Härte 3 relativ weich. Normalerweise ist er farblos und transparent bis halb transparent, aber durch Fremdeinlagerungen in allen möglichen Farben gefärbt (häufig bräunlich). Die diagnostisch wichtigste Eigenschaft von Calcit ist seine perfekte Spaltbarkeit in drei schräg aufeinanderstehenden Ebenen. Dies ist bei angebrochenen Calciten immer zu sehen. Calcit reagiert heftig mit verdünnter Salzsäure. Calcit ist Hauptbestandteil von Kalksteinen und verwandten Gesteinen. Die meisten fossil erhaltenen Schalen und Skelette von Meerestieren bestehen aus Calcit (Korallen, Muscheln, Schnecken, Ammoniten, Seeigel etc.). Ebenso ist er Hauptbestandteil von Calcitmarmor und Kalksilikat-Gesteinen. Teilweise kommt er auch in tief- bis mittelgradigen Metabasiten und Serpentiniten (Ophicalcit, Nr. 88). Häufig ist Calcit auch als Kluft- und Aderfüllung in Kalksteinen oder Ca-reichen Metamorphiten anzutreffen.

Dolomit $CaMg[CO_3]_2$ Nur mit Salzsäure vom Calcit unterscheidbar

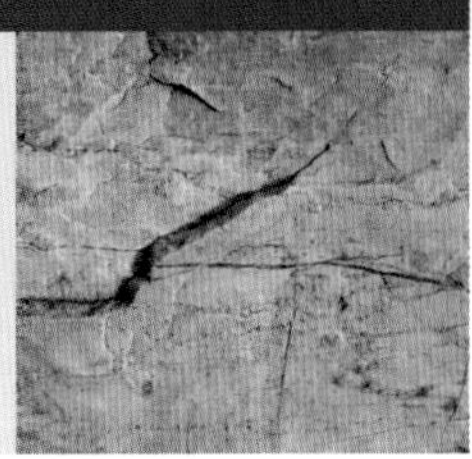

Dolomit ist als Calcium-Magnesium-Karbonat sozusagen der nächste Verwandte des Calcits. Dolomit entsteht meistens bei der Diagenese von tropischen Flachwasserkalkschlämmen durch magnesiumreiche Porenwässer, welche sich dann zu Dolomitgestein verfestigen. Dolomit sieht praktisch gleich aus wie Calcit. Eine Unterscheidung im Feld ist in der Regel nur mit dem Salzsäuretest möglich: Dolomit reagiert praktisch nicht mit verdünnter Salzsäure.

Sulfide: Köngsklasse der Erzmineralien

Pyrit FeS_2 Das berühmte Katzengold

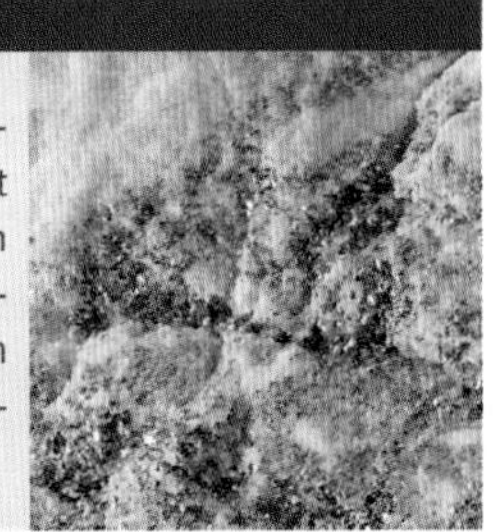

Pyrit kann aufgrund seiner messinggelben Farbe und seiner kubischen Kristallformen – am häufigsten sind Würfel – in der Regel leicht erkannt werden. Weil er leicht zu Eisenhydroxid verwittert, weist er oft rostfarbene Überzüge auf. Er kann aber auch völlig zu kleinen Rosthäufchen zersetzt sein. Pyrit kommt als untergeordneter Nebengemengeteil in vielen Gesteinen vor. Größere Mengen sind manchmal in Rhyolithen und in Tonsteinen/Tonschiefern zu finden. In vielen Erzlagerstätten ist Pyrit ein wichtiges Erzmineral, das aber leider für die Eisengewinnung ungeeignet ist.

Oxide und Hydroxide: Die Welt des Eisens

Magnetit/Magneteisenstein Fe_3O_4 Vorsicht mit dem Kompass!

Magnetit ist das weitaus wichtigste Eisenerzmineral. Er kommt in schwarzen glänzenden Körnern vor; die häufigste und typische Kristallform ist das Oktaeder. Magnetit ist ferrimagnetisch und zieht Eisen/Stahl-Gegenstände an – also auch die Kompassnadel. Wie Quarz ist er hart und verwitterungsresistent und gelangt deshalb oft als runde Körner bis in marine Sande. Am häufigsten zu finden ist Magnetit in Serpentinitgesteinen, wo er meist als hübsche kleine Oktaeder in der grünen Matrix liegt.

«Limonit» FeOOH Naturrost

Limonit ist kein eigentliches Mineral, soll hier aber als solches vorgestellt werden, weil es sehr häufig ist. Wie die chemische Formel anzeigt, handelt es sich dabei um eine wasserhaltige Eisenverbindung. Das reine FeOOH kommt als Mineral in zwei Kristallisationsformen vor, **Goethit** und **Lepidokrokit**. Diese beiden bilden denn auch die Hauptbestandteile von Limonit. Limonit ist ein feinkörniges, rostfarbenes bis ockergelbes Gemisch aus Goethit, Lepidokrokit und weiteren Eisenverbindungen, oft auch noch mit Tonmineralien. Eisenmineralien wie Pyrit, aber auch eisenhaltige Silikatmineralien wie Biotit, können unter Oberflächenbedingungen leicht oxidiert und zu Limonit umgewandelt werden. Es braucht wenig Limonit, um ein Gestein völlig «rostig» aussehen zu lassen. Limonit bildet körnig-pulvrige Massen und Krusten. Größere Limonitmassen können in Karsttaschen zusammen mit aluminiumreichen Tonmineralien sogenannte Bauxitgesteine bilden. Darin kann Limonit als erbsengroße Kügelchen kristallisieren («Bohnerz» Nr. 10).

Halogenide: Das Salz der Erde

Halit/Steinsalz NaCl Nahrungsmittel und tektonische Schmierseife

Steinsalz ist leicht zu erkennen: grobkristallin, würfelige Spaltbarkeit, weich und salzig im Geschmack. Allerdings wird man in unserem Klima salzhaltige Gesteine nie an der Oberfläche antreffen: das Salz ist längst weggelöst! Dennoch ist Salz als Rohstoff und auch in der Geologie sehr wichtig: Salzgesteine bilden sich in Evaporitsedimenten an heißen Flachmeerküsten, meist als kompakte Salzschichten. Steinsalz ist unter geologischen Bedingungen extrem leicht verformbar und «fließt» leicht. So können Salzschichten aufgrund ihres geringen spezifischen Gewichts wie plutonische Körper als Salzdiapire Richtung Erdoberfläche aufsteigen oder als Schmiermittel für Überschiebungen dienen, so etwa im Juragebirge.

Sulfate: Naürliche Salze der Schwefelsäure

Gips $Ca(SO_4)*2H_2O$ Weißrosa und fingernagelweich

Gips ist zusammen mit Halit das wichtigste Evaporitmineral. Unter erhöhten Temperaturen und Drucken verliert er sein Kristallwasser und wandelt sich zu wasserfreiem **Anhydrit** $Ca(SO_4)$ um. Gips erscheint farblos bis weiß, durch Fremdbeimengungen auch verfärbt, oft rosa. In größeren Kristallen ist er transparent. Meist ist er aber körnig bis faserig ausgebildet (Fasergips, Alabaster). Mit Härte 2 ist er mit dem Fingernagel noch knapp ritzbar. Gips kommt in Evaporitablagerungen vor, oft in Kombination mit Steinsalz und Dolomitgesteinen. Wie Steinsalz sind auch Gipsgesteine sehr leicht verformbar und bilden gerade in den Alpen oft Abscher- und Überschiebungshorizonte. Dort bilden sich die Rauwacken (Nr. 64); Gips-Dolomit-Brekzien, deren Gips an der Oberfläche herausgelöst wurde.

Gesteinsgefüge und -strukturen

Wenn wir unterwegs nach «schönen Steinen» Ausschau halten, so achten wir neben den Farben vor allem auf Gefügeelemente: hier ein Stein mit hübschen Falten, dort einer mit einer farblichen Bänderung, ein dritter mit sich kreuzenden weißen Klüften, oder einer mit wilden und bunten Strukturen. Die räumliche Anordnung von Gesteinen und ihrer Bestandteile, vor allem vom Aufschluss- bis in den Handstückbereich, ist enorm wichtig für die Beschreibung und Bestimmung sowie für die Interpretation ihrer Geschichte. Deswegen müssen wir die wichtigsten Gefügeelemente erkennen, beschreiben und interpretieren lernen. Die folgende Tabelle ist eine Zusammenstellung von wichtigen Gefügebegriffen, die für eine Beschreibung der Gesteine im Feld nützlich sind. Sie werden auch in den Gesteinsporträts dieses Buches verwendet. Die Zusammenstellung ist nicht vollständig, sondern richtet sich nach Strukturen, welche in den schweizerischen Gesteinen anzutreffen sind.

A Räumliche Anordnung im Gesteinsverband (Aufschlussbereich)		
Element	**Ausprägungen**	**Erläuterungen und Verweise auf Beispiel**
Schichtung	Durch Veränderungen in der Sedimentablagerung entstehen Schichtungen (z. B. Nr. 3, 6, 28, 109)	
	rhythmische Schichtung	Der gleiche Typ Schichtabfolge wiederholt sich vielfach (z. B. S. 383).
	Kreuz- oder Schrägschichtung	Schrägschichtungen entstehen in erster Linie in Sandsteinen, die in Flüssen (fluviatil) oder Wüstendünen abeglagert wurden (z. B. Nr. 1).
	gradierte Schichtung	Innerhalb einer Schichtbank verändert sich die Korngröße kontinuierlich von unten nach oben (z. B. Nr. 15).
	Warven-Schichtung	Ganz feine Schichtung im mm-Bereich, welche jahreszeitliche Zyklen anzeigt, etwa in Seetonen der Schweizer Seen.
Bankung	Von Bankung spricht man, wenn in Sedimentgesteinen einzelne Schichten als härtere Lagen deutlich hervorstehen (z. B. Nr. 26, 120).	
Schieferung	Im Gegensatz zur Schichtung ist die Schieferung keine Ablagerungsstruktur, sondern entsteht durch metamorphe Deformation und Umkristallisation, ist also eine Deformationsstruktur. Schieferung wird erzeugt durch in einer Ebene eingeregelte Schichtsilikate, meistens Glimmermineralien (v. a. Muskovit, Biotit) (z. B. Nr. 16, 45, 60, 61).	
Bänderung	Als Bänderung wird ein Wechsel verschiedenfarbiger, unterschiedlich zusammengesetzter Lagen bezeichnet. Im Gegensatz zur Schichtung kann sie nicht nur sedimentär entstehen, sondern auch in magmatischen und metamorphen Gesteinen (z. B. Nr. 42, 112).	
Klüftung	Es gibt fast kein Gestein, welches nicht infolge von Hebungs-, Absenkungs- oder Verschiebungsvorgängen an diskreten Bruchstellen mehr oder weniger stark zerbrochen ist. Solche Bruchstellen werden «Klüfte» genannt. Im Unterschied zu den Adern sind sie nicht mineralgefüllt. Klüfte entstehen aus einem bestimmten Spannungsfeld und verlaufen deshalb oft einigermaßen parallel. Klüfte sind oft wichtige Wegsamkeiten für Grundwässer. An Klüften setzt auch gerne die Verwitterung und Erosion an (z. B. Nr. 49, 51, 121).	
Adern Durchaderung	Öffnen sich Klüfte und kristallisieren in diesen Spalten Mineralien, so spricht man von Adern (z. B. S. 57).	
Zerscherung	Gesteine, welche infolge von Scherdeformationen, z. B. an Überschiebungen oder Abschiebungen, intensiv an flächigen Zonen deformiert sind. Man unterscheidet spröde und duktile Zerscherung (z. B. Nr. 54, 97).	
Faltung	Duktile Verbiegungen von Gesteinen in allen Größenordnungen und Intensitäten (z. B. Nr. 15, 27, 40 sowie S. 53)	
Boudinage	Zerdehnung von kompetenteren Lagen zwischen inkompetenteren; führt im zweidimensionalen Anschnitt zu wurstartigen Strukturen (z. B. S. 13 und 54).	

Element	Ausprägungen	Erläuterungen und Verweise auf Beispiel
Gänge	Gänge sind magmatisch gebildete Adern: In eine spröd gebildete Kluft dringt ein Magma ein und kristallisiert als plattenförmige Struktur. Gänge können gewaltige Dimensionen annehmen. In den Alpen sind folgende Gangarten häufig anzutreffen: Rhyolithgänge (Nr. 55, 104), Aplite (Nr. 123), Pegmatite (Nr. 124), Lamprophyre (Nr. 56)	
Migmatitstrukturen	Gesteine, welche bei der Metamorphose über ihre Aufschmelztemperatur gelangen (ab rund 650–700 °C) entwickeln ganz charakteristische Gefüge. Sie zeigen im Aufschlussbereich (cm bis dm) ein Nebeneinander von Gesteinsteilen mit Gneisgefüge (Paläosom) und solchen mit magmatischem, richtungslosem Gefüge (Leukosom). Letztere sind durch Aufschmelzvorgänge entstanden. Migmatite sind in allen Grundgebirgseinheiten der Alpen häufig anzutreffen (Nr. 39, 40, 80).	
Spezialstrukturen in Sedimentgesteinen	Knollenstrukturen/ Konkretionen	In verschiedenen Sedimentgesteinen können sich durch Diffusion von chemischen Elementen bei der Gesteinsverfestigung und Ausfällung dieser Elemente in konzentrierter Form Knollen und Konkretionen ganz unterschiedlicher Größe und Art bilden. Am häufigsten sind Knollen von feinstkörnigem Quarz in Kalksteinen (Flint, Feuerstein, Nr. 38).
	Slumps	In feinkörnigen Sedimenten können sich im noch unverfestigten Zustand am Meeresboden durch Rutschungen chaotische Faltenstrukturen bilden. Von tektonischen Falten kann man sie unterscheiden, weil sie darunter und darüber von ungestörten Sedimentlagen begrenzt werden (S. 149, 379).
	Lumachellen, Schillkalk	Schichten in Kalkstein, die fast ausschließlich aus Schalen oder Schalentrümmern von Muscheln, Schnecken oder Brachiopoden bestehen (z. B. Nr. 13).
	Tempestite	Durch Sturmereignisse oder Tsunamis in küstennahen Sedimenten verursachte Strukturen. In den Alpen häufig in Dolomiten der Triaszeit, wo leicht verfestigte Algenmatten durcheinandergewirbelt wurden (z. B. Nr. 108).
	Fließmarken (flute casts)	Duch Überströmen von sandigen Turbiditströmen über Feinsedimente können durch lokale Verwirbelungen Fließmarken entstehen und an der Unterseite der Sandsteinbank erhalten bleiben. Sie zeigen die Fließrichtung des Turbiditstroms an. Vor allem in Flyschabfolgen zu finden (z. B. Nr. 15).
Spezialstrukturen in magmatischen Gesteinen	Xenolithe/«Chicken Heads»	Einschlüsse von Fremdgestein in Plutoniten, z. B. Dioritschollen in Granit. Größenordnungen von cm bis Dekameter. Die Schollen können eckig oder gerundet sein oder Reaktionssäume mit dem einschließenden Gestein zeigen. Sind diese Knollen härter als das Umgebungsgestein, wittern sie als bei Kletterern beliebte «Chicken Heads» heraus (z. B. Nr. 48, 106).
	Magmamischung	In Magmakammern können sich unterschiedliche Magmen mischen, ohne dass es zu einer Homogenisierung zu einem neuen Magma kommt. Daraus entstehen höchst variable, oft marmorkuchenähnliche Strukturen (z. B. Nr. 102).
	Fluidalstrukturen	In Magmakammern gibt es Magmaströmungen, die zu Fließstrukturen führen. Diese können sich z. B. in einer Einregelung von Kalifeldspateinsprenglingen äußern (z. B. Nr. 51).
	Kumulatstrukturen	Planare Anhäufung von bestimmten magmatischen Mineralien. Solche können entstehen, wenn auskristallisierte Kristalle in der Schmelze aufgrund ihrer höheren Dichte absinken.
	Kissenlaven	Wurst- bis kissenförmige Strukturen in Basalten, mit Größen von bis zu mehreren Metern. Diese entstehen beim Ausfließen von Basaltmagma im tiefen Meerwasser im Bereich ozeanischer Rücken und sind deshalb in Ophiolithen oft anzutreffen (z. B. Nr. 89, 93).
Spezialstrukturen in metamorphen Gesteinen	Kontakthöfe und Reaktionszonen	Dringen heiße Plutone in kühle Nebengesteine ein, können sie dort kontaktmetamorphe Reaktionshöfe mit bis zu etlichen Zehnermetern Größe erzeugen. Weil beim Abkühlen von Magma eine fluide Restphase entsteht, können solche Fluide in das Nebengestein eindringen und dort zu zonierten Reaktionszonen führen (z. B. Nr. 47).

B Räumliche Anordnung und Charakteristik der Bestandteile (Handstückbereich)		
Element	**Ausprägungen**	**Erläuterungen**
Raumfüllung	massig	Gestein ist frei von Hohlräumen und Poren (z. B. Nr. 48).
	porös	Gestein enthält Hohlräume oder Poren (z. B. Nr. 64, 132).
Korngrößen	**mikrokristallin** dicht < 0,1 mm	Die Mineralien des Gesteins sind so klein, dass sie auch mit der Lupe nicht als einzelne Körner erkannt werden können. Dies ist ab einer Größe von weniger als 0,1 mm der Fall (z. B. Nr. 7, 38, 118).
	makrokristallin **feinkörnig** 0,1–2 mm	Mit der Lupe können einzelne Körner erkannt werden, detaillierte Merkmale sind aber noch zu fein, um sichtbar zu sein (z. B. Nr. 31, 56, 65, 76).
	makrokristallin **mittelkörnig** 2–5 mm	Die Komponenten sind mit der Lupe gut auseinanderzuhalten, und ihre Eigenschaften können gut gesehen werden (z. B. Nr. 6, 49, 93, 111).
	makrokristallin **grobkörnig** > 5 mm	Bestandteile sind auch von bloßem Auge gut zu erkennen (z. B. Nr. 11, 51, 52).
Homogenität	homogen	Homogene Verteilung der Bestandteile im Handstück- bis Aufschlussbereich (z. B. Nr. 100, 120).
	inhomogen	Inhomogene Verteilung der Bestandteile im Handstück- bis Aufschlussbereich (z. B. Nr. 42, 60, 71).
Räumlichkeit	richtungslos	Komponenten sind in allen Raumrichtungen gleich verteilt und orientiert (z. B. Nr. 6, 44, 87).
	geschiefert	Tafelige/blättrige Mineralien sind in einer bestimmten Ebene eingeregelt (z. B. Nr. 73, 79).
	linear gestreckt	Komponenten sind in einer einzigen Richtung in die Länge gezogen (z. B. Nr. 72).
	geschichtet	Gestein zeigt eine Schichtung (z. B. Nr. 120).
	gebändert	Gestein zeigt eine Bänderung (z. B. Nr. 42).
	gefaltet	Gestein zeigt Verfaltungen (z. B. Nr. 40, 91).
	krenuliert	Gestein zeigt regelmäßig-runzelige und intensive Knickfältelungen (z. B. Nr. 83).
Korngrößenverteilung Matrix und Zement!	gleichkörnig	Alle Komponenten sind ungefähr von gleicher Größe (z. B. Nr. 6, 65, 85).
	ungleichkörnig	Komponenten haben teilweise unterschiedliche Größen.
	porphyrisch	Eine Mineralart liegt, meist in recht gut ausgebildeten Kristallen, als deutlich größere Körner in einer feineren Grundmasse. Häufig bei plutonischen Gesteinen (z. B. Nr. 51, 121).
	porphyroblastisch	In der Matrix eines metamorphen Gesteins sind einzelne Mineralien zu größeren Kristallen über die Matrix gewachsen (z. B. Granat) (z. B. Nr. 46, 83).
	konglomeratisch	Gerundete Gesteinskiesel liegen in einer deutlich feineren Matrix (Zement). Fast nur aus Flusskies gebildet (Nagelfluh Nr. 11).
	brekziös	Eckige Gesteinsbruchstücke liegen in einer deutlich feineren Matrix (Zement). Entstehung durch verschiedene Prozesse, am häufigsten sedimentär-tektonisch (z. B. Nr. 22, 59, 67, 110).
Kristallinitätsgrad	holokristallin	Alle Bestandteile des Gesteins liegen in auskristallisierter Form vor (bei sehr feinkörnigen mikrokristallinen Gesteinen u.U. nicht leicht feststellbar) (z. B. Nr. 50, 62, 114, 123).
	semikristallin	Ein Teil des Gesteins besteht aus Glas. In den Alpen nur sehr selten im Spezialgestein «Pseudotachylit» → Schmelzbildung durch tektonische Prozesse.
	glasig	Das Gestein besteht aus Glas (meist vulkanisch). Kommt in der Schweiz nicht vor.

Element	Ausprägungen	Erläuterungen und Verweise auf Beispiel
Ausbildung der Einzelkörner (Mineralien)	xenomorph	Die Mineralkörner zeigen keinerlei regelmäßige, ihrer Kristallstruktur entsprechende Außenflächen, sondern sind unregelmäßig mit den Nachbarkörnern verzahnt. Dies ist der weitaus häufigste Fall (z. B. Nr. 40, 63).
	idiomorph	Die Mineralkörner zeigen praktisch vollständig die ihrer Kristallstruktur entsprechenden Außenflächen. Kalifeldspäte in Graniten oder Granate in metamorphen Gesteinen sind oft idiomorph ausgebildet (z. B. Nr. 51, 93, 121).
	subidiomorph	Zwischending zwischen idiomorph und xenomorph (z. B. Nr. 55, 115).
	gerundet	Körner/Komponenten sind gerundet; z. B. Quarz in Sandstein oder Kiesel in Konglomerat (z. B. Nr. 1, 11).
	eckig	Körner/Komponenten sind eckig ausgebildet (z. B. Nr. 22, 24).
Spezialgefüge in Sedimentgesteinen	Oolithe/Ooide	Kalkstein, der aus kleinen runden Kügelchen von 0,5–2 mm Größe aufgebaut ist. Diese lassen oft eine schalige Innenstruktur erkennen (z. B. Nr. 6, 25).
	Algenmatten	Schichtartige Lagen im mm-Bereich mit feinen Innenstrukturen. An tropischen Flachmeer-küsten kann feinster Karbonatschlamm von Algen gebunden werden. In der Schweiz in Trias-Dolomiten häufig (z. B. Nr. 108).
	Fossilien	Fossilien können in Sedimentgesteinen charakteristische Gefüge erzeugen; z. B. Korallen (Korallenkalke) (z. B. Nr. 24, 26, 30, 33, 119).
	Spurenfossilien	Lebewesen vergangener Zeiten können nicht nur ihre Gehäuse oder Skelette, sondern auch Spuren ihrer Tätigkeit hinterlassen (z. B. Nr. 20).
	Bodenmarken	Verschiedenartige Prozesse können ihre Spuren an Schichtgrenzen hinterlassen; die bedeutendsten sind Strömungsmarken von Flyschturbiditen (flute casts, z. B. Nr. 15).
Spezialgefüge in magmatischen Gesteinen	Kugelgranite	In manchen Graniten – in der Schweiz beispielsweise im Bergeller Granit – können kugelige Strukturen im Granit vorliegen.
	Miarolithgefüge	Subvulkanische Gesteine enthalten recht oft unregelmäßige kleine Hohlräume, in denen ein Teil der Gesteinsminerale mit schönen Kristallflächen entwickelt sein können (in Nr. 114, 115, nicht auf Abb.)
Spezialgefüge in metamorphen Gesteinen	Reaktionssäume	Recht häufig erleben metamorphe Gesteine nach dem Höhepunkt der Überprägung beim Aufstieg, und damit am Übergang zu tieferen Temperaturen, Rückreaktionen bei einzelnen Mineralien. Das Ausmaß hängt wesentlich davon ab, ob Fluide ins Gestein gelangten oder ob das Gestein nochmals verformt wurde (z. B. Nr. 87).
	Pseudomorphosen	Manchmal kristallisiert aus einem Mineral bei einer metamorphen Reaktion ein anderes Mineral, füllt aber die Form des alten Minerals aus (z. B. Nr. 93).

Fließende Gesteinsverformung: Falten und Boudinage

Gesteinsfalten in allen Größendimensionen kennen Sie bestimmt von Ihren Wanderungen. Wie kann so etwas Hartes und Sprödes wie ein Gestein fließen und dabei verbogen werden? Es braucht drei Ingredienzien dazu: Zeit, Temperatur und Druck. Eine Analogie soll das erhellen: Gletschereis ist ebenfalls etwas sehr Hartes und Sprödes – eigentlich eine Art Gestein. Und doch fließt ein Gletscher insgesamt offensichtlich wie eine Art zähe Flüssigkeit zu Tale. Zwischendurch zerbricht er auch spröd, dann bilden sich Gletscherspalten. Die Temperatur kann hierbei keine Rolle spielen, bleibt doch die Temperatur des Gletschers immer höchstens 0 °C. Aber die Zeit und der Druck spielen eine Rolle; das Gefälle und die Überlast von Eis erzeugen Druck auf das Gletschereis. Genügend Zeit vorausgesetzt, können dann zwei Prozesse zum Fließen des Eises führen. Erstens passieren an den Korngrenzen der Eiskörner seltsame Dinge. Dort, wo infolge eines hervorstehenden Kornzwickels ein ganz leicht erhöhter Druck herrscht, löst sich eine kleinste Menge Eis auf (= Drucklösung), wandert einige Zehnermillimeter an eine Stelle mit leicht vermindertem Druck und gefriert (kristallisiert) dort wieder fest. Zweitens können sich auch im Innern der Eiskristalle Verschiebungen im Atomgitter abspielen. So können sich die Formen der Eiskörner langsam verändern und zu einer Art Fließen der Eismasse führen. Man nennt diesen Vorgang «duktile Verformung».
Die gleichen Prozesse spielen sich in Gesteinen ab, wobei als entscheidender Faktor hier noch die Temperatur mit ins Spiel kommt. Quarz verformt sich bis rund 300 °C spröd, bei höherer Temperatur hingegen duktil, weil bei diesen Temperaturen die oben beschriebenen Prozesse an den Korngrenzen und in den Quarzkörnern häufig werden. Beim Calcit des Kalksteins liegt diese Schwellentemperatur rund 50 °C tiefer, bei Steinsalz bei nur rund 100 °C. Es braucht also gar keine sehr hohe Temperatur bzw. gar nicht so viel Überlagerung, damit Gesteine wie etwa Kalkstein, Sandsteine oder Granite sich duktil – d. h. «fließartig» – verformen!

Gesteinsfalten: In den Alpen omnipräsent

Sie wissen aus eigener Anschauung, dass es ganz unterschiedliche Faltenarten in allen Größendimensionen gibt. Im Tessin findet man teigige Fließfalten, andernorts mehr runde oder mehr spitze Faltentypen; im Faltenjura etwa herrschen große Knick- oder Kofferfalten vor. Die Art der Falten hängt neben der Temperatur, dem Druck und der Verformungsgeschwindigkeit ganz wesentlich von der Primärstruktur der Gesteine ab. So sind gut geschichtete Sedimentgesteine – etwa Wechsellagerungen von Ton- und Kalksteinen wie im Jura, oder von Sand- und Tonsteinen wie in den Flyschserien – sehr «faltungsfreudig» und werden gerne in enge Falten gelegt.

Boudinage: die Wursterei der Geologie

«Boudin» ist Französisch und heißt Wurst. Wenn Gesteinsschichten unterschiedliche Festigkeit senkrecht zur Schichtung unter Druck geraten, passiert es oft, dass die festeren (kompetenten) Schichten noch spröd, die weniger festen (inkompetenten) schon fließend verformen. Dann werden die kompetenten Schichten spröd auseinandergerissen, worauf die inkompetenten entweder in die entstehenden Zwickel fließen oder aber Hohlräume entstehen, in denen Kluftmineralien kristallisieren können. Dies führt im Anschnitt zu Strukturen, die eingeschnürten Wurstketten ähneln können – daher der Name. Boudinage ist weit verbreitet und ist für einen Großteil der alpinen Zerrklüfte mit ihren begehrten Mineralien verantwortlich.

Rechts: Faltenknäuel in helvetischen Lias-Kalksteinen und Tonschiefern am Ferdenrothorn, Lötschenpass (VS).

Unten rechts: Faltenmuster in hoch metamorphen Gneisen, gebildet unter Temperaturen von rund 650 °C, Verzascatal TI).

Unten links: Perfektes Beispiel von Boudinage: Lagen von kompetentem Dolomit in inkompetentem Kalkstein. In den Zwickeln kristallisierte grobspätiger weißer Calcit. Quintnerkalk am Tödi (GL).

Schichtung oder Schieferung?

Sieht ein Geo-Laie an einem Aufschluss, an einer Felswand, an einem Berg planarer Strukturen, plattig spaltenden Fels oder treppenartigen Stufungen im Querbruch, so redet er in der Regel von «Schichtung». Doch es gibt in der Welt der Gesteine zwei grundsätzlich unterschiedliche Prozesse, welche planare Strukturen hervorbringen; und diese müssen unbedingt auseinandergehalten werden.

Schichtung ist eine **sedimentäre Ablagerungsstruktur**. Durch Wechsel in der Sedimentation entstehen Schichtfugen oder Abfolgen unterschiedlich zusammengesetzter Gesteine (Abb. unten). Die Schichtungen können sehr markant sein – z. B. ein Wechsel von Ton- und Sandsteinlagen, wie er in Flyschen häufig vorkommt; oder sie können außerordentlich fein und schwer zu erkennen sein, etwa ein ganz feiner Wechsel der Korngrößen in einem Kalkstein.

Schieferung ist eine duktile **Gesteinsverformungsstruktur**, welche bei der Metamorphose von Gesteinen entsteht. Sie wird gebildet durch Schichtsilikate (Tonminerale, Glimmer etc.), die durch Rotation und/oder Umkristallisation bei duktiler Gesteinsverformung in einer Ebene konzentriert und eingeregelt werden (Abb. S. 56). Je nach Kleinheit und Menge der eingeregelten Schichtsilikate und dem Bruchverhalten des geschieferten Gesteins unterscheidet man folgende Grundtypen geschieferter Gesteine (geordnet nach zunehmendem Metamorphosegrad):

Tonschiefer Sehr feinkörnige, meist graue bis schwarze, manchmal auch grüne oder rote feinplattig-schiefrige Gesteine. Die Schieferung durchdringt die Gesteine im mm-Bereich (Abb. S. 154).

Klar geschichtete Abfolge von Kalk- und Mergelbänken im südalpinen Ammonitico Rosso (Nr. 119).

Phyllite Feinkörnige Schiefer, oft grau bis grünlich. Die Schieferungsflächen zeigen meist einen seidenartigen Glanz, der durch sehr feine Hellglimmerlagen entsteht (= Sericit, Abb. S. 275).

Glimmerschiefer Fein- bis mittelkörnige Gesteine, in denen die Glimmerplättchen auf den Schieferungsflächen deutlich erkannt werden können. Die Schieferungsflächen müssen nicht mehr gleich streng parallel verlaufen wie bei den Tonschiefern und Phylliten. Glimmerschiefer spalten in Platten von cm-Dicke (Abb. S. 212).

Gneise Gneise sind grobplattige bis grobbankige, meist mittel- bis grobkörnige Gesteine. Auf den Schieferungsebenen sind die Glimmermineralien deutlich erkennbar. Die Schieferung kann recht streng parallel, aber auch wellig, flaserig oder nur wenig ausgebildet sein. Augige und linsige Strukturen sind häufig (Abb. S. 268, 270).

Schichtung oder Schieferung: Wie kann ich sie erkennen?

Es gibt Aufschlüsse, in denen sich diese Frage nicht stellt, weil man klar eine Schichtung und in einem Winkel dazu stehend eine Schieferung erkennen kann (Abb. oben rechts). Doch ist dieser eindeutige Fall leider eher selten anzutreffen. Gerade in Bündnerschiefern und Flyschen trifft man oft den Fall an, dass Schichtung und Schieferung parallel verlaufen (Abb. oben links). Und in hoch metamorphen Gneisen findet man recht oft eine «Stoffbänderung» mit Lagen klar unterschiedlicher Zusammensetzung, die parallel zur Schieferung verläuft («Bändergneise», Abb. S. 293). Ob diese Bänderungen eine ursprüngliche Schichtung darstellen oder durch metamorphe Prozesse zustande gekommen sind, ist oft erst mit aufwendigeren Untersuchungen entscheidbar. Deshalb halte sich der Laie an die einfache Regelung:

— Variationen in der Gesteinsart ergeben eine Schichtung,
— in einer Ebene eingeregelte Schichtsilikate verweisen auf eine Schieferung.

Glimmerschiefer/Kalkglimmerschiefer (Nr. 96); die Schieferung wird durch die in einer Ebene eingeregelten Glimmerplättchen definiert; Bündnerschiefer Tsatédecke, Chanrion (VS).

Aufschluss im nordhelvetischen Flysch der Morclesdecke (VS). Man erkennt deutlich eine horizontale sedimentäre Schichtung und in einem Winkel von ca. 30° dazu eine entstehende Schieferung.

Spröde Gesteinsverformung: Brüche, Klüfte, Adern

Leute nehmen oft Steine nach Hause, die durch Klüfte und Adern hübsche Musterungen erhalten haben (Abb. S. 58). Wie oft wird doch der Autor gefragt, was denn diese «Streifen» im Gestein bedeuten!
Es sind keine «Streifen»! Es sind dreidimensionale plattenförmige Gebilde, welche das Gestein an ebenen Flächen durchschneiden. Offenbar wurde das Gestein an diesen Flächen zerbrochen, manchmal auch noch versetzt. Anders als bei der Verfaltung haben wir es hier mit einer spröden Verformung zu tun. Es gibt kaum ein Gesteinsvorkommen, welches frei ist von irgendwelchen Spröddeformationen. Stellen Sie sich einmal einen alpinen Kalkstein vor, der vor 20 Millionen Jahren in 15 km Tiefe bei der Alpenbildung in einer Gesteinsdecke verformt, überschoben und dabei verfaltet wurde; und heute treffen wir ihn auf einer Bergwanderung auf 2000 m Höhe an. Also muss er von 15 km Tiefe langsam bis an die heutige Oberfläche angehoben worden sein. Dass dies nicht ohne arges Drücken, Schieben, Ruckeln und allerlei Erschüttern vor sich gehen kann, liegt ja irgendwie auf der Hand; dabei konnten sich mehrere Generationen von Klüften und Adern bilden.

Drei spröde Strukturen

Beim spröden Zerbrechen können verschieden Arten von Strukturen entstehen:

Kluft Eine Bruchfläche im Gestein, ohne wesentliche Öffnung oder Versatz. Klüfte können auch in parallelen Scharen oder in Systemen von zwei unterschiedlich orientierten parallelen Scharen auftreten.

Bruch Bruchfläche, an welcher ein Versatz der Gesteine stattgefunden hat. Dieser kann von wenigen mm bis Hunderte von Metern betragen. Bei größeren Versätzen bilden sich parallele Bruchscharen aus; man redet dann von einer Bruchzone. In solchen Bruchzonen kann das Gestein auch wild zerbrochen, zerschert und zu eigentlichen tektonischen Brekzien verformt sein.

Ader Eine Kluft oder ein Bruch, der/die eine gewisse Öffnungsbreite entwickelt hat, in der sich neu gebildete Mineralien auskristallisiert haben. Adern bilden oft attraktive «Streifen» auf Kieselsteinen.

Wie entstehen die mineralischen Füllungen der Adern?

In der Tiefe von einigen Kilometern herrschen sehr hohe Drücke: Bereits in 1 km Tiefe ist er so stark wie 3 km unter Wasser! Unter solchen Bedingungen kann ein Bruch in einem Gestein sich nicht zu einer Spalte ausweiten, die einfach «leer» bleibt – sie würde unter dem großen Druck sofort wieder kollabieren. Auch in großen Tiefen der Erdkruste sind immer Tiefengrundwässer vorhanden. Eine Spalte kann sich nur dann ausweiten, wenn eben solches heißes Tiefengrundwasser in sie eindringt. Dieses beginnt aus dem umgebenden Gestein die gesteinsbildenden Mineralien

Verschiedene Kluftsysteme im Zentralen Aaregranit (Nr. 49) in der Schöllenenschlucht (UR); die hangparallelen Klüfte stammen von der Druckentlastung der eiszeitlichen Gletscher.

Kleiner Bruch in einem Zweiglimmergneis der Mischabel-Siviez-Decke im Turtmanntal (VS). Der Bruch versetzt einen Pegmatitgang.

anzulösen, und zwar so lange, bis es von ihnen gesättigt ist. In einem Kalkstein wird sich so eine Calciumkarbonat-Lösung bilden, in einem Granit eine Quarz-Feldspat-Glimmer-Lösung. Wenn nun diese fluidgefüllte Spalte zusammen mit dem Gestein langsam gegen die Oberfläche angehoben wird, reduziert sich der Druck langsam und eine Abkühlung setzt ein. Dadurch wird die Lösung im Fluid übersättigt und die darin enthaltenen gelösten Mineralien beginnen auszukristallisieren. Im Normalfall wird auf diese Weise die ganze Spalte mit Mineralkörnern gefüllt, die, weil sie sich gegenseitig behindern, nicht ihre eigenen Außenflächen entwickeln können, sondern miteinander verzahnt kristallisieren. Nur wenn sich der seltene Fall ergibt, dass einzelne Stellen nicht ganz zuwachsen, können in diesen Hohlräumen die Mineralien mit ihren natürlichen Kristallflächen auskristallisieren; ganz zur Freude der Mineraliensammler und -liebhaber (Abb. S. 326). Die Adermineralien bilden deshalb die Zusammensetzung des Umgebungsgesteins ab. Die folgende Tabelle gibt die Aderfüllungen für die wichtigsten Gesteinsarten der Alpen wieder.

Gesteinstyp	**Aderfüllungen**
granitische Gesteine	Quarz, oder Quarz und Feldspat +/– Chlorit, Epidot
Gneise	bei granitischen Gneisen (Orthogneisen) wie in Graniten
Diorite/Gabbros/Basalte	Feldspat-Epidot-Chlorit-Aktinolith
Sandsteine	Quarz
Kalksteine	Calcit
Mergel, Kalk-Ton-Abfolgen (z. B. Bündnerschiefer)	Calcit-Quarz
Flysche	Quarz +/– Calcit
Glimmerschiefer	Quarz, +/– Glimmer, Chlorit

Quarz-Calcit-Klüfte in Sandstein des Niesenflyschs bei Adelboden (BE); wie viele Generationen erkennen Sie, wie ist ihre relative Altersabfolge?

Fossilien in Gesteinen

Es braucht eine ganze Reihe von zufälligen und glücklichen Umständen, damit wir heute in einem Gestein die erhaltenen Reste eines Tieres oder einer Pflanze finden können, welche vor vielen Millionen Jahren gelebt haben. Die allermeisten Überreste von abgestorbenen Tieren und Pflanzen werden ja zersetzt, abgebaut, gefressen oder zerstört. Die Chance, dass ein Lebewesen als Fossil erhalten bleibt, liegen bei vielen Millionen zu eins! Wenn aber Teile von Lebewesen erhalten bleiben, so sind es am ehesten Knochen, Schalen oder Zähne. Weichteile werden praktisch nie fossilisiert. Bis wir ein schönes Fossil in der Vitrine bewundern können,

- muss der Wettlauf zwischen Zersetzung und Bedeckung mit Sediment gewonnen werden,
- dürfen die Organismenreste im noch unverfestigten Sediment nicht zersetzt oder aufgelöst werden,
- dürfen diese bei der Umwandlung zu Festgestein (Diagenese) nicht chemisch durch Porenwässer aufgelöst werden,
- müssen diese allfällige Verformungen oder metamorphe Prozesse im Gestein überleben,
- müssen sie durch Hebung und Erosion an die Erdoberfläche gebracht werden,
- müssen sie gefunden werden und
- müssen sie unbeschädigt herauspräpariert werden.

Aller Arten von Fossilien

Auf der einen Seite gibt es die sogenannten Körperfossilien: Die erhaltenen Reste von Tieren und Pflanzenbestandteilen. Je nach ihrer Größe unterscheidet man diese in Makrofossilien (= von bloßem Auge sichtbar) und Mikrofossilien (= nur unter dem Mikroskop erkennbare Fossilien). Auf der anderen Seite gibt es aber auch eine große Vielfalt von Spuren, welche Tiere hinterlassen haben und die erhalten geblieben sind; so etwa die Fußspuren von Dinosauriern im Jura.
Fossilien sind für den Geologen äußerst wichtige Informationsträger. Sie verraten ihm viel über die Verhältnisse unter denen das sie beherbergende Gestein gebildet wurde. So zeigen ihm etwa Korallen in einem Kalkstein an, dass dieser in einem tropisch warmen Meer im flachen Wasser gebildet wurde. Weiter erhält er Hinweise auf das Ablagerungsalter des Gesteins (vgl. Kapitel «Relative Altersbestimmung»).

Fossilien der Schweiz

Bei uns findet man überwiegend Fossilien aus dem Mesozoikum, etwas weniger auch aus der Tertiärzeit. Die am besten erhaltenen Fossilien findet man im Juragebirge. In den Alpen gibt es ebenfalls gute Fossillagerstätten, oft sind die Fossilien aber bei der Alpenbildung verformt oder durch die Gesteinsmetamorphose ganz zerstört worden. Auch in den mittelländischen Molassegesteinen findet man Fossilien, allerdings

Oben: Belemnit («Donnerkeil») im helvetischen Quintnerkalk (Nr. 26) der Morclesdecke (VS). Bildbreite ca. 10 cm.

Mitte: Austernschale im Blegi-Oolith (Nr. 25) des Tödigebiets (GL). Bildbreite ca. 10 cm.

Unten: Korallenstock im Tros-Kalk im oberen Teil des Quintnerkalks (Nr. 26), Tödigebiet (GL). Bildbreite ca. 30 cm.

deutlich weniger als in den Schichten des Mesozoikums. Grund dafür ist die Tatsache, dass zur Zeit, als die Molassen abgelagert wurden, terrestrische Bedingungen vorherrschten und viel Sand und Kies abgelagert wurde, in denen Fossilien weniger gut erhalten werden.
Im Folgenden wird ein kleiner Überblick gegeben über häufige Makrofossiltypen der Schweiz in Verbindung mit den in diesem Buch präsentierten Gesteinen.
Ammoniten: Ammoniten sind vor allem in den Schichten des Juragebirges häufig und kommen in einer großen Vielfalt vor. Aber auch in den Sedimenten des Helvetikums, des Penninikums, des Ost- und Südalpins sind Ammoniten zu finden (z. B. Nr. 119).
Belemniten: Blemniten, auch «Donnerkeile» oder «Teufelsfinger» genannt, bilden länglich-spitzige Formen. Wie bei den Ammoniten, sind es die

Oben: Rudistenschalen im Schrattenkalk (Nr. 30) der Säntisdecke, bei Wildhaus (SG). Bildbreite ca. 50 cm.

Mitte: Bruchstücken von Seelilienstängeln (Quer- und Längsschnitte) in Spatkalk des Doggers (Nr. 24); Tödigebiet (GL). Bildbreite ca. 20 cm.

Unten: Haifischzahn im tertiären Muschelsandstein (Nr. 13) des Aargauer Juras. Bildbreite ca. 10 cm.

Gehäuse von Kopffüßlern, die vor allem in Kalksteinen der Jurazeit häufig anzutreffen sind.

Austern: Austern bilden dicke und widerstandsfähige Schalen. Deshalb findet man Austernschalen recht häufig in Kalksteinen der Trias- und Jurazeit.

Brachiopoden: Brachiopoden sind muschelähnliche Meeresbewohner, deren Schalen jedoch ungleich geformt sind. Sie kommen in vielen Meeressedimenten vor. Im Juragebirge findet man recht häufig die schönen gerippten Gehäuse der Rhynchonellen.

Haizähne: Haie sind eine äußerst erfolgreiche Knorpelfischfamilie, die sich seit ihrem Erscheinen im Devon nicht wesentlich verändert hat. Da ihre zahlreichen Zähne besonders resistent sind, können sie oft als Fossilien gefunden werden. In der Schweiz findet man Haizähne vor allem in Molassegesteinen (z. B. Nr. 13).

Korallen: Korallen sind bei uns am häufigsten in Kalksteinen der oberen Jurazeit verbreitet. So finden sich in den Malmkalken des Juragebirges und im obersten Quintnerkalk (Nr. 26) häufig gut erhaltene Reste von Korallenstöcken.

Muscheln (Bivalven): sind eine große Klasse der Weichtiere und bis heute sehr häufige Meeresbewohner. Man findet Muschelreste in vielen kalkigen Sedimentgesteinen.

Nummuliten: Nummuliten, im Volksmund auch «Münzensteine» genannt, sind eine Familie kreisrunder oder elliptisch geformter Einzeller aus der Gruppe der Foraminiferen (=«schalentragende Amöben»). Die münzen- bis linsenförmigen Calcitgehäuse messen typischerweise 1 bis 2 cm im Durchmesser. Bekannt sind die Nummuliten im helvetischen Nummulitenkalkstein (Nr. 33).

Radiolarien: Radiolarien sind Mikrofossilien, die ein ganz charakteristisches Tiefmeergestein prägen, den Radiolarit (Nr. 118). Radiolarien sind Einzeller, welcher ihre Skelette aus einer quarzähnlichen Substanz aufbauen und deshalb im Wasser der Tiefseebecken, anders als die Karbonatskelette, nicht aufgelöst werden. Radiolarite zeigen also Tiefseebedingungen an.

Rudisten: Rudisten sind eine ausgestorbene Ordnung der Muscheln. Aufgrund ihrer beträchtlichen Größe (bis fast 1 m) und ihrer dicken Schale sind sie recht häufig erhalten. In einigen Schichten des Schrattenkalkes treten sie oft gehäuft auf und sind leicht zu erkennen (Nr. 30).

Schnecken: Schnecken kommen gerade im Jura in großer Vielfalt vor. Bekannt sind die bis über 10 cm großen Nerineen; das sind Schnecken, die man im gelben Solothurner Kalk findet (Nr. 7).

Seelilien (Crinoiden): Seelilien mit ihren langen Stielen und den wabernden «Blütenwedeln» sehen tatsächlich aus wie Pflanzen. Trotz ihres Namens handelt es sich dabei aber um Tiere, die wie die Seeigel zu den Stachelhäutern (Echinodermen) gehören. Ihre Stängel und «Blüten» aus Calcit sind in tönnchenförmige Segmente unterteilt. Überreste von Seelilien sind in manchen Kalksteinen der Lias- und Jurazeit überaus häufig. Manche dieser Kalksteine bestehen fast gänzlich aus Seelilienfragmenten, man nennt sie dann Echinodermen-Brekzien (Nr. 24).

Neben den obigen, recht weit verbreiteten Fossiltypen gibt es in der Schweiz eine ganze Reihe von speziell ergiebigen oder wissenschaftlich bedeutenden Fossilfundstellen. Auf diese wird bei den entsprechenden Gesteinen hingewiesen.

Verwitterung von Gesteinen

Fast alle Gesteine, die wir an einer Felswand oder in der Landschaft sehen, haben sich ein mehr oder weniger dickes Make-up aufgetragen. In der Geologie nennt man das eine Verwitterungskruste. Deshalb müssen wir zur Beurteilung eines Gesteins in aller Regel zum Hammer greifen, um das frische, unverwitterte Gestein zu sehen. Die Verwitterungsprozesse von Gesteinen bilden eine Art Übergang zur biologischen Welt der Böden und der Pflanzenbedeckung.
Es können zwei grundsätzliche Prozesse der Verwitterung unterschieden werden, die physikalische und die chemische Verwitterung.

Physikalische Verwitterung: Sprengungen im Fels

Die physikalische Verwitterung umfasst alle Prozesse, die Gesteine mit äußeren Kräften wie Druck oder Zug angreifen. Die Angriffsflächen für solche Prozesse sind oft vorhandene Schwächezonen wie Klüfte, Brüche oder Scherzonen.
In den Alpen sind Volumenänderungen durch Temperaturschwankungen und die Frostsprengung die dominierenden Verwitterungsprozesse. Gefrierendes Wasser nimmt an Volumen zu; bei einer Temperatur von −20 °C beträgt die Volumenzunahme gegenüber 4° C ganze 9 %! Gefrierendes Wasser in Klüften und Brüchen im Gestein, aber auch in Mikrorissen oder in mikroskopisch feinen Korngrenzfugen kann entsprechend

Eine feine eisenhydroxidhaltige Verwitterungspatina über dem Zentralen Aaregranit am Salbitschijen (UR) ergibt die rötliche Felsfarbe, welche bei Sonnenauf- und untergang zum berühmten Alpenglühen führt.

gewaltige Drücke entwickeln, die problemlos ausreichen, um ein Gestein zu zersprengen.
Wer je an einem heißen Sommertag im Gebirge die Hand an dunklen Fels legte, weiß, wie sehr die Sonne die Oberflächen der Steine aufheizen kann. Nachts und bei Minustemperaturen wirken dann sehr kalte Temperaturen auf das Gestein. Diese extremen Temperaturschwankungen bleiben aufgrund der unterschiedlichen Ausdehnung der gesteinsbildenden Mineralien nicht ohne Wirkung auf den oberflächlichen Mineralkornverband; sie lockern ihn. Ähnliche Effekte kann die Rostsprengung haben, bei der Eisenmineralien mit viel zweiwertigem Fe^{2+} zu Eisenhydroxid (= «Rost») oxidiert werden, was ebenfalls mit einer Volumenzunahme und einer Lockerung des oberflächlichen Mineralkornverbands verbunden ist.
Ein weiterer wichtiger Erosionsprozess ist die Druckentlastung: «Wandern» Gesteine aus der Tiefe gegen die Oberfläche, so nimmt der Druck auf sie ab, was zu oberflächenparallelen Abspaltungen, sogenannten Exfoliationsklüften, führen kann. Exfoliationsklüfte treten vor allem in massigen Gesteinen wie Graniten auf.
Ein weiterer physikalischer Prozess mit biologischer Ursache ist die Wurzelsprengung: Pflanzen können mit ihren Wurzeln in Klüfte und Risse eindringen und dort durch osmotische Vorgänge hohe Drücke erzeugen. Die wurzelähnlichen Rhizinen von Flechten sind derart fein, dass sie in körnigen Gesteinen sogar in die Korngrenzen eindringen und dort Verwitterungsprozesse auslösen können (Abb. S. 73).

Chemische Verwitterung: Saures Wasser als Hauptfaktor

Bei der chemischen Verwitterung werden die Mineralien der Gesteine durch chemische Prozesse umgewandelt. In der Schweiz stehen dabei drei Prozesse im Vordergrund: die Hydrolyse von Silikatmineralien, die Auflösung von Kalkstein und die Oxidation von eisenhaltigen Mineralien.
Hydrolyse von Silikatmineralien: Regen- und Grundwasser kann viele Silikatmineralien angreifen. Wenn diese Wässer infolge ihres CO_2-Gehalts oder durch Luftverschmutzungen auch noch säurehaltig sind, beschleunigt dies die Zersetzung enorm. Die Mineralien werden zuerst im Wasser in Lösung gebracht. Aus diesen gelösten Substanzen können sich dann erneut Mineralien bilden, nämlich Tonmineralien, insbesondere die Tontrübe. Diese kann weit in die Meere hinaus transportiert werden, wo sie schließlich als Tonstein abgelagert wird. Anfällig für die Hydrolyse-Umwandlung zu Tonmineralien sind in erster Linie die Feldspäte, die Glimmermineralien, die Amphibole und Pyroxene. Andere Silikatmineralien sind chemisch sehr stabil und werden kaum angegriffen. Dazu gehört der sehr häufige Quarz und die Granate, die es unzersetzt als Sandkörner bis ins Meer schaffen.
Auflösung von Kalkstein: Regenwasser enthält immer gewisse Mengen an CO_2, welches im Wasser als schwache Säure in Form von HCO_3^--Molekülen

Am Hörnligrat des Matterhorns; die Loslösung der Steine erfolgt fast ausschließlich durch Frostsprengung.

Am Poncione di Cassina Baggio (TI) im Rotondogranit. Die Abspaltung der Platten erfolgt an Exfoliationsbrüchen.

Oben:
Bavenogranit mit praktisch vollständig durch Verwitterung weiß vertonten Plagioklasen. Die Quarzkörner blieben völlig frisch. Bildbreite ca. 8 cm.

Angeschlagenes Stück von hellem Arollagneis (Nr. 105) mit starker Rostpatina aus Eisenhydroxid. Bildbreite ca. 10 cm.

Unten:
Frischer grauer Rötidolomit (Nr. 20) mit ockergelber Verwitterungskruste. Bildbreite ca. 15 cm.

Serpentinit (Nr. 88) mit dicker orangebrauner Verwitterungskruste; Geisspfad, Binntal (VS). Bildbreite ca. 12 cm.

gelöst ist. Durch diese leichte Säure wird Kalkstein (bzw. der gesteinsbildende Calcit) chemisch angegriffen und geht in Lösung. Verglichen mit der Hydrolyse, ist dieser Vorgang in unseren Breitengraden ein intensiv ablaufender Vorgang, weshalb die Spuren dieser Verwitterungsform in unseren Kalksteinen auch so gut sichtbar ist: Sie beginnt mit feinen Wasserrillen, die zu den bekannten «Schratten» anwachsen können, und reicht bis zu unterirdischen Höhlensystemen, mit ihren oberflächlichen Einsturzstellen und Dolinen. Zusammenfassend werden alle diese Formen «Verkarstung» genannt (Nr. 30).

Oxidation von eisenhaltigen Mineralien: In den meisten eisenhaltigen Mineralien – etwa Biotit, Amphibolen und Pyrit – liegt das Eisen in zweiwertiger, «reduzierter» Form als Fe^{2+} vor. Bei Kontakt mit sauerstoffreichem Wasser kann dieses Eisen herausgelöst, oxidiert und als Eisenhydroxid FeO(OH) ausgeschieden werden. Dies ist das Mineral Goethit. In seiner natürlichen Erscheinungsform können wir es einfach auch «Rost» nennen, weil es rostbraune Flecken und Krusten bildet. Solche «verrosteten» Gesteine sind auch bei uns sehr häufig. Es braucht sehr wenig eisenhaltige Mineralien in einem Gestein, um ihm unter entsprechender «Behandlung» mit oxidierendem Wasser eine rostbraune Haut zu verpassen. So sind beispielsweise die oft gelblichen Oberflächen ansonsten grauer Kalksteine darauf zurückzuführen, aber auch die rostbraune Patina, welche Granitfelsen gerne überzieht.

Erosion, Massenbewegungen und Transport

Einen wichtigen Part bei den Gesteinskreisläufen spielen nach der Verwitterung die Erosion und der Transport von Gesteinsmaterial. Im Gebirge findet ein guter Teil der Erosion und des ersten Transportes durch gravitative Massenbewegungen statt – etwas volkstümlicher ausgedrückt durch das Herunterpurzeln von Gesteinsmaterial. Lösen sich größere Mengen von Steinen, so redet man von einem Felssturz, und brechen gleich ganze Bergteile von mehr als 1 Mio. m^3 los, spricht man von Bergstürzen. Zeugen dieser Massenbewegungen sind die großen Schutthalden (Abb. S. 69, Nr. 129), die überall die Füße der großen Wände zieren, oder die große Bergsturzablagerungen (Nr. 130) mit ihren chaotischen, oft bewaldeten Oberflächen.

Wird loses Gesteinsmaterial, z.B. Moränenschutt, mit Wasser getränkt, sei es Schmelz- oder Regenwasser, so können sogenannte Murgänge entstehen. Dies sind rasend schnell talwärts sausende Stein-Wasser-Lawinen, welche eine enorme Gewalt und Erosionskraft haben (Abb. S. 69). Sanftere Massenbewegungen sind der Hakenwurf, das langsame oberflächennahe Umbiegen von geschichteten Gesteinen, das Hangkriechen sowie Sackungen und Rutschungen.

Weiches Wasser schleift harten Fels

Material löst sich von den Bergen auch durch das Wirken von Wasser in flüssigem und gefrorenem Zustand. Wasser, das in Rinnsalen, Wildbächen und Bergflüssen zu Tale fließt, enthält mehr oder weniger viel Sand und Silt. Je rascher solches Wasser fließt, desto mehr hat es die Wirkung eines Sandstrahlgeräts. Entsprechend ist es in der Lage, Felsen ziemlich rasch abzuschleifen. Auf diese Weise entstehen Kerbtäler, Schluchten und runde Auswaschkolke, wie wir sie manchmal hoch oben an Schluchtfelswänden sehen können (Abb. S. 69). Am heftigsten ist die Erosionswirkung von subglazialen Bächen, die mit glazialem Gesteinsabrieb beladen sind und welche über steile Geländekanten abfallen. Bekannte Beispiele von eiszeitlichen subglazialen Schluchten sind die Gletscherschlucht von Grindelwald, die Rosenlauischlucht, die Taminaschlucht oder die Pissevache-Schlucht im Unterwallis.

Im Jura sind besonders eindrückliche Zeugen von Wassererosion zu bestaunen, nämlich die Querklusen durch die Jurafalten. Diese haben sich die Flüsse, welche schon vor der Jurafaltung dort verliefen, während des Faltungsvorgangs in die sich langsam auffaltenden Bergketten gesägt.

Unerbittliches Schleifen und Raspeln der großen Gletscher

Neben Wasser haben vor allem die mehr als 15 großen Vereisungen der letzten 2,5 Mio. Jahre mit ihren Gletschervorstößen bis weit ins Mittelland sehr viel Erosionsarbeit geleistet. Sie haben die Landschaften der Alpen und des Mittellands stark geprägt, in den Alpen vor allem durch glaziale Erosion, im Mittelland vor allem durch fluvioglaziale Ablagerungen in Form von Schotterebenen, Drumlins und Moränenzügen. Gletschereis, das über den Untergrund gleitet, kann mittels eingeschlossener Steine den Fels effizient abschaben. Wer heute über abgeschliffene Rundhöcker am Rande der zurückweichenden Gletscher wandert, kann die frischen Spuren davon in Form von Gletscherschliff und Striemungen bewundern. Die Gletscher weiteten die Täler aus und vertieften sie zugleich, und sie hobelten die Felsen zu vertikalen Wänden ab, wie wir sie in vielen Alpentälern heute eindrücklich erleben können. Flossen die Gletscher von weicheren über härtere Gesteinspartien, konnten sie vor den Riegeln der harten Gesteine die Täler stark übertiefen. So ist beispielsweise das Rhonetal bei Martigny vor dem Felsriegel aus helvetischem Malmkalk bei St. Maurice bis auf –500 m unter den Meeresspiegel ausgehobelt worden. Dieses gewaltige «Talloch» wurde nach dem Rückzug der letzten Eiszeitgletscher nach und nach bis auf das heutige Talniveau auf 450 m mit Lockersedimenten gefüllt.

Die geologischen Förderbänder

Die Fließgewässer transportieren Verwitterungs- und Erosionsprodukte ins Umland und schließlich ins Meer. Im Gebirge beginnt der Transport mit den Wildbächen, welche Material direkt von den Bergflanken in die Alpentäler bringen. Typisch für diese ist die doppelte Trichterform (Abb. S. 70), mit einem Erosionskegel oben, einer verengten Transportstrecke in der Mitte und einem umgekehrt trichterförmigen Ablagerungsfächer im unteren Bereich. Danach geht es mit den immer größer werdenden Flüssen weiter gegen das Vorland zu. Wie unerbittlich dieser Transport ist, kann beim Schwimmen in einem Alpenfluss erfahren werden: Hält man den Kopf unter Wasser, so ist das ständige Klackern der großen Steine, welche beim Transport aneinanderstoßen, deutlich zu hören. Ein Großteil des Mittellandes besteht aus Flusskiesablagerungen, welche während und zwischen den Eiszeiten durch die großen Alpenflüsse angehäuft wurden («Terrassenschotter»).

Das feinere Material wird anders und viel schneller transportiert: Sandkörner reisen per «Saltation», indem sie sozusagen im Fluss mithüpfen. Die noch feinere Fraktion der Tonmineralien reist per Suspension, das heißt, sie schweben mit dem Wasser mit. Dazu kommt noch die Lösungsfracht, das sind die im Wasser durch Verwitterungsvorgänge gelösten chemischen Bestandteile. Ein Teil des transportierten Materials kann unterwegs in Form von Kies- und Sandbänken zwischen- oder auch «endgelagert» werden, um dann später als Konglomerate oder fluviatile Sandsteine verfestigt zu werden. Letztere zeigen ihre Flussherkunft durch ihre typische Schräg-oder Kreuzschichtung an (Nr. 1, 12). Ein Teil der Sand- sowie die ganze Tonfraktion schafft es in der Regel bis ins Meer, wo sie große Deltaschüttungen aufbauen können. Die Tonfraktion kann sehr weit ins Meer hinaus gelangen, u. a. auch in Form von submarinen Trübeströmen (S. 146).

Schutthalde und Bergsturzablagerung am Fuß der Kalkwände der Rätschenfluh, Prättigau (GR). Schutthalden prägen die alpinen Landschaften und sind gute Sammelorte für frische Gesteinsproben.

Mini-Murgangrinne in Schutthalde, mit den für Murgänge typischen Seitenwällen. Bei der Mont-Fort-Hütte (VS).

Rosenlauischlucht ob Meiringen (BE); sie zeugt von der großen Schleifkraft sandbeladenener, subglazialer Bäche.

Vom eiszeitlichen Aaregletscher gerundete Granitlandschaft im Grimselgebiet (BE); nur die obersten Grate zeigen nicht glaziale Erosionsformen.

Das Gasterntal (BE) mit seinen steilen Seitenwänden: Produkt der eiszeitlichen Gletscher.

Sattelspitz im Täschtal (VS). Die Doppel-Trichterform der Wildbachrinnen ist gut erkennbar.

Lebendige Gesteinsoberflächen

Die Gesteine erhalten ihr «Make up» nicht nur durch Verwitterungsprozesse, auch Lebewesen können Gesteinsoberflächen ganz schön dekorieren und zuweilen grundlegend verändern.

Krustenflechten – die Felsenmaler

In der Schweiz am bedeutsamsten sind Überzüge durch Krustenflechten. Flechten sind Pionier- und Extremlebewesen; es handelt sich dabei – entgegen einer weit verbreiteten Meinung – nicht um Pflanzen, sondern um Symbiosen von Pilzen und Algen. Als Symbionten schaffen sie es, Standorte zu besiedeln, die anderen Lebewesen unmöglich sind.

Wie bei den Blütenpflanzen gibt es einige Flechtenarten, die ausschließlich auf Gesteinen mit bestimmten chemischen Charakteristika leben können. So gedeiht etwa die sehr häufige Landkartenflechte ausschließlich auf silikatischen Gesteinen, die orangen und gelben Gelbflechten hingegen nur auf Kalksteinen. Wo die Landkartenflechte mit ihrer giftig gelbgrünen Farbe in Massen auftritt, kann sie ganzen Felsgebieten eine von Weitem als grünlich erscheinende Felsfarbe verleihen (Abb. unten). Viele alpine Kalksteine verdanken ihre hellgrauen Oberflächenfarben extrem dünnen und harten Flechtenüberzügen (Abb. S. 72).

Krustenflechten sind auch Wegbereiter der weiteren Verwitterung. Mit ihren extrem feinen Wurzelfäden (Rhizinen) können sie mehrere Millimeter tief entlang von Korngrenzen in das Gestein eindringen und mit ihren organischen Säuren die Lockerung des Kornverbands einleiten (Abb. S. 73).

Grünliche Felslandschaft in Gneisen des Aarmassivs oberhalb der Kummenalp im Lötschental (VS). Die kleinen Vorkommen von Quintnerkalk (hellgrau) und Rötidolomit (ocker) sind frei von Landkartenflechten.

Tintenstriche

Auf feuchten oder regelmäßig und häufig von Wasser überronnenen Felspartien können sich schwarze, auf Kalksteinen aber auch blaugraue bis grünliche Überzüge bilden, die oft die Fließwege von Wasserrinnsalen abbilden und deshalb gerne nach unten sich verjüngende Streifen am Fels bilden; im Volksmund werden sie auch «Tintenstriche» genannt (Abb. S. 73 oben). Im nassen Zustand sind sie extrem glitschig. Früher wurden diese Überzüge zu den Blau-Grünalgen gerechnet. Heute weiß man jedoch, dass es sich um einzellige, zellkernlose Bakterien der Gruppe der Cyanobakterien handelt, die aber Fotosynthese betreiben können. Cyanobakterien gehörten zu den ersten Lebewesen, welche sich auf der Erde gebildet haben.

Scheinbar nackte Kalksteinfelsen erweisen sich beim genauen Hinsehen oft vollständig von dünnsten Krustenflechten bedeckt. Oberjura-Kalk der Préalpes an der Nünenenfluh im Gantrischgebiet (BE). Bildbreite ca. 30 cm.

Nach den Pionieren kommt das Fußvolk

Flechten und Bakterienüberzüge über dem nackten Fels bereiten sozusagen den Boden für nachfolgende höhere Lebewesen, welche den Fels besiedeln können. Häufig folgen als erstes Moospolster, die erste bodenähnliche Substrate bilden, auf denen sich schließlich Gräser und Blütenpflanzen bilden können. Später ist dann die Zeit reif für Sträucher und Bäume, bis der nackte Fels schließlich unter einer dicken Pflanzendecke verschwunden ist – zur Freude der Biologen und zum Leidwesen der Geologen ...

Links: Mikroskopischer Querschnitt durch eine Krustenflechte auf Granit. Man erkennt, wie die «Flechtenwurzeln» (Rhizinen) entlang der Korngrenzen in den Granit eindringen; mit ihren Säuren können sie dort die Mineralien anlösen. Bildbreite ca. 4 mm.

Oben: «Tintenstriche»: Überzüge von Cyanobakterien im Oberjurakalk der Klus von Balsthal. Tintenstriche können auch schwarz sein.

Geologische Karten

Geologische Karten bilden die Gesteinsarten ab, die an der Oberfläche vorkommen. Diese werden mit Farben, manchmal noch mit Übersignaturen und/oder mit Zeichensymbolen markiert. Das Erstellen einer detaillierten geologischen Karte ist enorm aufwendig, weil der Geologe im Prinzip jeden Quadratmeter ablaufen muss, um alle Gesteinsarten, Gesteinswechsel und Strukturen zu erfassen. Was aber, wenn das Gelände zu schwierig oder aber mit dichter Vegetation oder mit Bauten bedeckt ist? Dann muss er interpolieren und interpretieren. Manchmal kann er zu Hilfsmitteln wie Luftaufnahmen, Tunneln, Bohrungen oder Grabungen greifen.

Für jede geologische Kartierung stellen sich zwei Grundfragen:

— Wie soll die Abgrenzung verschiedener Gesteine erfolgen – wo und wie wird ein neues Gestein definiert? Zum Beispiel: Welche Schichten einer Sedimentabfolge fasst man zu einer Einheit zusammen, was ist im Gelände noch nachvollziehbar und auf der Karte noch darstellbar? Dies hängt auch vom Maßstab ab, in welchem die Karte dargestellt werden soll.

— Es muss geklärt sein, ob die Karte, eine «abgedeckte» oder eine Aufschluss-Kartierung zeigen soll. Bei letzterer werden nur diejenigen Bereiche eingezeichnet, wo wirklich aufgeschlossenes Gestein zu sehen ist. Das ist zwar die «ehrlichste» Kartierung, die aber oft wichtige geologische Zusammenhänge nicht erkennbar macht. Bei einer «abgedeckten» Karte wird hingegen ein Teil oder die ganze oberflächliche Bedeckung durch Schutt und Vegetation weggelassen, um den festen Felsuntergrund in seinen Zusammenhängen zu zeigen.

Tektonische Karten: Die Baupläne des Untergrunds

Wenn wir Pläne eines neu zu bauenden Hauses als Vergleich heranziehen, so entsprechen tektonische Karten den Bauplänen, die geologischen Karten den «Materialplänen». So ist beispielsweise die tektonische Einheit der Wildhorn-Säntis-Decke bei der Alpenbildung als zusammenhängende Decke von ihrer Unterlage abgeschert und nach Norden auf andere Einheiten überschoben worden und wird deshalb in einer einzigen Farbe dargestellt, auch wenn ihr Gesteinsinhalt aus mesozoischen und tertiären Sedimentgesteinen sehr vielfältig ist.

Geo-Karten der Schweiz: Heute alle frei zugänglich!

In der Schweiz ist die Geologie bei der schweizerischen Landestopografie swisstopo als «Landesgeologie» beheimatet (www.swisstopo.admin.ch). Die Landesgeologie koordiniert die geologische Landesaufnahme und gibt geologische Karten verschiedenster Art heraus. Auf der Webseite: https://map.geo.admin.ch → Geokatalog → Natur und Umwelt → Geologie können sämtliche geologischen Informationen der Landestopografie eingesehen, exportiert und ausgedruckt werden. Dies ist

Ausschnitt aus dem geologischen Atlasblatt 1:25 000 «Bernina» von 2005. Dargestellt ist ein Ausschnitt um die Seilbahn/Bergstation «Furtschellas» mit ihrer hoch komplizierten und kleinräumigen Geologie und Gesteinsvielfalt. Reproduziert mit der Bewilligung von swisstopo (BA 17040).

eine Dienstleistung, von der man vor wenigen Jahren nur hatte träumen können!

Die besten geologischen Karten, um in einem bestimmten Gebiet den Gesteinen und der Geologie auf die Spur zu kommen, sind die geologischen Detailkarten im Maßstab 1:25000 des Geologischen Atlas der Schweiz (Abb. oben). Bis heute ist etwas mehr als die Hälfte der Schweiz davon abgedeckt. Mit dem Menu-Tool «Geo-Cover» auf der oben erwähnten Webseite können aber auch für die noch nicht publizierten Gebiete geologische Detailkartierungen abgerufen werden.

Für einige Alpengebiete gibt es moderne tektonische Karten 1:100000, die sehr vielseitig verwendbar sind; nämlich für die Westschweizer Alpen, das Tessin und für Aarmassiv/Tavetsch-Gotthard.

Das gute alte Papier: Immer noch sehr praktisch

Für gewisse Zwecke lohnt es sich immer noch, sich die nicht ganz billigen Papierkarten der Swisstopo anzuschaffen. Gesteinslaien seien insbesondere die geologischen und tektonischen Übersichtskarten im Maßstab 1:500000 zum Kauf empfohlen. Aus ihnen kann bei genauem Lesen schon enorm viel herausgelesen werden. Wer diese Karten konsequent auf allen Wanderungen dabeihat und immer wieder konsultiert, kann sehr viel über die Geologie der Schweiz lernen und wird auch bei der Gesteinsansprache mit diesem Buch davon profitieren. Falls Sie ein oder ein paar Lieblingsgebiete haben, welche Sie immer wieder besuchen, dann lohnt sich auch der Kauf der Atlasblätter im Maßstab 1:25000 unbedingt, auch weil in den dazu gelieferten Erläuterungsbroschüren alle Gesteine im Detail beschrieben werden.

Des Hobbygeologen Feldausrüstung

Wer in der Schweiz wandernd unterwegs ist und sich ein wenig mit den Gesteinen am Wegrand beschäftigen will, kann das selbstverständlich ohne jegliche Ausrüstung tun – vor allem dann, wenn es darum geht, interessant gefärbte und geformte Steine zu finden. Wer etwas mehr Ambitionen hat, braucht drei ganz wesentliche Hilfsmittel: Lupe, Hammer und Stahlklinge.

Ohne Lupe sind Sie verloren

Sie brauchen eine handliche kompakte Einklapplupe mit einer Vergrößerung von mindestens Faktor 8, besser Faktor 10 bis 12. Für den Anfang reicht ein günstigeres Modell, welches man für weniger als CHF 30.– erhält.

Was dem Bergführer der Eispickel, ist dem Geologen der Hammer

Ein Thema für stundenlange Diskussionen und ewige Foppereien unter Geologen! Die «Softrocker» (Sedimentgeologen) bevorzugen einen handlichen Vollstahl-Geologenhammer (meist «Eastwing») mit zwei Werkenden; einem flachen zum Hämmern und einem spitzen oder spatelförmigen zum Kratzen, Schaben und Hebeln. Die «Hardrocker» (Geologen der magmatischen und höher metamorphen Gesteine) brauchen hingegen einen «Petrologenhammer», ein langstieliges Ding mit ca. 700 g schwerem Schlaghammer. Denn an harten und zähen Gesteinen wie z. B. frischem Eklogit oder feinkörnigem frischem Granit lässt sich mit dem normalen Geologenhammer meist nicht viel mehr ausrichten, als ein paar klägliche Splitter abzuschlagen. Obwohl ein bekennender «Hardrocker» mit Petrologen-Schwengel, empfiehlt der Autor dem Laien einen «Eastwing», weil er in der Regel damit so weit kommt, dass er ein Gestein ansprechen und eine frische Ecke abschlagen kann. Zudem ist er doch auch leichter und handlicher.

Fingernagel, Kupfer, Stahl und Glas: Die Härtetester

Die Ritzhärte von Mineralien ist ein sehr wichtiges Bestimmungsmerkmal. Weil Gesteine meist aus Mineralien bestehen, ist deren Härte auch für die Gesteinsbestimmung wesentlich. Mit vier einfachen Hilfsmitteln lassen sich Mineralien/Gesteine in drei Härteklassen unterteilen.

Material	praktisch für das Feld	Mohs'sche Ritzhärte
Fingernagel	gesunde Fingernägel	ca. 2,5
Kupfer	Kupfernagel	ca. 4
Stahl	Taschenmesser	ca. 6
Glas	kleines, dickes Glasplättchen	ca. 6,5

Die Messerklingen des Taschenmessers eignen sich zudem dafür, feinere Konsistenzen von Mineralien zu prüfen (z. B., ob es tatsächlich Glimmerplättchen hat, die sich abspalten lassen).

Und noch etliche «Nice to have's»

Für diejenigen, welche die Sache schon etwas ernsthafter angehen möchten, seien folgende weiteren Materialien empfohlen:

Geologenkompass: Ein normaler Kompass, der ergänzt ist um eine klappbare Anlegefläche und eine Wasserwaage zur Horizontierung. Mit diesem Instrument können planare und lineare Strukturen räumlich festgelegt werden. Mit heutigen SmartPhone-Apps ist der Geologenkompass vielleicht überflüssig, braucht aber keinen Strom und ist unverwüstlich.

Feldbuch: Für das Eintragen aller Beobachtungen, ganz nach persönlichen Vorlieben. Unter Schweizer Geologen beliebt ist das orange «Zürcher Feldbuch».

Schreibzeug: Für Feldbucheintragungen ist ein Bleistift immer noch das Beste; er funktioniert auch bei Nässe noch. Farbstifte gehören auch dazu; manches kann in einer kolorierten Skizze viel klarer festgehalten werden als in schriftlichen Notizen.

Geologische Karten: Für eine vertieftere Auseinandersetzung sehr hilfreich.

Smartphone: Sehr nützlich, sei es für die genaue Lokalisierung oder für die Anwendung der vielen nützlichen Geo-Apps. Auch die geologischen Karten der swisstopo sind heute alle webbasiert zugänglich.

Feldstecher: Für das Erkennen von geologischen Strukturen und Gesteinen in der Umgebung sehr hilfreich. Verkehrt herum gehalten, kann er auch als Notlupe dienen.

Salzsäure (HCl) 10 %-ig, in einem kleinen, verschluss- und bruchsicheren Fläschchen, ist für die Unterscheidung zwischen Calcit und Dolomit sehr nützlich. Erhältlich ist Salzsäure in Drogerien. Der Kontakt mit der Haut ist wenig problematisch, außer mit den Schleimhäuten und Augen. Auf Textilien ergeben sich hingegen ohne sofortiges Auswaschen große Löcher.

Verpackungsmaterial: Falls man Gesteinsproben sammeln will, ist Zeitungspapier sehr geeignet zu deren Verpackung.

Auslegeordnung Feldausrüstung. Rosa Etiketten = die «Must»-Ausrüstung. Gelbe Etiketten = die «Nice to have»-Ausrüstung.

Gesteine beschreiben

Immer wieder erlebt der Autor in Kursen und Exkursionen, dass jemand einen Stein zur Hand nimmt und gleich wissen will, um welches Gestein es sich denn dabei genau handle. Dieses «mit der Tür ins Haus fallen» ist zwar nachvollziehbar, aber meistens nicht zielführend. Gerade weil das Ansprechen und gar bestimmen von Gesteinen so anspruchsvoll ist, muss man sich Schritt für Schritt annähern und langsam mit dem Stück in seiner Hand Bekanntschaft schließen. Darin ist sich der Vorgang ähnlich wie beim systematischen Pflanzenbestimmen mit einem Bestimmungsschlüssel. Dieser zwingt einen, ganz systematisch etwa die Blattgrößen, Blattformen, Blattanordnungen am Stiel usw. anzuschauen und je nach Resultat weiterzufahren. Genau so wird es mit dem neuartigen Gesteins-Bestimmungsschlüssel (s. Vorwort) auch vorgeschlagen. Vollständiges, genaues Beschreiben eines Gesteins ist eine Kunst! Doch bevor wir ein Gestein beschreiben können, müssen wir uns Zugang zu ihm verschaffen!

Der Aufschluss: Zugang zum Gestein

Geologen reden ständig vom «Aufschluss». Sie meinen damit ein Stück Fels, wo ein bestimmtes Gestein natürlicherweise vorkommt – oder «ansteht», wie sie sagen. Das kann ein Stück Fels an einer natürlich vorhandenen Stelle oder auch ein künstlich geschaffenes Stück wie bei einem Straßenanschnitt sein.

Die Kunst, ein gutes Handstück zu schlagen

Ein Handstück ist, ganz wie der Name sagt, ein Stück Gestein, das bequem in die Hand passt. Das ist nämlich so ungefähr die Größe, die in der Regel nützlich ist, um ein Gestein in all seinen Aspekten richtig zu beschreiben. Das Abschlagen eines guten Handstückes für die Bestimmung ist ganz wichtig – und oft nicht so einfach!

Es ist ganz entscheidend, eine möglichst frische Bruchfläche bzw. verschiedene frische Bruchflächen unterschiedlicher Richtung am Gesteinsstück zur Verfügung zu haben. Gesteine entwickeln nur allzu gerne irgendwelche Oberflächenbeläge, welche ihren wahren Charakter verändern. Aber auch im Inneren des Gesteins lauern Täuschungsmanöver: Häufig weisen Gesteine ganz feine, von außen kaum oder nicht sichtbare Mikroklüfte mit feinen mineralischen Belägen auf, entlang welchen sie beim Hammerschlag dann sehr leicht zerbrechen – und schon wieder sieht man keine frische Bruchfläche! Da gibt es nur eines: hartnäckig bleiben, am Aufschluss vielleicht verschiedene Stellen ausprobieren, und dann so lange schlagen, bis mindestens zwei gute frische Bruchflächen vorliegen.

Warum aber mehr als eine Bruchfläche? Wenn ein Gestein absolut homogen und ohne gerichtete Strukturen wie Schieferung oder ausgerichtete stängelige Mineralien ist, reicht an sich eine Fläche. Bei allen andern braucht es hingegen zwingend zwei. Klassisch ist sonst der Irrtum in der Beschreibung bei Schiefern und Gneisen: Dort sind ja die Schichtmineralien in einer bestimmten Richtung in feinen Lagen eingeregelt und

Das Schlagen eines Handstückes will geübt sein! Der Autor in den Metagabbros der Aig. Rouges d'Arolla (Nr. 91).

Das perfekte Handstück hat die idealen Dimensionen für eine saubere Gesteinsbestimmung.

Richtig Lupisieren: So wesentlich wie das Pulsfühlen des Arztes.

angereichert. Entlang dieser Schieferungsflächen bricht das Gestein beim Hammerschlag am liebsten. Das Resultat dieser Ausgangslage ist, dass man als Gesteinsbestandteil praktisch zu 100 % Glimmermineralien sieht! Sorgt man hingegen für einen Querbruch senkrecht zur Schieferung, wird sich zeigen, dass nur ein geringer Teil aus Glimmermineralien besteht. Eine einzelne Bruchfläche kann daher massiv täuschen!
Üben, üben, üben! Weil sonst die Gesteinsbestimmung schon von Anfang an zum Scheitern verurteilt ist!

Bitte nicht schummeln: Richtig Lupisieren will gelernt sein

So wie das Schlagen eines guten Handstücks will das richtige und effiziente Lupisieren auch gelernt und geübt werden. Wer sich von Anfang an konsequent daran hält, wird es bald zur Gewohnheit bringen.
Und so geht's: Die Lupe ganz nah an das eine Auge nehmen, das andere Auge schließen, und dann die Probe langsam gegen die Lupe führen, bis sie im Fokus ist. Wichtig ist es dabei, auf optimale Beleuchtung der zu begutachtenden Fläche zu achten. Das heißt: Schirmmütze weg, Kopf hoch, und sich so drehen, dass die Sonne oder einfach das stärkste verfügbare Licht auf die Probenfläche fällt.

Härtetest für Hardrocker

Die Härte, genauer gesagt, die Ritzhärte, ist eine der wichtigsten Eigenschaften von Mineralien, die man für eine Bestimmung im Gelände einsetzen kann. 1882 hat der österreichische Geologe Friedrich Mohs eine vergleichende Härteskala vorgeschlagen, die einfach und feldtauglich ist. Diese hat sich bis heute bewährt, auch wenn man im Labor mit raffinierteren Methoden heute auch genauere Härtebestimmungen machen kann (z.B. Vicker's Härte). Das Praktische an der Mohs'schen Härteskala ist, dass man mit den alltäglichen Materialien Fingernagel, Kupfer, Stahl und Glas gute Vergleichsreferenzen hat um die Härten von Mineralien grob einzugrenzen.

Härte	Mineral	Material	Härte	Mineral	Material
1	Talk		6	**Feldspat**	Messerstahl 6
2	Gips	Fingernagel 2,5	7	**Quarz**	Fensterglas 6,5
3	**Calcit/Kalkspat**		8	Topas	
4	Fluorit	Kupfer ca. 4	9	Korund	
5	Apatit		10	Diamant	

Das Prinzip der vergleichenden Härteprüfung ist simpel, die sorgfältige und aussagekräftige Durchführung im Gelände erfordert jedoch Sorgfalt und Umsicht. Das zu testende Material muss in einer frischen Bruchfläche vorliegen. Man muss mit dem Ritzinstrument mit ziemlich festem Druck eine gezielte Ritzung vornehmen und das Resultat dann unbedingt mit der Lupe begutachten. Nur so kann man erkennen, ob wirklich geritzt wurde oder ob man nur den Abrieb des Ritzinstrumentes sieht.

Vorsicht vor der «Sandsteinfalle»!

Der Härtetest ist für einzelne Mineralien gedacht. Deswegen kann man die Härte an Gesteinen nicht einfach auf dieselbe Art und Weise prüfen. Entweder man erkennt im Gestein das zu untersuchende Mineral in genügender Klarheit und Größe, sodass man dort testen kann, oder das Gestein besteht praktisch nur aus einem einzigen Mineral (z. B. Kalkstein oder Quarzit) – dann kann man den Härtetest einfach mit dem Gestein selbst machen. Dabei gibt es jedoch eine Falle, in die man leicht tappen kann und die dann zu einem völlig falschen Resultat führt. Das wichtigste Beispiel ist ein Quarzsandstein, bei dem die harten Quarzkörner mit weichem Calcit zusammengehalten werden («Zement»). Dies ist ein häufiger Fall (z. B. Nr. 12). Ritzt man nun diesen Sandstein mit der Stahlklinge, wird er leicht ritzbar sein, weil man den weichen Calcit-Zement ritzt und die harten Quarzkörner einfach beiseite schiebt. Hier hilft nur der umgekehrte Test: Versuchen Sie, mit dem Gestein eine flache Stahlfläche (z. B. Messerklinge) zu ritzen – wenn es Quarz drin hat wird man mit der Lupe auf dem Stahl die Ritzspuren erkennen!

Noch eine Kunst: Ein Gestein beschreiben

Etwas beschreiben: Nichts leichter als das, werden Sie denken. Weit gefehlt! Als Unterrichtender an der Universität und in Kursen staunt der Autor immer wieder, welche Schwierigkeiten die Anfänger haben, ein Gestein nach allen Kriterien klar und nachvollziehbar zu beschreiben. Wie beschreibt man die Formen der einzelnen Mineralien, wie deren Glanz, wie das Bruchverhalten, wie die Farben(n), wie die Strukturen und Texturen? Auch das erfordert Übung – und es ist ganz entscheidend für die Bestimmung. Die folgende Tabelle schlägt ein einfaches Raster für eine systematische Beschreibung von Gesteinen vor.

Oft können Sie bei einem bestimmten Handstück nur zu einem Teil der in der Tabelle angeführten Kriterien etwas Handfestes aussagen. Ein Durchgehen nach diesem Raster lohnt sich aber alleweil als Vorbereitung auf eine weitere Bestimmung oder das Formulieren von Hypothesen – sei es im systematischen Teil dieses Buches oder sei es mit dem Bestimmungsschlüssel (vgl. Einleitung).

Herkunft der Probe	Ist die Probe wirklich von hier, oder wurde sie hierher transportiert?
Geländeformen	Wie prägt das Gestein die Morphologie der Gegend, der Umgebung, des Aufschlusses?
Aufschlussverhältnisse	Homogenität des Gesteins: Ist eine Schichtung oder eine Schieferung erkennbar? Hat es Falten oder andere Strukturen duktiler Verformung? Hat es Spröddeformationen wie Adern, Klüfte und Brüche?
Oberflächen, Bruchverhalten, Bruchflächen	Weist das Gestein eine oder mehrere Verwitterungskrusten (Patina) auf? Wie ist/sind diese beschaffen? Hat das Gestein feinsten Flechtenbewuchs? Wie bricht das Gestein, im Aufschluss und im Handstück (unregelmäßig, klötzchenartig, scheibchenförmig ...)?
Berührungstonus	Gesteine soll man befühlen und betasten! Ihre Oberflächen und Bruchflächen haben oft spezifische Berührungseigenschaften.
Härte/Zähigkeit	Zur Härteprüfung vgl. Kommentare weiter oben. Die Zähigkeit sagt etwas über den Zusammenhalt der Komponenten aus.
Spezifisches Gewicht	Unser Gefühl sagt uns in der Regel rasch, ob ein Stein «eher schwer» oder «eher leicht» ist. Man kann auch mit einem bekannten Gesteinsstück gleicher Größe vergleichen. Wir reden vom «spezifischen Gewicht», d. h. Gramm pro cm^3.
Farben, Farbmuster	Ist das Gestein homogen einfarbig, oder ist es gefleckt, gebändert oder sonst farbgemustert? Wie lassen sich die Farben beschreiben?
Gefüge	Beschreibung der wichtigsten Gefügebegriffe.
Komponenten	Ist das Gestein mikrokristallin, d. h., auch mit der Lupe sind keine einzelnen Komponenten erkennbar? Falls nein, wie viele Komponenten können Sie sicher erkennen? Sind es Minerale und/oder Gesteinsbruchstücke? Sieht man Fossilien? Können Sie die Modalanteile der gut unterscheidbaren Komponenten abschätzen?
Gesteinsbildende Mineralien	Versuchen Sie, möglichst viel über die einzelnen sichtbaren Mineralien auszusagen: Form, Farbe, Glanz, Härte, Spaltbarkeit bzw. Bruch; auch ein Salzsäuertest kann sinnvoll sein. Prüfen Sie die Eigenschaften mit den Beschreibungen in Kapitel «Gesteinsbildende Mineralien» (ab S. 36).
Klüfte und Adern	Falls solche im Handstück vorhanden sind, geben diese oft Rückschlüsse auf die Gesteinsart. Die Mineralfüllungen der Klüfte und Adern sind oft besser bestimmbar als Minerale im Gestein selbst.

Das Martinsloch und die Glarner Hauptüberschiebung am Segnespass zwischen Elm (GL) und Flims (GR) – zwei wichtige Phänomene der Alpenbildung im Weltnaturerbe Tektonikarena Sardona.

Teil II

Die Bildung der Alpen und ihrer Gesteine

Entstehungsgeschichte der Alpen und ihrer Gesteine

Die Gesteine der Schweiz lassen sich nur im Rahmen der Alpenbildung verstehen und einordnen. Diese führte zur Ausbildung von Alpen, Mittelland und Juragebirge. Die Alpen sind nur ein kleiner Teil einer gigantischen kontinentalen Kollisionsnaht der jüngsten globalen Gebirgsbildung. Zusammengefasst werden die dadurch entstandenen Gebirge «alpidische Gebirge» genannt. Sie umfassen von West nach Ost den Atlas, Apennin, die Pyrenäen, Alpen, Karpaten und die Balkangebirge, gehen weiter über das Pontische Gebirge, den Kaukasus, Elburs, Zagros, Hindukusch, Karakorum bis zum Himalaja. Alle entstanden im Wesentlichen in den letzten 100 Mio. Jahren. Die Alpen selbst sind mit ihrer ausfächernden Bogenform das am besten untersuchte Gebirge der Welt – aber wohl auch das komplizierteste, verglichen etwa mit dem Himalaja.

Das Drama der Alpenbildung in sieben Akten

Es gibt genügend gute Publikationen, welche die Alpenbildung ausführlich und auch für Laien verständlich erläutern (vgl. Literatur S. 431). Wir präsentieren Ihnen mit der Zeittabelle im hinteren Umschlag eine kondensierte tabellarische Übersicht dieses «Geo-Dramas» in sieben Akten. Sie können dort das Wichtigste zu den Vorgängen der Alpenbildung sowie über die zu dieser Zeit gebildeten Gesteine herauslesen.
Die Alpen haben nicht ein ganz bestimmtes Alter, sondern entstanden in einem langen Prozess, der vor 250 Mio. Jahren begann und heute noch andauert. Eine Analogie zum Werden und Vergehen von uns Menschen könnte etwa so aussehen (vgl. Abb. rechts):

Die Alpenbildung im globalen Rahmen der sich bewegenden Erdplatten. Die Rekonstruktionen stammen von Prof. R. Blakey, © Colorado Plateau Geosystems Inc.

Phase	Alter Mio. J.	Prozesse und Gesteine
Zeugung	250	Beginnenden Zerdehnung von Pangäa, Überflutung, Flachmeer-Ablagerungen der Triaszeit (Dolomit, Gips, Salz)
Schwangerschaft	250–100	Afrika entfernt sich von Europa, ozeanische Becken bilden sich, Ablagerung der mesozoischen Sedimentgesteine der späteren Alpen (Kalksteine, Tonsteine, Mergel, wenig Sandsteine)
Geburt	rund 100	Infolge des raschen Aufbrechens des Südatlantiks kehrt Afrika seine Bewegungsrichtung um und nähert sich Europa wieder an. Subduktion des Piemontozeans beginnt, erste Flysche entstehen.
Kindheit	100–30	Weitere Subduktion, Kollision Adria-Briançonnais-Mikrokontinent, dann beide mit Europa, Deckenbildungen, Hochdruckmetamorphosen; Flyschbildungen
Pubertät	um 30	Plattenabriss und Intrusion Bergeller Granit, temperaturbetonte Metamorphose, danach Beginn der Heraushebung als Gebirge
Adoleszenz	30–heute	Wettstreit Hebung/Abtragung, Schüttung der Molassegestseine, Entwicklung zum voll ausgebildeten, «erwachsenen» Gebirge
Erwachsenenalter	ab heute	Voll ausgebildetes Gebirge, an dem der Zahn der Zeit unterbittlich zu nagen beginnt und längerfristig in eine Einebnung mündet.

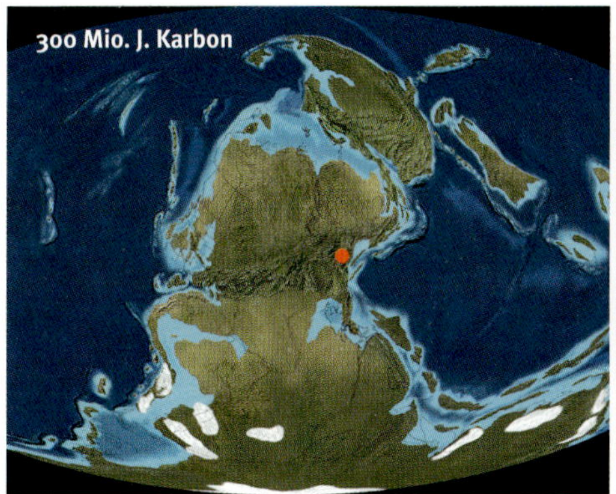

Superkontinent Pangäa. Mittendurch verläuft das variszische Gebirge, an dessen Rand sich der zukünftige Alpenraum befindet, etwa auf Äquatorhöhe. Die zukünftigen Alpengranite entstehen, sowie viele Gneise des Altkristallins.

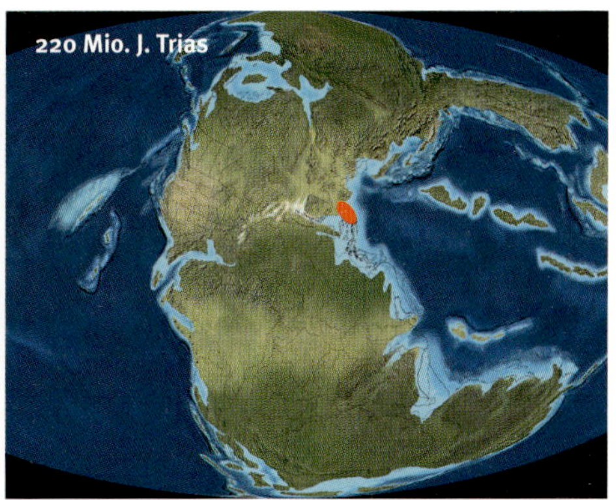

Superkontinent Pangäa zerdehnt sich in N-S-Richtung. Der zukünftige Alpenraum wird langsam meeresbedeckt, Ablagerung der Triasgesteine Sandstein, Salz, Gips, Dolomit.

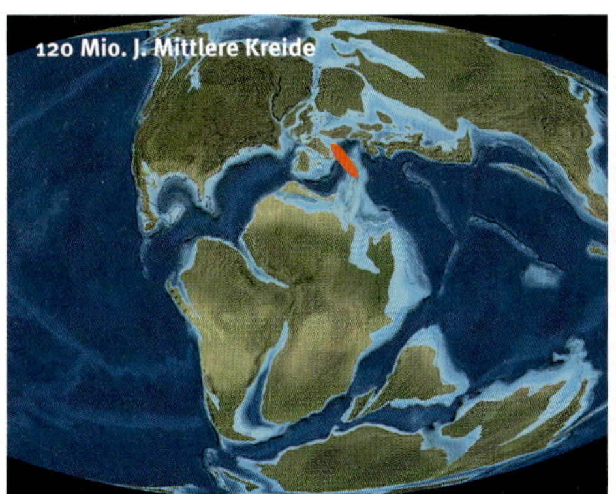

Maximale Entfernung Nord- und Südkontinente, Piemont- und Walliser Becken offen, zukünftiger Alpenraum umfasst rund 1500 km in NW-SE-Erstreckung; überall noch Ablagerung von Sedimentgesteinen.

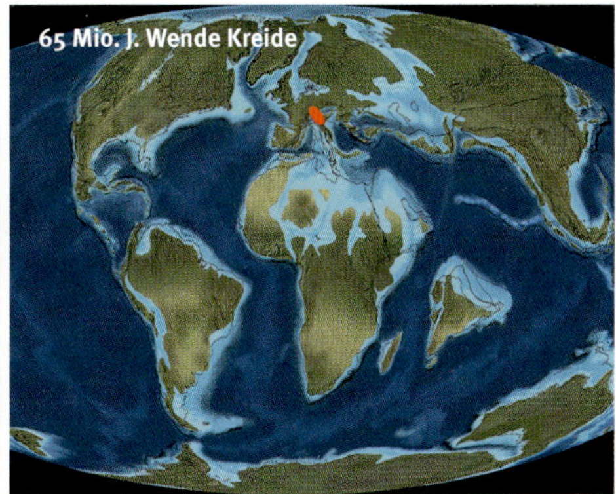

Afrika-Adria haben sich wieder an Europa angenähert, Piemontozean ist subduziert, Walliser Becken eingeengt, Adria und Iberia kollidieren, in der Tiefe beginnen Deckenbildungen, an der Oberfläche Flyschablagerungen.

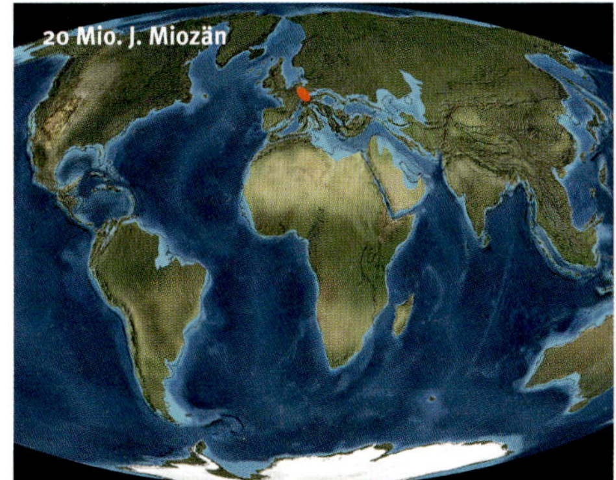

Die Kontinentalkollision ist weit fortgeschritten, die Alpen heben sich, nordwestlich und südöstlich davon werden Molassegesteine abgelagert.

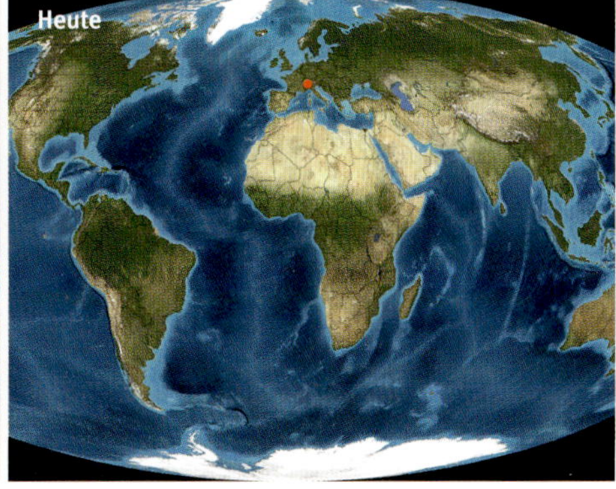

Heutige Form der Alpen; eine Nettohebung dauert an, aber kaum mehr Zusammenschub; die Berglandschaft ist durch die Eiszeiten der letzten 2,6 Mio. J. geprägt.

Geologische Struktur der Schweiz und ihre Gesteinsarten

Die strukturellen Einheiten der Schweiz

Wie äußert sich die im vorherigen Kapitel skizzierte Entstehungsgeschichte der Alpen konkret in Struktur und Aufbau der heutigen Alpen?
Sie haben wohl schon Begriffe wie «Helvetikum», «Penninikum», «Ostalpin» und weitere mehr gehört. Die frühen Alpengeologen wussten nichts von der Plattentektonik. Sie näherten sich dem komplizierten Alpengebirge pragmatisch und beschreibend an (Abb. S. 87). Dabei stellten sie fest, dass es erstens die drei Großeinheiten Jura, Molassebecken und Alpen gab. Dann erkannten sie, dass in den Alpen Baueinheiten in Form von Decken vorhanden sind und dass sich diese aufgrund ihrer Gesteinsinhalte, ihrer Verformungsart und ihres Metamorphosegrades zu größeren Einheiten zusammenfassen ließen. Die Zone der nördlichen Voralpen mit ihren verfalteten Sedimentdecken aus mesozoischen Kalk-Mergel-Ton-Serien nannten sie «Helvetikum». Sie erkannten, dass diese Sedimentserien auf Grundgebirge abgelagert wurden, das in länglichen tektonischen Fenstern aufgeschlossen ist. Diese Grundgebirgsteile nannten sie «helvetische Massive» (bei uns Mont-Blanc-, Aar- und Gotthardmassive), in der Annahme, dass diese bei der Alpenbildung kaum verschoben, sondern nur angehoben wurden.
Alle Gebiete südlich des Helvetikums tauften sie anschließend «Penninikum», nach dem alten Namen für die Tessiner und Südbündner Alpen. Dieses Penninikum unterteilten sie weiter in drei Untereinheiten: In der Talsutur Chur–Vorderrhein–Oberalp/Furka–Wallis erkannten sie Meeresablagerungen, welche sie einem «Walliser Becken» zuordneten, bzw. dem Unterpenninikum. Südlich davon trafen sie dann auf mächtige Grundgebirgsdecken mit ähnlichen Gesteinen wie in den helvetischen Massiven, die aber offensichtlich als Decken verschoben, verfaltet und metamorphosiert worden sind. Nach der Westalpenstadt Briançon nannten sie diese Teile Briançonnais bzw. Mittelpenninikum. Die darauf abgelagerten Sedimente wurden offensichtlich weitgehend abgeschert und weit nach Nordwesten über die helvetischen Einheiten überschoben. Diese Sedimentdecken des Briançonnais wurden Préalpes Romandes genannt. Südlich des Penninikums trafen sie dann auf Reste von Ozeanbodenkruste (sog. Ophiolithe) und auf die dazugehörenden Sedimente. Diesen Ozean tauften sie Piemontozean; er wird zum Oberpenninikum gerechnet.
Überschoben über die Serien des Penninikums lagen wiederum große Grundgebirgsdecken mit dazugehörenden Sedimentgesteinen. Weil diese vor allem in den südöstlichen Schweizer Alpen und den Ostalpen noch vorhanden waren (d. h., nicht von der Erosion entfernt worden sind), taufte man diese Einheiten «Ostalpine Decken». Dann kam eine alpenweite Störungszone, die Insubrische Linie getauft wurde. Alle Einheiten südlich davon wurden «Südalpin» getauft.

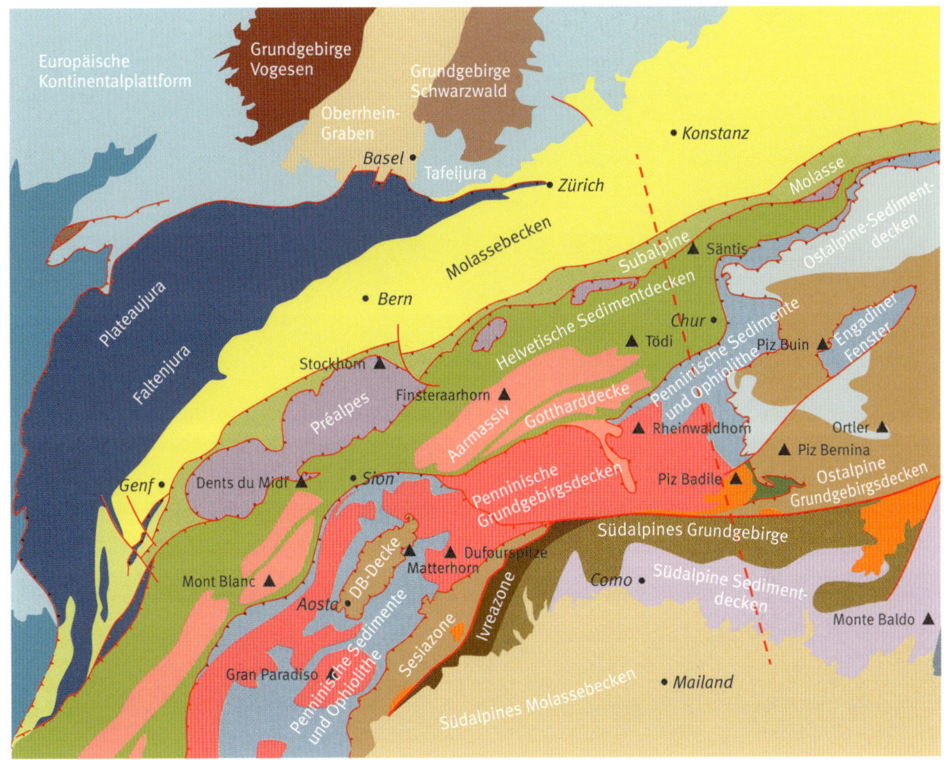

Diese strukturelle oder tektonische Einteilung der Alpen hat sich schnell eingebürgert und bis heute erhalten (Abb. oben). Sie ist auch Grundlage für die Einteilung der Gesteinsporträts dieses Buches, welche auf der in der vorderen Umschlagklappe präsentierten Gesteinszonenkarte der Schweiz basiert.

Die Verbindung von Plattentektonik und der «alten Geografie»

Mit den Erkenntnissen der Plattentektonik konnten diese strukturellen Einheiten und die paläogeografischen Rekonstruktionen nun sinnvoll in ein plattentektonisches Modell integriert werden. Sie finden diese Verbindung dargestellt in Abb. S. 88 unten in einem paläogeografischen Profilschnitt durch den zukünftigen Alpenraum vor rund 100 Mio. Jahren, als sich Afrika/Adria schon wieder an Europa annäherte. Damit ist die Verbindung zwischen dem heutigen Bau der Alpen und ihrer plattentektonischen Entstehungsgeschichte vollzogen. Aus dieser Abbildung können Sie auch einen Überblick gewinnen, welche Gesteinsarten in welchen tektonischen Einheiten zu erwarten sind. Darauf wird in den Einführungen zu den Gesteinsporträts der einzelnen Einheiten noch

Stark vereinfachte tektonische Kartenskizze der Zentralalpen; sie zeigt nur die großen strukturellen Einheiten, die einzelnen Decken sind nicht ausgeschieden. Kompilation aus verschiedenen Quellen.

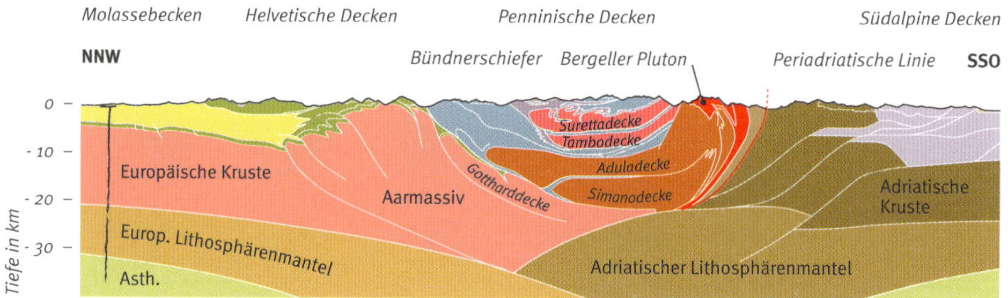

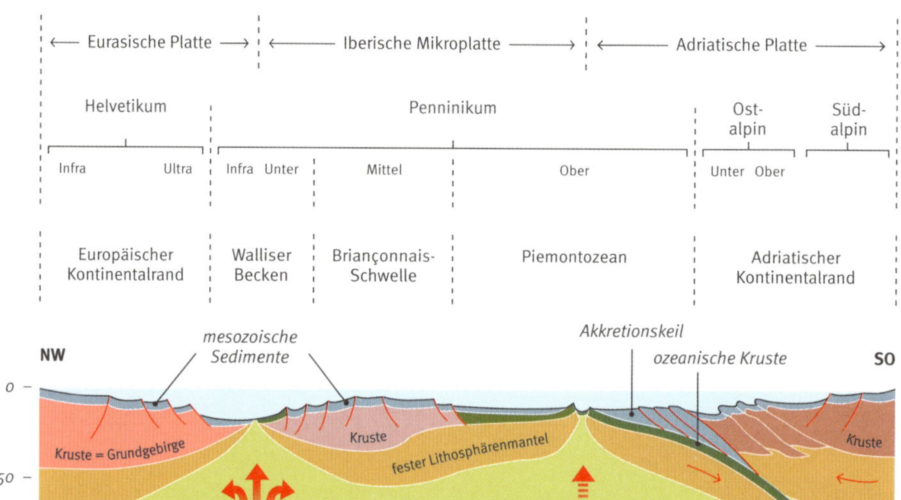

Oben:
Stark vereinfachtes tektonisches Profil durch die östlichen Zentralalpen; die Linie auf der tektonischen Karte zeigt die Lage des Profils. Einige der größten Decken sind angeschrieben.

Unten:
Paläogeografischer Profilschnitt durch den zukünftigen Alpenraum vor ca. 100 Mio. J. (Mittlere Kreide), als Afrika gerade begann, sich Europa wieder anzunähern. Die Verbindung von plattentektonischer (zuoberst), tektonischer und paläogeografischer Einteilung ist angegeben.

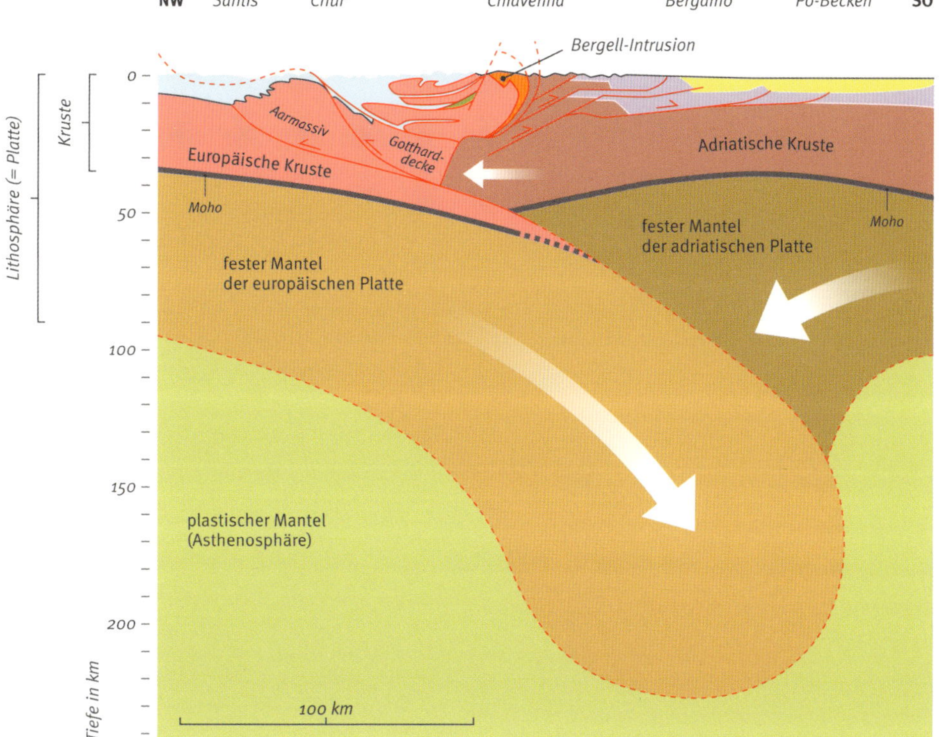

weiter eingegangen. Sie sehen in Abb. S. 88 oben ein tektonisches Profil durch die Alpen, in dem die wichtigsten Baueinheiten in den gleichen Farben wie in Abb. S. 87 dargestellt sind. Die Abb. oben illustriert den Bau des Alpenkörpers in einem großmaßstäblichen Profilschnitt, der bis in rund 250 km Tiefe reicht. Sie können dort die komplexe Verzahnung der europäischen und afrikanischen Krustenteile erkennen.

Mehr über die Alpenbildung und die neuesten, zum Teil erstaunlichen Forschungsergebnisse finden Sie in meinem 2021 ebenfalls im Haupt Verlag erschienen Buch «Wie Berge entstehen und vergehen – in 30 Etappen durch die Alpengeologie».

Quasi ein «zoom-out» des tektonischen Profils auf S. 88. Das Profil zeigt die Tiefenstruktur des Alpenkörpers, seine bipolare Struktur und dem Keil adriatischer Kruste in der europäischen Kruste. Leicht modifiziert nach O. A. Piffner, Geologie der Alpen, 3. Auflage, Haupt Verlag 2015.

Grundgebirge

Der Begriff «Grundgebirge» wird weltweit häufig verwendet. Der Gebrauch des Wortes «Gebirge» geht in diesem Zusammenhang auf eine alte bergmännische Bezeichnung für anstehendes Gestein zurück und hat nichts mit Bergen zu tun.
Mitteleuropa wurde nach der variszischen Gebirgsbildung weitgehend eingeebnet, sodass gegen Ende der Permzeit ein ebenes, wüstenartig-heißes Gebiet, vergleichbar mit dem heutigen Inneren Australiens, vorlag. Mit dem beginnenden Zerbrechen von Pangäa zu Beginn der Triaszeit begannen die ersten Meeresüberflutungen (= Transgressionen); nach und nach wurden dann die ganzen mächtigen Sedimentgesteinsabfolgen der Trias-, Jura-, Kreide- und Tertiärzeit abgelagert. Diese liegen heute diskordant auf einem wesentlich älteren, von alten Gebirgsbildungen geprägten kontinentalen Sockel – eben dem Grundgebirge. Konkreter, und etwas umständlich, wird auch vom «prämesozoischen kristallinen Grundgebirge» gesprochen.

Das alpine Grundgebirge

Alle tektonischen Einheiten der Alpen (mit Ausnahme der ozeanischen Kruste des Piemontbeckens des Tethysozeans) bestehen aus prämesozoischem Grundgebirge und mesozoischen Sedimentgesteinen (vgl. Kapitel «Brot und Aufstrich»). Unabhängig davon, ob das Grundgebirge später zum europäischen, iberischen oder afrikanisch-adriatischen Kontinent gehörte, und unabhängig davon, wie stark es bei der Alpenbildung metamorphosiert und deformiert wurde, sein Aufbau ist im Prinzip überall derselbe (Abb. S. 91):

- Altkristallin/polyzyklische Serien
- variszische bis postvariszische Plutonite und Vulkanite
- permokarbonische kontinentale Gräben

1 Altkristallin/polyzyklische Einheiten

Damit bezeichnet man alle Gesteine, welche älter sind als die variszischen Plutonite. Das Altkristallin ist komplex aufgebaut, weil darin die gesamte ältere geologische Geschichte steckt, meist mit mehrfachen Metamorphosen und Spuren von Gebirgsbildungen. Deswegen wird neuerdings die Bezeichnung «polyzyklische Einheiten» dem Begriff «Altkristallin» vorgezogen.

- Die polyzyklischen Einheiten bestehen aus hoch metamorphen Gesteinen. Es dominieren metasedimentäre Gneise und Schiefer mit einer großen Variation von Zusammensetzungen. Die ältesten im Altkristallin der Gottharddecke bestimmten Kerne von Zirkonkristallen, lieferten Alter von über 3400 Mio. Jahren; das Altkristallin verdient also seinen Namen!
- Weiter findet man in Altkristallen häufig Amphibolite, aber auch Metagabbros, Serpentinite, Marmore, Kalksilikatfelse und Quarzite. Diese haben für die Aufschlüsselung der alten Geschichte oft große Bedeutung.

- Die meisten Gesteine des Altkristallins erlebten bei der ordovizischen Gebirgsbildung zuerst eine Hochdruck- und danach eine amphibolitfazielle Metamorphose, bei der oft Migmatite entstanden, wie etwa das Innertkirchen-Lauterbrunnen Kristallin (Nr. 39) oder die Erstfeldergneise (Nr. 40) des Aarmassivs.
- Während der ordovizischen Gebirgsbildung bildeten sich Plutonite, die heute als Orthogneise vorliegen. Beispiele dafür sind der Streifengneis der Gottharddecke (Nr. 43), die Orthogneise der Silvrettadecke (Nr. 97) oder der Cenerigneis im Südalpin (Nr. 113).

2 Variszische bis postvariszische Plutonite und Vulkanite

Während und kurz nach der variszischen Gebirgsbildung intrudierten in das Altkristallin Plutonite, die vorwiegend aus Graniten bestanden. Einige davon, wie etwa der Zentrale Aar-, der Mont-Blanc- oder der Arollagranit, sind riesige Plutone, die heute weitläufige hochalpine Granit- oder Gneislandschaften bilden. Daneben gibt es viele kleinere Granitkörper sowie dioritische bis alkaligranitische und syenitische Gesteine. Die Alter der variszischen Plutonite liegen zwischen 335 und 280 Mio. Jahren, mit einer Häufung um 300 Mio. Jahren. Generell ist eine frühere

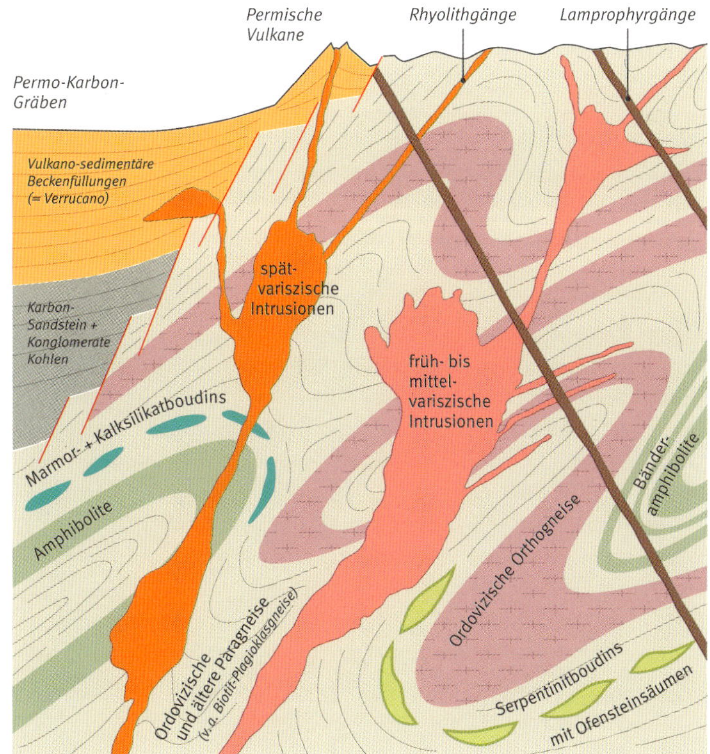

Schematische Darstellung der wesentlichen Elemente der Grundgebirge im alpinen Raum. Erläuterungen im Text.

Phase magmatischer Aktivitäten in der mittleren Karbonzeit um 330 Mio. Jahre feststellbar und eine spätere um die Wendezeit Karbon-Perm (300 Mio. Jahre). Noch jüngere magmatische Aktivitäten zwischen 270–290 Mio. Jahren sind mit rhyolithischem Vulkanismus verbunden. In allen Magmatiten sind Ganggesteine wie Aplite und Pegmatiten häufig. Als Letztes intrudierten Lamprophyrgänge.

3 Permokarbonische Grabenstrukturen

Im Oberkarbon bildeten sich an verschiedenen Stellen geografisch begrenzte Senken, in welche klastische, molasseähnliche Sedimente abgelagert wurden (Nr. 57). Lokal kam es auch zu Kohlebildungen (Nr. 58). Später, in der Permzeit, bildeten sich weitere Grabenstrukturen. Da das Klima vom feucht-heißen Tropenklima des Karbons nun zu einem trocken-heißen Kontinentalklima gewechselt hatte, wurden in diesen Senken wenig weit transportierte klastische Sedimente in Form von roten Brekzien, Konglomeraten, Sand- und Tonsteinen abgelagert. Verbunden damit waren Schwächezonen bis tief in die Erdkruste, an denen granitische Magmen aufstiegen und zu großen rhyolithischen Vulkangebäuden führten. So findet man in den Permtrögen oft auch Laven, Tuffe, vulkanische Brekzien und Laharablagerungen. Diese permischen Gesteinssuiten werden im Alpenraum mit dem Begriff «Verrucano» zusammengefasst (Nr. 59). Die permokarbonischen Ablagerungen werden ebenfalls zum Grundgebirge gerechnet, weil sie bei der Alpenbildung meist mit diesem verbunden blieben. Eine bedeutende Ausnahme bildet der Glarner Verrucano, dessen Trog bei der Alpenbildung förmlich aus dem Grundgebirge ausgestülpt und als Glarner Decke zusammen mit den darüberliegenden mesozoischen Sedimentgesteinen mindestens 35 km nach NW überschoben wurde. Dabei bildete sich die weltberühmte Glarner Hauptüberschiebung aus, die dem Gebiet der Glarner Alpen den Titel eines UNESCO-Weltnaturerbes eingetragen hat.

Alpine Metamorphose

Alle heute im Alpenraum aufgeschlossenen Grundgebirgseinheiten erlitten bei der alpinen Gebirgsbildung eine metamorphe Überprägung. Im Querschnitt von Brunnen bis Bellinzona nimmt die maximal erreichte Metamorphosetemperatur von etwa 300 °C am Nordrand des Aarmassivs auf über 700 °C bei Bellinzona zu. Im Aarmassiv äußert sich die Metamorphose fast nur durch Scherzonen, Chloritisierung von Biotit und ähnlichen Effekten; viele der älteren Strukturen und Mineralbestände blieben daher erhalten. In den Grundgebirgseinheiten des Tessins überprägte die alpine Metamorphose hingegen die älteren Strukturen zunehmend stärker, sodass die variszischen Plutonite zu Orthogneisen umgewandelt wurden.

Brot und Aufstrich

Wortmonster «Prä-mesozoisches kristallines Grundgebirge»

Weltweit gibt es zahlreiche geologische Situationen, wo über einem alten Grundgebirge jüngere Sedimentgesteinsabfolgen diskordant abgelagert wurden. Eines der bekanntesten Beispiele dafür ist der Grand Canyon (USA), wo paläozoische Sedimentgesteine über einem Grundgebirgssockel von Schiefern und Graniten liegt, der vor 1750 Mio. Jahren gebildet wurde (Abb. S. 94).

Im Alpenraum umfasst das Grundgebirge alles, was älter ist als die permischen Ablagerungen. Man spricht deshalb auch vom «prä-mesozoischen kristallinen Grundgebirge». Am Ende der variszischen Gebirgsbildung gab es nur einen einzigen Megakontinent, Pangäa. Das Gebiet der zukünftigen Alpen lag am Rande dieses Kontinents, das ganze Gebiet war im Wesentlichen eingeebnet und lag quasi bereit für eine weitere geologische Etappe.

Und danach lange, lange Zeit fast nur noch Meer!

Mit dem Beginn des Mesozoikums vor 250 Mio. Jahren (Triaszeit) wurde Pangäa langsam zerdehnt und schließlich zerrissen. Damit begannen sich Meeresablagerungen über dem Grundgebirge zu sedimentieren. Diese Meeresbedeckung dauerte während des ganzen Mesozoikums (250–65 Mio. J.) an. Deshalb fasst man diese ganzen Sedimentgesteinsabfolgen als **«mesozoische Sedimentgesteine»** zusammen. Wir können somit in allen tektonischen Einheiten der Alpen immer unterscheiden zwischen:

«Aufstrich»	mesozoische Sedimentgesteine	Kalksteine, Dolomit, Sandstein, Mergel, Tonsteine

«Brot»	prä-mesozoisches kristallines Grundgebirge	alte Gneise, kristalline Schiefer, Granite etc.

Oft wurden bei den Deckenüberschiebungen im Verlaufe der Alpenbildung die mesozoischen Sedimentgesteine von ihrem kristallinen Grundgebirgssockel abgeschert und als eigene Decken weit überschoben, manchmal bis gegen 100 km weit. Dies geschah beispielsweise mit den mesozoischen Sedimentgesteinen des mittelpenninischen Mikrokontinents («Briançonnais»). Diese wurden von ihrem Grundgebirge, welches heute im Bereich der Walliser Südtäler liegt, fast 100 km weit nach vorne geschoben und bauen heute die Waadtländer Préalpes auf.

Wenn wir also in den Alpen unterwegs sind und uns punkto Gesteine orientieren wollen, muss als Erstes immer Klarheit darüber geschaffen werden, in welcher Großeinheit wir uns befinden, denn dies hat einen massiven Einfluss auf die zu erwartenden Gesteine! Diese an sich simple Grobeinteilung wird durch drei Dinge etwas erschwert.

Der Klassiker für «Brot und Aufstrich»: Der Grand Canyon (USA); die Grenze zwischen dem altproterozoischen Grundgebirge und den paläozoischen Sedimentgesteinen ist mit einem Pfeil markiert.

Komplikation 1: Alpine Gesteinsmetamorphose

Mit der Bildung der Alpen war eine Versenkung der Gesteinseinheiten in viele Kilometer Tiefe verbunden, wo erhöhte Temperaturen und Drucke herrschten und die Gesteine metamorph überprägt wurden. Dies betraf auch einen Teil der mesozoischen Sedimentgesteine. Dabei konnten kristalline metamorphe Gesteine entstehen, welche von den alten Schiefern und Gneisen des Grundgebirges auf den ersten Blick nicht zu unterscheiden sind. Solche Gebiete finden sich vor allem in den südlichen Zentralalpen (Südwest-Graubünden, Tessin und Südost-Wallis). Dort ist die Unterscheidung von «Brot» und «Aufstrich» für den Laien nicht mehr so eindeutig und einfach.

Komplikation 2: Die Permokarbon-Gräben

Während und nach der Einebnung der variszischen Berge bildeten sich durch Dehnungsvorgänge Senken- und Grabenstrukturen, wie sie in junger geologischer Zeit etwa vom Oberrheingraben oder vom Ostafrikanischen Graben bekannt sind. In diesen Senken wuchsen in der feuchtwarmen Karbonzeit riesige Wälder in Sumpfgebieten, welche zusammen mit Sand- und Tonablagerungen zu kohlehaltigen Schichten von Sedimentgesteinen abgelagert wurden. Aus dieser Zeit stammt ein Großteil der weltweiten Kohlelagerstätten – kein Wunder, tauften die Geologen diese Periode Karbonzeit! Solche Ablagerungen sind in der Schweiz bekannt vom Unterwallis (Dorénaz), Südtessin (Manno) und von den Glarner Alpen (Bifertengrätli, Nr. 57, 58).

In der Permzeit blieben etliche dieser Karbonsenken weiter aktiv, es entstanden aber auch neue Grabenbrüche. Da das Klima im Perm radikal anders war als zuvor – trocken und heiß – wurden in diese Permbecken rote Ablagerungen von Sandsteinen, Brekzien und Tonsteinen abgelagert, gemischt mit vulkanischen Bildungen von Vulkanen, die sich an den Bruchzonen der Gräben bildeten (Nr. 59, 104, 114). Diese Ablagerungen werden im Alpenraum mit dem Begriff «Verrucano» zusammengefasst. Bekannte Vorkommen finden sich in den Glarner Alpen, im Münstertal (GR) und im Unterwallis. Bekannt wurde auch der große Karbon-Permtrog unter dem zentralen Mittelland, welchen die NAGRA bei ihrer Suche nach Orten für die Endlagerung radioaktiver Abfälle mit Bohrungen entdeckte.
Sowohl die Karbon- als auch die Permgräben mit ihren Sedimentgesteinen werden in der alpinen Geologie zum Grundgebirge gerechnet. Dies macht Sinn, erstens weil sie zu Beginn der Meeresüberflutungen in der Triaszeit beide den Untergrund für die marinen Sedimente bildeten, und zweitens weil sie sich bei den alpinen Deckenbildungen oft gleich verhielten wie die Grundgebirge.

Komplikation 3: Die mesozoischen Ophiolithe
Bei der Auseinanderdrift von Afrika und Europa entstanden dazwischen zwei Ozeanbecken: das Piemontbecken und später das wesentlich kleinere Walliser Becken. Vor allem im Piemontbecken entstand dabei ein viele Hundert Kilometer breites Stück ozeanischer Kruste. Dort sind die Verhältnisse etwas anders in Bezug auf Grundgebirge und Sedimente. Das Grundgebirge wird dort durch die in der Jurazeit neu gebildete ozeanische Kruste aus Basalt, Gabbro und Serpentinit repräsentiert (Nr. 88–95). Darauf haben sich ebenfalls mesozoische Sedimente abgelagert (Nr. 96, 118). Stücke dieser ozeanischen Kruste entgingen später der Subduktion in den Erdmantel und wurden als «Ophiolith-Decken» in die alpine Kollisionszone integriert.

Der Klassiker in den Alpen: Der bei der Hebung der Alpen schräg gestellte Kontakt zwischen dem Grundgebirge des Aarmassivs (unten rechts) mit der diskordant darüberliegenden Trias mit dem gelben Rötidolomit (Nr. 20), darüber oben links die Sedimente der Jurazeit. Hinteres Gasterntal (BE), Blick zum Kanderfirn.

Ein Beispiel aus dem Ostalpin: Blick vom Piz Nair ob St. Moritz nach Nordwesten zum Piz Ela. Im Vorder-/Mittelgrund kristallines Grundgebirge der Errdecke, der Piz Ela, dann die darüberliegenden mesozoischen Sedimente, hier Hauptdolomit der Trias (Nr. 108).

Alpine und andere Metamorphosen

Ein guter Teil der Alpengesteine liegt in metamorphem Zustand vor. Sind die Gesteine nur schwach metamorph, so erkennt man in der Regel das ursprüngliche Ausgangsgestein ohne Weiteres, und es braucht den Fachmann oder sogar Laboruntersuchungen, um festzustellen, dass das Gestein trotz seines «unmetamorphen» Aussehens eben doch schon leicht metamorph überprägt ist. So sehen manche Kalksteine oder Sandsteine, aber auch Granite und weitere Gesteine noch ziemlich unverändert aus, obwohl sie schon Temperaturen von bis zu 300 °C erlebt haben.

Die drei Metamorphosetypen der Alpen

Im Wesentlichen machen die drei Prozesse Subduktion, Kollision und Hebung die Alpenbildung aus. Zu jeder dieser Phasen gab es eine charakteristische metamorphe Überprägung der Gesteine. Die metamorphen Überprägungen waren immer von Deformationen begleitet, welche sich in der Regel durch eine Schieferung, aber auch in Verfaltungen äußern.

A. Subduktion: Hochdruckmetamorphose

Bei der Subduktion wurden Gesteinspakete so rasch in größere Tiefen versenkt, dass die Erwärmung der Gesteinspakete der Geschwindigkeit der Versenkung hinterherhinkte. Damit gerieten die Gesteine in große Tiefen von bis zu 100 km, ohne sehr stark erwärmt zu werden. Sie erlitten dabei aber eine Hochdruckmetamorphose in Blauschiefer- oder Eklogitfazies. Die Alter dieser Hochdruckmetamorphose liegen zwischen 70–45 Mio. Jahren, also im Paläogen. Solche Gesteine finden sich vor allem in Graubünden und im Wallis (Gesteine Nr. 92–94).

B. Kollision: Temperaturbetonte Metamorphose

Bei der eigentlichen Kollision erlitten die Gesteine infolge der enormen Krustenverdickung und des Plattenabrisses eine temperaturbetonte Metamorphose. In den Zentralalpen wird diese geprägt durch den «Tessiner Wärmedom», wo die Temperaturen von außen gegen innen kontinuierlich zunehmen. Deshalb liegen die Linien gleichen Metamorphosegrades, die sogenannten «Isograden», zwiebelschalenartig um die Kernzone zwischen Bellinzona und Locarno herum. Wenn wir also ein bestimmtes mesozoisches Ablagerungsgestein, etwa einen Tonstein, vom Molassebecken am Zugersee bis nach Bellinzona aufsammeln, so wird es am Zugersee ein unmetamorpher Tonstein sein (wie Nr. 5, dann in einen Tonschiefer übergehen (Nr. 16, 23) dann zu einem Sericitphyllit (Nr. 45), zu einem Muskovit-Chloritschiefer (Nr. 45, 73), einem Chloritoid-Glimmerschiefer (Nr. 74), zu einem Disthen-Staurolith-Granatglimmerschiefer (Nr. 83) und schlussendlich zu einem Cordierit-Granat-Granulit werden. Und immer ist es letztlich das gleiche Gestein resp. das gleiche Ausgangsgestein (Protolith) mit der gleichen chemischen Zusammensetzung!

Diese Metamorphose erreichte ihren Höhepunkt *nach* den großen Deckenüberschiebungen. Dies erkennt man daran, dass die Isogradenlinien die Deckenkontakte schneiden und nicht von diesen versetzt werden (Abb. unten). Ein ganz anderes Muster ist an der Südgrenze des Tessiner Wärmedoms zu beobachten. Dort hört die hochgradige Metamorphose (700 °C in Tiefen von rund 30 km) an der Insubrischen Linie plötzlich auf. Die Gesteine südlich davon haben rund 250 °C und max. 10 km Tiefe erlebt. Also müssen die nördlichen Einheiten an der Insubrischen Linie relativ um rund 20 km angehoben worden sein!

C. Hebung: Retromorphosen

Im Verlaufe der Hebungsprozesse konnten die Gesteine noch bei tieferen Temperaturen metamorphe «Rückreaktionen» erleiden. Ob sich solche abspielten, hing von der Deformation und dem Vorhandensein von Tiefengrundwässern ab. Deshalb sind retromorphe Umwandlungen oft nur lokalisiert und unvollständig ausgeprägt. Sehr häufig sind retromorphe Reaktionen bei den Biotiten, sei es nun aus Graniten oder Glimmerschiefern. Oft sind diese retromorph teilweise chloritisiert. Weitere häufige retromorphe Mineralien neben Chlorit, die in den Alpengesteinen als Mineralsäume oder als Aderfüllungen auftreten, sind Epidot, Albit, Quarz und Calcit.

Wichtigste Daten zur alpinen Metamorphose, auf Basis der tektonischen Karte von S. 87; Erläuterungen im Text. Kompiliert nach verschiedenen jüngeren Publikationen.

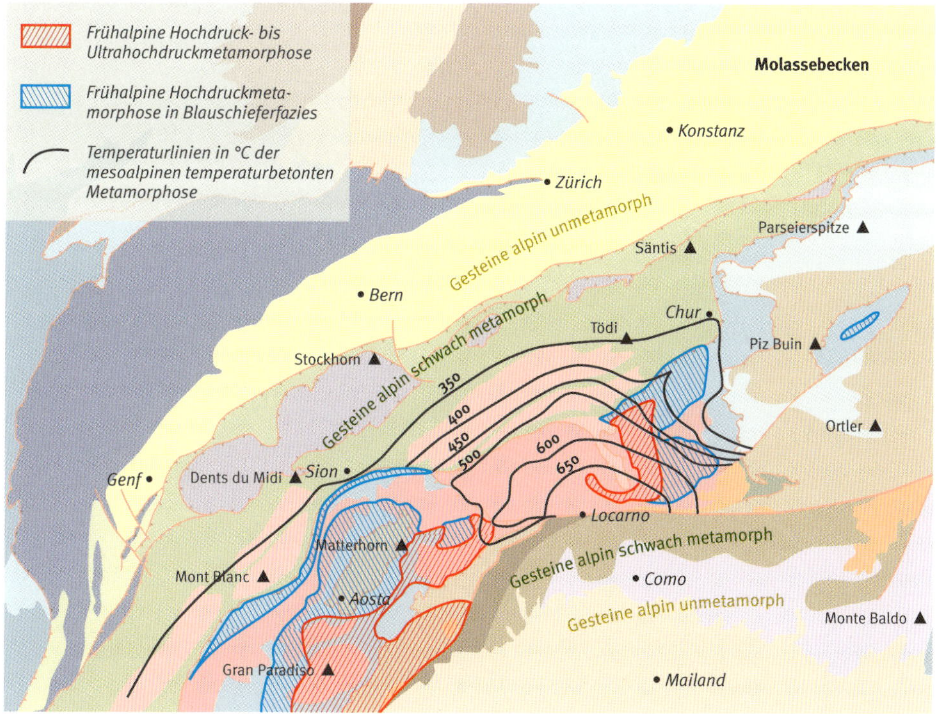

Granit oder Gneis? Ein alpines Vexierspiel

In allen Grundgebirgseinheiten der Alpen gibt es große Körper von variszischen Graniten (und verwandten Gesteinen). Diese wurden in unterschiedlicher Intensität von den alpinen Metamorphosen erfasst. Große Granitkörper reagieren auf Verformung und Metamorphose ziemlich speziell. Gelangt ein Granitkörper, wie etwa der Riesenpluton des Zentralen Aaregranits (Nr. 49), aus dem helvetischen Grundgebirge in größere Tiefe und damit in höhere Drucke und Temperaturen, so wird er aufgrund seiner hohen Festigkeit und Größe einer Verformung viel Widerstand bieten. Aber erst durch Verformungen können Tiefengrundwässer in das Gestein eindringen und metamorphe Reaktionen auslösen. Typischerweise bilden sich nun im Granit diskrete Scherzonen aus, an denen sich die Verformungen und die metamorphen Umwandlungen konzentrieren. Das Resultat kann man heute im Aaregranit überall beobachten: Über weite Strecken liegt dieser noch als undeformierter frischer Biotitgranit vor, wie er vor 300 Mio. Jahren entstanden ist. Aber plötzlich kommt man in eine Zone, wo der Granit zusehends stärker geschiefert und so stark umgewandelt ist, dass ein eigentlicher Gneis vorliegt. In großen Scherzonen kann das noch weiter gehen, sodass man im Zentrum einen extrem deformierten feinkörnigen Schiefer vorfindet, bei dem der Granit nicht mehr erkennbar ist (die Geologen reden dann auch von einem Mylonit). Dies äußert sich auch in der Morphologie der Berge. In den leicht verschieferten Zonen zeigt der Granit Plattenstrukturen, in den leicht erodierbaren Scherzonen bilden sich Rinnen, Couloirs und Scharten (Abb. S. 99).

Umgekehrt verhält es sich bei den höher metamorphen Granitkörpern des penninischen Grundgebirges. Dort wurden die Granite fast durchgängig zu Orthogneisen bzw. Augengneisen umgewandelt, und erhielten deshalb auch Namen wie Arollagneis (Nr. 105), Monte-Leone-Gneis (Nr. 81) oder Randa-Augengneis (Nr. 71). Lokal blieben aber geschonte, meist linsenförmige Bereiche übrig, wo das alte Granitgefüge mehr oder weniger erhalten blieb. Selbst im hochmetamorphen Tessiner Wärmedom gibt es Zonen in den Orthogneisen, in denen die ursprüngliche Granitstruktur noch einigermaßen gut erhalten blieb, vor allem sichtbar in porphyrischen Orthogneisen, wenn die großen Kalifeldspateinsprenglinge nur wenig deformiert wurden. Diese selektive Vergneisung und Umwandlung ist in den meisten plutonischen Gesteinen die Regel und kann deshalb bei Laien für beträchtliche Verwirrung sorgen.

Tiefen-(Druck)-Temperatur-Zeitpfad der Ophiolithgesteine der Zermatt-Saas-Decke (Nr. 90–95). Nach einer starken frühalpinen Hochdruckmetamorphose folgte eine rasche Anhebung mit retromorphen Umwandlungen danach die mesoalpine, temperaturbetonte Überprägung in Grünschieferfazies. Leicht modifiziert nach O. A. Piffner, Geologie der Alpen, 3. Auflage, Haupt Verlag 2015.

Der Salbitschijen im Zentralen Aaregranit (Nr. 49) vom Westgrat aus. Die plattige Struktur widerspiegelt die leichte alpine Vergneisung. Die Scharten und Couloirs liegen in Scherzonen mit starker alpinmetamorpher Deformation und Metamorphose. Rechts im Bild stark vergneister Granit.

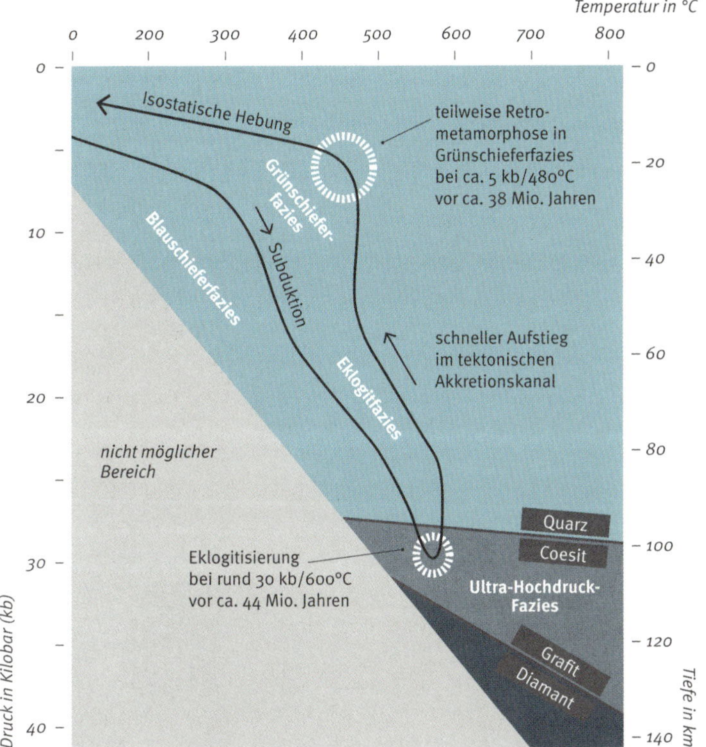
Temperatur in °C
0
200
300
400
500
600
700
800
0
10
20
30
40
Druck in Kilobar (kb)
0
20
40
60
80
100
120
140
Tiefe in km
Isostatische Hebung
teilweise Retro-
metamorphose in
Grünschieferfazies
bei ca. 5 kb/480°C
vor ca. 38 Mio. Jahren
Grünschiefer-
fazies
Blauschieferfazies
Subduktion
schneller Aufstieg
im tektonischen
Akkretionskanal
Eklogitfazies
nicht möglicher
Bereich
Quarz
Coesit
Eklogitisierung
bei rund 30 kb/600°C
vor ca. 44 Mio. Jahren
Ultra-Hochdruck-
Fazies
Grafit
Diamant

Bündnerschiefer, Flysch, Molasse

Wer sich nur ein wenig mit der Geologie der Alpen beschäftigt, wird sehr schnell einmal mit einem der drei Begriffe «Bündnerschiefer», «Flysch» oder «Molasse» konfrontiert. Die logische Frage ist jeweils: Was sind denn das für Gesteine? Alle drei Begriffe beschreiben jedoch nicht einzelne Gesteine, sondern Gesteinsverbände, in denen jeweils eine größere Zahl von bestimmten Gesteinsarten vorkommt. Es handelt sich dabei um sehr wichtige «Clans» der Alpenbildung: bedeutend, einflussreich, fast überall präsent, und doch auf den ersten Blick wenig sichtbar; eine Art «geologische Alpenmafia». Das Gemeinsame an ihnen: Es sind alles Ensembles von Sedimentgesteinen.

Überall präsent, wenig sichtbar: Im Gegensatz zu andern wichtigen Alpengesteinen bilden unsere drei Gestein-Clans meist keine markanten Berge, Felswände und Grate, weil ihre Gesteine verwitterungs- und erosionsanfälliger sind und sich deshalb oft in eher sanfteren Berggestalten verbergen. So sind etwa für Kletterer diese drei Gesteine unbedeutend. Die folgende Tabelle fasst das Wesentliche zu Bündnerschiefer, Flysch und Molasse zusammen; mehr Informationen zu den Gesteinsverbänden findet sich in den jeweiligen einführenden Kapiteln im systematischen Teil.

Gesteinsverband	Bündnerschiefer	Flysch	Molasse
In Kürze	**tiefmarine Ablagerungen in den alpinen Ozeanbecken**	**Subduktion und Akkretion produzieren submarine Lawinen.**	**Abtragungsschutt des sich hebenden Deckenstapels der Alpen**
Gesteine	marine bis tiefmarine, kalkige und tonige Sedimentgesteine	gut geschichtete Sandstein-Tonschiefer-Ablagerungen	Konglomerate («Nagelfluh»), Sandsteine und Mergel.
Ablagerung	In den tieferen Meeresträgen des südpenninischen Piemont- und des nordpenninischen Walliser Beckens.	Über den Subduktionszonen durch Schüttungen vom langsam werdenden Alpengebirge. Ablagerung meist in «Akkretionskeilen», in Form von submarinen Sandlawinen (Turbiditen) mit dazwischen lagernden Tonschichten.	In Randbecken aus dem Abtragungsschutt vor und hinter dem sich laufend hebenden und dabei gleichzeitig erodierenden Alpengebirge.
Alter im Alpenraum	Jura- bis in die untere Kreidezeit, ca. 170–100 Mio. J.	Kreide- bis Tertiärzeit, ca. 100–35 Mio. J.	Mittel- bis Jungtertiär, ca. 35–5 Mio. J.
Metamorphose bei Alpenbildung	Schwach bis stark. Die Kalksteine wurden zu grauen Calcitmarmoren und die tonhaltigen Lagen mit zunehmendem Metamorphosegrad zu Tonschiefern, Serizitschiefern bis hin zu Glimmerschiefern umgewandelt.	Unmetamorph bis mittelgradig metamorph Tonlagen → Tonschiefer, Phyllite Sandsteinlagen → Quarzit	unmetamorph
Begriffsverwendung	Wird nur in Alpen verwendet. Französisch = «schistes lustrés» Italienisch = «calce schisti»	«Flysch» wird weltweit für Akkretionsablagerungen an aktiven Kontinentalrändern verwendet.	Molasse wird weltweit für randliche kontinentale Ablagerungen vor/hinter sich stark hebenden Gebirgen verwendet.
Gesteinsporträts	60, 61, 96	15, 16, 17, 18	11, 12, 13, 14

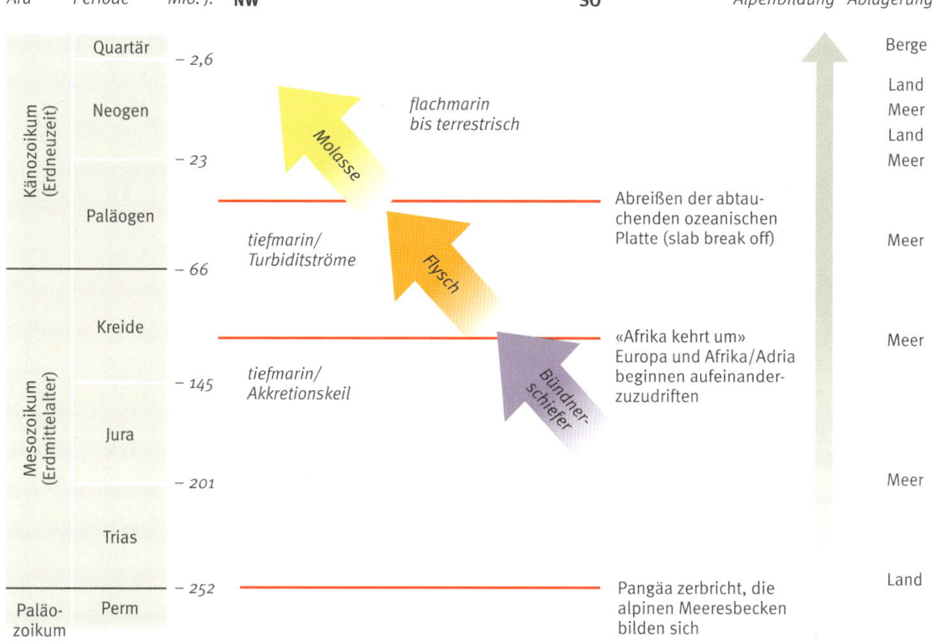

Die drei Gesteinsverbände stehen in den Alpen in einem zeitlich-räumlichen Zusammenhang. Die Ablagerung der Bündnerschiefer erfolgte zuerst, noch während der Dehnungsphasen der Ozeanbecken. Die Flysche folgen später, nämlich während der Subduktions- und Kollisionsphasen. Schließlich wurden die Molassegesteine vor und hinter dem sich hebenden Gebirgskörper abgelagert. Da die Alpenbildung zumindest im Bereich der Schweizer Alpen von Südost nach Nordwest hin fortschritt (Apulia-Afrika näherte sich von Südosten her an), sind die Serien jeweils in den paläogeografisch weiter südöstlich gelegenen Gebieten älter als in den weiter nordwestlich gelegenen. Übertragen auf die heutige Alpenstruktur, heißt das: Die Serien werden von den penninischen zu den helvetischen Deckenstapeln hin zusehends jünger. Dies ist im Diagramm der Abb. oben dargestellt.

Zeit-Raum-Diagramm der Bündnerschiefer-, Flysch- und Molasseablagerungen der Alpen.

Ophiolithe

Ozeanische Kruste: Der gut versteckte Normalfall

Sie haben sicher alle schon die Weltkarte gesehen, auf der das Ozeanwasser weggelassen worden ist und man die Topografie der Meeresböden erkennen kann. Unter den Ozeanen sehen die Landschaften komplett anders aus als über der Wasserlinie. Auffallend ist vor allem die über 60000 km lange untermeerische Gebirgskette mit ihrer symmetrischen Struktur, einer zentralen «Naht» und zahlreichen parallelen Quergräben, die sich rund um den Globus durch alle großen Meere zieht. Dabei handelt es sich um den sogenannten mittelozeanischen Rücken. An den mittelozeanischen Rücken wird ozeanische Erdkruste aus aufgeschmolzenem Erdmantelmaterial gebildet. Diese ist komplett anders aufgebaut als kontinentale Kruste. Sie ist mit 5–8 km wesentlich dünner als die 30–60 km dicke kontinentale Kruste und besteht aus Basalt, Gabbro und Serpentinit; also nicht aus «kristallinem Grundgebirge» wie die kontinentale Kruste. Die ozeanische Kruste ist daher auch schwerer als die kontinentale Kruste. So wie die Ozeane rund zwei Dritteln unseres Globus bedecken, so bestehen fast ebenso viele Anteile der Erdkruste aus ozeanischer Kruste; diese ist also eher der Normalfall und nicht die Ausnahme. Uns scheint es aber nicht so zu sein, weil sie meist unter dem Wasser verborgen bleibt und daher «exotischer» wirkt als die eigentlich viel seltenere kontinentale Kruste.

Das optisch herausragendste Merkmal von Ozeankruste sind sicher die Kissenbasalte (engl. pillow lava), die durch das Ausfließen der rund 1200 °C heißen Basaltmagmen im tiefen Ozeanwasser entstanden (Abb. S. 103, 104).

Von der Ozeankruste zum Ophiolith

Weil unsere Erde nicht ständig größer wird, muss an andern Orten Erdkruste auch wieder «vernichtet» bzw. wieder in den Erdmantel hinunter gebracht werden. Dies geschieht an den Subduktionszonen, wo die dünnere und schwerere Ozeanbodenkruste wieder abtaucht (subduziert wird), um viel später tief im Erdmantel langsam wieder aufgeschmolzen zu werden.

Wenn – über lange geologische Zeiträume – die ganze ozeanische Kruste eines Meeresbeckens subduziert wurde, stoßen zwei Kontinentalblöcke aufeinander. Weil deren Kruste vergleichsweise leicht und sehr dick ist, kann keine Seite ganz subduziert werden; die beiden Kontinente verkrallen sich dann förmlich ineinander, was schlussendlich dazu führt, dass ein Kollisionsgebirge wie die Alpen oder der Himalaja entsteht. Dabei werden in aller Regel auch Stücke der abtauchenden ozeanischen Kruste abgeschert, in die Kollisionszone einverleibt und mit dem entstehenden Gebirge angehoben, wo wir sie in den Bergen untersuchen können. Solche auf den Kontinent gelangten Stücke von Ozeanbodenkruste nennt man «Ophiolith». Die Ophiolithe in Gebirgen erzählen den Geologen viel über die heute «verschluckten»

Schema des Aufbaus der ozeanischen Kruste an einer Spreizungszone vom Typus mittelatlantischer Rücken.

Die am besten erhaltenen, praktisch unmetamorphen Kissenlaven der Alpen am Mont Chenaillet ob Briançon in den Westalpen.

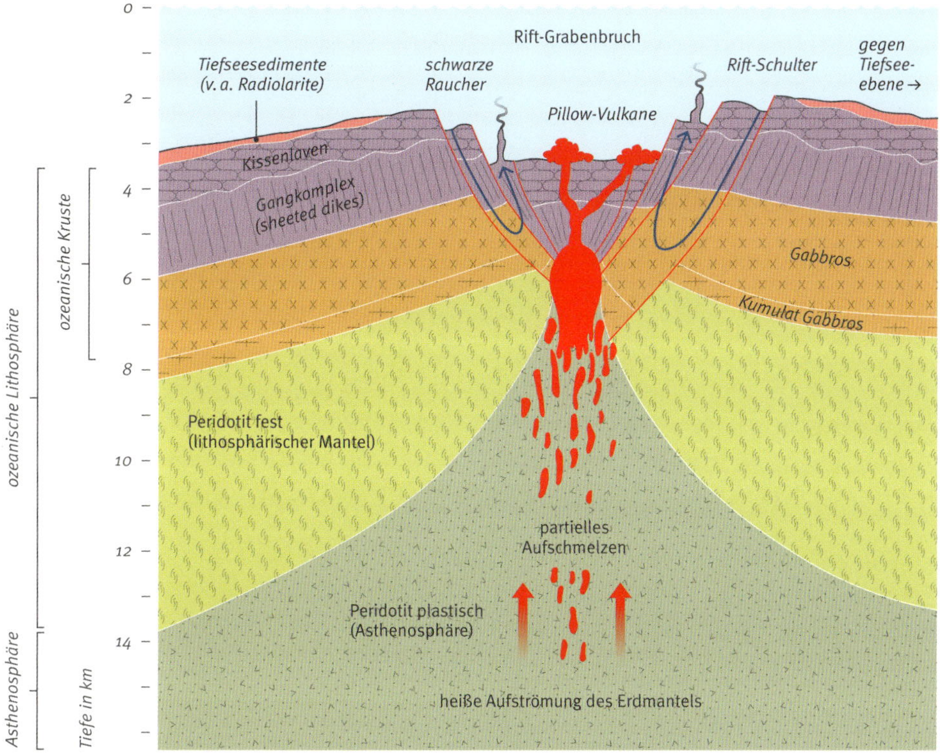

Rift-Grabenbruch

Tiefseesedimente (v. a. Radiolarite)

schwarze Raucher

Rift-Schulter

gegen Tiefsee-ebene →

Pillow-Vulkane

Kissenlaven

Gangkomplex (sheeted dikes)

Gabbros

Kumulat Gabbros

Peridotit fest (lithosphärischer Mantel)

partielles Aufschmelzen

Peridotit plastisch (Asthenosphäre)

heiße Aufströmung des Erdmantels

ozeanische Kruste

ozeanische Lithosphäre

Asthenosphäre

Tiefe in km

0 2 4 6 8 10 12 14

Als Gegenbeispiel hoch deformierte und metamorphe Kissenlaven vom Marmorerasee, Plattadecke (GR). Hier braucht es schon ein geschultes Geologenauge, um die ursprüngliche Struktur zu erkennen.

Gegenüberliegende Seite: Klüfte mit braunem Ankerit (Eisenkarbonat), Quarz und Chlorit in hellem Muskovitschiefer der Mischabel-Siviez-Decke, Turtmanntal (VS).

(subduzierten) Ozeanbecken. In den Alpen gibt es Zeugen von Ozeankruste aus dem südpenninischen Piemontozean und dem nordpenninischen Walliser Becken.

Die alpine Metamorphose verschonte auch die Ophiolithe nicht

Die Ophiolithe der Alpen erlitten bei der Alpenbildung unterschiedlich starke metamorphe Überprägungen. Die ganze Einteilung der Metamorphosegrade wurde anhand basischer Gesteine aus den Ophiolithen erstellt, weil sich diese bei der Metamorphose mineralogisch am vielfältigsten verhalten. Deshalb wird hier eine Übersichtstabelle mit den wichtigsten Ophiolithgesteinen in den vier wichtigsten Metamorphosegraden gegeben. Die Nummern beziehen sich auf die Gesteinsbeispiele im systematischen Teil.

Gesteinseinheit	Metamorphosegrad			
	unmetamorph bis schwach metamorph	**Grünschieferfazies-metamorph**	**Amphibolitfaziell metamorph**	**hochdruck-metamorph (Eklogitfazies)**
	z. B. Aroser Zone	z. B. Plattadecke	z. B. Chiavenna Ophiolith	z. B. Zermatt-Saas-Decke
marine Tiefsee-Sedimente	kalkig-tonige Sedimente, (Nr. 60)	Grünschieferfazielle «Bündnerschiefer» (Nr. 61)	Kalkglimmerschiefer (Nr. 96)	Hochdruck-metamorphe «Bündnerschiefer»
	Tiefseekalkstein, (Nr. 120)	Calcitmarmor	Calcitmarmor (Nr. 85)	Calcitmarmor
	Radiolarit (Nr. 118)	Metaradiolarit (Nr. 118)	Metaradiolarit (Nr. 118)	Metaradiolarit (Nr. 118)
Basaltlage	Kissenbasalt (Nr. 89)	Grünschiefer oder Prasinit, mehr oder weniger verschiefert (Nr. 90)	Amphibolite (Nr. 42, 98)	Blauschiefer oder Eklogit z. T. mit erhaltenen Kissenstrukturen (Nr. 93)
Basaltgänge				
Gabbros	Gabbro	Flasergabbro bis Fuchsitschiefer (Nr. 91)	grobkörniger Amphibolit bis Flasergabbro	Eklogit-Metagabbro, z. T. mit erhaltenem magmatischen Gefügen (Nr. 92)
Erdmantel	Peridotit (Nr. 111)	Chrysotil-Serpentinit (Nr. 88)	Antigorit-Serpentinit (Nr. 88)	Antigorit-Serpentinit (Nr. 88)

Teil III

Einführung zu den Gesteinsporträts

Was ist ein Gestein?

Was versteht man genau unter dem Begriff «Gestein»? In der Biologie ist klar, wie Pflanzen oder Tiere voneinander abgegrenzt werden, nämlich über den Begriff der Art (Spezies), definiert durch die Fähigkeit zur Reproduktion. Bei den Gesteinen funktioniert dies nicht; zum einen, weil es beliebige Mischbarkeiten gibt, und zum anderen, weil sich Gesteine nicht fortpflanzen. Wir verwenden in diesem Buch eine Einteilung in vier Gesteinstypen, die sich an der Praktikabilität orientiert, aber auch die aktuellen wissenschaftlichen Standards berücksichtigt.

So werden Gesteine in diesem Buch definiert
Wir stützen uns auf das lithostratigrafische Lexikon der Schweiz (www.strati.ch). Wir unterscheiden im Wesentlichen zwischen einer Lithologie und einer Formation (bzw. Komplex), dazu kommen noch die Einheiten Gruppe und Member.

A. Lithologie
Damit bezeichnen wir eine ganz bestimmte Gesteinsart, unabhängig davon, wo und wann sie gebildet wurde oder zu welcher Abfolge bzw. tektonischen Einheit sie gehört. Beispiele sind «Quarzsandstein», «Granat-Glimmerschiefer», «Korallenkalk», «Biotit-Granit». Damit bezeichnen wir also das, was gemeinhin unter «Gestein» verstanden wird. Es gibt in der Schweiz viele Gesteine, die in ganz unterschiedlichen Baueinheiten vorkommen und trotzdem gleich aussehen. Diese beschreiben wir als Lithologien. Beispiele sind etwa Konglomerat (Nagelfluh, Nr. 11) Radiolarit (Nr. 118), Serpentinit (Nr. 88) und Biotit-Plagioklasgneise (Nr. 41).
Da wir die Gesteine nach ihren Vorkommen in bestimmten Gesteinszonen einordnen, ergibt sich bei den Lithologien folgende Schwierigkeit: In welcher Gesteinszone beschreiben wir sie, wenn diese in verschiedenen Gesteinszonen vorkommt? Wir lösen das, indem wir jede Lithologie zu derjenigen Gesteinszone stellen, in der sie sehr charakteristisch ist. In den Einführungen zu andern Gesteinszonen, in welchen sie ebenfalls vorkommt, wird dies explizit erwähnt. So werden Sie etwa den Radiolarit in der Gesteinszone 14 finden, und in den Einführungen zu den Gesteinszonen 7, 10 und 12 Hinweise darauf, dass dort Radiolarite ebenfalls vorkommen. 76 der 134 Gesteinsporträts sind als Lithologien beschrieben

B. Formation und Komplex
Der bekannte Schrattenkalk (Nr. 30) erscheint in der Landschaft als klar definierte Kalksteinschicht. Beim genaueren Hinschauen ist jedoch eine untere, mittlere und obere Schicht unterscheidbar. Weil das Ensemble aber im Gelände gut abgegrenzt werden kann, wurde dafür der Begriff «Formation» definiert. Viele geläufige Sedimentgesteine sind in Tat und Wahrheit Formationen mit einer beträchtlichen internen Variabilität.

Formationen sind also im Gelände gut erkennbare und kartierbare Gesteinsgruppen. Glücklicherweise dominiert bei den meisten Formationen eine bestimmte Lithologie, sodass eine Formation meist auch für den Laien als bestimmtes «Gestein» erkennbar ist. So ist etwa der erwähnte untere und obere Schrattenkalk für den Laien praktisch ununterscheidbar, und die mittlere Zwischenschicht, die Orbitolinenschicht, ist zu unbedeutend, als dass sie für unsere Zwecke ins Gewicht fällt. 18 der 134 Gesteinsporträts sind als Formation beschrieben.
Bei Formationen aus magmatischen oder metamorphen Gesteinen wird auch der Begriff «Komplex» verwendet (z.B. Zentraler Aaregranit Nr. 49). 28 der 134 Gesteinsporträts sind als Formation/Komplex beschrieben.

C. Member und Gruppe

Die drei Teilschichten der Schrattenkalk-Formation werden als «Member» bezeichnet. Member sind also die nächste Untereinheiten einer Formation. Mehrere Formationen zusammen bilden eine «Gruppe». In wenigen Fällen erschien es sinnvoll, ganze Gruppen in einem Gesteinsporträt zusammenzufassen, etwa den Hauptdolomit (Nr. 108). Sechs der 134 Gesteinsporträts sind als Member, sechs als Gruppe beschrieben.

Wie kommen Gesteinsnamen zustande?

Die meisten Gesteinsnamen sind historisch mehr oder weniger zufällig entstanden, es gibt wenig Systematik, dafür umso mehr seltsame Blüten und Widersprüche. Immerhin kann Folgendes ausgesagt werden: Bei der Namensgebung griffen die Geologen bevorzugt auf das Griechische zurück, nicht auf das Lateinische wie in der Biologie. Das wichtigste Wort dabei ist «lithos», der Stein. Von daher kommen etwa die Begriffe «Lithografie», «Lithologie», «Lithostratigrafie», «Lithosphäre» etc. Bei Gesteinen, die im Wesentlichen aus einem einzigen Mineral bestehen, wird der Name häufig aus diesem Mineral plus die Endung «it» als Kürzel von «lithos» gebildet: Serpentinit, Peridotit, Hornblendit, Oolit.
Bei Sedimentiten kann man Mischgesteine aus verschiedenen Ausgangsprodukten mit Adjektiven beschreiben, z.B. einen Kalkstein mit wenig Sandanteil als «leicht sandigen Kalkstein». Bei Magmatiten können Differenzierungen durch die Beifügung von Mineralien gemacht werden. So wird man etwa einen gewöhnlichen Granit, der viel Biotit und ein wenig Hornblende enthält, als «Hornblende führenden Biotit-Granit» bezeichnen. Noch ausgeprägter ist diese Art von Feldbeschreibung bei den metamorphen Gesteinen. Dort kann man die wichtigsten Mineralien plus einen Gefügebegriff aneinanderreihen, etwa «Chloritoid-Muskovit-Schiefer» oder «Granat führender Zweiglimmergneis». Die Mineralien werden nach zunehmendem Anteil geordnet.

Wie können Sie dieses Buch verwenden?

Die Qual der Wahl

Die Vielfalt an Einzelgesteinen in der Schweiz ist fast unüberblickbar. Wir mussten deshalb für das Buch eine Auswahl treffen. Diese erfolgte nach der Sichtbarkeit der Gesteine in der Landschaft und nach ihrer Relevanz; Letztere kann geologisch, historisch, forschungshistorisch, bergsteigerisch oder ökonomisch gewichtet sein. Mit der vorgenommenen Auswahl sollen die Nutzer einen Großteil der von ihnen angetroffenen Gesteine zumindest als Lithologie oder als Formation/Komplex finden können.

Wie wird dieses Buch konkret angewandt?

Wir gehen davon, dass Sie unterwegs sind und an einem bestimmten Ort der Schweiz ein Gestein finden, über das Sie etwas erfahren oder welches Sie bestimmen möchten. Deshalb orientiert sich die Systematik dieses Buches am Fundort, der geprägt ist durch die tektonische Einheit und die Lithologie. Wir haben diese beiden Kriterien in der «Gesteinszonenkarte» im vorderen Buchdeckel kombiniert. Deshalb ist es sinnvoll, wenn Sie als ersten Schritt den Fundort Ihres Gesteins auf der Gesteinszonenkarte lokalisieren. Sie können dann im Buch zu dieser Gesteinszone gehen. Dort finden Sie zunächst eine allgemeine Einleitung zur Gesteinszone. Zu welchem Gestein nun Ihr Handstück gehört, können Sie anschließend bestimmen, indem Sie es mit den Gesteinsporträts vergleichen und prüfen, ob die Beschreibung auf Ihr Handstück zutrifft oder nicht. Denken Sie daran, in der Einführung der Gesteinszone nachzuschauen, welche Lithologien dort auch noch vorkommen, aber in andern Gesteinszonen beschrieben sind!

Kennen Sie den Fundort Ihres Handstücks nicht oder möchten Sie es systematisch bestimmen, so empfehlen wir Ihnen das Buch *Gesteine einfach bestimmen. Der Bestimmungsschlüssel* (ISBN: 978-3-258-08267-7).

Als Ergänzung zur Gesteinszonenkarte dieses Buches können Sie die beiden tektonischen und geologischen Übersichtskarten der Schweiz im Maßstab 1:500000 konsultieren. Sie kommen damit näher an die möglichen Gesteine Ihres Fundortes heran. Noch besser sind dafür die geologischen Detailkarten im Maßstab 1:25 000 geeignet. Alle diese Karten sind auf dem Internet unter map.geo.admin.ch frei zugänglich.

Noch ein Wort zu den Fotos der Gesteine. Wir wählten diese so aus, dass die Eigenschaften der Gesteine im Handstück und im Gelände möglichst gut zur Geltung kommen. Sie müssen sich aber bewusst sein, dass es innerhalb jedes Gesteins eine mehr oder weniger große Variationsbreite von Erscheinungsformen gibt, und dass oberflächliche Veränderungen, sekundäre Umwandlung oder Zerklüftungen ein Gestein stark verändern können. Die Maßlinien bei den Makrofotos zeigen 1 cm an.

Gesteinsvielfalt im Gletschervorfeld des Breithorngletschers im hinteren Lauterbrunnental; orangegelber Rötidolomit, grünliche Chloritgneise, heller Granit und rostig anwitternder Amphibolit.

Teil IV

Die Gesteinsporträts

Gesteinszone 1
Sedimentgesteine des Juragebirges

Aus großer Höhe oder auf einer Reliefkarte erkennt man das Juragebirge als eleganten Bogen von Hügelzügen, der sich von Genf bis Baden erstreckt (Abb. S. 111 oben), sich an beiden Seiten ausdünnt. Dies widerspiegelt direkt den tektonischen Bau: Die Zone mit den markanten langgezogenen Bergzügen, Längstälern und den quer dazu verlaufenden Flussdurchbrüchen (Klusen) sind durch große Falten aufgebaut, die oft durch Überschiebungen kompliziert sind, welche während der eigentlichen Faltung entstanden und teilweise mitverfaltet wurden (Abb. S. 112). Diesen Teil des Juragebirges nennt man Falten- oder Kettenjura. Die Antiklinalen bilden die Hügelzüge, die Längstäler die Synklinalen. Die Querdurchbrüche der Klusen entstanden durch alte Flussläufe, welche sich während der Faltung kontinuierlich in die wachsenden Bergketten eingefressen haben.

Blick aus dem Flugzeug auf den zentralen Faltenjura; vorne die Weissensteinkette, in der Bildmitte das Delsberger Becken.

Der östliche Kettenjura beim oberen Hauenstein, Blick nach Osten. Die bewaldeten Hügelzüge sind Überschiebungsschuppen aus Hauptrogenstein (Nr. 6), in den Mulden dominiert der Opalinuston (Nr. 5).

In der Ajoie, den Freibergen und im französischen Jura gibt es ebenfalls Überschiebungen und Faltungen, jedoch sind diese durch weite plateauartige Zonen voneinander getrennt. Dieser Teil des Jura wird «Plateaujura» genannt. Im Nordosten, in der Gegend südlich von Basel bis nach Zurzach, ist die Landschaft durch flache Hochplateaus und steil darin eingetiefte flache Täler charakterisiert. Diese Region wird «Tafeljura» genannt. Er entstand nicht durch den Schub der Alpen, sondern durch die Bruchtektonik beim Einsinken des Oberrheingrabens.

Warum hat der Jura diese «Mondsichel»-Form und warum gibt es östlich und südwestlich davon keine Fortsetzung? Der Jura ist – anders als die Alpen – ein eigentliches Faltengebirge. Dazu braucht es eine feste Unterlage, einen leicht deformierbaren Abscherhorizont und gut verfaltbare Gesteinsschichten. Die feste Unterlage ist mit dem in der Permzeit eingeebneten kristallinen Grundgebirge gegeben, die gut verfaltbaren Schichten durch die Sedimentgesteine der Jura- und Kreidezeit. Ein guter Abscherhorizont ist nur in derjenigen Region vorhanden, in der sich heute die Juraberge erheben, nämlich die regionalen Salzschichten der mittleren Triaszeit! Das Juragebirge ist der jüngste Effekt der Alpenbildung. In der Miozänzeit (vor rund 5–7 Mio. J.), als sich das Molassebecken längst zu seiner heutigen, mächtigen und keilförmig sich nach Norden verjüngenden Dicke entwickelt hatte, wurde der Schub der adriatisch-afrikanischen Platte gegen NO vom Alpenkörper über das Molassebecken, das als eine Art starrer «Stempel» fungierte, weit nach NW hinausgetragen und führte dort zur Auffaltung des Juragebirges.

Die Gesteine des Juragebirges sind ausschließlich marine Sedimentgesteine (abgesehen von kleinen Molasseresten in einigen Talmulden), abgelagert von der unteren Trias- bis in die mittleren Kreidezeit. Die ganze Abfolge wird bis 1000–2000 m mächtig. Während der langen Zeit von rund 150 Mio. J. Dauer lag das zukünftige Juragebirge fast immer unter dem Meeresspiegel, meist in einem seichten Tropenmeer des europäischen

Geologisches Profil durch den zentralen Faltenjura; zur besseren Lesbarkeit um ca. 1/3 überhöht. Modifiziert aus Geology of Switzerland, Wepf & Co 1980.

Rechte Seite: Stratigrafisches Sammelprofil des Juragebirges; die im Buch beschriebenen Gesteine sind eingezeichnet. Leicht modifiziert nach O.A.Piffner, Geologie der Alpen, 3. Auflage, Haupt Verlag 2015.

Kontinentalrandes. Es gab Hebungen und Senkungen sowie immer wieder Einträge von Sedimentmaterial aus angrenzenden Landzonen; dies führte zu einer wechselvollen Serie von Kalksteinen, Mergeln und Tonsteinen sowie kleineren Mengen von sandigen Sedimenten. Über das ganze Juragebirge hinweg wurde eine ähnliche Abfolge abgelagert. Durch Faziesübergänge und unterschiedliche Einflüsse von detritischem Material (Ton, Sand) ergaben sich jedoch bedeutende Unterschiede über den gesamten Bereich des Gebirges. Das stratigrafische Sammelprofil auf S. 113 muss denn auch mit etwas Vorsicht betrachtet werden, auch wenn dort die wichtigsten Fazieswechsel angedeutet sind.
Landschaftsprägend sind vor allem die mächtigeren Kalksteinschichten. Im östlichen Jura bildet der triassische Muschelkalk (Nr. 3) mit seinen jäh gegen Norden abfallenden Flühen den Schuppenbau ab. Im Tafeljura und im zentralen Faltenjura prägt der bis 130 m mächtige Hauptrogenstein (Nr. 6) einen Teil der Landschaft. Am stärksten macht sich aber der bis 500 m mächtige, massive Oberjura-Kalk (Nr. 7) bemerkbar, welcher die meisten Faltenstrukturen nachzeichnet – sozusagen als «Skelett der Landschaft». Die bestens erhaltenen und vergleichsweise wenig deformierten Sedimentschichten des Juras waren und sind reich an Versteinerungen (Fossilien). Auch heute noch gibt es gute Fundmöglichkeiten. Neben den zahlreichen Fossilarten wurden in den letzten Jahrzehnten in den Kalksteinen des Oberjuras (Malm) zahlreiche Spuren von Dinosauriern gefunden.

⇢ Die folgenden Gesteine, welche in anderen tektonischen Einheiten beschrieben werden, können im Jura ebenfalls angetroffen werden: **Dolomit** (Nr. 20), **Eisenoolith** (Nr. 25), sowie in einigen Synklinalen auch Molassegesteine wie **Konglomerat** (Nr. 11), **Sandstein** (Nr. 12), **Mergel** (Nr. 8).

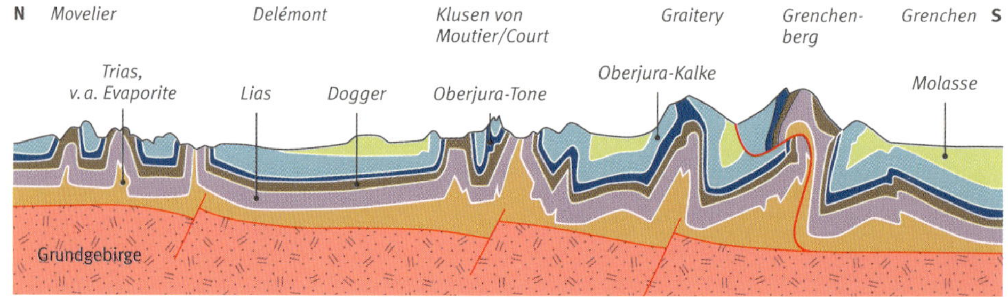

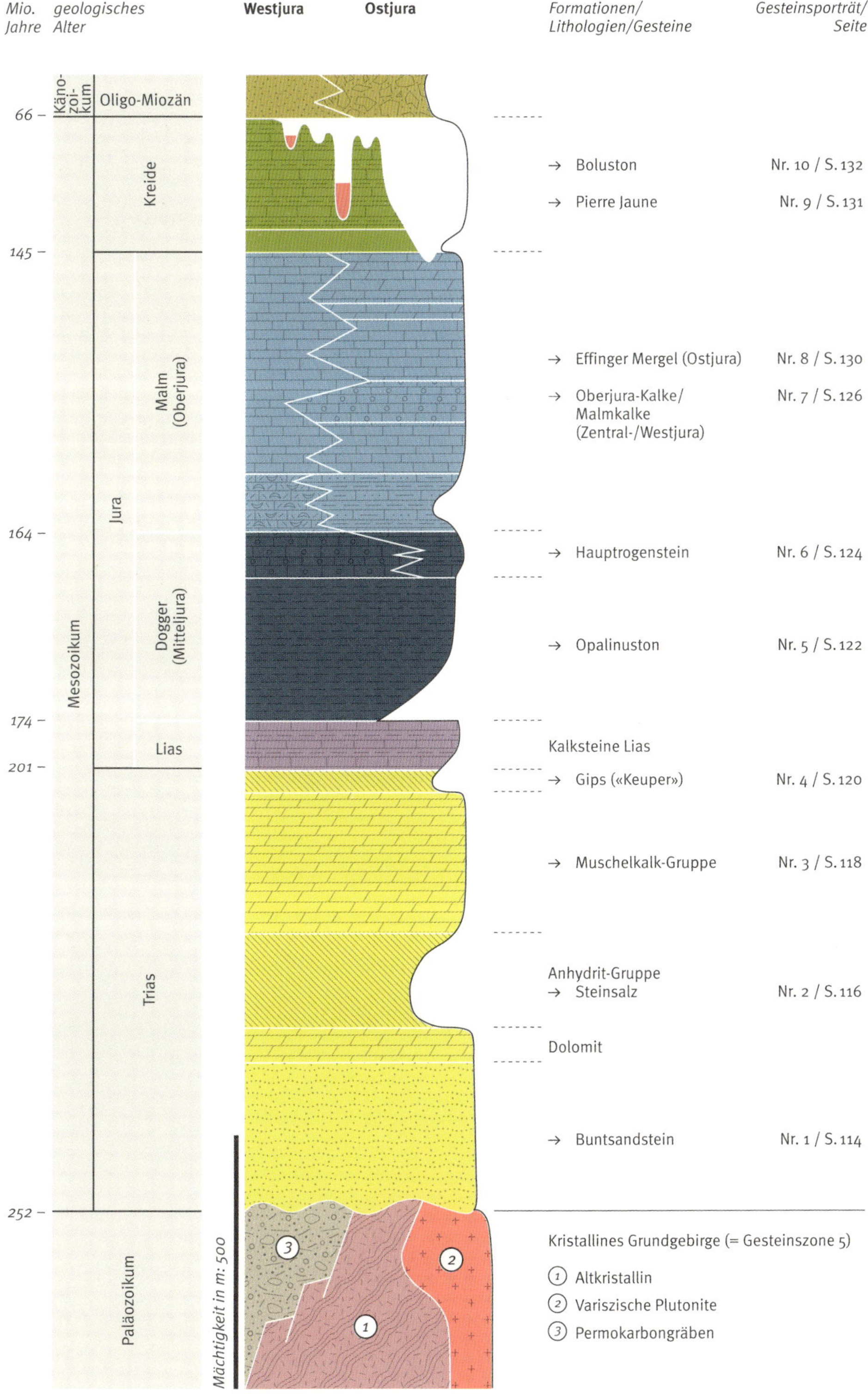
Mio. Jahre
geologisches Alter
Westjura
Ostjura
Formationen/ Lithologien/Gesteine
Gesteinsporträt/ Seite
Käno-zoi-kum
Oligo-Miozän
66 –
Kreide
145 –
Jura
Malm (Oberjura)
164 –
Dogger (Mitteljura)
Mesozoikum
174 –
Lias
201 –
Trias
252 –
Paläozoikum
Mächtigkeit in m: 500
→ Boluston
Nr. 10 / S. 132
→ Pierre Jaune
Nr. 9 / S. 131
→ Effinger Mergel (Ostjura)
Nr. 8 / S. 130
→ Oberjura-Kalke/ Malmkalke (Zentral-/Westjura)
Nr. 7 / S. 126
→ Hauptrogenstein
Nr. 6 / S. 124
→ Opalinuston
Nr. 5 / S. 122
Kalksteine Lias
→ Gips («Keuper»)
Nr. 4 / S. 120
→ Muschelkalk-Gruppe
Nr. 3 / S. 118
Anhydrit-Gruppe
→ Steinsalz
Nr. 2 / S. 116
Dolomit
→ Buntsandstein
Nr. 1 / S. 114
Kristallines Grundgebirge (= Gesteinszone 5)
1 Altkristallin
2 Variszische Plutonite
3 Permokarbongräben

1 Buntsandstein

Typ
Gruppe

Säure-Base-Charakter
sauer

Gesteinsklasse: Sedimentgestein

Unterklasse: klastische Gesteine|Psammite

Das Hauptgestein der Buntsandstein-Abfolge ist leicht zu erkennen: ein rostroter mittelkörniger Sandstein mit meist sehr gut gerundeten Quarzkörnern. Der Zement kann quarzreich sein, was das Gestein sehr hart und zäh macht, er kann aber auch Ton und Calcit enthalten, was das Gestein weicher macht. Im Querbruch der Sandsteinschichten ist oft eine deutliche Schräg- oder Kreuzschichtung zu erkennen; sie ist typisch für Flussablagerungen. Der Buntsandstein wurde zu Beginn der Krustendehnung und langsamen Absenkung zwischen Eurasien und Afrika noch kontinental abgelagert. Er markiert im Juragebirge, im Mittelland und im Helvetikum den Beginn der mesozoischen Sedimentserie (vgl. Nr. 19).

Bestandteile|Härte

Fast 100 % Quarzsandkörner, sehr hart (H 7). Zement meist auch quarzreich oder tonig/karbonatisch.

Mächtigkeit|Verbreitung

Die Schichten des Buntsandsteins werden in der Nordschweiz um die 50 m mächtig. Die Vorkommen liegen zwischen Rheinfelden und Laufenburg am Eingang der Täler des Tafeljuras. Es gibt nur wenige Aufschlüsse. Große Vorkommen liegen in SW-Deutschland. In der Pfalz prägen die flach liegenden Buntsandsteinschichten die Landschaft.

Textur und Struktur

Fein- bis mittelkörniger Sandstein, zuweilen leicht konglomeratisch (weiße Quarzkiesel). Oft mit fluviatiler Kreuzschichtung.

Frischer, kompakter Buntsandstein; die einzelnen Quarzkörner sind deutlich erkennbar. Wiesental bei Basel.

Fluviatile Schrägschichtung, Buntsandstein-Quader am Staatstheater von Mainz (D).

90 | 5 | 5 %
SiO_2 | $CaCO_3$ | Rest

Landschaftsprägung
In der Schweiz gering, da wenige Vorkommen.

Farbe(n), Patina, Verwitterung und Erosion

Rostbraun bis braunrot in verschiedenen Tönungen, teilweise auch ockerbraun. Verwitterungskruste/Patina von gleicher Farbe oder durch Flechtenbewuchs grau bis schwärzlich. Oberflächen oft flechtenreich. Rundliche Verwitterungsformen.

Einschlüsse|Fossilien

Auf schweizerischem Gebiet sind keine Fossilien bekannt.

Adern|Klüfte|Bruchmuster

Zuweilen ziemlich zerklüftet.

Alter|Bildungsetappen

Untere Trias, ca. 245–250 Mio. Jahre.

Variabilität|Verwandte|Verwechslungen

Einteilung in Unteren, Mittleren und Oberen Buntsandstein. Kaum mit andern Gesteinen zu verwechseln. Buntsandsteinähnliche Triasgesteine kommen auch in den oberostalpinen Sedimenten von SE-Graubünden vor.

Verwendung

Wichtiger Baustein in Deutschland, teilweise auch in der Nordschweiz. Der bekannteste Buntsandsteinbau der Schweiz ist das Basler Münster.

Klettereigenschaften

Sehr gut (nicht in der Schweiz, v. a. in Deutschland).

Typischer Aufschluss und Verwitterungsformen im Buntsandstein, mit Schrägschichtung und wabenartiger Verwitterung; Pfälzer Wald (D).

Frisch renovierter und alt verwitterter Buntsandstein am Basler Münster.

2 Steinsalz

Typ Lithologie

Säure-Base-Charakter basisch

Gesteinsklasse: Sedimentgestein **Unterklasse:** Evaporite/Verdunstungsgesteine

Salzablagerungen können sich in warmen bis heißen Klimata in eindunstenden Meerespfannen in Küstengebieten bilden. Solche Bedingungen herrschten in Mitteleuropa in der mittleren und obersten Triaszeit, als durch die Krustendehnung zwischen Afrika und Eurasien die Gebiete mit flachen Küstenmeeren geflutet wurden. Das Steinsalz kommt mit Schichten von Anhydrit/Gips (Nr. 4), Tonstein und Dolomiten vor, in einem Gebiet nördlich des Molassebeckens, in dem sich viel später durch die Abscherung der darüberliegenden Sedimentschichten das Faltengebirge des Juras bilden konnte. Massives Salzgestein hat fast eine Art magmatisches Gefüge, mit großen ineinander verzahnten Salzkristallen.

Triassalze werden in der Schweiz in der Region Basel (durch Ausschwemmen mit heißem Wasser aus Bohrungen) und im Unterwallis bei Bex (bergmännisch) gewonnen.

Bestandteile|Härte

Halit NaCl, H 2 (ritzbar mit Fingernagel).

Mächtigkeit|Verbreitung

Die Salzschichten der mittleren Trias entstanden durch einen Meeresvorstoß aus dem Gebiet des heutigen Norddeutschlands bis zur heutigen Schweiz und kommen in einem entsprechend großen Gebiet vor. Die Mächtigkeiten erreichen max. 100 m. Das Steinsalz von Bex stammt aus der obersten Trias («Keuper»).

Kristallines Steinsalz aus einer Kernbohrung bei Basel.

Raffiniertes Speisesalz; die kubischen Formen sind gut erkennbar.

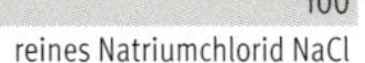

reines Natriumchlorid NaCl

Landschaftsprägung
Keine, da nie an der Oberfläche (wird vorher weggelöst).

Unsichtbar und doch lebenswichtig – Das Schmiermittel der Jurafaltung

Textur und Struktur
Grobkörniges kristallines Gestein, homogen, massig, mit mehr oder weniger ausgeprägter sedimentärer Bänderung oder tonigen Zwischenlagen.

Farbe(n), Patina, Verwitterung und Erosion
Kommt bei uns nie an der Oberfläche vor. Wird vor dem Zutritt an die Oberfläche aufgelöst.

Einschlüsse|Fossilien
Fluideinschlüsse (Meersalzlauge); keine Fossilien.

Adern|Klüfte|Bruchmuster
Kaum, da Steinsalz meist gut verheilt.

Alter|Bildungsetappen
Mittlere Trias (ehemals «Muschelkalk»-Epoche), rund 235 Mio. J. Vorkommen im Ultrahelvetikum von Bex oberste Trias, ca. 215 Mio. J.

Variabilität|Verwandte|Verwechslungen
Zuweilen mit dem sehr ähnlichen rosaroten bis rostbraunen Kalisalz (Sylvin) in Gemeinschaft.

Verwendung
Die beiden für die Schweizer Salzproduktion wichtigen Lagerstätten sind diejenigen im Untergrund östlich von Basel (Saline Schweizerhalle, www.salz.ch) und im Bergwerk von Bex im Unterwallis; Letzteres ist auch als eindrückliches Besucherbergwerk zugänglich (www.seldesalpes.ch). «Himalajasalz» ist rosa bis orangefarbenes Steinsalz aus einem Bergwerk in Pakistan, welches keinerlei besonderen Eigenschaften aufweist.

In den Salzminen von Bex im Unterwallis wird Trias-Steinsalz heute noch bergmännisch abgebaut.

Alter Steinsalz-Bohrturm bei Birsfelden (BL). Hier wurde heißes Wasser in die Salzschicht gepumpt und die Sole aus einem andern Bohrloch gewonnen.

3 Muschelkalk

Typ
Gruppe

Säure-Base-Charakter
basisch

Gesteinsklasse: Sedimentgestein

Unterklasse: flachmarine Karbonatgesteine

Unter «Muschelkalk» stellt sich der Laie im Wesentlichen einfach einen aus Muscheln aufgebauten Kalkstein vor. Doch die Geologen machen es uns nicht so einfach. So definierten sie auch die Epoche der mittleren Trias als «Muschelkalk» – ein Begriff, der noch häufig verwendet wird, auch wenn er obsolet ist. Und in diesem Zeitabschnitt gab es den unteren, mittleren und oberen Muschelkalk, und im oberen Muschelkalk eine Gesteinsabfolge, die man «Hauptmuschelkalk» nannte, weil die dort drin enthaltenen Kalksteine sehr landschaftsprägend sind. Heute müsste man diesen «Hauptmuschelkalk» in drei einzelne Gesteinseinheiten unterteilen, von unten nach oben den Trochitenkalk, den Plattenkalk und den Trigonodus-Dolomit. Ein schöner Salat!
Wir stellen hier zwei typische Vertreter dieser als geologisch-morphologische Einheit vorkommenden Kalksteine vor, den rauchgrauen Trochitenkalk und den darüberliegenden graubraunen, plattigen, feinkörnigen (mikritischen) Kalkstein (= Plattenkalk). Der Trochitenkalk heißt so, weil er in gewissen Lagen reichlich kleine rad- bis tonnenförmige Fossilien von Seelilienstängeln enthält. «tròchos» ist griechisch und heißt Rad.

Bestandteile|Härte

Calcit H3.

Mächtigkeit|Verbreitung

Die drei Einheiten des Hauptmuschelkalkes erreichen Mächtigkeiten von 50–80 m.

Textur und Struktur

Von feinkörnig-dichten (mikritisch) bis zu mittel-/grobkörnigen Kalksteinen.

Markoaufnahme des kompakten Plattenkalks, des «gewöhnlichen» Muschelkalkes.

Trochitenkalk-Stück mit hervorragend erhaltenen Stücken von Seelilienstängeln (Trochiten).

100 %
$CaCO_3$

Landschaftsprägung
Im Ostjura stark, markante Schuppen-Kämme und Plateau-Tafeln.

Farbe(n), Patina, Verwitterung und Erosion

Im frischen Bruch grau. Patina hell ockerbraun. Recht verwitterungsresistent, bildet deshalb oft Rippen und Wände.

Einschlüsse|Fossilien

Im Trochitenkalk teilweise viele Seelilienbruchstücke, im Plattenkalk Muschelteile.

Adern|Klüfte|Bruchmuster

In Falten- und Bruchzonen teilweise intensivere Durchaderung mit weißen Calcitadern.

Alter|Bildungsetappen

Ablagerung flachmarin in der oberen Mitteltrias, ca. 235 Mio. J.

Variabilität|Verwandte|Verwechslungen

Manche Kalksteine der Jurazeit können ähnlich aussehen. Als Laie muss man sich an der Fundregion orientieren (vgl. Gesteinszonenkarte im Umschlag).

Verwendung

Der Plattenkalk wurde und wird noch in bescheidenem Maße als Baustein verwendet. Im römischen Augusta Raurica finden sich Mauerreste aus Plattenkalk.

Klettereigenschaften

Wegen der plattigen Ausbildung kaum Klettermöglichkeiten.

Ein typischer Aufschluss von schräg gestelltem Muschelkalk (Plattenkalk), bei Densbüren (AG).

Der östliche Kettenjura wird von schräg gestellten, übereinandergeschobenen Rippen von Muschelkalk geprägt, weniger von eigentlichen Falten.

4 Gips (und Anhydrit)

Typ
Lithologie

Säure-Base-Charakter
basisch

Gesteinsklasse: Sedimentgestein **Unterklasse:** Evaporite

Gipsgestein bekommt man eher selten zu sehen, weil es sich an der Oberfläche leicht löst und verwittert und die Gipsvorkommen meist von Wiesen und Böden bedeckt sind. Doch dem aufmerksamen Wanderer fallen im Jura und in den Préalpes hie und da kleine weiße Gesteinsvorkommen auf – das ist dann meist Gips. Gips bildet mikro- bis feinkristalline, im Handstückbereich homogene und kompakte Gesteine, die sehr weich sind (H = 2, ritzbar mit Fingernagel). Durch Verfärbungen kann Gips auch rosa, gelblich bis orange sein.
In größerer Tiefe wandelt sich Gips durch Entwässerung zu Anhydrit um ($CaSO_4$), welcher durch Oberflächeneinflüsse wiederum zu Gips zurückverwandelt wird. Dabei nimmt sein Volumen um 60 % zu. Deswegen ist Anhydrit bei Tunnelbauern gefürchtet – zurzeit gerade im Autobahntunnel A2 am Belchen.
Gipsgesteine sind wie Steinsalz geologisch gesehen «Schmierseifen» und werden sehr leicht deformiert. Gipsschichten bilden gerne Abscherhorizonte, sie werden auch angehäuft. In tektonischen Brekzien mit Dolomit oder anderem Umgebungsgestein werden sie zu Rauwacke umgewandelt (→ Nr. 64).
Alabaster ist sehr dichter, halb transparenter Gips, der sich für Bildhauerei und Dekorgegenstände eignet.

Bestandteile | Härte

Besteht aus dem Mineral Gips/H2.

Mächtigkeit | Verbreitung

Im Jura treten Gipsschichten in der mittleren («Anhydritgruppe» des Muschelkalks) und oberen Trias («Gipskeuper») auf. Die Schichten werden bis 40 m mächtig. Die Vorkommen sind praktisch immer von Wiesen bedeckt. Aufschlüsse gibt es fast nur in künstlichen Gruben. In den Alpen kommen größere Gipsvorkommen vor allem in ultrahelvetischen Einheiten der

Rosarot-weißer kristalliner Gips vom Bänkerjoch (AG).

Weißer, angelöster Gips mit Tonschmitzen, Stübleni ob Lenk (BE), ultrahelvetische Trias.

100 %
reines Calciumsulfat $CaSO_4 * 2 H_2O$

Landschaftsprägung
Bei großen Vorkommen weiße Felsen und zahlreiche Dolinen.

Préalpes vor (Gesteinszone 4), dazu auch in den ostalpinen Sedimenten (Gesteinszone 12).

Textur und Struktur
Fein- bis mittelkörnig, massig-kristallin, leicht abbröckelnd.

Farbe(n), Patina, Verwitterung und Erosion
Weiß bis rosa oder gelblich. An der Oberfläche gerne dunkelgraue Patina. Verwittert leicht, bildet gerne Dolinen.

Einschlüsse|Fossilien
Keine Fossilien. Gipsgestein ist oft mit grauen Tonsteinen assoziiert und kann tektonisch mit solchen vermengt sein.

Adern|Klüfte|Bruchmuster
Nicht charakteristisch. Falls vorhanden, mit Gips verheilt.

Alter|Bildungsetappen
Die allermeisten Gipsgesteine der Schweiz stammen aus der mittleren und oberen Triaszeit.

Variabilität|Verwandte|Verwechslungen
Leicht zu bestimmendes Gestein. Verschiedene Verfärbungen sind möglich.

Verwendung
Gipsgestein ist ein sehr wichtiger Rohstoff für die Bau- und chemische Industrie, der auch in der Schweiz noch verschiedenenorts abgebaut wird (Jura und Ultrahelvetikum).
Tiefengrundwässer, die Gipsschichten durchqueren, ergeben Calciumsulfat-Mineralwässer, wie etwa das Eptinger oder Adelbodner Wasser.

Interessante Webseiten
Gips als Roh- und Baustoff: www.broggini.ch

Gips-Ton-Wechsellagerung in der Gipsgrube Bänkerjoch (AG).

Die Gips-Rauwacke-Landschaft von Betelberg-Stübleni ob Lenk (BE).

5 Opalinuston

Typ
Formation

Säure-Base-Charakter
intermediär

Gesteinsklasse: Sedimentgestein

Unterklasse: klastische Sedimente, Tonstein

Der Opalinuston geriet in den letzten Jahren vermehrt in das Bewusstsein einer breiten Öffentlichkeit, weil die NAGRA ihn als bestes Wirtgestein für die Endlagerung von radioaktiven Abfällen kürte.
Das Gestein besteht im Wesentlichen aus den beiden Tonmineralien Illit und Kaolinit, die beide stark quellbar sind. Daneben hat es unterschiedliche Mengen von feinstem Quarzsand und Karbonat. Korrekt handelt es sich also teilweise um sandige bis mergelige Tonsteine. Lokal können Pyrit-Konkretionen und Septarien auftreten.
Der Name des Gesteins stammt von der Ammonitenart *Leioceras opalinum*, die charakteristisch ist für die Zeitstufe im untersten Dogger, in der das Gestein abgelagert wurde.

Bestandteile|Härte
Verschiedene Tonmineralien, kleinere Anteile von Quarz und Kalk. Weiches Gestein.

Mächtigkeit|Verbreitung
100–150 m mächtig. Sein Vorkommen umfasst den zentralen bis östlichen Jura bis weit nach Süddeutschland, etwa in einem Dreieck Bern/München/Straßburg.

Textur und Struktur
Sehr feinkörnig-dicht, massig, homogen, meist mit kaum sichtbarer Schichtung.

Farbe(n), Patina, Verwitterung und Erosion
An der Oberfläche trocknet der Tonstein rasch, er hellt dadurch auf und zerfällt zu einer bröckligen Masse. Wird leicht verwittert und erodiert, er ist daher meist wiesenbedeckt – des-

Makroaufnahme von trockenem und daher hellgrauem Opalinuston; feucht wird er dunkelgrau.

Aufschluss in der Tongrube von Frick (AG). Die Schichtung (kaum sichtbar) führt schräg nach links unten; der bröcklige Abbruch ist typisch.

Landschaftsprägung
Weiche Wiesenlandschaften, Mulden und Synklinaltäler im Kettenjura.

Wasserstauer *par excellence*

wegen findet man ihn fast nur in künstlichen Aufschlüssen. Die Wiesen nässen oft, weshalb am Opalinuston gerne Stauquellen austreten.

Einschlüsse | Fossilien

Im untersten Teil reichlich Ammoniten- und Muschelschill.

Adern | Klüfte | Bruchmuster

Im untersten Teil zuweilen Gipsadern. Ansonsten kaum Adern, da das Tongestein sich bei Deformation quasi selbst verheilt.

Alter | Bildungsetappen

Oberster Lias bis unterster Dogger, ca. 180 Mio. J. Bildung in einem 20–50 m tiefen Meer aus Schüttungen von damals umliegenden Landteilen.

Variabilität | Verwandte | Verwechslungen

Das Gestein ist an sich sehr charakteristisch, doch gibt es in den Sedimentabfolgen des Juragebirges auch andere Tonschichten, deren Gesteine ganz ähnlich aussehen können; so z. B.:

- Tone der oberen Trias, oft zusammen mit Gips (Nr. 4)
- Obstususton des unteren Lias, etwa in der Tongrube von Frick (AG)
- Unterkreidemergel des Neuenburger Juras

Verwendung

Durch die recht große Mächtigkeit und Einheitlichkeit ist der Opalinuston ein guter Lieferant für Ziegeleirohstoffe (Ziegel, Backsteine, Blähton-Kügelchen etc.). Als potenzielles Wirtgestein für die Endlagerung radioaktiver Abfälle wird er uns wohl in Zukunft noch oft begegnen und beschäftigen (www.nagra.ch).

Alte Tongrube bei der Staffelegg (AG). Hinten das Tongestein, vorne daraus gebrannte Ziegel, die hier wieder deponiert werden – Ironie des Schicksals.

Einer der typischen Ammoniten aus dem Opalinuston: Leioceras opalinum.

6 Hauptrogenstein

Typ Formation

Säure-Base-Charakter basisch

Gesteinsklasse: Sedimentgestein

Unterklasse: oolithisches Karbonatgestein

Im zentralen und westlichen Jura sind die hohen Wände aus Hauptrogenstein auffällig. Sie unterscheiden sich von den Malmkalkwänden durch ihre ockerbraune Farbe und die blockige Verwitterung. Die Hauptrogensteinformation wird wie folgt von unten nach oben unterteilt: Unterer Hauptrogenstein (Oolithe, oft mit Schrägschichtung, auch Korallen- und Echinodermenkalke, bis 100 m mächtig) – Nerineenbank *(Nerinea basileensis)*: Schillkalk – Pierre Blanche (im Westen); Eisenoolith (im Osten) – Oberer Hauptrogenstein (heller Oolith, um 30 m); im Westjura Pierre Blanche (mikritischer heller Kalkstein) – Acuminata Mergel, fossilreich, wenige Meter mächtig.

Oolithe sind, mit der Lupe betrachtet, wunderschöne Gesteine. Die meist perfekt runden Kügelchen zeigen im Querbruch oft eine konzentrische Struktur. Der Name «Oolith» stammt vom griechischen «Oon» = Ei ab – die Kügelchen sehen ja aus wie Fischeier – daher auch der deutsche Name «Rogenstein».

Ooide entstehen in seichtem, tropisch warmem, kalkübersättigtem Wasser mit starker Wellenbewegung. Kleine Partikel wie z.B. Sandkörner oder Muschelfragmente bilden Kristallisationskeime, an die durch Wellenbewegung und mithilfe von Algen/Bakterien Calcitkristalle angelagert werden. So können sich Ooidsande bilden, die durch die Wellenbewegung zu untermeerischen Dünenlandschaften geformt werden; dies lässt sich heute etwa bei den Bahamas und im Persischen Golf beobachten.

Bestandteile | Härte

Hauptsächlich Ooide und Muscheltrümmer → Calcit H3.

Mächtigkeit | Verbreitung

Gesamter Schweizer Jura, nach Osten bis ans Aaretal. Mächtigkeit von rund 40 m im Osten

Normaler Hauptrogenstein, oberflächennah gelblich oxidiert, blaugrau nicht oxidiert; Steinbruch Asp nördlich von Küttigen (AG).

Oben weißlich verwitterter Hauptrogenstein, unten Eisen-Oolith aus der Grube Herznach (AG).

Landschaftsprägung
Stark; Plateaus und Steilstufen im Tafeljura; Rippen und Flühe im Faltenjura.

zunehmend bis über 120 m im Westen («Grande Oolithe»).

Textur und Struktur
Fein- bis mittelkörniger Oolith, oft mit Bruchstücken von Muschelschalen. Im Handstückbereich homogen, richtungslos. Schichtung sehr ausgeprägt, im dm-Bereich.

Farbe(n), Patina, Verwitterung und Erosion
An oberflächlichen Aufschlüssen hell ockerfarben. Im ganz frischen Zustand blaugrau. An den natürlichen Felswänden meist auch helle Ockerfarbe, kaum graue Flechten/Patina. Ein backsteinartiges Muster von Schicht-und Kluftflächen ist für den Hauptrogenstein typisch.

Einschlüsse|Fossilien
Muschelschalenstücke häufig; vor allem im unteren Hauptrogenstein auch Echinodermen- und Korallenbruchstücke.

Adern|Klüfte|Bruchmuster
Calcitadern können in Faltenschenkeln oder anderen tektonisch beanspruchten Partien vorkommen.

Alter|Bildungsetappen
Mittlerer Jura (Dogger), um 170 Mio. J.

Variabilität|Verwandte|Verwechslungen
Es gibt oolithische Kalke auch noch in andern Schichten. Ganz etwas Besonderes sind die Eisenoolithe des obersten Doggers (Callovien), die im Jura vielerorts abgebaut wurden, etwa in Herznach bei Frick. Das Eisen kann vulkanischen Ursprungs oder aus Tonmineralien extrahiert sein.

Verwendung
Wird heute nur noch für traditionelles Mauerwerk verwendet.

Hauptrogenstein im Steinbruch Asp bei Küttigen (AG). Typisch ist die sehr klare und streng parallele Schichtbankung.

Felswand aus Hauptrogenstein von 90 m Höhe in der Klus von Mümliswil (SO).

Mikritischer ockerbeiger Kalkstein des Malms von der Ingelsteinfluh (SO).

Charakteristische oberflächliche Anwitterung von Oberjurakalk.

7 Oberjurakalk | Malmkalk

Typ
Gruppe

Säure-Base-Charakter
basisch

Gesteinsklasse: Sedimentgestein

Unterklasse: biogene flachmarine Karbonatgesteine

Die Geologen mögen mir verzeihen! Einfach von «Malmkalk» zu reden, sei es im Jura oder in den Alpen, sträubt ihnen wohl vor Missfallen die Nackenhaare. Heute sollte man den Begriff nicht mehr verwenden und nur noch vom «Oberen Jura» sprechen. Doch der Begriff ist noch weitherum geläufig. Der Obere Jura war die jüngste Epoche der Jurazeit, immerhin 16 Mio. J. lang. In dieser Zeit war das ganze Gebiet des heutigen Juragebirges von einem flachen Meer bedeckt, und darin wurde natürlich nicht nur einfach eine Sorte Kalkstein abgelagert. Generell war damals das Meer im WNW des Gebiets seichter als im OSO. So wurden zur gleichen Zeit im WNW Flachmeerkalke wie Oolithe, Korallenkalke etc. abgelagert (keltische oder raurachische Fazies), im OSO hingegen eher feinkörnige bis mergelige Gesteine (argovische bzw. schwäbische Fazies → Effinger Mergel, Nr. 8). Über die ganze Jurazeit hinweg spielten solche lateralen Fazieswechsel eine große Rolle. Die Geologen konnten auch zeigen, dass der riesige Riffgürtel am Rand der Lagunenzone zu Beginn des Malms von W nach O wanderte. Drittens wurden in den verschiedenen Ablagerungsräumen verschiedenartige Karbonatgesteine abgelagert, die in ganz unterschiedliche Formationen zusammengefasst wurden.

Und doch, für den Laien lassen sich die insgesamt bis gegen 500 m mächtigen «Malmkalke» trotzdem zusammenfassen. Denn als Ensemble prägen sie mit ihren sehr hellen Felsen die Landschaften des Juragebirges am stärksten. Auch wenn der Laie beim genauen Hinschauen durchaus erkennen kann, dass er als «Malmkalk» mal einen sehr dichten, mikritischen Kalkstein, ein andermal einen Korallenkalk usw. in seinen Händen hält, so können doch einige generelle Merkmale für diese Kalksteine formuliert werden. Wer es in einem bestimmten Gebiet dann genauer wissen

Landschaftsprägung
Sehr stark, bildet mit Rippen und Flühen quasi das «Skelett» der Jurafalten.

möchte, konsultiere den geologischen Atlas 1:25000, durch den ein guter Teil des Jurabogens abgedeckt ist.

Bestandteile|Härte

Karbonatpartikel verschiedenster Art, teilweise recht fossilreich, u. a. mit gut erhaltenen Korallen.

Mächtigkeit|Verbreitung

Im ganzen Gebiet des zentralen und westlichen Juras, mit Gesamtmächtigkeiten von bis über 500 m (im W mächtiger als im O).

Textur und Struktur

Sehr häufig sind feinkörnige bis mikrokristalline Kalksteine, dazwischen auch Korallenkalke, Oolithe, spätige und andere Kalksteinausbildungen. Häufig sind mächtige Schichtbänke, welche die Bildung von Geländerippen und Felswänden ermöglichten.

Farbe(n), Patina, Verwitterung und Erosion

Die meisten Kalksteine des Malms zeigen eine intensiv hellgraue Patina, die zu einem großen Teil von extrem dünnen Flechten erzeugt wird. Sonst sind die Kalke im Bruch hellockerfarbig, im nicht oxidierten Zustand hellgrau. Aufgrund der Kompaktheit vieler Malmkalke sind diese im Vergleich zu ihren Umgebungsgesteinen relativ verwitterungsresistent. Karrenbildungen, Karstlöcher und Höhlensysteme sind häufig. Besonders eindrücklich sind die vielen Steinmauern der Freiberge mit ihren durch Wasser oder Humninsäuren erzeugten löchrigen Malmkalken.

Einschlüsse|Fossilien

Man kann auf verschiedene Muschelarten, Turmschnecken (z.B. im «Solothurner Kalk») und Korallenstücke hoffen.

An der Balmfluh oberhalb von Solothurn – so kennt man die weißen Oberjurakalke in der Landschaft.

Die Felswände aus Malmkalken der Rochers des Miroirs oberhalb der Gorges de l'Areuse (NE). Eine ganze Abfolge leicht unterschiedlicher Kalksteine!

Adern | Klüfte | Bruchmuster
Calcitadern treten in tektonisch beanspruchten Partien auf, etwa in Faltenumbiegungen. Die Klüftung ist generell grob und weitständig.

Alter | Bildungsetappen
Ablagerungen flacher Meeresgebiete des europäischen Kontinentalschelfs in der Oberen Jurazeit (Malm).

Variabilität | Verwandte | Verwechslungen
Im Einzelstück können Malmkalke auch mit Kalken des Muschelkalks (Nr. 3) verwechselt werden. Als Ensemble in der Landschaft sind die Kalkserien aber leicht zu erkennen.

Verwendung
In zahlreichen Hartsteinbrüchen wurden früher Malmkalke für Baustein abgebaut. So ist etwa Solothurn durch den hellen «Solothurner Kalkstein» mit seinen Nerineen-Schnecken geprägt. Auch für die Zementindustrie wurden die Kalke abgebaut. Heute gibt es aber nur noch ganz wenige Abbaustellen.

Klettereigenschaften
Hervorragend; fast alle Klettergebiete des Juragebirges liegen in Malmkalken.

Brontosaurierspuren bei Courtedoux in der Ajoie, bestens erhalten, noch mit den Schlammaufwerfungen um die Tritte und Trockenrissen im ehemaligen Kalkschlamm.

Saurier unterwegs am Strand: Die Dinosaurierspuren in den Malmkalken des Juragebirges

Die «Dinomania», die mit dem Film «Jurassic Park» so richtig ins Bewusstsein der Öffentlichkeit geraten ist, hat ihre Parallelen in der Wissenschaft. In den letzten dreißig Jahren wurden weltweit gewaltige Fortschritte in der Erforschung der Dinosaurier gemacht. Ich weiß noch, wie ich mich als jugendlicher Kletterer über die seltsamen Mulden in der Einstiegsplatte des Raimeux-Westgrates bei Moutier gewundert habe. Unterdessen wurde erkannt, dass es sich dabei um stark verwitterte Fußabdrücke von Brontosauriern handelt!

Wurden und werden in den Alpen Dinosaurierspuren vor allem in Dolomiten der Triaszeit gefunden, sind solche im Jura fast ausschließlich in Kalksteinen der Malmzeit anzutreffen. Man kann sie etwa im alten Steinbruch Lommiswil ob Solothurn und bei La Heutte in der Nähe von Biel bewundern. Die weitaus eindrücklichsten Vorkommen wurden bei Porrentruy (JU) während des Baus der A6 entdeckt. Die auf verschiedene Ausgrabungsstätten verteilten Spuren zeigen mehr als 14000 Fährten von Theropoden (zweibeinigen Fleischfressern) und Sauropoden (vierbeinigen Pflanzenfressern). Neben den Dinosaurierfährten wurden auch Fossilien von Schildkröten, Krokodilen und verschiedenen Weichtieren gefunden (Infos unter www.jurassica.ch). Weitere großartige Spuren wurden im französischen Jura gefunden. Sie sind Besuchern ebenfalls zugänglich gemacht worden (www.lejurassique.com).

Die bekannten und mit einer Aussichtsplattform zugänglich gemachten Brontosaurierspuren im Oberjurakalk von Lommiswil (SO).

8 Effinger Mergel

Typ
Member

Gesteinsklasse: Sedimentgestein

Unterklasse: biogen klastische Sedimente

Die Effinger Mergel wurden in den rund 100–200 m tiefen Vorriffbecken des Malmriffgürtels abgelagert – zur gleichen Zeit des unteren Malms, als weiter im W und N die massiven Riff- und Lagunenkalke abgelagert wurden (Nr. 7). Die Effinger Mergel sind wie der Opalinuston ein wichtiges Juragestein, das aber meist unsichtbar bleibt, weil es aufgrund seiner Weichheit wiesenbedeckte Mulden bildet. Im Aufschluss zeigen die Mergel sehr charakteristische Merkmale: mittel- bis hellgraue, dünn gebankte Mergel mit eingelagerten dm-mächtigen Kalksteinlagen. Die Basis wird durch die gebankten Birmenstorfer Kalkschichten gebildet, die wegen ihres Fossilreichtums berühmt wurden (Seeigel, Haifischzähne u. v. m.). Die eingelagerten Kalkbänke können sich in den Wiesen als Dolinen bemerkbar machen.

Bestandteile | Härte
Ton und Kalk, insgesamt weiche Gesteinsabfolge.

Mächtigkeit | Verbreitung
Süd- und Ostjura, bis 200 m mächtig.

Variabilität | Verwandte | Verwechslungen
Im Aufschluss sehr charakteristisch.

Verwendung
Ideal für die Zementherstellung.

Effinger Mergel in der Grube Steiacher bei Mönthal (AG).

Tonmergel (grau) und Kalkstein (beige) der Effinger Schichten.

9 Pierre Jaune de Neuchâtel

Typ
Member

Gesteinsklasse: Sedimentgestein **Unterklasse:** bioklastisches Karbonatgestein

Im östlichen und zentralen Jura hört die Sedimentation mit den Malmschichten auf – Kreidesedimente wurden entweder gar nicht abgelagert oder später wieder erodiert. Im westlichen und südlichen Jura findet man hingegen Gesteine bis in die obere Kreide. Hierzu gehört auch der «Pierre Jaune de Neuchâtel». Er ist seit alters her beliebter Bau- und Skulpturstein: die Kathedrale von Neuchâtel besteht daraus, und in der Altstadt müssen alle Gebäude mit diesem Stein verkleidet sein.
Das flachmarine Gestein besteht aus Kalkschalentrümmern und Ooiden. Weil Oolithe in wellenbewegtem Milieu entstehen (s. Nr. 6), sieht man im Pierre Jaune oft Schrägschichtungen, welche die submarinen Dünen abbilden. Daneben fallen Anreicherungen von Schalenbruchstücken auf (Muscheln, Brachiopoden). Der Pierre Jaune zeigt warme Hellocker- bis Grüntöne. Letztere sind auf kleine Anteile des grünen, sedimentär gebildeten Minerals Glaukonit zurückzuführen. Nach seinem bekanntesten Vorkommen beim Dorf Hauterive am Neuenburgersee wurde die geologische Zeitstufe «Hauterivien» der Unterkreide benannt.

Bestandteile|Härte
Ooide, Kalkschalentrümmer, Calcitzement; je nach Ort wenig Quarz und Glaukonit.

Mächtigkeit|Verbreitung
Neuenburger und Waadtländer Jura, 30–60 m.

Variabilität|Verwandte|Verwechslungen
Kann am ehesten mit dem Hauptrogenstein (Nr. 6) verwechselt werden.

Verwendung
Bau- und Skulpturstein.

Pierre-Jaune-Kalkstein mit erkennbaren Muschelbruchstücken und Ooiden.

Die Kathedrale von Neuchâtel, erbaut aus Pierre Jaune.

10 Boluston | Bohnerz

Typ
Lithologie

Gesteinsklasse: Sedimentgestein **Unterklasse:** Karstbildungen

Ablagerungen der Kreidezeit findet man nur im westlichen Jura. Ob sie im zentralen und östlichen Teil überhaupt abgelagert wurden, weiß, man bis heute nicht. Was man hingegen weiß ist, dass im Alttertiär das ganze Gebiet tropisch-heißes Land war, wo intensive Karstverwitterung die obersten Kalkschichten des Malms angriffen. Es bildeten sich in den Kalken Spalten und Dolinen, in denen sich die nicht lösbaren Reste der Kalkverwitterung ansammelten. Dies sind Tone, Quarzsande und kugelige Konkretionen von Eisenmineralien (= Bohnerz, aus Hämatit und Goethit). Diese Gesteinsassoziation der Eozänzeit wird als «Siderolithikum» (= griech. Eisenstein) bezeichnet.
Die roten Bolustone wurden früher für feuerfeste Ofenziegel verwendet, der weiße, mit Quarzsand vermischte Ton, die sog. «Huppererden», für hochqualitative weiße Keramik. Im Delsberger Becken und am Schaffhauser Randen wurden die Bohnerze im großen Stil abgebaut. Sie lieferten ziemlich hochwertigen Stahl. In den Gebieten mit Bohnerzvorkommen kann man auch heute noch am Wegrand die typischen kugeligen Bohnerze finden.

Bestandteile | Härte

Hämatit und Limonit. In den Siderolith-Bildungen werden auch zahlreiche Fossilreste von Säugetieren, Reptilien und Insekten gefunden.

Mächtigkeit | Verbreitung

In Spalten- und Taschenfüllungen in Malmkalken des zentralen und östlichen Juras.

Verwendung

Bohnerz war ab dem 14. Jahrhundert ein wichtiges Eisenerz. Die Abbaustellen sind heute noch in den Wäldern von Delsberg, Herznach und am Südranden als «Krater» von 2–20 m Durchmesser zu finden.

Boluston (rot) über alter verkarsteter Oberjurakalk-Oberfläche; Bolusgrube bei Malsenhof/Welschenrohr (SO).

Bohnerzkugeln in einer Matrix von Boluston; Bolusgrube bei Welschenrohr (SO).

Keramik: Kontaktmetamorphe Kunstgesteine

Nach der jahrzehntausendelangen Verwendung von bearbeiteten Gesteinen in der Steinzeit, begann der Mensch an verschiedenen Orten der Welt vor rund 30 000 Jahren, feinkörniges Gesteinsmaterial wie Lösslehm durch starkes Erhitzen zu verfestigen – die ersten Keramikprodukte! Seither haben sich die Rohmaterialien und Techniken ständig weiterentwickelt und verfeinert. Heute gibt es unter dem Begriff «Keramik» einen ganzen Wust von Produkten, die unseren Alltag entscheidend prägen – ohne dass wir uns bewusst sind, dass wir es mit Naturprodukten aus Gesteinen zu tun haben; nämlich aus natürlichen Gesteinsmaterialien, die gemahlen, gemischt und gebrannt wurden.

In der Natur kommen Gesteine, die einen ähnlichen Entstehungsprozess hinter sich haben, als kontaktmetamorphe Gesteine vor. Diese erlebten unter geringen Drucken an der Erdoberfläche oder in geringer Tiefe sehr hohe Temperaturen. Solche Bedingungen finden wir am Rand von plutonischen oder vulkanischen Magmakörpern. In der Schweiz gibt es praktisch keine kontaktmetamorphen Gesteine, weshalb in diesem Buch auch kein Beispiel davon vorgestellt wird.

Zurück zur Keramik und ihrer Vielfalt: Da gibt es Gefäßkeramik, Baukeramik, Ofenkeramik, Sanitärkeramik, Glaskeramik, technische Keramik. Bei der Gefäßkeramik gibt es Steingut, Steinzeug, Porzellan, Fayence, Terrakotta, Raku u. w. m.

Sehen Sie, Sie sind umgeben von Materialien der Gesteinswelt!

Ziegelsteine: wichtige Baukeramik seit Tausenden von Jahren. Auf dem Bild: eine Mauer in England.

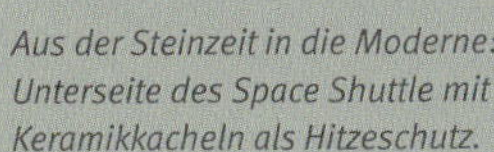

Aus der Steinzeit in die Moderne: Unterseite des Space Shuttle mit Keramikkacheln als Hitzeschutz.

Gesteinszone 2
Molassegesteine

Molasse hat sich zu einem weltweit verwendeten Begriff gemausert, mit dem Sedimentserien bezeichnet werden, welche in Randbecken aus dem Abtragungsschutt von sich laufend hebenden und dabei gleichzeitig erodierenden Gebirgskörpern entstehen. Es überwiegen darin fluviatile Konglomerate («Nagelfluh»), Sandsteine und Mergel.

Die Heraushebung der Alpen als eigentliches Gebirge begann vor rund 35 Mio Jahren. Dabei bildeten sich am nördlichen und südlichen Rand des werdenden Gebirges schmale, gebirgsparallele Ablagerungströge, in denen der Schutt des laufend erodierenden Gebirges während eines Zeitraums von 35 bis 5 Mio. J. abgelagert wurde. Bei diesen Ablagerungströgen handelt es sich um die Molassebecken – etwas vulgär ausgedrückt die «Abfallkübel der Alpenbildung». Auf der Alpennordseite gehen die Molasseablagerungen graduell aus den nordhelvetischen Flyschablagerungen hervor.

Die nordalpinen Molassegesteine sind vor allem im heutigen Mittelland anzutreffen. Das Molassebecken war aber deutlich breiter, denn die Jurafaltung hatte noch nicht stattgefunden, weshalb auch in diesem Gebiet Molasseablagerungen gebildet wurden. Reste davon kann man heute noch in manchen Synklinaltälern des Faltenjuras finden. Gegen die Alpen hin wurden infolge der anhaltenden Kollisionsbewegungen die alpennahen Teile der Molasseablagerungen von der heranrückenden Alpenfront überfahren, dachziegelartig überschoben und auch verfaltet; sie ist heute unter dem Namen «subalpine Molasse» bekannt. Die aufgrund solcher Überschiebungen schräg gestellten Molasseschichten kann man etwa am Speer (SG), an der Rigi oder am Mont Pèlerin (VD) in der Landschaft leicht erkennen. Die helvetischen Decken überfuhren die Molasseablagerungen um etliche Zehner Kilometer! So findet man subalpine Molasse in der Westschweiz bis unter die Diablerets, in der Zentralschweiz bis unter Innertkirchen oder Erstfeld, in der Ostschweiz bis unter Landquart (vgl. Abb. S. 137 unten).

Blick vom Guggershörnli bei Schwarzenburg (BE) nach NW über das Molassebecken zum Faltenjura.

Blick vom Napfgipfel nach O zum Hängst, ins Hügelland des Napf-Schuttfächers der oberen Süßwassermolasse.

Weil die Molasseablagerungen von den Alpen her über Urflüsse ins Molassebecken geschüttet wurden, erreichen sie in Alpennähe mit rund 5 km die größten Mächtigkeiten. Generell gilt auch, dass das Material vom Alpenrand weg immer feinkörniger wird. So finden sich in Alpennähe mächtige Ablagerungen von Kiesschuttfächern, welche die Urflüsse abgelagert haben. Sie wurden nach den Molassebergen benannt, welche heute von ihnen aufgebaut werden. Von Ost nach West sind die bekanntesten Speer, Hörnli, Rigi, Napf und Mont Pèlerin.

Die nordalpine Molasse der Schweiz lässt sich in vier Phasen unterteilen. Zwei Mal war das Molassebecken seit seiner Entstehung noch von einem flachen Meer bedeckt, und zwei Mal war es Festland. Daraus ergibt sich die folgende Unterteilung:

Epoche	Molasseunterteilung	Hauptgesteine	wichtigste Schuttfächer, von O nach W	tektonische Herkunft der Gerölle
Miozän 23–5 Mio. Jahre	Obere Süßwassermolasse (OSM)	Konglomerate, Sandsteine, Mergel	Bodenseefächer, Hörnli, Napf (oberer Teil)	helvetische Decken, unter- und mittelpenninische Decken
	Obere Meeresmolasse (OMM)	Sandsteine	Hörnli, Napf (mittlerer Teil)	südpenninische Decken
	Untere Süßwassermolasse (USM)	Konglomerate, Sandsteine, Mergel	Gäbris/Kronberg, Speer, Höhrone, Napf (unterer Teil), Rigi, Thunersee, Pèlerin	südpenninische und ostalpine Decken
Oligozän 34–23 Mio. Jahre	Untere Meeresmolasse (UMM)	Sandsteine, Mergel	keine Schuttfächer	ostalpine Decken

Der Geröllinhalt der Molassegesteine lässt Rückschlüsse darüber zu, was zur Zeit ihrer Ablagerung im Hinterland gerade an Gesteinen und Decken abgetragen wurde. So finden sich in der unteren Süßwassermolasse Gerölle, die typisch sind für ostalpine Decken. Offenbar bauten sie damals, d. h. vor rund 30 Mio. Jahren, gerade das Gebirge auf, wurden seither aber längst wieder wegerodiert. Gegen oben in der Molasse treten dann zunehmend Ablagerungen tieferer Decken (bzw. ursprünglich weiter nördlicher gelegener Ablagerungsräume) auf. Auf diese Weise spiegelt sich die Geschichte von Hebung und Erosion des Alpenkörpers eins zu eins in den Molasseablagerungen wider.
Weniger bekannt ist, dass es auf der Alpensüdseite noch mächtigere Molasseablagerungen gibt als im mittelländischen Molassebecken. Diese liegen in einem über 10 Kilometer tiefen Trog unter der topfebenen Po-Ebene und sind nur gerade am Südalpenrand etwas aufgeschlossen («Gonfolite lombardo»).
In den Alpen gibt es gar noch Reste von Molassegesteinen der vorletzten, variszischen Gebirgsbildung. Diese blieben in etlichen Trögen der Karbonzeit erhalten, so etwa im Unterwallis in den bekannten «Vallorcine-Konglomeraten», einer Art karbonischen Nagelfluh. Diese Konglomerate sind allerdings wesentlich besser verfestigt, gar leicht metamorph, und damit viel härter und verwitterungsbeständiger als die alpinen tertiären Nagelfluhabfolgen (Nr. 11).
Neben den wichtigsten Lithologien der Molasse: Konglomerate (Nagelfluh), Sandstein, Muschelsand/-kalkstein finden sich untergeordnet auch Mergel, Schlammsteine, Süsswasserkalke und Braunkohlelagen.
In vielen Molassegesteinen wurde und wird eine große Vielfalt von Fossilien gefunden. In den marinen Sandsteinen sind Haifischzähne recht häufig, aber auch Muscheln werden oft gefunden. Die Haizähne erreichen unheimliche Größen und lassen auf Tiere schließen, die deutlich größer waren als die heutigen Haie. In den fluviatilen Ablagerungen kommen auch fossile Reste von Säugetieren vor. Besonders spektakulär ist in diesem Zusammenhang der 1,5 t schweren Schädel einer Rhinozerosart, der 1870 im Berner Engehaldequartier gefunden wurde. Daneben sind in der Molasse auch Fossilien von Pflanzen wie dem Zimt- und Lorbeerbaum zu finden. In verschiedenen Horizonten der Molasseablagerungen wurden zudem Braunkohleschichten abgelagert (Nr. 14).

→ Die folgenden Gesteine, welche in anderen tektonischen Einheiten beschrieben werden, können auch im Molassebecken angetroffen werden: **Gips** (Nr. 4), **Tonsteine** (Nr. 5) und **Mergel** (Nr. 8).

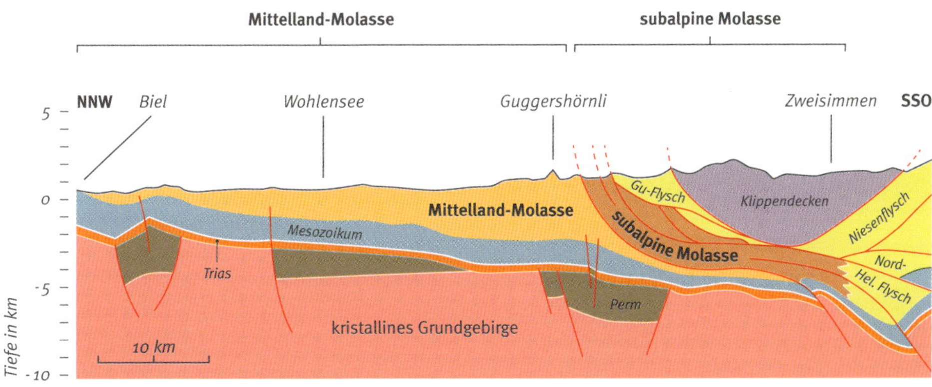

Blick von der Rigi nach SO zum Vorgipfel Dosse. Die Alpenfront hat die hinterste Molasse noch aufgeschoben und schräg gestellt.

Geologisches Profil von Biel bis ins Simmental. Die weite Überschiebung der alpinen Decken über die Molasse ist eindrücklich sichtbar. Vereinfacht nach O. A. Pfiffner. Geologie der Alpen, 3. Auflage, Haupt Verlag 2015.

11 **Molassekonglomerat| Nagelfluh**

Typ
Lithologie

Säure-Base-Charakter
variabel

Gesteinsklasse: Sedimentgesteine

Unterklasse: klastisch fluviale Sedimente

Die groben Konglomerate der Molasse werden im deutschsprachigen Raum als «Nagelfluh» bezeichnet. Der Begriff geht auf das 16. Jahrhundert zurück. Die Molassekonglomerate sind Ablagerungen von Flusskiesen, die dort, wo die damaligen Alpenflüsse aus dem Gebirge austraten, teilweise riesige Schuttfächer ausbildeten. Die Flüsse bildeten weit verästelte Rinnensysteme («braided rivers»), die durch subtropisch-feuchte Auenwälder flossen. Die größten Schuttfächer bildeten sich während der unteren Süßwassermolasse. Die wichtigsten sind von O nach W Speer, Hörnli, Rigi, Napf und Pèlerin. Die Ablagerungen des Napffächers findet man heute auf rund 90 km Breite, von der Sense bis zum Zugersee.

Wie in der Einführung zum Molassebecken dargelegt, widerspiegelt der Geröllinhalt diejenigen Gesteinsdecken, die damals gerade an der Oberfläche abgetragen wurden. Damit ist der Geröllinhalt genau umgekehrt zur Deckenstapelung, nämlich die ostalpinen Gerölle zuunterst, in der Mitte diejenigen der penninischen Decken und zuoberst erst die Gesteine des Helvetikums.

Die meisten Molassekonglomerate sind «polymikt», enthalten also unterschiedliche Gesteinsarten in Geröllform. Die Größen der Kieselsteine variieren; in den alpennächsten Schuttfächern können Steine von bis 30 cm Durchmesser vorkommen, in den weiter entfernteren Zonen werden sie zunehmend kleiner (bis hin zu Feinkiesen).

An größeren Aufschlüssen von Nagelfluhabfolgen können verschiedene Phänomene beobachtet werden, die typisch sind für Flussablagerungen mit ihren mäandrierenden Läufen, mit Hochwassern und ruhigeren Phasen. So sieht man manchmal die typische dachziegelartige Schichtung der flach-elliptischen Gerölle,

Polygenes Konglomerat aus der USM bei Thun (BE). Komponenten sind vor allem Kristallingerölle.

Polygenes Konglomerat aus der USM bei Unterägeri (ZG). Gerölle: gelblicher Dolomit, graue Kalke, roter Radiolarit und rote Granite – typische Gerölle der damals weiter südlich an der Oberfläche liegenden ostalpinen Decken.

Chemie
variabel

Landschaftsprägung
Mittel bis stark; markante subalpine Nagelfluhberge wie Speer, Napf und Rigi.

die man auf jeder heutigen Kiesbank auch beobachten kann (s. Nr. 131). Häufig treten auch kleinere bis größere Sandlinsen, aber auch ganze Sandsteinlagen auf, die auf ruhigere Ablagerungsbedingungen schließen lassen. Häufig sind auch Schrägschichtungen und abgeschnittene Schichtungen zu sehen, die etwa durch erosive Hochwasser erzeugt werden konnten.

An Molassekieseln aus Kalkstein lassen sich oft elliptische «Dellen» beobachten. Bei der Kompaktion der Kiese konzentrierte sich an den Kieselkontakten der Druck enorm. Wo harte bzw. schwer lösliche Kiesel etwa aus Quarzit, Radiolarit etc. auf Kalksteinkiesel drückten, wurde der Kalkstein durch den Druck aufgelöst, wodurch mit der Zeit diese «Dellen» entstanden.

Bestandteile | Härte

Kieselsteine in sandig-kalkiger Matrix.

Mächtigkeit | Verbreitung

Die großen Nagelfluhschuttfächer sind in der alpennahen und subalpinen Molasse aufgeschlossen. Diese können mehr als 1000 m Mächtigkeit erreichen. Die größten Schuttfächer wurden in der unteren Süßwassermolasse (Oligozän) abgelagert. Aber auch in der unteren Meeresmolasse finden sich marine Kiesschuttablagerungen, die es offenbar bis ins Meeresbecken geschafft haben.

Textur und Struktur

Im Aufschlussbereich mehr oder weniger homogen, z. T. mit grober Schichtung oder dachziegelartiger Kieselsteinanordnung. Die Matrix zwischen den Kieselsteinen besteht aus Sandstein, der mit Calcit zementiert ist.

Aufschluss in der USM bei Escholzmatt (LU). Ineinander übergehende Sandstein- und Konglomeratbänke zeugen von mäandrierenden Flusssystemen.

Aufschluss in der OSM am Napf bei Luthern Bad (LU). Die Gerölle werden freigelegt und ein zweites Mal abtransportiert – Teil des Gesteinskreislaufs.

Farbe(n), Patina, Verwitterung und Erosion
Im frischen Bruch hängt die Farbe stark vom Geröllinhalt ab. Verwitterte Oberflächen haben meist eine graue Patina. Das Molassekonglomerat bildet als einigermaßen verwitterungs- und erosionsresistentes Gestein teilweise hohe Wände.

Einschlüsse|Fossilien
Vor allem in den sandigen Lagen können je nach Ablagerungsbedingungen terrestrische oder marine Fossilreste vorkommen.

Adern|Klüfte|Bruchmuster
Meist nur sehr grobe Klüftung.

Alter|Bildungsetappen
Oligozän/Miozän.

Variabilität|Verwandte|Verwechslungen
Unverwechselbare Gesteine.

Verwendung
Gewinnung von Grobkies/Steinen. Vor allem die Napfmolasse enthält geringe Mengen von Gold, die von vielen Hobby-Goldwäschern in mühseliger Arbeit durch Auswaschen gewonnen werden.

Klettereigenschaften
Lausig! Kaum kletterbare Wände; Ausnahmen Pont-la-Ville (FR) und neuerdings tolle Wand bei Riggisberg (BE). In den spanischen Pyrenäen (Montserrat und Riglos) sowie in Griechenland (Meteora) gibt es jedoch fantastische Klettergebiete in Molassekonglomeraten.

Interessante Webseiten
www.napfgolderlebnis.ch, www.nagelfluhkette.info

NO-Seite der Rigi. Die Schrägstellung der subalpinen unteren Süßwassermolasse und die «Riginen»-Strukturen sind deutlich sichtbar.

Die Rigi – Königin der Berge?

Im Tourismus wird gerne mit dem Slogan «Rigi – Königin der Berge» geworben. Das ist kompletter Unsinn, aber er hält sich hartnäckig – wohl auch deshalb, weil er so schön marketinggerecht ist. Entstanden ist der Slogan im 19. Jahrhundert, als jemand auf die Idee kam, dass der Name «Rigi» vom lateinischen Regina Montium – Königin der Berge – abstammen könnte. Inzwischen ist aber nachgewiesen worden, dass mit dem Begriff «Riginen» von den Einheimischen die markanten Schichtungsbänder des Molasseberges bezeichnet wurden. Die Schichtstufen der Rigi stammen nämlich von Sandsteinlagen, die in die mächtigen Nagelfluhbänke eingelagert sind.

Mit einer kleinen Ergänzung könnte man allerdings den großspurigen Slogan rehabilitieren: «Rigi – Königin der *Molasse*berge». So angepasst, stimmt er gewiss! Die Rigi ist nämlich aus zwei Großserien der unteren Süßwassermolasse aufgebaut: unten aus der 1100 m dicken Weggis-Formation und darüber durch die 2000 m mächtige Rigi-Formation. Die ganze Serie wurde über einen Zeitraum von rund 4 Mio. Jahren abgelagert. An der Rigi sind wohl auch die höchsten und eindrücklichsten Felswände aus Nagelfluh zu bewundern. Sie sind aus der Seilbahn von Weggis nach Rigi Kaltbad hervorragend zu bewundern: über 200 m hoch bauen sich da die massiven Konglomeratwände auf. Am Rigi Dossen, an der Wand der Gäbetschwilchanzel, gibt es gar eine Kletterroute namens «Spaceballs» in der Nagelfuh. Kommentar eines Begehers: «Obsi schliiche, aber es hed fascht alles. Es brucht e chli Närve».

Anders als an der Rigi sind am 40 km entfernten Napf die Nagelfluhschichten der oberen Süßwassermolasse in horizontaler Stellung sichtbar.

12 Molasse-Sandstein

Typ Lithologie

Säure-Base-Charakter intermediär

Gesteinsklasse: Sedimentgestein

Unterklasse: klastische Gesteine, fluviatil und marin

Die Sandsteine des Molassebeckens wurden entweder auf dem Land als fluviatile Sandbänke oder in den schmalen Meeresträgen der Meeresmolassen in seichten Deltas abgelagert. Die bekannten Bausandsteine wie etwa der Berner, Freiburger und Lausanner Sandstein entstammen der oberen Meeresmolasse. In der Ostschweiz wird die sogenannte granitische Molasse aus der unteren Meeresmolasse abgebaut. Dieser recht harte Sandstein heißt so, weil er neben Quarz wesentliche Anteile an Feldspat und Glimmer enthält – eben wie ein Granit.
Die grüngrauen Sandsteine sind an Steilabsätzen, Straßenanschnitten und hie und da an höheren Felsflühen des Mittellandes gut erkennbar. Sie können gut gebankt sein («Plattensandstein»), häufiger sind sie jedoch im Dekameter-Bereich homogen, massig und können deshalb leicht in großen Blöcken abgebaut werden. In den marinen Sandsteinen können auf Schichtflächen recht oft versteinerte Wellenrippel oder Wühlspuren von Bodentieren beobachtet werden. In den fluviatilen Sandsteinen sind Schrägschichtungen sehr häufig. Auch eingelagerte Kieselsteine können schichtweise auftreten.

Bestandteile|Härte

Nur mäßig gerundete Quarzkörner, daneben weitere Silikatmineralien, häufig rosafarbene Kalifeldspäte und silbrig glänzende Glimmerschüppchen. Der Zement besteht aus Calcit, weshalb die Sandsteine eher weich sind.

Mächtigkeit|Verbreitung

Neben den Nagelfluhwänden das am besten und häufigsten sichtbare Molassegestein. Die einzelnen Sandsteinformationen können mehrere Hundert Meter mächtige Abfolgen bilden.

Textur und Struktur

Fein- bis mittelkörnig, homogen, im Handstück richtungslos.

Sandstein aus der USM bei Unterägeri (ZG). Neben Quarz besteht es aus einem beträchtlichen Anteil anderer Mineralien.

Aufschluss in OSM bei Wolhusen (LU); mächtige Sandsteinschichten, mit Konglomerathorizonten und mergeligen Einschaltungen.

70	20	10 %
SiO_2	$CaCO_3$	Rest

Landschaftsprägung
Mittel

Bern und Lausanne – Städte aus Molassesandsteinen

Farbe(n), Patina, Verwitterung und Erosion
Die häufigste Farbe ist ein recht helles Grüngrau, das bis ins Gelbliche gehen kann. Diese Farbe wird durch geringe Mengen des sedimentär gebildeten Minerals Glaukonit bewirkt. Wegen des calcitischen Zements recht verwitterungsanfällig; an Gebäuden setzt saurer Regen dem Sandstein arg zu.

Einschlüsse|Fossilien
Haifischzähne sind vergleichsweise häufig. In den marinen Sandsteinen kommen manchmal Bänke vor, die reich an Muscheln und Schnecken sind. In den festländischen Sandsteinen werden fossile Pflanzen und Tiere gefunden. Vereinzelte rötliche Tonschichten zeugen von Verlandungen mit Bodenbildung.

Adern|Klüfte|Bruchmuster
Kaum mineralgefüllte Adern und meist nur wenig zerklüftet.

Alter|Bildungsetappen
Zwischen 35–10 Mio. J.

Variabilität|Verwandte|Verwechslungen
Aufgrund seiner Weichheit (Sandabrieb) leicht von alpinen, härteren Sandsteinen unterscheidbar.

Verwendung
Wegen der leichten Abbau- und Bearbeitbarkeit beliebter Baustein. Im ganzen Mittelland trifft man immer wieder auf kleine aufgelassene Steinbrüche, wo früher für den Lokalbedarf Sandstein abgebaut wurde.

Klettereigenschaften
Nur selten genug aufgeschlossen und hinreichend genug fürs Klettern. Das Bouldergebiet Lindentäli bei Bern und das Klettergebiet Sense-Schwarzwasser (BE/FR) sind die bekanntesten.

Sandsteinwände der unteren Meeresmolasse beim Zusammenfluss von Sense und Schwarzwasser (BE/FR): Einer der wenigen Orte, wo in Molassefelsen geklettert werden kann.

Steinbruch bei Ostermundigen (BE) in der oberen Meeresmolasse: Herkunft der meisten Bausteine der Stadt Bern.

13 Muschelkalk | Muschelsandstein

Typ
Lithologie

Gesteinsklasse: Sedimentgesteine **Unterklasse:** klastische Sedimente

In den Abfolgen der oberen Meeresmolasse (20–16 Mio. J.) wurden an den damaligen Flachmeerküsten immer wieder Kalksteinbänke abgelagert, welche von reichem Leben und von viel Wellenbewegungen oder Strömungen zeugen. Dabei konnten Lagen von Schalenschill entstehen, an denen vor allem Muscheln beteiligt sind. Zeitweise wurde auch viel Quarzsand abgelagert, daraus entstanden Muschelsandsteine.

Die Vorkommen sind mengenmäßig wenig bedeutend, und nur hie und da tritt eine Muschelsandsteinrippe im Gelände hervor. Aber das Gestein hat seit der Römerzeit eine große Bedeutung als Bau- und Skulpturstein. So besteht etwa das Nationalbankgebäude in Zürich aus Muschelsandstein.

Das helle, beige bis grünliche Gestein ist an seiner porösen Struktur und den zahlreichen Fossiltrümmern leicht erkennbar. Mit etwas Glück findet man auch einen kleinen fossilen Haizahn darin.

Bestandteile | Härte
Schalentrümmer, Kalkkomponenten, Quarzkörner, Glaukonit, Pyrit (→ Rostflecken).

Mächtigkeit | Verbreitung
Zwei Hauptvorkommen: Region Neuenburgersee/Broye, und NO-Schweiz, v. a. Kanton AG. Meist nur geringmächtig.

Variabilität | Verwandte | Verwechslungen
Große Bandbreite von fast reinem Kalkstein bis Kalksandstein.

Muschelsandstein mit erkennbaren Muschelbruchstücken. Baustein der römischen Arena von Avenches (FR).

Typischer Brunnen aus Muschelsandstein in Wölflinswil (AG). Die Kursteilnehmer spähen nach kleinen Haifischzähnen.

14 Braunkohle

Typ
Lithologie

Gesteinsklasse: Sedimentgesteine **Unterklasse:** biogenes Inkohlungsgestein

Das reichhaltige Pflanzenleben von Sumpfgebieten kann nach dem Absterben unter Ausschluss von Sauerstoff durch biochemische Prozesse zersetzt werden, zuerst zu Torf (Nr. 134) und dann zu Braunkohle. Bei weiterer Überdeckung kann der Prozess bis zu Steinkohle (Nr. 58) und Anthrazit weitergehen.

In der Schweiz kommen Braunkohlen in den tertiären Molassegesteinen vor, meist als geringmächtige Einlagerungen in tonig-mergeligen Sedimenten. In der oberen Süßwassermolasse des Kantons Zürich wurden einige Meter mächtige Flöze abgebaut (www.bergwerk-kaepfnach.ch).

Braunkohle ist ein weiches, meist noch recht lockeres, leichtes Gestein von dunkelbrauner bis schwarzer Farbe, oft mit noch sichtbaren Pflanzenresten und gut erhaltenen Baumstrünken. Je nach Umwandlungsgrad und Dichte unterscheidet man verschiedene Typen.

Bestandteile|Härte
Mittelstark inkohltes organisches Material.

Mächtigkeit|Verbreitung
In der oberen Süßwassermolasse vom Aargau bis zum Bodensee teilweise bis mehrere Meter mächtige Flöze, meist aber geringmächtig. In der subalpinen Molasse der Westschweiz befinden sich ältere Vorkommen in der «Molasse →Charbon» der unteren Süßwassermolasse.

Variabilität|Verwandte|Verwechslungen
Zwischenglied in der Inkohlungsserie zwischen Torf und Steinkohle.

Verwendung
In der Schweiz nicht mehr verwendet.

Braunkohleflöz aus der oberen Süßwassermolasse im Schaubergwerk Käpfnach bei Horgen (ZH).

Braunkohlestück aus einem deutschen Braunkohlewerk.

Gesteinszone 3
Flyschgesteine

Flysche bestehen aus einer Wechsellagerung von Sand- und Tonsteinlagen. Sie wurden vom Alpengeologen Bernhard Studer 1827 anhand von Gesteinsabfolgen im Simmental definiert, wo «Flysch» schon seit langem für die zu Rutschungen neigenden Gesteine verwendet wurde. Flysch-Serien gehören zu den Kollisionsgebirgen wie ein Hammer zum Geologen. Deswegen wird der Begriff heute weltweit verwendet.

Flysche entstehen an Subduktionszonen. Erosionsprodukte vom Land, Ton und Sand, werden über Flüsse in das Meeresbecken über der Subduktionszone geschüttet und dort als rasch anwachsende Sedimentfüllung abgelagert. Die Tonfraktion wird dabei permanent weit in das Ozeanbecken hinein transportiert und dort langsam abgelagert. Die Sandfraktion bleibt eher küstennah auf dem Schelfbereich liegen. Sie kann periodisch, meist ausgelöst durch Erdbeben, als submarine Rutschung abgleiten. Daraus entstehen Suspensionen von Sand im Meerwasser, sogenannte Trübeströme (=Turbidite), die sehr schnell abgehen und weit in das Tiefseebecken hinaus rasen. So entstehen die Sandsteinlagen. Weil diese dynamisch und in kurzer Zeit abgelagert wurden, zeigen sie häufig eine Sortierung der Korngröße von unten nach oben, eine sogenannte Gradierung. Eine Sequenz von Basissandstein bis zur finalen Tonlage wird nach dem Geologen A.H. Bouma als «Bouma-Sequenz» genannt. Die abgelagerten Flyschsedimente werden kurz nach ihrer Ablagerung in die Subduktion einbezogen, gegen den anrückenden Kontinent hin abgeschert und in die Tiefe gezogen. Dadurch entsteht

Typische Flyschlandschaft im Herkunftsgebiet des Namens, dem Simmental; Blick ins untere Simmental mit dem oberpenninischen Simmenflysch.

eine keilförmige Stapelung von Flyschschuppen, welche als Akkretionskeil bezeichnet wird.

Das Flysch-Zeitparadox

Damit ergibt sich in den Flyschen eine Art Zeitparadox: Eine dünne Tonschicht repräsentiert einige Tausend Jahre ruhiger Sedimentation, während die darüber folgende Sandsteinschicht innert Minuten abgelagert wurde! Es gibt Flyschabfolgen, die Sandstein-dominiert sind, mit nur sehr wenig Tonlagen dazwischen (vgl. Nr. 15, 17), und demgegenüber solche, die im Wesentlichen durch Tonschiefer mit ganz wenig Sandsteinlagen geprägt sind (z.B. Engi-Schiefer, GL, Nr. 16). Diese Unterschiede widerspiegeln das Zusammenspiel von Küstenentfernung und Sedimentinput: Je näher der Küste, desto sandreicher die Abfolge.

Flysche allüberall

Die Alpenbildung erfolgte durch fortschreitende Subduktion und Kollision von SO gegen NW, erfasste also zuerst den adriatischen Kontinentalrand (Ostalpin), dann das Piemontbecken (Oberpenninikum), die iberische Kontinentalscholle (Briançonnais / Mittelpenninikum), dann das Walliser Becken (Unterpenninikum) und schließlich den europäischen Kontinentalrand (Helvetikum). Dabei wurden über der jeweils gerade aktiven Subduktionszone immer Flysche abgelagert. Deshalb gibt es in den Alpen Flyscheinheiten aus allen Ablagerungsbereichen. Das Schema

Typische Flyschlandschaft im nordpenninischen Prättigau-Flysch bei St. Antönien (GR).

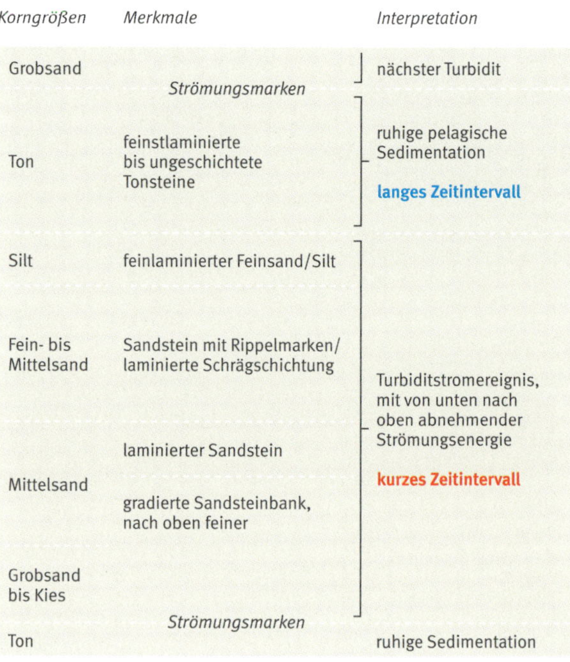

Schema einer typischen Flyschsequenz («Bouma-Sequenz»). Zeichnung nach verschiedenen Quellen.

auf Seite 149 unten gibt einen Überblick über die wichtigsten Flysche mit ihrer paläogeografischen und zeitlichen Einordnung. Trotz unterschiedlichen Alters und Herkunft sehen Flyschgesteine für den Laien immer sehr ähnlich aus; deshalb fassen wir sie hier alle zusammen.

Flysche der Alpen können fast unmetamorph bis zu mittelgradig metamorph sein. Die Tonlagen liegen immer als Tonschiefer vor. Größere Flyschgebiete zeichnen sich meist durch sanftere, wiesen- und waldreiche Landschaftsformen mit zahlreichen Feuchtgebieten aus. Die größten finden sich im Prättigau, in den Glarner Alpen, im Entlebuch, und vor allem im ganzen Gebiet der Klippendecken zwischen Thunersee und Bex im Unterwallis (Zone des Cols).

Flysch Mélange oder Wildflysch

Manche Flyscheinheiten enthalten «wilde» Serien, in denen Fremdgesteinskörper höchst unterschiedlicher Größe – bis zu mehrere 100 m große Brocken – ungeschichtet und oft in Kombination mit Brekzien in einer tonigen Matrix liegen. Solche Flysche werden als «Wildflysch» oder mit dem allgemeineren Begriff «Mélange» bezeichnet. Diese entstehen entweder direkt an bzw. über der Subduktionszone, wo oft auch noch Stücke von ozeanischer und kontinentaler Kruste durch tektonische Zerscherung miteinander vermischt werden, oder aber bei den eigentlichen Deckenüberschiebungen. Paradebeispiele einer solchen Mélange sind die oberpenninische Aroser Schuppenzone und der ultrahelvetischen Flysch bei Habkern, der die berühmten Blöcke des enigmatischen Habkern-Granits (Nr. 52) enthält.

Links: Detail aus dem Sardonaflysch; oben grobe Sandsteinbank mit Gradierung, unten Sandsteinbänke mit Wirbelstrukturen.

Rechts oben: Typischer Flyschaufschluss: Sardonaflysch am Piz Sardona (SG); die Abfolge ist sandsteindominiert.

Rechts unten: Tonschieferdominierter Flysch; basale Serie des Niesenflyschs bei Adelboden (BE). Zeit-Raum-Diagramm für die wichtigsten Flysche der Schweizer Alpen.

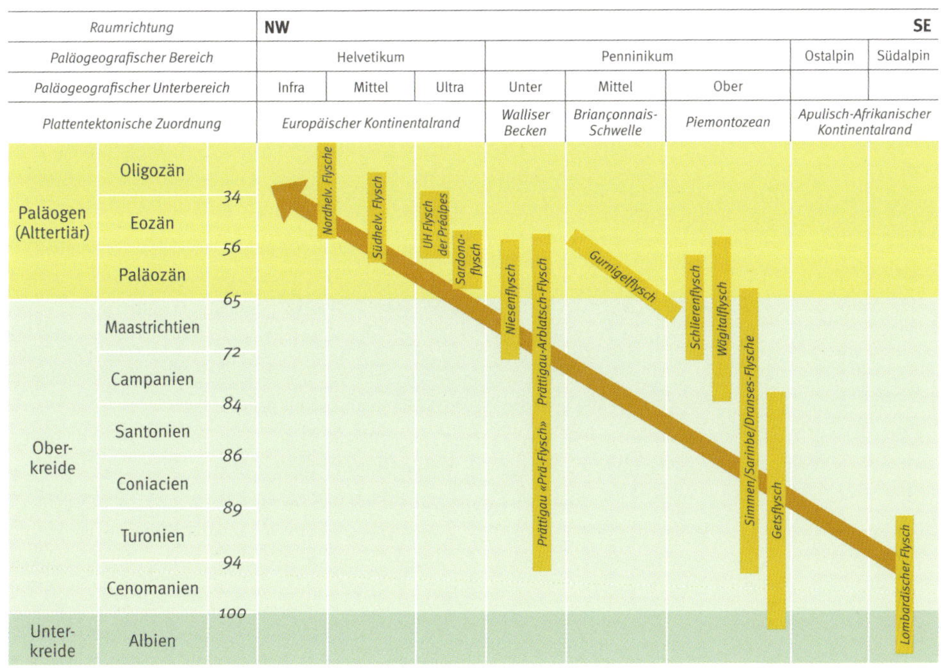

Zeit-Raum Diagramm für die wichtigsten Flysche der Schweizer Alpen. Kompiliert nach O. A. Piffner, Geologie der Alpen, 3. Auflage, Haupt Verlag 2015.

Quarzsandstein aus dem Nordhelvetischen Flysch, hell in der Anwitterung, dunkel im frischen Bruch.

Grobsandstein bzw. Arkosesandstein aus dem oberpenninischen Schlierenflysch bei Habkern (BE).

15 Flyschsandsteine

Typ
Lithologie

Säure-Base-Charakter
sauer

Gesteinsklasse: Sedimentgesteine

Unterklasse: marine klastische Sedimente

Flyschsandstein ist jenes Gestein, welches zusammen mit dem Tonschiefer (Nr. 16) eine Flyschserie ausmacht. Die Flyschsandsteine sehen mit wenigen Ausnahmen im Handstück immer sehr ähnlich aus, und zwar unabhängig von ihrer Herkunft und ihrem Alter.

In den Sandsteinbänken der Flysche sind oft spannende Sedimentstrukturen ausgebildet. Sehr charakteristisch ist die schon in der Einleitung zur Gesteinszone erwähnte Gradierung – von gröber unten bis feiner oben. Diese geht auf die Strömungsdynamik innerhalb des einzelnen Turbiditstromes zurück. Mit abnehmender Strömungsgeschwindigkeit können laufend feinere Partikel absinken und liegen bleiben. Häufig sind Strömungsmarken an den Unterseiten der Sandsteinbänke (englisch *flute casts*), die durch Strömungswirbel an der Basis der Turbiditströme in die noch weichen Tonschlämme darunter eingetieft wurden. Aus ihnen kann der Geologe die Ablagerungsrichtung der Turbiditströme ablesen. Weiter sind in den feineren Sandsteinlagen recht oft auch wirbelige Strömungsmuster abgebildet, die den Übergang von laminarem zu wirbeligem Fließen innerhalb eines Turbidit-Ereignisses anzeigen. Weiter findet man recht oft vereinzelt im Sandstein eingeschlossene Tonfetzen. Diese können entstehen, wenn die Tonschicht, über die der Turbiditstrom hinwegfegt, schon leicht verfestigt ist und durch diesen aufgerissen und verwirbelt werden kann.

Bestandteile | Härte

Zum allergrößten Teil fein- bis mittelkörnige Quarzkörner, deren ursprüngliche Rundung teilweise noch sichtbar ist. Bei den leicht metamorphen Flyschsandsteinen sind die Quarzkörner eng verzahnt. Der Zement ist meist teilweise calcitisch, weshalb die Flyschsandsteine

Landschaftsprägung
In dickeren Lagen deutliche Rippen und Wände.

Pickelharter Schotterstein in weicher Landschaft

auf den HCl-Test oft leicht positiv reagieren. Flyschsandsteine sind hart und ritzen Glas/Stahl. Oft sind auch mitgeschwemmte Hellglimmerplättchen im Sandstein enthalten oder auf Schichtflächen angereichert. Daneben können auch kleine Gesteinsbruchstücke («lithische Komponenten») in ganz unterschiedlicher Menge enthalten sein.

Mächtigkeit|Verbreitung
Meist in diskreten Schichtbänken, von einigen cm bis einigen m Mächtigkeit, zwischen den Tonschieferlagen der Flyschserien. In vereinzelten Flyschen treten auch mächtigere, sehr sandsteinreiche Abfolgen auf (z. B. Nordhelvetischer Flysch, Niesenflysch).

Textur und Struktur
Fein- bis mittelkörnig, kompakt, intern meist ungeschichtet, aber mit gradierter Korngrößenverteilung in den Schichtbänken.

Farbe(n), Patina, Verwitterung und Erosion
Im frischen Bruch grau bis dunkelgrau, angewittert meist beige- bis ockerfarben (Eisenhydroxid). Verwitterte Oberflächen sind rau und fühlen sich sandig an. Flyschsandsteine sind oft mit gelben Landkartenflechten bewachsen. Flyschsandsteine sind verwitterungsresistent, weshalb sie oft als Rippen oder Felswände im Gelände herausstechen.

Einschlüsse|Fossilien
Manchmal schwarze Tonschieferfetzen. Kaum Makrofossilien. Im südpenninischen Gurnigelflysch und im Schlierenflysch kommen auf Schichtflächen zusammen mit inkohlten Pflanzenresten auch Bernsteine vor («Plaffeit» genannt). Dabei handelt es sich um fossile Harzklumpen, welche vom Küstenfestland eingeschwemmt wurden.

Leicht gradierte Sandsteinbank aus dem nordhelvetischen Flysch des Muttenstocks (GL).

Strömungsmarken (flute casts) an der Unterseite einer Flyschsandsteinbank, Oberpenninischer Voironsflysch, Steinbruch Fayaux bei Montreux (VD).

Adern | Klüfte | Bruchmuster
Häufig mit weißen Quarzadern. Meist senkrecht zur Schichtung geklüftet.

Alter | Bildungsetappen
Ablagerungsalter: Oberkreide bis Mitteltertiär.

Variabilität | Verwandte | Verwechslungen
Kann in der Korngröße bis zu Feinbrekzien gehen. Feinstkörnige dunkle Flyschsandsteine können im Handstück mit dem helvetischen Kieselkalk (Nr. 28) oder mit Basalt verwechselt werden.

Verwendung
Quarzreiche Flyschsandsteine gehören zu den widerstandsfähigsten und härtesten Bausteinen der Schweiz. Sie werden als Bahnschotter, Splitt- und Pflastersteine verwendet.

Klettereigenschaften
Obwohl als Gestein sehr zäh und hart, eignet sich Flyschsandstein wegen seiner Wechsellagerung mit Tonschiefern nicht zum klettern.

Der Steinbruch Eielen bei Attinghausen (Uri): Großabbau mit Zickzack-Falten
Wer mit dem Zug oder auf der Autobahn von Norden her gegen den Gotthard fährt, dem wird bei Altdorf der riesige Steinbruch am Fuß der westlichen Talflanke auffallen. Ein Blick mit dem Feldstecher oder gar ein Abstecher zum Bruch selbst lohnen sich auf jeden Fall. Denn hier werden massive und harte Sandsteine des obereozänen nordhelvetischen Flysches abgebaut, die bei den Überschiebungen der helvetischen Decken zwischen der Axendecke nördlich und dem Parauthochthon südlich eingequetscht und in wildeste Zickzackfalten gelegt wurden. Diese auch als Knick- oder «Chevron»-Falten bekannten Strukturen sind typisch für Gesteinsabfolgen

Harte Flyschsandsteinbänke, nordhelvetischer Flysch an der Westflanke der Dent de Morcles (VS).

aus harten Schichtbänken mit weichen Zwischenlagen. Deshalb sind sie bei uns vor allem in Flyschgesteinen zu finden, weil diese ideale Voraussetzungen für diesen Faltentyp zeigen. Die Dekameter großen Knickfalten von Attinghausen sind wohl die eindrücklichsten, die in der Schweiz anzutreffen sind.

Der Steinbruch zeigt exemplarisch ein Spannungsfeld der Nutzung geologischer Rohstoffe: Wir brauchen diese, aber ihr Abbau bringt auch Nachteile bzw. Kosten mit sich – hier vor allem sichtbar durch den starken Eingriff in das Landschaftsbild. Andererseits können gerade Steinbrüche für die Geologie bedeutende Großaufschlüsse bilden, in denen dank dem frischen Ausbruch die Gesteine und ihre Strukturen hervorragend zugänglich sind.

Der nordhelvetische Flysch der Zentralschweiz wurde in einem schmalen Meeresbecken abgelagert, wo von den Flussdeltas regelmäßig und oft Sand-Turbidit-Ströme in das tiefere Becken gelangten. Deshalb entstanden sehr sandsteinreiche Abfolgen mit nur dünnen Tonschieferlagen dazwischen. Solche regelmäßig gebankten Serien von verformungsstarren («kompetenten») Gesteinen mit leicht verformbaren («inkompetenten») Gesteinen dazwischen sind sehr «faltungsfreudig» und werden gerne in Knickfalten gelegt; bei starker Verformung wie hier in Attinghausen die sogenannten Winkelfalten (Chevron-Falten) mit ihrer Zickzack-Form.

Die seit 90 Jahren als Familienunternehmen geführte Gasperini AG (www.gasperiniag.ch) baut im Steinbruch Eielen jährlich rund 300 000 t Sandstein ab, welcher in erster Linie für Gleisschotter, Splitt und Sand Verwendung findet, aber auch im Garten- und Mauerbau geschätzt wird. Die bewilligten Abbaureserven von 4 Mio. m^3 erlauben einen Abbau auf einige weitere Jahrzehnte hinaus.

Ausschnitt aus dem Steinbruch in nordhelvetischen Flyschsandsteinen von Attinghausen (UR).

16 Flysch-Tonschiefer

Typ
Lithologie

Säure-Base-Charakter
intermediär

Gesteinsklasse: Sedimentgesteine (bzw. Metamorphite) **Unterklasse:** marine klastische Meta-Sedimente

Flysch-Tonschiefer ist das andere Gestein, welches zusammen mit dem Sandstein (Nr. 15) eine Flyschserie ausmacht. Die Flyschschiefer sehen im Handstück immer sehr ähnlich aus, unabhängig von ihrer Herkunft und ihrem Alter. Die Vorkommen in den alpinen Flyschserien können ganz schwach bis fast mittelstark metamorph sein. Eine stärkere Metamorphose äußert sich makroskopisch in zunehmender Härte und ausgeprägterer Schieferung.
Die Flysch-Tonschiefer führen häufig Mikrofossilien, die für die Datierung wichtig sind. Von einigen wenigen Vorkommen sind auch Makrofossilien bekannt (s. unten).

Bestandteile|Härte

Tonminerale (v. a. Illit), wenig Quarz, manchmal etwas Calcit, Pyrit, organisches Material. Je nach Metamorphosegrad weich bis mittelhart. Oft enthalten die Schiefer auch gut sichtbare silbrige Glimmerplättchen, die *nicht* metamorph gewachsen, sondern in das Sediment eingeschwemmt wurden. Sie sind ein Hinweis auf kurze Transportwege, weil die Glimmer sonst nicht überlebt hätten.

Mächtigkeit|Verbreitung

In allen Flyschen als Zwischenlagen zwischen den Sandsteinbänken. Manchmal auch mächtigere Serien, die vorwiegend aus Tonschiefern bestehen.

Textur und Struktur

Fein geschiefert im mm-Bereich, sehr feinkörnig; zuweilen intensiv verfaltet oder tektonisch gestört.

Farbe(n), Patina, Verwitterung und Erosion

Dunkelgrau bis schwarzgrau; Aufhellung durch Verwitterung. Sehr leicht verwitter- und

Tonschieferstücke aus dem unteren Niesenflysch bei Adelboden (BE). Dort wurden früher Schiefer für Tafeln abgebaut.

Typische Tonschieferlagen zwischen harten Sandsteinbänken.

SiO$_2$	CaCO$_3$	Rest
60	5	35 %

Landschaftsprägung
Weiche Formen, Wiesenzonen.

Das meist unsichtbare Gestein

erodierbar. Schieferreiche Zonen neigen zu Rutschungen und Sackungen. Da sie Grundwasser stauen, liegen darüber häufig Feuchtgebiete.

Einschlüsse|Fossilien

Da die Tonschiefer Phasen ruhiger Sedimentation widerspiegeln, können sie lokal Makrofossilien von Meeresbewohnern führen, wie Fische, Meeresschildkröten etc. Berühmt geworden ist die einzigartige Fischfauna in den Engischiefern des nordhelvetischen Flysches im Sernftal (GL). Dort wurden sogar noch Meeresschildkröten und ein Vogelskelett gefunden.

Adern|Klüfte|Bruchmuster

Aderbildungen sind eher selten, da Tonschiefer bei Verformung sofort intern zerscheren. Wenn Adern gebildet werden, dann stets mit Quarz-Calcit-Füllungen.

Alter|Bildungsetappen

Siehe Einleitung zur Gesteinseinheit. Ablagerungsalter: Oberkreide bis Mitteltertiär.

Variabilität|Verwandte|Verwechslungen

Kann in Körnigkeit (bis leicht sandig), Qualität der Schieferung und Gehalt an organischem Material (je mehr, desto schwärzer) variieren. Im Handstück nicht von anderen Tonschiefern (z. B. der helvetischen Sedimentserien) zu unterscheiden. Zur Bestimmung braucht es den geologischen Kontext.

Verwendung

Perfekt geschieferte Vorkommen der nördlichen Voralpen wurden für Schreibtafeln, Dachschieferplatten etc. abgebaut. Die wichtigsten Abbauregionen waren Elm (GL) und Adelboden (BE). Der unterirdische Abbau im Landesplattenberg bei Engi (GL) ist heute als eindrückliches Besucherbergwerk erschlossen (www.plattenberg.ch).

Tonschieferreicher Sardonaflysch am Segnespass (GL).

Blick vom Segnespass (GL) nach W auf tonschieferreiche Flyschhänge.

17 Taveyannaz-Sandstein

Typ
Formation

Gesteinsklasse: Sedimentgesteine **Unterklasse:** klastische marine Sedimente (Grauwacke)

Vor allem in Flussgeröllen fällt der Taveyannaz-Sandstein sofort auf: Er ist grünlich, leopardenartig gefleckt, fein- bis mittelkörnig. Den Namen hat er von der Alp Taveyanna erhalten, die westlich der Diablerets liegt.

Das Gestein kommt an der Basis der nordhelvetischen Flyschserien in bis zu 300 m mächtigen Abfolgen vor (unteres Oligozän) und gibt den Alpengeologen bis heute ein Rätsel auf: Es enthält viele kleine Bruchstücke des Vulkangesteins Andesit, welcher typisch ist für Subduktionszonen-Vulkane. Datierungen ergaben ein nur leicht höheres Alter der Andesite als des Sandsteins selbst. Doch gibt es nirgendwo sonst in den ganzen Alpen Belege oder Gesteine solcher Vulkane. Wo also kommt der Andesit her? Heute vermutet man, dass in dieser Zeit eine Vulkankette im südhelvetischen Bereich existierte, deren Bauten bei der Alpenbildung subduziert wurden.

Bestandteile|Härte
Gesteinsbruchstücke (v. a. Andesit, aber auch viele andere Gesteine), Quarz- und Feldspatkörner. Viele grünliche metamorphe Mineralien wie Chlorit, Pumpellyit, Prehnit.

Mächtigkeit|Verbreitung
Vom Chablais bis in die Glarner Alpen, oft an der Basis der überkippten helvetischen Decken. Eiszeitliche Findlinge aus Taveyannaz-Sandstein sind recht weit verbreitet.

Variabilität|Verwandte|Verwechslungen
Unverwechselbar.

Verwendung
Lokal als Baustein.

Frischer und angewitterter Taveyannaz-Sandstein mit dem charakteristischen fleckigen Muster.

Der Nüschenstock beim Muttsee (GL). Der verfaltete untere Teil besteht aus Taveyannaz-Sandstein, darüber Globigerinenmergel (Nr. 35).

18 Brekzie des Niesenflyschs

Typ
Gruppe

Gesteinsklasse: Sedimentgesteine **Unterklasse:** klastische marine Sedimente (Grauwacke)

Ein Flysch, eine Decke, ein nicht alltäglicher Fall! Die 5–8 km breite nordpenninische Niesendecke erstreckt sich vom Niesen am Thunersee über 65 km bis zum Col des Mosses. Sie besteht einzig aus den Flyschserien des Niesenflyschs, welcher in vier Formationen gegliedert wird. Das markanteste Gestein dieser Flysche ist ein fein- bis grobbrekziöser Sandstein. Die Komponenten sind vor allem in den feineren Partien auch angerundet (wofür der Name «Konglomerat» verwendet wird). Das Nebeneinander von grauweißen Quarz- und gelblich anwitternden Dolomitbruchstücken gibt dem Gestein seinen typischen Charakter. Diese Gesteine werden als tiefmarine Schuttfächer am Ausgang von großen submarinen Canyons gedeutet, durch welche das küstennah abgelagerte Material in die Tiefe gelangte. Die Brekzien-/Konglomerat-Bänke zeigen häufig die flyschtypische gradierte Korngrößenabnahme gegen oben. Stellenweise kommen auch sehr grobe Brekzienbänke vor, mit Komponenten von bis über 10 cm Größe.

Bestandteile|Härte
Quarz, Dolomit- und Kalkstein-Bruchstücke sowie andere Gesteinsfragmente, u. a. detritischer Hellglimmer.

Mächtigkeit|Verbreitung
Siehe Text.

Variabilität|Verwandte|Verwechslungen
Große Korngrößenunterschiede.

Verwendung
Zwischen den Bänken sind mehr oder weniger mächtige Dachschieferlagen eingelagert (Nr. 16), welche früher als Schreibtafeln abgebaut wurden.

Interessante Webseiten
www.niesen.ch

Charakteristische Feinbrekzie des Niesenflysches.

Gut gebankte Feinbrekzien-/Sandsteinbänke in Gipfelnähe des Niesens (BE).

Gesteinszone 4
Mesozoische Sedimentgesteine des Helvetikums

Blick vom Tödi über die Glarner/Urner Alpen in der helvetischen Axendecke. Die Felswände werden durch die Kalksteinserien aufgebaut, die Bänder und Wiesenzonen durch die mergelig-tonigen Gesteine.

Die Churfirsten von Süden. Die Kreidesedimente der Säntisdecke sind mächtig ausgebildet.

Diese Gesteinszone erstreckt sich vom Alpstein im NO bis ins Unterwallis im SW. Sie ist geprägt durch mehrere von SO nach NW übereinandergeschobene Decken, die aus unmetamorphen mesozoischen Sedimentgesteinen aufgebaut sind. Nur entlang des Südrandes der Gottharddecke finden sich helvetische Sedimentgesteine, die bis in die untere Amphibolitfazies metamorphosiert wurden.

Die helvetischen Sedimente wurden über dem Grundgebirge (S. 90, 196) während rund 200 Mio. J. auf dem ursprünglich rund 100 km breiten europäischen Kontinentalrandsockel abgelagert, von der unteren Triaszeit (240 Mio. J.) bis in die untere Tertiärzeit (ca. 45 Mio. J). Es herrschen verschiedene Kalksteine sowie Mergel- und Tonsteine vor; Sandsteine sind untergeordnet.

Vereinfacht kann man sich den Ablagerungsraum als von NW gegen SO (gegen das Walliser Becken) tiefer werdende Schelfzone vorstellen, wo die Gesteinsmächtigkeiten gegen SO zunehmen, von geringer mächtigen kalkbetonten Abfolgen zu mächtigen und stärker mergelig-tonig geprägten Serien (Abb. S. 160). Dies gilt vor allem für die Ablagerungen der Kreidezeit. Eine Ausnahme davon bilden die Quintner- und Öhrlikalke, (Nr. 26, 27), die im NW bis über 500 m Mächtigkeit erreichen konnten. Der helvetische Schelf war durch Bruchzonen unterteilt, an denen lokal Brekzienschüttungen vorkommen konnten, vor allem im Lias und Dogger. Ferner werden die Gesteinsserien durch viele kleinräumige Fazieswechsel, Schichtlücken, Transgressionen und Diskordanzen kompliziert. Trotzdem gibt es Gemeinsamkeiten in den Gesteinsabfolgen, weshalb es gewagt werden kann, sie in einem einzigen Sammelprofil darzustellen (Seite 161).

Bei der Alpenbildung wurden südöstlich gelegenen Schichtpakete auf nordwestlich davon liegende überschoben. Deshalb liegen die ursprünglich am weitesten südöstlich gelegenen Decken zuoberst (s. Tabelle). Die Abscherung der Decken erfolgte entweder in den Evaporiten der Trias oder in den Mergeln der unteren Kreide.

Tektonische Stellung	Paläogeogr. Herkunft	Westschweiz	Zentralschweiz	Ostschweiz
zuoberst	Südosten eher tiefermarin	Ultrahelvetikum	Ultrahelvetikum	Ultrahelvetikum
		Wildhorndecke inkl. Randkette	Drusbergdecke inkl. Randkette	Säntisdecke
		Diableretsdecke	Axendecke	Mürtschendecke
		Morclesdecke	Doldenhorndecke	Glarnerdecke
zuunterst	Nordwesten eher flachmarin	Infrahelvetikum: Autochthon und Parautochthon	Infrahelvetikum: Autochthon und Parautochthon	Infrahelvetikum: Autochthon und Parautochthon

Garschella-Formation
Schrattenkalk
Drusberg-Mergel
Kieselkalk
Zementsteinschichten
Öhrlikalk
Quintnerkalk

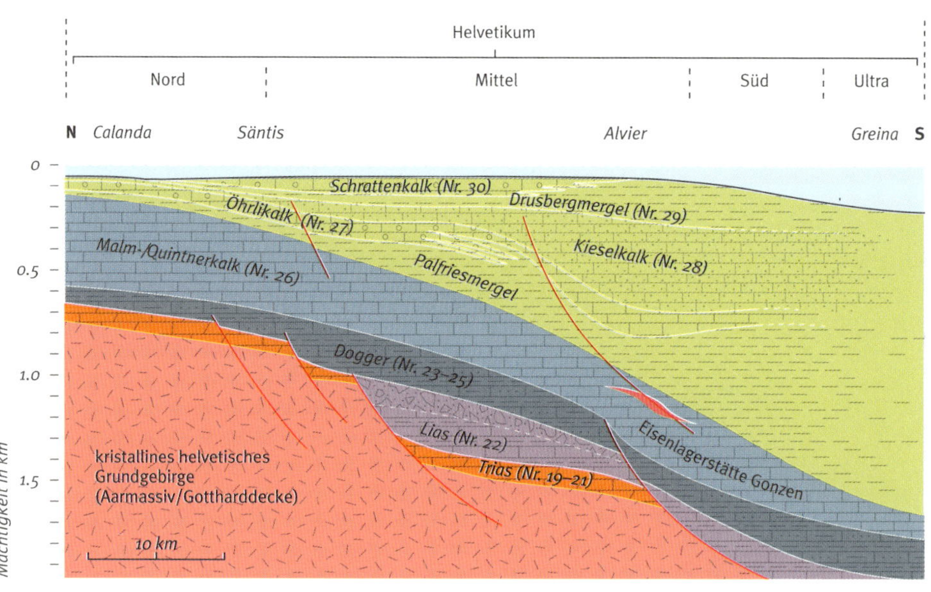

Da die helvetischen Sedimentgesteine aus einem Wechsel von kompetenten Kalksteinen und inkompetenten Mergeln und Tonsteinen bestehen, ließen sie sich während der alpinen Gebirgsbildung leicht in Falten legen. Die Morcles- und Diableretsdecken der Waadtländer Alpen sind Musterbeispiele von faltendominierten Decken, die sich durch zwei Eigenschaften auszeichnen: Der untere Schenkel ist massiv ausgedünnt, und die Großfalten werden von sukzessive kleineren Nebenfalten begleitet, die alle die gleiche Orientierung aufweisen.

In der Landschaft dominieren die Kalksteinformationen, die ähnlich wie im Juragebirge mit ihren Wänden und Graten das «Skelett» der Berglandschaften bilden. Am auffälligsten sind die Kalksteinklötze aus mächtigen Abfolgen von Quintner- und Öhrlikalk des Infrahelvetikums (Autochthon/Parautochthon), welche sich direkt am Nordrand des Aarmassivs auftürmen, vom Tödi bis zu den Dents du Midi. Nordwestlich davon in den Diablerets-, Wildhorn- und Säntisdecken, dominiert der Schrattenkalk mit seinen hellgrau leuchtenden Wänden. Die weichen Mergel und Tonsteine sind oft gras- oder waldbedeckt, sie bilden Schrofen oder Scharten.

Vereinfachter Querschnitt durch den helvetischen Ablagerungsraum von der Trias- bis in die Kreidezeit. (nach Pfiffner 2015).

Gegenüberliegende Seite: Stark vereinfachtes stratigrafisches Sammelprofil durch die Sedimentgesteinsabfolge des Helvetikums. Die hier beschriebenen Gesteinsformationen sind hervorgehoben (nach Pfiffner 2015).

Die Gesteine

Mit den hier vorgestellten Sedimentgesteinen sind praktisch alle Lithologien abgedeckt, die man in den helvetischen Decken antreffen kann. Um eine mit diesem Buch bestimmte Lithologie der entsprechenden Formation zuzuweisen, sei auf das Tool «GeoCover» auf map.geo.admin verwiesen.

Eine wichtige Gesteinsart fehlt jedoch: die **Rauwacke** (Nr. 64), die auch im Helvetikum ein typisches Triasgestein darstellt. Weil sie überall etwa gleich aussieht, wird sie nur einmal, nämlich in der Gesteinszone 7, beschrieben.

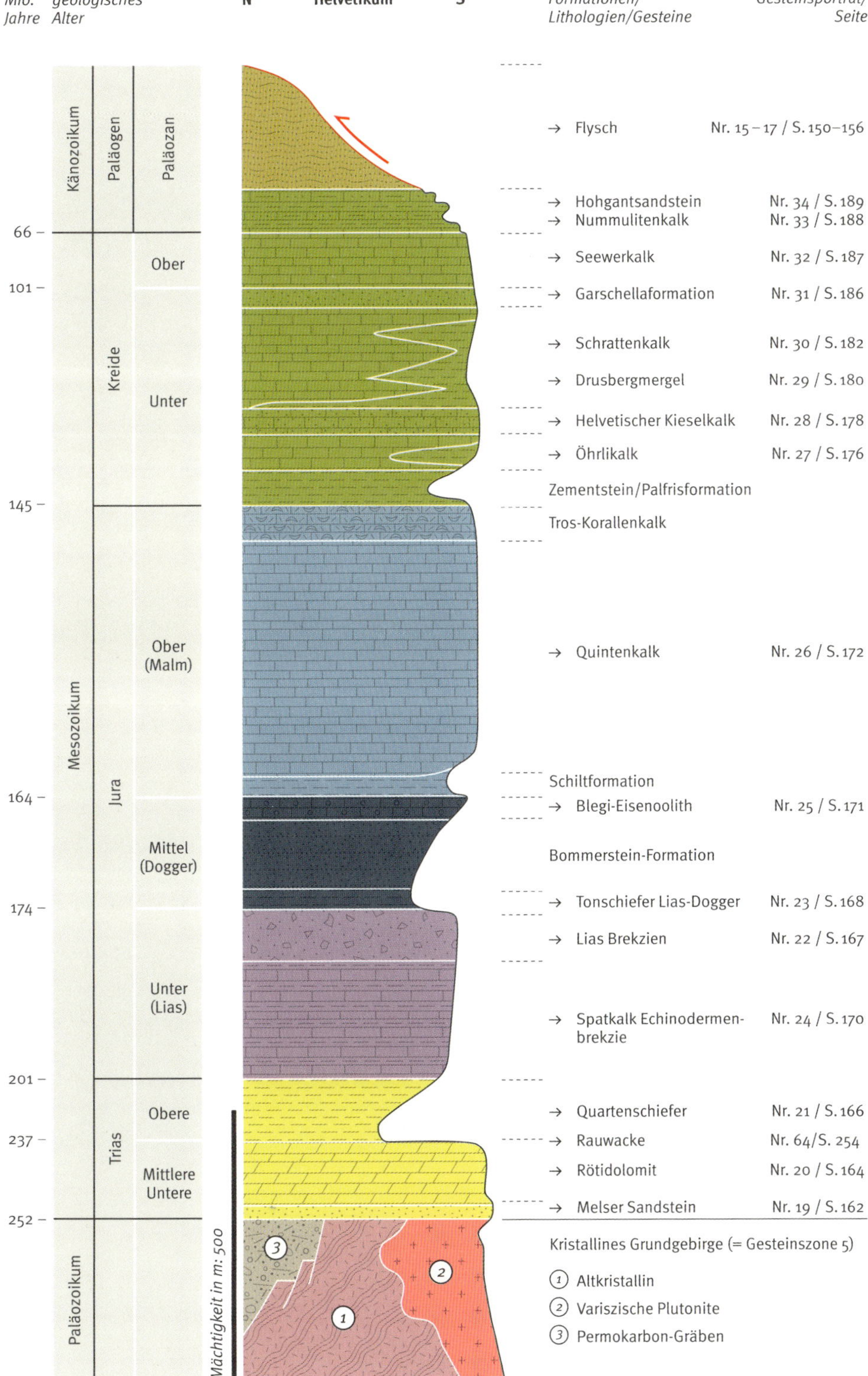
Mio. Jahre
geologisches Alter
N
Helvetikum
S
Formationen/ Lithologien/Gesteine
Gesteinsporträt/ Seite
Känozoikum
Paläogen
Paläozan
66 –
Ober
101 –
Kreide
Unter
145 –
Ober (Malm)
Mesozoikum
Jura
164 –
Mittel (Dogger)
174 –
Unter (Lias)
201 –
Trias
Obere
237 –
Mittlere Untere
252 –
Paläozoikum
Mächtigkeit in m: 500
→ Flysch
Nr. 15 – 17 / S. 150–156
→ Hohgantsandstein
Nr. 34 / S. 189
→ Nummulitenkalk
Nr. 33 / S. 188
→ Seewerkalk
Nr. 32 / S. 187
→ Garschellaformation
Nr. 31 / S. 186
→ Schrattenkalk
Nr. 30 / S. 182
→ Drusbergmergel
Nr. 29 / S. 180
→ Helvetischer Kieselkalk
Nr. 28 / S. 178
→ Öhrlikalk
Nr. 27 / S. 176
Zementstein/Palfrisformation
Tros-Korallenkalk
→ Quintenkalk
Nr. 26 / S. 172
Schiltformation
→ Blegi-Eisenoolith
Nr. 25 / S. 171
Bommerstein-Formation
→ Tonschiefer Lias-Dogger
Nr. 23 / S. 168
→ Lias Brekzien
Nr. 22 / S. 167
→ Spatkalk Echinodermen-brekzie
Nr. 24 / S. 170
→ Quartenschiefer
Nr. 21 / S. 166
→ Rauwacke
Nr. 64/S. 254
→ Rötidolomit
Nr. 20 / S. 164
→ Melser Sandstein
Nr. 19 / S. 162
Kristallines Grundgebirge (= Gesteinszone 5)
1 Altkristallin
2 Variszische Plutonite
3 Permokarbon-Gräben

19 Melser Sandstein

Typ
Formation

Gesteinsklasse: Sedimentgesteine **Unterklasse:** terrestrische, klastische Sedimente

Der terrestrisch abgelagerte Melser Sandstein ist die älteste Ablagerung der Trias, die in ganz Mitteleuropa mit einem Sandstein beginnt. Das Äquivalent in der Nordschweiz und Deutschland ist der Buntsandstein (Nr. 1). Der Melser Sandstein ist im frischen Bruch hell weißlich grün, manchmal gesprenkelt mit rosafarbenem Kalifeldspat. Die Anwitterungsfarbe ist bräunlich. Er ist ein hartes und zähes Gestein. Er tritt meistens zusammen mit dem Rötidolomit auf (Nr. 20), den er unterlagert. Er liegt auf der Obergrenze des helvetischen Grundgebirges, welches Spuren einer alten Verwitterungsoberfläche aufweist.

Der als «Melserstein» bekannte ideale Stein für Mühlsteine ist kein Melser Sandstein, sondern gehört schon zum in den Glarner Alpen darunterliegenden Verrucano.

Bestandteile|Härte
Quarz, mittel bis gut gerundet, rosa Kalifeldspat in unterschiedlicher Menge, manchmal etwas Hellglimmer. Die Matrix besteht aus Quarz. Auffällige weiße Quarzadern sind häufig, recht oft in fiederartigen Kluftscharen.

Mächtigkeit|Verbreitung
Wie der Rötidolomit (Nr. 20), unter diesem gelegen, oft direkt auf dem Kristallin, meist nur wenige Meter mächtig.

Variabilität|Verwandte|Verwechslungen
In den Glarner Alpen sind die Übergänge zu den Verrucano-Sandsteinen im Liegenden fließend. Gegen oben geht er oft kontinuierlich in den Rötidolomit über, indem sich Lagen von Dolomit einzuschalten beginnen.

Verwendung
Kaum, da zu geringmächtig.

Melser Sandstein von Mels (SG), mit den typischen rötlichen Kalifeldspäten.

Massige Bänke von granitartig aussehendem Melser Sandstein am Lötschenpass (VS).

Fluids in Gesteinen

Alle wissen, was Grundwasser ist. Man stellt sich gemeinhin vor, dass dieses eine ziemlich oberflächennahe Angelegenheit ist, bis in Tiefen von einigen Hundert Metern vielleicht. Weit gefehlt! Auch in größeren Tiefen von vielen Kilometern zirkulieren noch Tiefengrundwässer. Weil diese unter den enorm hohen Drucken und Temperaturen dieser Zonen stehen, sind sie in einem Zustand, welcher weder echt flüssig noch gasförmig ist – man redet in diesem Zusammenhang von einem «Fluid». Heute wissen wir, dass ohne diese Tiefenfluids nicht viel läuft in der Erdkruste. Erst ihre Anwesenheit ermöglicht metamorphe Mineralreaktionen, erleichtert duktile Deformation von Gesteinen und Anreicherungen von Erzen. Ohne Tiefenfluids gäbe es auch keine alpinen Kristallklüfte. In mehreren km Tiefe könnte eine Kluft sich nie öffnen, wenn nicht sofort Fluids einströmen würden – sie würde unter den enormen Drucken sofort wieder kollabieren.

Ein schönes Beispiel über die Rolle von Fluids in sehr großer Tiefe liefert der Allalin-Metagabbro (Nr. 92). Der direkte Beweis für diese Fluids sind Fluideinschlüsse in gesteinsbildenden Mineralien, die man mit starken Mikroskopen untersuchen kann. Das Studium von Flüssigkeitseinschlüssen hat sich in den letzten 30 Jahren zu einer eigenen und sehr wichtigen geowissenschaftlichen Disziplin gemausert. So wie Lufteinschlüsse in altem Gletschereis enorm wichtige Klimaarchive sind, können uns Fluideinschlüsse in Gesteinen sehr viele Informationen über die Bildungsbedingungen liefern.

Schauen Sie sich einmal einen ganz gewöhnlichen Bergkristall aus einer alpinen Zerrkluft an. Sie werden mit großer Wahrscheinlichkeit kleine Fluid-Einschlüsse beobachten können, Zeugen der «nassen» Tiefen der Erdkruste.

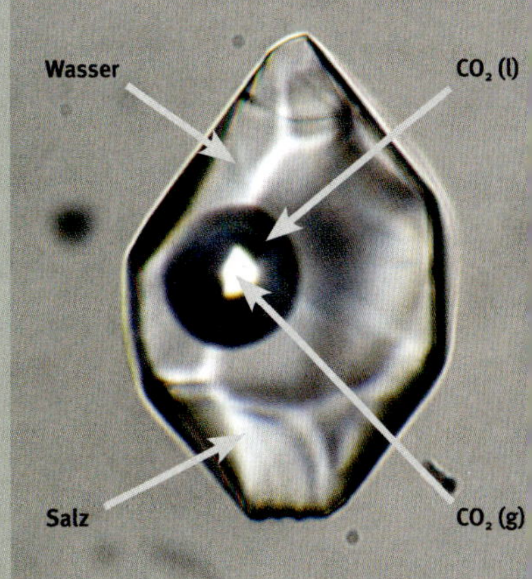

Bergkristall mit wolkigen Bahnen von Flüssigkeitseinschlüssen.

Fluideinschluss in Bergkristall aus dem Gotthard-Basistunnel, mit einer «Negativ-Bergkristall-Form». Füllung: wässrige Salzlösung mit einer CO_2-Gasblase.

20 Rötidolomit

Typ
Formation

Säure-Base-Charakter
basisch

Gesteinsklasse: Sedimentgesteine

Unterklasse: flachmarine Karbonatsedimente

Eigentlich sollte er «Gälbidolomit» heißen, ist doch seine Anwitterungsfarbe meist ein Ockergelb und keine Rottönung, wie der Name «Rötidolomit» suggeriert. Nur in gewissen, etwas eisenhaltigen Zonen und im Abendrot kommt tatsächlich eine rötliche Farbe zum Vorschein. Das Gestein bildet eine 10–50 m mächtige Bank, die im Gelände auffällt. Am deutlichsten ist der Rötidolomit an der Basis der mesozoischen Sedimentgesteine des Autochthons und Parautochthons über dem kristallinen Grundgebirgen zu sehen. Am auffälligsten ist er am Tödi, dort umschlingt das verfaltete und zerscherte gelbe Dolomitband den Berg fast wie eine Geschenkschlaufe. Von der dortigen «Röti» hat das Gestein seinen Namen.

Als unterste marine Sedimentschicht im Helvetikum dokumentiert der Rötidolomit die erste Meeresüberflutung und macht damit das beginnende Zerreißen von Pangäa quasi im Gelände sichtbar!

Bestandteile|Härte

Praktisch reiner mikrokristalliner Dolomit. Ab und zu mit Flintknollen (Hornstein) vermengt; etwas härter als feiner Kalkstein.

Mächtigkeit|Verbreitung

In seiner typischen Ausbildung kommt er als rund 20 m mächtiges ockergelbes Felsband vom Berner Oberland bis in die Glarner Alpen vor. Weiter westlich kommen in der mittleren Trias auch Dolomite vor, aber weniger mächtig und mit Tonschiefern zwischengeschichtet.

Textur und Struktur

Mikrokristallines, mit der Lupe nicht auflösbares Grundgefüge. Recht häufig sind für Gezeitengebiete mit zwischenzeitlicher Trockenlegung typische Strukturen zu beobachten:

- Algenmatten als fein laminierte Schichtungen
- Sturmbrekzien (Tempestite). Dabei handelt es sich um zerbrochene Schichtteile

Rötidolomit vom Tödi: im frischen Bruch grau, die Verwitterungspatina namensgebend orangebraun.

Rötidolomitplatte unter dem Sandfirn (GL) beim Weg zur Planurahütte, mit Saurierspuren.

50	50 %
$CaCO_3$	Rest

Landschaftsprägung
Auffälliges ockergelbes Felsband.

Die ockergelbe Girlande an den Bergen

- Trockenrisse
- Pseudomorphosen nach Gips- oder Dolomitkristallen

Farbe(n), Patina, Verwitterung und Erosion
Im frischen Bruch hell- bis mittelgrau; Patina sehr auffällig hell ockergelb bis satt gelborange. Bildet gerne Geländerippen, da relativ verwitterungsresistent. Manchmal findet man auch feine Karrenrippen, die durch chemische Wasserlösung entstehen.

Einschlüsse|Fossilien
Am Sandfirn (GL) und bei Emosson (VS) wurden Dinosaurierspuren auf Schichtflächen des Rötidolomits gefunden.

Adern|Klüfte|Bruchmuster
Hie und da weiße Calcitadern. Feine Klüftungen und Mikrorisse.

Alter|Bildungsetappen
Mittlere Trias (um 245–235 Mio. J.), Bildung im tropischen Gezeitenbereich des sich langsam ausbreitenden Tethysmeeres.

Variabilität|Verwandte|Verwechslungen
Im frischen Bruch kaum von andern Dolomiten zu unterscheiden. Oberflächenpatina jedoch absolut typisch.

Verwendung
Höchstens als lokaler Baustein.

Klettereigenschaften
Zu wenig mächtig, keine Kletterrouten bekannt.

Blick vom Bifertengletscher zur «Gelben Wand» aus Rötidolomit; dahinter das Band des Rötidolomits zwischen Grundgebirge des Aarmassisvs unten und Hochgebirgskalk darüber.

Blick vom Mutthorn (BE) nach NW. Der Rötidolomit liegt über dem Grundgebirge des Aarmassivs, darüber folgen die Schichten von Lias und Dogger (Nr. 22–25) und Quintner Kalk (Nr. 26)

21 Quartenschiefer

Typ
Formation

Gesteinsklasse: Sedimentgesteine **Unterklasse:** marine, klastische Sedimente

Der Dritte im Bunde der helvetischen Triasgesteine ist ein fast unverwechselbarer bunter bis blutroter Tonschiefer, der teilweise mit grünen Flecken versehen ist. Das feinkörnige Gestein ist meist perfekt geschiefert und spaltet in Plättchen im mm- bis cm-Bereich. Manchmal kann es auch deutlich siltig-sandig sein. Der Name des Gesteins stammt vom Dorf Quarten am Walensee. Das Gestein dokumentiert eine Phase des Rückzugs des Trias-Meeres im helvetischen Schelfbereich, wodurch zeitweise wieder Landbedingungen herrschten, und in brackischen Seen und Tümpeln die Tone der Quartenschiefer abgelagert wurden, zeitweise auch mit feinen hellen Sandsteinschichten dazwischen.

Bestandteile|Härte
Tonmineralien und Quarz, auch detritischer Hellglimmer. Oft mit eingelagerten weißlichen Sandsteinschichten.

Mächtigkeit|Verbreitung
Bis um 50 m mächtig. Kommt im Helvetikum der Zentral- bis Ostschweiz vor, auch im metamorphen Zustand bis in die Zonen südlich der Gottharddecke (Nufenen-Piora-Frodalera-Scopi). In den autochthonen Sedimenten fehlt er oft (erosive Schichtlücke).

Variabilität|Verwandte|Verwechslungen
Übergänge zu siltig-sandigen oder mergeligen Schiefern. In stärker metamorphem Zustand geht die Rotfärbung verloren, die Schiefer sind dann grünlich grau.

Charakteristische Plättchen von Quartenschiefer, Tödi (GL).

Band von lilarotem Quartenschiefer, eingeschuppt im Rötidolomit der Gelben Wand am Tödi. Im Hintergrund grauer Quintnerkalk.

22 Brekzien des Lias (und Doggers)

Typ
Lithologie

Gesteinsklasse: Sedimentgesteine **Unterklasse:** synsedimentäre Brekzien

Im Lias und auch noch im Dogger ist der europäische (helvetische) Kontinentalrand von viel Bruchtektonik gezeichnet, welche auf die Dehnungsbewegungen zwischen Europa und Adriatica/Afrika zurückzuführen sind. In den Meeresbecken waren Brüche während der Ablagerung der Sedimente aktiv. An diesen Bruchzonen wurde wiederholt schon verfestigtes Sediment zerbrochen und als kleinräumige submarine Lawinen im jüngeren Schlamm abgelagert. So entstanden die sogenannten «syn-sedimentären Brekzien». Diese Prozesse waren vor allem in den ursprünglich nördlichen Bereichen des Kontinentalrandes aktiv, welche heute in den autochthonen Abfolgen über dem Aarmassiv zuunterst im Deckenstapel vorliegen. Dort findet man immer wieder auffällige kalkige Brekzien mit gelblichen Rötidolomit-Komponenten (Nr. 20). Die Gesteine wittern gerne hell ockerbräunlich an. Analoge Brekzien findet man auch in den Sedimentserien des adriatischen Kontinentalrandes (Nr. 110).

Bestandteile|Härte
Auffallend viele hell ockergelbe Dolomitkomponenten, daneben auch Quarzkörner; in einer kalkigen, manchmal auch etwas sandigen Matrix; zuweilen auch weiße Seelilien-Bruchstücke (s. Nr. 24).

Mächtigkeit|Verbreitung
Bis einige Zehner Meter. Verbreitet vom Berner Oberland bis in die Glarner Alpen.

Variabilität|Verwandte|Verwechslungen
An sich sehr charakteristisches Gestein; ohne Fundortbezug aber auch mit andern, z. B. südalpinen Brekzien verwechselbar.

Spektakuläre Lias-Brekzie vom Ferden-Rothorn am Lötschenpass (VS/BE), mit ockergelben Rötidolomitkomponenten.

Verfaltete Lias-Schichten des Ferden-Rothorns, wo die Brekzien vorkommen.

23 Tonschiefer Lias-Dogger

Typ
Member

Säure-Base-Charakter
intermediär

Gesteinsklasse: Sedimentgesteine **Unterklasse:** klastische marine Sedimente

Die Tonschiefer aus der Wende Lias/Dogger (Aalénien, unterer Dogger) stehen stellvertretend für weitere Horizonte und Schichtglieder mit Tonsteinen des helvetischen Ablagerungsbereichs. Die «Aalénien-Schiefer», wie sie in der älteren Literatur oft genannt wurden, bilden mit Abstand die mächtigsten Tonschieferlagen des Helvetikums – in den südhelvetischen Decken können sie 500 m Mächtigkeit erreichen. Heute bezeichnet man die Tonschieferserien als «Mols Member» in der Bommerstein-Formation, welche die Gesteine des unteren und mittleren Doggers im Helvetikum umfasst.
Die mächtigen Schieferserien dienten häufig als Abscherhorizonte für Deckenüberschiebungen in den helvetischen Serien. In verfalteten Zonen können die Schiefer als «Stopfmassen» zwischen härteren Kalksteinbänken eingequetscht vorliegen. Dies ist besonders eindrücklich von der Lötschenpasshütte aus zu sehen beim Blick auf die Ostwand des Ferdenrothorns; dort sieht man eine Art «Falten-Autobahn» in den Lias-Spatkalken und Brekzien, und rechts davon die in die Faltenzwickel hinein gepressten dunkelgrauen Schiefergesteine. Im Schutt westlich der Hütte kann man die förmlich «zerkneteten» Tonschiefer bestens aufsammeln.

Bestandteile|Härte

Zum größten Teil Tonmineralien, je nach Grad der schwachen Metamorphose mit zunehmendem Kristallinitätsgrad. Deshalb sind die Gesteine weich und färben beim Reiben meist kohlig-tonig ab. Im Lukmaniergebiet kommen die Gesteine als Glimmerschiefer mittleren

Aalénien-Tonschiefer, mit seidenglänzenden Schieferungsflächen und kleinen Eisenkarbonat-Klüftchen.

Wilde «Falten-Autobahn» am Ferdenrothorn, in rostbraunen Spatkalken des Lias. Die grauen «Füllmassen» sind Aalénien-Tonschiefer.

Landschaftsprägung
Weiche Wiesenzonen; im Hochgebirge dunkelgraue Schiefermassen.

Schwarzgraue bröcklige Schiefermassen

Metamorphosegrades vor (Coroi-Formation). Die Schiefer enthalten unterschiedliche Mengen an Karbonat, häufig sind es auch feinsandige bräunliche Einschaltungen oder knollenartige Gebilde.

Mächtigkeit|Verbreitung
Die Mächtigkeit der Tonschieferserien variiert zwischen 0–500 m im ganzen helvetischen Bereich.

Textur und Struktur
Feinstkörnig-schiefrig.

Farbe(n), Patina, Verwitterung und Erosion
Im frischen Bruch dunkelgrau bis schwarz; Patina z. T. rostbraun. Verwittert sehr leicht, bildet bröcklige Massen.

Einschlüsse|Fossilien
Selten Ammoniten, in den östlichen Schweizer Alpen auch Muscheln, Seelilien, Korallen.

Adern|Klüfte|Bruchmuster
Oft von Calcitadern durchsetzt.

Alter|Bildungsetappen
Untere Doggerzeit (= Aalénien).

Variabilität|Verwandte|Verwechslungen
Das außeralpine Pendant der Aalénienschiefer ist der Opalinuston des Juragebirges (Nr. 5). Auch im unteren Lias der helvetischen Sedimentabfolge kommen zuweilen ganz ähnliche schwarzgraue Schiefer vor.

Die untere Ostwand des Daubenhorns ob Leuk (VS), mit den grau anwitternden Aalénien-Tonschiefern.

Die riesige Combe von Ovronnaz liegt in Aalénien-Schiefern der Morclesdecke; der Hügel rechts besteht aus Liaskalken, die hohen Wände aus Malmkalken.

24 Spatkalk|Echinodermenbrekzie

Typ
Lithologie

Gesteinsklasse: Sedimentgesteine   **Unterklasse:** flachmarine Karbonatsedimente

In den wechselvollen helvetischen Sedimentserien des Lias und Doggers (Kalke, Mergel, Tonschiefer, Sandsteine etc.) ist ein weiterer Gesteinstyp charakteristisch: die Spatkalke. Diese Gesteine wittern braun an und haben eine raue Oberfläche. Sie sind gut gebankt und brechen meist in Platten von einigen cm Dicke. Im frischen Bruch sind sie mittelgrau und zeigen ein auffälliges Glitzern, welches von den ebenen Spaltflächen der bis 2 mm großen Calcitkristalle herrührt – daher der Name Spatkalk. Diese sind nichts anderes als Bruchstücke von Seelilienstängeln! Mit etwas Glück findet man angewitterte Oberflächen, wo man die runden oder fünfeckigen Quer- und die tönnchenförmigen Längsschnitte der Seelilienstängelstücke sehen kann. Die fossilierten Seelilienstängel bestehen aus Calcit in kleinen Segmenten, die bei massenhafter Ablagerung zu Spatkalk werden. Der Spatkalk ist also ein gewaltiger «Seelilien-Friedhof»! Seelilien gehören zusammen mit den Seesternen und Seeigeln zur Tiergruppe der Stachelhäuter (Echinodermen) – deshalb auch der Gesteinsname Echinodermenbrekzie.

Bestandteile|Härte

Calcit in spätigen Körnern und Reste von Seelilien.

Mächtigkeit|Verbreitung

In den ganzen helvetischen Alpen in Schichten des Doggers und Lias, einzelne Lagen bis mehrere m mächtig.

Variabilität|Verwandte|Verwechslungen

Größe der Calcitkörner und Anteil erhaltener Seelilienstücke variabel.

Verwendung

Höchstens früher lokaler Baustein.

Frischer Bruch in dichtem, kompaktem Spatkalk.

Raue verwitterte Oberfläche von Spatkalk/Echinodermenbrekzie, Tödigebiet (GL), mit sichtbaren Resten von Seelilienstängeln.

25 Blegi-Eisenoolith

Typ
Member

Gesteinsklasse: Sedimentgesteine **Unterklasse:** mariner Kondensationshorizont

Als Abschluss der bräunlich anwitternden helvetischen Doggergesteine (Kalksandsteine, Mergel etc.) tritt eine bis mehrere Meter mächtige Schicht von braunem bis violettschwarzem mergeligem Kalkstein auf. Dieser ist charakterisiert durch die eingelagerten Eisennooide und teilweise sehr vielen Belemniten und Ammoniten – der Blegi-Oolith. Den Namen hat er von der Alp Oberblegi am Ostfuß des Glärnisch (GL). Die dunkelbraun glänzenden Eisenooide erreichen Reiskorngröße und zeigen manchmal einen konzentrisch-schaligen Aufbau. Sie können rund oder aber durch die alpine Deformation stark abgeplattet sein. Die Ooide bestehen aus Chamosit, Hämatit und Magnetit, mit einem maximalen Eisenteil von 30 %. Der Blegi-Oolith verdankt seine Entstehung einem Kondensationshorizont mit Mangelsedimentation. Der Blegi-Oolith ist das alpine Pendant zum Eisenoolith im Aargauer Jura. Er wurde an manchen Stellen der Alpen abgebaut, so etwa in Chamoson (Unterwallis), im Oberhasli (BE) und im Maderanertal (UR).

Bestandteile|Härte
Calcit, Tonanteil, Eisenooide und Fossilbruchstücke.

Mächtigkeit|Verbreitung
Bis 5 m mächtig, verbreitet vom Unterwallis bis in die Glarner Alpen.

Variabilität|Verwandte|Verwechslungen
Eindeutig erkennbar.

Verwendung
Früher als Eisenerz von geringer Qualität.

Der Blegi-Eisenoolith, links angewitterte Oberfläche, rechts/oben frischer Bruch.

Auffallende lilabraune Schichtbank im Blegi-Oolith beim Sandfirn in den Glarner Alpen; auf dem Bild mit vereinzelten Belemniten.

26 Quintnerkalk

Typ
Formation

Säure-Base-Charakter
basisch

Gesteinsklasse: Sedimentgestein
Unterklasse: marine Karbonatgesteine

Der Quintnerkalk bildet zusammen mit dem jüngeren Öhrlikalk (Nr. 27) die gewaltige Hochgebirgsmauer, die sich von den Dents du Midi im Unterwallis bis zum Tödi erstreckt, in der viele hohe Gipfel wie Doldenhorn, Eiger, Titlis und viele mehr liegen. Deswegen wird für die beiden Kalksteine, die im Handstück oft kaum unterscheidbar sind, auch der Sammelbegriff «Hochgebirgskalk» verwendet.

Die Formation des Quintnerkalks wird in einen unteren Teil, ein trennendes Mergelband, einen oberen Teil und den nicht überall abgelagerten Tros-Korallenkalk zuoberst unterteilt. Darüber folgen die mergeligen Zementsteinschichten, dann der Öhrlikalk.

Auch wenn der Quintnerkalk mit seinen massiven Felswänden völlig undeformiert aussieht, kann er intern doch massive duktile Verformungen (z. B. engste Chevronfalten und Boudinage) zeigen.

Bestandteile | Härte

Calcit, manchmal mit wenig detritischen Quarzkörnern. Kann manchmal schwarze Silexknollen enthalten, die wegen ihrer Härte herauswittern und bei Kletterern als «Chickenheads» bekannt und als Griffe beliebt sind.

Mächtigkeit | Verbreitung

Kommt in den ganzen helvetischen Decken vom Unterwallis bis zu den Glarner Alpen vor. Mächtigkeit der ganzen Formation bis 500 m.

Textur und Struktur

Massig-homogener, splittrig brechender Kalkstein; feinstkörnig-feinkristallin, im Troskalk auch feinspätig. Sehr grob gebankt bis deutlich geschichtet.

Farbe(n), Patina, Verwitterung und Erosion

Im frischen Bruch dunkelgrau bis schwarzgrau,

Normaler feinkörnig-mikritischer Quintnerkalk, im frischen Bruch mittel- bis dunkelgrau.

Der Troskalk, ein Korallenkalk aus dem obersten Teil der Quinten-Formation. Die Korallenstrukturen sind deutlich erkennbar.

Landschaftsprägung
Sehr ausgeprägt; klotzige Berge, steile und hohe Felswände.

infolge mikroskopisch feiner Einlagerungen von organischem Material. Oberflächlich mit einer mittel- bis hellgrauen Patina. Durch Wassererosion oft Rillen- und Schrattenbildungen; nicht ganz so ausgeprägt wie im Schrattenkalk (Nr. 30). Karstbildungen und größere Höhlensysteme sind verbreitet.

Einschlüsse|Fossilien

Im unteren und oberen Quintnerkalk gibt es kaum Makrofossilien, selten Ammoniten. Im Troskalk findet man zum Teil schön erhaltene Korallenstöcke.

Adern|Klüfte|Bruchmuster

Weiße grobspätige Calcitadern und Klüfte sind häufig – auch oft in alpinen Flusskieseln anzutreffen. In tektonisch stark beanspruchten Zonen teilweise wild-chaotische Calcitaderschwärme. Im Tödigebiet kommen faszinierende boudinierte dolomitische Lagen vor. Der Quintnerkalk ist oft recht stark zerklüftet und neigt deshalb zu Bergstürzen (Flimserstein, Tödi, Kandersteg etc.)

Alter|Bildungsetappen

Oberster Jura bis unterste Kreide (155–140 Mio. J.). Die Ablagerung erfolgte in einem mehrere Hundert Meter mächtigen Meeresbecken mit sauerstoffarmen Bedingungen, weshalb sich organisches Material unoxidiert erhalten konnte (kohliges Material). Dies gibt dem Kalkstein die dunkle Farbe und erzeugt beim Anschlagen einen Geruch von faulen Eiern, welcher durch geringste, aus Flüssigkeitseinschlüssen freigesetzten Mengen von Schwefelwasserstoff stammen. Der Troskalk mit seinen Korallen wurde in flachem Wasser abgelagert; er dokumentiert das kontinuierliche Vordringen des Oberjura-Riffgürtels vom Zentral- über den Ostjura bis ins Helvetikum.

Gut gebankter Quintnerkalk, in der Axen-Decke nördlich Isenfluh im Lauterbrunnental (BE).

Wendenstock-Kette. Über dem gelben Rötidolomit (Nr. 20) die steilen Wände aus Quintner- und Öhrlikalk (Nr. 27); brauner Gipfel aus Hohgantsandstein (Nr. 26, 27).

Variabilität|Verwandte|Verwechslungen
Mit Ausnahme des Troskalkes recht monoton. Im Handstück kaum vom darüberliegenden Öhrlikalk unterscheidbar (Nr. 27).

Verwendung
Früher intensiv genutzt als Bau- und Dekorationsstein (dunkler «Marmor»), v. a. für Innenausstattung in Kirchen und als Sockelsteine von Stadthäusern. Wird heute noch für Branntkalk und Zementherstellung abgebaut.

Klettereigenschaften
Fantastisches Klettergestein, neben dem Schrattenkalk der beste Kletterkalk der Alpen. So liegen etwa die berühmten Wendenstock-Routen alle im Quintnerkalk.

Interessante Webseiten
www.raize.ch

Untermeerische Erzbildungen: Die Eisen- und Manganlagerstätte am Gonzen (SG)
Der Gonzen ist der hoch über dem Städtchen Sargans trohnende Hausberg. Er zeigt alle Merkmale eines Bergs aus Quintnerkalk. Aufmerksame Beobachter erkennen sogar verschiedene Brüche, unter anderem einen klassischen kleinen konjugierten Grabenbruch. Niemand würde vermuten, dass in diesem Berg 90 km Stollen angelegt wurden – die größte Bergwerksanlage der Schweiz. Grund dafür war der Abbau einer höchstens 3 m mächtigen Erzschicht, die am oberen Ende des unteren Quintnerkalks, an der Grenze zum Mergelband, welches hier Plattenkalk genannt wird, vorkommt. Sie besteht aus hochwertigem Eisenerz (Hämatit und Magnetit) sowie aus Manganerz (Hausmannit). Die über mehrere Quadratkilometer ausgedehnte Erzschicht liegt schichtparallel und geht randlich langsam in

Der Gonzen (1830 m) über Sargans (SG). Im Grenzband zwischen unterem und oberem Quintnerkalk (Wandmitte) liegt die Erzschicht.

Kalkstein über; sie wurde also während der Ablagerung des Kalksteins im Meer gebildet. Aus geochemischen Untersuchungen, Vergleichen mit ähnlichen Lagerstätten und weiteren geologischen Indizien stellt man sich die Erzbildung folgendermaßen vor: Das Ablagerungsgebiet des Quintnerkalkes gehörte zum europäischen Kontinentalrand, welcher aufgrund des Zerreißens von Pangäa an Bruchzonen in Schollen zerbrochen wurde, welche während des ganzen Mesozoikums immer wieder aktiviert wurden. In solchen Störungszonen, die tief in das darunterliegende Grundgebirge reichten, konnten Meerwässer in das heiße Kristallin eindringen (und zwar zum Teil mehrere Kilometer weit). Dort konnten die erwärmten Wässer Eisen und Mangan aus den Gesteinen lösen. Stiegen diese metallbeladenen warmen Tiefengrundwässer an einer andern Störungszone wieder zum Meeresboden auf und traten dort in das kalte Meerwasser ein, so wurde ihre Erzfracht aufgrund der Abkühlung ausgefällt und lagerte sich als Erzschlamm ab.

Die Gonzenerze wurden ab der Römerzeit bis ins 20. Jahrhundert hinein abgebaut. 1966 wurde der Betrieb dann wegen mangelhafter Rentabilität eingestellt, obwohl noch viel Erz im Berg liegt. Heute ist das Bergwerk durch eine Interessengesellschaft als faszinierendes Besucherbergwerk erschlossen. Eine Führung mit Stollenreise in der Bergwerksbahn und der Besuch verschiedener Abbaustellen ist ein eindrückliches und lohnendes Erlebnis, besonders wenn es noch mit einem Essen im hervorragenden Stollenrestaurant gekrönt wird (www.bergwerk-gonzen.ch).

Die Erzschicht im Bergwerk Gonzen (SG). Sie besteht aus Magnetit und Hämatit, von dem die rostrote Farbe stammt. Darüber oberer Quintnerkalk.

27 Öhrlikalk

Typ
Formation

Säure-Base-Charakter
basisch

Gesteinsklasse: Sedimentgesteine **Unterklasse:** marine Karbonatsedimente

Über den mächtigen Kalkserien des Quintnerkalkes folgen mit der Zementstein-Formation mergelige Kalke, die oft etwas zurückwittern. Darüber folgt, schon in der Unterkreide, nochmals eine markante Kalksteinabfolge, der Öhrlikalk. Das «Trio» Quintnerkalk, Zementsteinmergel und Öhrlikalk tritt vor allem in den paraautochthonen Sedimenten über dem Aarmassiv auf, und zwar eng miteinander verschuppt und verfaltet, sodass es für Laien oft schwierig ist, die beiden Kalkserien des Quintner- und Öhrlikalks auseinanderzuhalten. (Über dem Öhrlikalk folgt dann mit einem markanten Farbwechsel der helvetische Kieselkalk (Nr. 28).

Der Öhrlikalk ist im Gegensatz zur tiefermarinen Ablagerung des Quintnerkalks eine Flachmeerbildung. Man findet in ihm oolithische und spätige Lagen, Korallen und weitere Flachmeerfossilien. Der Öhrlikalk bildet oft markante Felswände, Rippen und Türme, so etwa im Alpsteingebiet. Von dort, nämlich vom Öhrlikopf (2194 m, NO des Säntis), hat er auch seinen Namen. Die Öhrli-Formation kann unterteilt werden in unteren Öhrlikalk, Öhrli-Mergel und oberen Öhrlikalk.

Bestandteile|Härte

Von reinen Kalksteinen bis zu Mergelkalk.

Mächtigkeit|Verbreitung

Bis 250 m mächtig; geht gegen das Südhelvetikum in mergelige Gesteine der Vitznau-/Palfriesformationen über (Vertiefung des Beckens).

Öhrlikalk im frischen Bruch.

Das typische Erscheinungsbild des Öhrlikalks am Höchnideri (Alpstein), dem Nachbarsberg des Öhrlikopfs.

SiO_2	$CaCO_3$
5	95 %

Landschaftsprägung
Bildet Felswände, oft in Kombination mit Hochgebirgskalk.

Der etwas jüngere «Zwilling» des Quintnerkalks

Textur und Struktur
Mikritisch bis oolithisch, auch mit vielen Fossilbruchstücken (bioklastisch).

Farbe(n), Patina, Verwitterung und Erosion
Ähnlich wie im Quintnerkalk (Nr. 26); unterer Öhrlikalk verwittert ebenfalls bräunlich.

Einschlüsse|Fossilien
Korallen, Schnecken und Muscheln.

Adern|Klüfte|Bruchmuster
Ähnlich wie im Quintnerkalk (Nr. 26).

Alter|Bildungsetappen
Unterste Kreide, 145–140 Mio. J.

Variabilität|Verwandte|Verwechslungen
Der Öhrlikalk wittert praktisch identisch an wie der Quintnerkalk. Im frischen Bruch ist er in der Regel aber heller (weniger organisches Material).

Verwendung
Untergeordnete Bedeutung als Baustein und Zementrohstoff.

Klettereigenschaften
Hervorragend.

Die Jegertossen-Falte im Gasterntal; die hellen Kalkschichten links sind Öhrlikalk, rechts davon Zementsteinschichten, dann Quintnerkalk; oben der gelbliche Kieselkalk (Nr. 28).

28 Helvetischer Kieselkalk

Typ
Formation

Säure-Base-Charakter
intermediär

Gesteinsklasse: Sedimentgesteine **Unterklasse:** flachmarine Sedimentgesteine

Der helvetische Kieselkalk ist ein wichtiger und markanter Vertreter der helvetischen Schichtfolge. Im Gelände erkennt man die Abfolge ziemlich leicht aufgrund der charakteristischen, schwammartigen Anwitterung und der «Mäuerchenbildung». Dabei handelt es sich um eine Wechsellagerung von 15–40 cm mächtigen, harten Kieselkalkhorizonten mit 2–10 cm dicken mergeligen Zwischenlagen.

Der Quarz im Kieselkalk hat zwei Ursprünge: einerseits von Flüssen eingetragene detritische Quarzkörner, andererseits Quarz aus Kieselschwammnadeln. Bei den marinen Lebewesen der Schwämme gibt es zwei Grundtypen: Kalkschwämme mit Hartteilen aus Calcit und Kieselschwämme, die ganz ähnlich den Radiolarien (Nr. 118) ihre Hartteile aus Opal-CT bilden, einer Vorläufersubstanz von Quarz. Die Hartteile bestehen aus sehr feinen Nädelchen, den Spicula, die in die Weichsubstanz der Schwämme eingelagert ist. Der Kieselkalk dokumentiert eine Phase, wo Kieselschwämme auf dem helvetischen Schelf die dominanten Lebewesen waren. Er wurde in flachmeerischen, strömungsreichen Bereichen des Kontinentalrandes abgelagert.

Bestandteile | Härte
Quarzhaltiger Kalkstein (Cc 55–75 % und Qz 25–45 %); hart und zäh.

Mächtigkeit | Verbreitung
Ganze helvetische Zone. Mächtigkeit 100–700 m; in den oberen helvetischen Decken mächtiger als in den unteren. Liegend: Betliskalk, hängend: Drusbergmergel (Nr. 29).

Textur und Struktur
Feinkörnig und dicht, meist homogen massig. Markante Bankung im dm-Bereich, mit feinen Mergelzwischenlagen. Zerfällt in Quader.

Dunkler, feinkörniger Kieselkalk im frischen Bruch.

Bahnschotter aus Kieselkalk. Der ältere Schotter weist eine Rostpatina auf, der graue ist frisch dazugeschüttet.

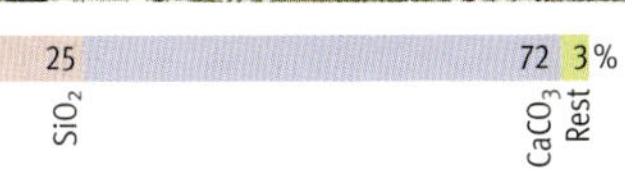

Landschaftsprägung
Mittel; steile, oft grasdurchsetzte, eher dunkle Wände.

Dunkler Stein und idealer Bahnschotter

Farbe(n), Patina, Verwitterung und Erosion

Frischer Bruch dunkelgraublau; Oberflächen braungrau bis rostbraun, oft schwamm- bis netzartig rau verwittert. Der Kieselkalk erodiert in backsteinartigen Klötzen.

Einschlüsse | Fossilien

Fast nur Klein- und Mikrofossilien (Echinodermen, Kieselschwammnadeln, Bryozoen, Foraminiferen).

Adern | Klüfte | Bruchmuster

Innerhalb der harten Schichtbänke wenig geklüftet.

Alter | Bildungsetappen

Ablagerung vor rund 135–130 Mio. J. (Unterkreide, Hauterivien).

Variabilität | Verwandte | Verwechslungen

Im ganzen Helvetikum ähnlich ausgebildet. Verwechslung im Handstück mit dunklen Liaskalken möglich, auch mit Basalt.

Verwendung

Wird vor allem in der Ost- und Zentralschweiz in zahlreichen Steinbrüchen abgebaut, vorwiegend für Bahnschotter.

Klettereigenschaften

Aufgrund der quaderartigen Erosion kaum Kletterrouten.

Steil gestellte Kieselkalkbänke im Alpstein mit der typischen «Mäuerchenbildung».

Blick von Anzeindaz auf die NNW-Wand der Tête à Grosjean (VD). Das markante braune Band ist der Kieselkalk, darunter Schrattenkalk, darüber Öhrlikalk.

29 Drusbergmergel

Typ
Member

Gesteinsklasse: Sedimentgesteine **Unterklasse:** klastisches Tonsediment

Die helvetischen Sedimentserien, insbesondere die Unterkreideabfolgen, sind durch Wechsel von kalkreichen mit mergelig-tonigen Gesteinen geprägt. Dies gibt den helvetischen Gebirgsketten ihren ganz speziellen Charakter. Stellvertretend für die zahlreichen mergeligen Abfolgen werden hier die Drusbergmergel vorgestellt. Dies sind sehr gut geschichtete Wechsellagerungen von grauen, mergeligen bis knolligen Kalken mit dazwischenliegenden dunkelgrauen Mergelschiefern. Die Kalkbänke wittern gerne etwas gelblich an. In den Mergeln kommen Pyritknollen vor. Die Mergelschichten dokumentieren verstärkten Input von eingeschwemmtem Tonmaterial aus einem nahe gelegenen Landbereich. Die Drusbergmergel sind im Gelände meist gut zu erkennen, weil darunter der braune Kieselkalk (Nr. 28) und darüber der helle Schrattenkalk (Nr. 30) liegt. Die Drusbergmergel bilden dann oft eine weniger steile Wiesenzone zwischen den erwähnten Kalksteinwänden.

Bestandteile|Härte

Calcit (marin) und Tonmineralien und etwas Quarz (detritisch), manchmal auch Glaukonit.

Mächtigkeit|Verbreitung

Von wenigen Zehnermetern in den nordhelvetischen/autochthonen Decken bis mehrere Hundert Meter in den südhelvetischen Decken (z. B. Drusbergdecke). Kommt in der ganzen helvetischen Sedimentzone vor.

Variabilität|Verwandte|Verwechslungen

Viele mergelige Serien der Jura- und Kreideschichten sehen im Aufschluss- bis Handstückbereich sehr ähnlich aus. Die Drusbergmergel stehen stellvertretend für alle solchen Abfolgen der helvetischen Serie (z. B. Schiltschichten, Zementsteinschichten, Palfriesmergel etc.)

Verwendung

Hie und da als Zementrohstoff verwendet.

Mergelschiefer der Drusbergschichten.

Der Drusberg mit den hier mächtigen Drusbergschichten. Die helle Kalkschicht unter dem Gipfel ist Schrattenkalk (Nr. 30), darüber liegt die Garschellaformation (Nr. 31).

Flusskiesel: Wunderwelt für Groß und Klein

Geht man mit Menschen – vom Kleinkind bis zum Senior – auf eine schöne Kiesbank an einem der größeren Schweizer Flüsse, so beginnen alle, mit gesenktem Kopf nach schönen oder interessanten Kieselsteinen zu suchen. Alle, ausnahmslos. Vor allem Steine mit schönen Adern und Klüften (Kap. 11) faszinieren, aber auch unterschiedlich gefärbte, gemusterte oder geformte Stücke.

Mit Flusskieseln können eine Vielzahl von spielerischen und methodisch-didaktisch interessanten Annäherungen an Gesteine erlebt werden. Das Studium von Flusskieseln ist daher besonders für Schul- und Exkursionsgruppen geeignet. Im Literaturverzeichnis sind einige Grundlagen dazu aufgeführt.

Bei den Überlegungen zum Herkunftsgebiet ist an vielen Voralpen- und Mittellandflüssen eine Eigenart des nördlichen Alpenraums zu beachten. Dort wurden in der Tertiärzeit riesige Mengen von Flusskiesen abgelagert und zu Molasse-Nagelfluh (Nr. 11) verfestigt. Werden diese Gesteine von den heutigen Flüssen erodiert, werden die Molassegerölle ein zweites Mal mit dem Fluss transportiert. So finden sich etwa in Flussgeröllen des bernischen Alpenrandes (z. B. Zulg und Rotache nördlich von Thun) Granitgerölle, welche identisch mit Berninagraniten (Nr. 101–103) sind. Diese wurden natürlich nicht über den heutigen Alpenhauptkamm hinweg dorthin transportiert, sondern vor vielen Millionen Jahren, als die Berninadecke auch in den Zentralalpen noch vorlag, mit Molasseflüssen transportiert und abgelagert und heute wieder aus den Molassefelsen herausgelöst.

Eine Auswahl von Flusskieseln aus der Aare bei Bern – die halbe Alpengeologie steckt drin.

Kiesbänke laden geradezu ein, spielerisch-kreative Zugänge zum Thema «Gesteine» auszuprobieren.

30 Schrattenkalk

Typ
Formation

Säure-Base-Charakter
basisch

Gesteinsklasse: Sedimentgestein

Unterklasse: flachmarine Sedimentgesteine

Der Schrattenkalk ist eines der bedeutendsten und auffälligsten Kalkgesteine der Alpen. Der Name stammt von den «schrattigen» Erosionsformen an der Schrattenfluh im Entlebuch. Das flachmarine Ablagerungsgestein aus der Unterkreidezeit ist in den ganzen helvetischen Decken von den Westalpen bis ins Allgäu prominent anzutreffen. In den Westalpen wird er «Barre Urgonienne» genannt (wegen der früher als «Urgon» bezeichneten Ablagerungszeitstufe). In den tektonisch höheren, ehemals von weiter südlich stammenden Decken wird der etwas tiefer marine Einfluss mit vermehrten Mergelanteilen spürbar, weil der Kontinentalrand sich damals gegen Süden zu tieferen Becken absenkte. Die helle Schrattenkalkserie zeichnet oft die Überschiebungen und Verfaltungen in den Kreidestockwerken der helvetischen Decken nach, bildet also quasi deren «Skelett». Besonders ausgeprägt ist das im Alpsteingebirge, am Pilatus oder im Sanetschgebiet.

Bestandteile|Härte

+/– reiner Kalkstein (MiB = Cc); mikritisch, z. T. mit Ooiden.

Mächtigkeit|Verbreitung

Schichtung dick- bis grobbankig (dm/m). Mächtigkeit bis über 300 m. In den ganzen helvetischen Deckengebirgen.

Textur und Struktur

Feinkörnig, dicht, meist homogen massig, aber auch spätig. Zerschert und verfaltet. Unmetamorph bis schwach metamorph.

Farbe(n), Patina, Verwitterung und Erosion

Frischer Bruch mittelgrau; Oberflächen hell- bis weißgrau. Sehr anfällig für chemische Verwitterung und Karstbildung. Oft von «Schratten» und «Karren» mit Spalten, Löchern und Dolinen durchzogen.

Schrattenkalk im frischen Bruch.

Schrattenkalk mit zahlreichen Rudisten und einigen Calcitklüften.

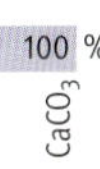

Landschaftsprägung
Stark; helle Wände und Grate.

Kletterfels an hellgrau leuchtenden Kalksteinbergen der nördlichen Voralpen

Einschlüsse|Fossilien

V. a. im oberen Teil häufig kuhtrittfürmige Rudisten; seltener Korallen, Muscheln und Schnecken.

Adern|Klüfte|Bruchmuster

In Zonen intensiverer tektonischer Beanspruchung zahlreiche weiße Calcitklüfte und -adern. Oft mehrere Kluftsysteme, an welchen Verwitterung und Erosion angreifen.

Alter|Bildungsetappen

Ablagerung vor rund 130–120 Mio. J. (Unterkreide, Barrémien-Aptien).

Variabilität|Verwandte|Verwechslungen

Einteilung in Unteren Schrattenkalk/Rawil Member (früher: Orbitolinenschichten) – Oberen Schrattenkalk. Über die gesamten Voralpen hinweg erstaunlich homogen. Im Handstück Verwechslung möglich mit anderen helvetischen Kalken (Malm-, Betlis-, Öhrli- und Seewerkalk). Über dem Schrattenkalk liegt nach der Zwischenschicht der Garschella-Formation (Nr. 31) der noch etwas hellere und plattigere Seewerkalk (Nr. 32). Dieser erscheint in der Landschaft oft zusammen mit dem Schrattenkalk.

Verwendung

Kaum abgebaut, für Schotterkalk zu weich, für die Zementindustrie zu wenig Mergelanteil.

Klettereigenschaften

Hervorragendes Klettergestein.

Hohgant-Südwand (BE) aus Schrattenkalk; der Sturzblock zeigt die typischen Erosionsrillen («Schratten»).

Im Alpstein bildet der Schrattenkalk quasi das «Skelett» der verfalteten Schichten der Säntisdecke.

Der Teufel an der Silberen: Die Sage erklärt die Karrenfelder im Muotatal

Hinten im Muotatal steigen aus dem Dunkelgrün des Bödmeren-Urwalds und den saftig grünen Alpwiesen die blendend hellen, geneigten Platten aus Schrattenkalkstein gegen die Silberen hoch. Je nach Licht gleißen sie wie flüssiges Silber. Die Platten sind durchfurcht von tiefen Rillen und Löchern – eben Schratten und Karren. So tief und labyrinthartig verzweigt sind diese, dass eine Begehung bei Nebel und vor allem bei Neuschnee gefährlich sein kann. Unten im Tal befindet sich der Eingang zum Höllloch, einer der ganz großen Höhlen der Schweiz; auch sie ist im Schrattenkalk angelegt. Die Menschen, welche früher, vor der Aufklärung und Moderne, hier lebten, fanden ihre eigenen Erklärungen für die Naturphänomene, welche sie beeindruckten und mit denen sie sich auseinandersetzen mussten. So erzählt die Sage Folgendes als Erklärung für die Silberen-Schratten und das Höllloch.

Der Teufel pflügt

Der Teufel ist beeindruckt vom tüchtigen schnurgeraden Pflügen eines ehrlichen Bauerns. Allenorten versucht er sich einzuschmeicheln, um auch mal so etwas Nützliches und Schönes tun zu können – vergeblich. Bis ins Muotatal gelangt er so, aber auch dort lässt man sich nicht täuschen von seinen Schalmeiereien. So wird er wütend und beginnt das Land zu versengen. Die mutige Äbtissin des Frauenklosters tritt ihm entgegen und bietet ihm einen Handel an: Er darf weit hinten im Wildland die Silberen-Hochfläche pflügen, die dem Kloster gehört, muss dafür aber eine verlorene Seele herausrücken. Gesagt, getan.

Von hier stammt der Name der Formation: Schratten im Schrattenkalk an der Schrattenfluh ob Sörenberg (LU).

«Der Teufel erreichte indessen sein Land und rasselte mit Gespann und Pflugschar über den mageren Weideboden. Ohne sich einmal umzuschauen, im Sturmesheulen und Nebelflattern, pflügte er hastig Furche um Furche, von wahrem Hölleneifer besessen. Klaftertief fraß sein Ackergerät, für Menschwerk allzu gewaltig geschmiedet, sich ein in die Eingeweide der Erde. Mörderisch kreischend, zerriss es den Felsgrund, Gestein an die Oberfläche wühlend und statt eines saatbereiten Ackers ein schauerliches Wirrwarr schaffend, desgleichen die Menschen noch nie gesehen ...

Erst beim Einnachten erlahmte sein Eifer. Das Gespann anhaltend, gewahrte er endlich, welch ein unseliges Werk er vollendet, was für einen gräulichen Steinbruch er sich zurecht gepflügt hatte. Brennende Scham ergriff den Teufel. Er fühlte sich jämmerlich gedemütigt, und ihn packte rasende Sehnsucht nach seinem ursprünglichen Höllenberufe. Er gab den Feuergäulen die Peitsche und rasselte mit Donnergepolter auf kürzestem Wege der Unterwelt zu, den Geisterpflug an den Felshörnern zerschmetternd.

Bei dieser Flucht entstand ein Felsgang. Er zieht sich tief hinein ins Gebirge und wird noch heutzutage den Fremden als «Höll-Loch» gegen Entgelt gezeigt. Als Ackerland des Teufels starren anklagend die Karrenfelder der Silberen, wildzackige Furchen im Felsenhochland, unheimlich bleich flimmernd im Glanze der Mondnacht.»

Stark gekürzt nach J. Hess: Die singende Quelle. Sagen aus den Schwyzerbergen.

Die Karrenfelder auf der Silberen im Muotatal, Kanton Schwyz. Wie muss der Teufel hier gewütet haben ...

31 Garschellaformation | Grünsandstein

Typ
Formation

Gesteinsklasse: Sedimentgesteine **Unterklasse:** marine Sedimente

Die Garschellaformation ist nur etliche Zehnermeter, maximal etwas über 100 m mächtig; sie besteht aus einer Vielzahl unterschiedlicher Sedimentgesteine, vor allem Grünsandstein, Spatkalk, Tonschiefer und Phosphorit-Knollenkalk. Bei der Garschellaformation handelt es sich um eine Serie, welche sogenannte Mangelsedimentation widerspiegelt, mit Ablagerungsraten von nur wenigen mm pro 1000 Jahren. Früher fasste man sie mit dem Namen «Gault» zusammen. Ihr Alter ist die mittlere Kreide (um 100 Mio. J.)

Das wichtigste und auffälligste Gestein in dieser Formation ist ein grünlicher Sandstein, der seine Farbe vom eigenartigen grünblauen Mineral Glaukonit hat. Dies ist ein Tonmineral, welches sich in flachen Meeresbecken unter sauerstoffarmen Bedingungen bilden kann. Es kommt gerne in Sandsteinen vor, die zu sehr langsam sedimentierten Abfolgen gehören. Er ist gerne vergesellschaftet mit eigenartigen grobknolligen Kalksteinen. Die Knollen bestehen aus Phosphorit und sind ebenfalls typisch für Mangelsedimentation.

Bestandteile | Härte

Quarz, Glaukonit, unter Umständen auch Calcit und Tonmineralien.

Mächtigkeit | Verbreitung

Im ganzen Gebiet der helvetischen Decken, in einer auffälligen dunklen Schicht zwischen dem hellen Schrattenkalk (Nr. 30) unten und dem plattig-weißlichen Seewerkalk (Nr. 32) oben. Manchmal infolge Erosion in der obersten Kreide auch fehlend.

Variabilität | Verwandte | Verwechslungen

Glaukonitsandstein ist aufgrund seiner grünlichen Farbe gut zu erkennen.

Frischer Bruch im Glaukonitsandstein der Garschellaformation.

Die grünlichen Sandsteine der Garschellaformation heben sich vor allem im hellgrauen Schrattenkalk deutlich ab.

32 Seewerkalk

Typ
Formation

Gesteinsklasse: Sedimentgesteine **Unterklasse:** tiefmarine, pelagische Karnonatsedimente

Der helle, mikritisch-mikrokristalline Kalkstein der Seewerformation – benannt nach dem Dorf Seewen (SZ) – dokumentiert die verstärkte Absenkung des helvetischen Schelfs in der Oberkreide infolge der anrückenden Subduktionsfront. Es handelt sich bei diesem um einen tiefmarinen, pelagischen Kalkstein.
Auffallend ist seine helle Farbe – es ist der «weißeste» Kalkstein des Helvetikums. Frisch ist er hellgrau, die Anwitterungsfarbe kann fast rein weiß sein. Weiter ist seine gute Schichtbankung im cm- bis dm-Bereich typisch; sie wird durch feinste tonige Zwischenlagen gebildet. Oft ist der Seewerkalk auch etwas knollig ausgebildet; er ist fossilarm, höchstens Muschelschalen (Inoceramen) können darin gefunden werden.

Bestandteile|Härte
Praktisch reiner mikrokristalliner Kalkstein.

Mächtigkeit|Verbreitung
Einige Zehnermeter bis max. 200 Meter.

Variabilität|Verwandte|Verwechslungen
Auf den ersten Blick mit dem Schrattenkalk verwechselbar. Die deutlich hellere Farbe verrät ihn aber; zudem ist seine Lage über der rostbraunen Garschellaformation (Nr. 31) oft für die Zuordnung gut sichtbar.

Verwendung
Noch wenig bedeutend als Zementrohstoff.

Seewerkalk: Im frischen Bruch hellgrau, mit sehr heller bis weißer Patina.

Seewerkalk mit der typischen Bankung und hellen Farbe im Gelände; Kistenpass-Region (GL).

33 Nummulitenkalk

Typ
Lithologie

Gesteinsklasse: Sedimentgesteine **Unterklasse:** marine Flachwasserkarbonate

Der Nummulitenkalk ist das erste Gestein des Paläogens (Alttertiär) in der helvetischen Serie. Er ist ein sehr auffälliges Gestein, das zum großen Teil aus den 1–3 cm großen, münzenförmigen Schalen von Nummuliten besteht. Nummuliten sind einzellige Meerestiere, die heute noch die Meere bevölkern. Sie bilden filigrane, planspirale Gehäuse.
Der Nummulitenkalk bildet im Helvetikum zusammen mit dem Hohgantsandstein (Nr. 34) eine der letzten Ablagerungen im alttertiären Kontinentalrandmeer, welche noch Flachwasserbedingungen anzeigen, bevor dann das Becken eingetieft und langsam zum Flyschbecken wurde.

Bestandteile|Härte
Nummuliten- und andere Fossilschalen (z. B. Muscheln) in kalkiger Matrix, mittelhart.

Mächtigkeit|Verbreitung
Rund 30 m mächtig, anzutreffen in den ganzen helvetischen Voralpen von der Waadt bis nach Glarus.

Variabilität|Verwandte|Verwechslungen
Das Gestein ist unverwechselbar.

Verwendung
Dekorationsstein, z. B. in der Klosterkirche Einsiedeln. Die altägyptischen Pyramiden von Gizeh wurden ebenfalls aus Nummulitenkalk aus dem Eozän errichtet. Die Liefersteinbrüche in der Umgebung sind heute bekannt. Allein in der Cheops-Pyramide wurden über 6 Mio. Tonnen Nummulitenkalk verarbeitet. Die älteste Beschreibung der Nummuliten von Gizeh stammt vom griechischen Geschichtsschreiber Herodot vor 2500 Jahren. Damals war man überzeugt, dass es sich dabei um versteinerte Linsen handelt, Reste der Mahlzeiten der Pyramidenarbeiter …

Auf braun angewitterten Oberflächen kommen die Nummuliten besonders gut zur Geltung.

Nummulitenkalk im Gelände, beim Chalchtrittli unterhalb der Muttseehütte GL; im Hintergrund die Felswände des Vorder Selbsanft im Quintnerkalk.

34 Hohgantsandstein

Typ
Member

Gesteinsklasse: Sedimentgesteine **Unterklasse:** marine Sandsteine

Der fein- bis mittelkörnige Hohgantsandstein ist das auffälligste und in der Landschaft am besten sichtbare Gestein der Hohgantformation. Er bildet zusammen mit den Globigerinenmergeln (Nr. 35) den Abschluss der helvetischen Sedimentserie vor dem Einsetzen der Flyschsedimentation. Der Hohgantsandstein ist ein bräunlich anwitterndes, im frischen Bruch mittelgraues Gestein mit sehr deutlich «sandigem» Tonus. Die verwitterten Oberflächen sind sehr rau und zeigen oft oval-rundliche Löcher, sehr charakteristisch auf dem Gipfelplateau des Hohgants (BE). Der Sandstein ist hart und zäh, obwohl er mit Calcit zementiert ist. Im Hohgantsandstein liegen die einzigen bedeutenden Sandstein-Klettergebiete der Schweiz: die Gebiete Leen, Neuhaus, Gämsgrätli und manche in der Region Beatenberg. Das Gestein ist vergleichbar mit dem englischen «Gritstone».

Bestandteile | Härte
Quarzkörner, gut gerundet, daneben auch weitere Mineral- und Gesteinsfragmente; mit Calcitzement.

Mächtigkeit | Verbreitung
In den ganzen helvetischen Decken; die beste Ausbildung ist zu finden in der Wildhorndecke, am Thunersee und an der Schrattenfluh, wo die Hohgantformation fast 150 m mächtig wird.

Variabilität | Verwandte | Verwechslungen
Kann auch kalkige und tonige Einlagerungen haben, manchmal auch größere Nummuliten. Der Sandstein kann im Handstück durchaus mit andern kretazischen oder tertiären Sandsteinen verwechselt werden.

Verwendung
Größere Findlinge wurden im Mittelalter zu Bausteinen zerkleinert.

Frischer Bruch im Hohgantsandstein.

Schichten aus Hochgantsandstein am Hohgant (BE). Deutlich sichtbar sind die charakterischen rundlichen Verwitterungen.

35 Globigerinenmergel

Typ
Formation

Gesteinsklasse: Sedimentgesteine **Unterklasse:** marine klastisch-karbonatische Sedimente

Die heute als «Stad-Formation» bezeichneten Globigerinenmergel aus dem mittleren Eozän sind die letzten «normalen» marinen Sedimente des Helvetikums, bevor die Flyschsedimentation einsetzt. Nach den Flachwasserbildungen von Nummulitenkalk und Hohgantsandstein dokumentieren sie die beginnende Eintiefung des Flyschbeckens infolge des Vorrückens der Kollisionszone. Es handelt sich um fleckige, grüngraue, hell anwitternde Mergel, die gelegentlich auch stärker sandig oder kalkig ausgebildet sein können.

Globigerinen gehören zum wichtigsten marinen Mikroplankton. Es sind pelagische Foraminiferen mit mehrfach kugelig verschachtelten Gehäusen. Sie kommen in sehr vielen marinen Karbonatgesteinen ab der Kreidezeit vor. Dass gerade diese helvetischen Mergel nach ihnen benannt wurden, hat wohl damit zu tun, dass sie in diesen besonders häufig und leicht zu beobachten sind – mit der Lupe aber nur mit viel Glück und scharfem Blick. Noch heute bedecken Globigerinenschlämme gut ein Drittel der Meeresböden, meist in mittleren Tiefen von 2–5 km. Ein Teelöffel voll solchen Schlamms kann mehrere Millionen Mikroplanktonschalen enthalten!

Bestandteile | Härte
Tonmineralien, Karbonat und feinklastisches Material (Quarz, andere Mineralien).

Mächtigkeit | Verbreitung
In den ganzen helvetischen Decken, bis gegen 100 m mächtig.

Variabilität | Verwandte | Verwechslungen
Die Abfolgen der Stad-Formation sind recht vielfältig, aber die eigentlichen Globigerinenmergel sind wegen ihrer Farben recht eindeutig zuzuordnen.

Block aus Globigerinenmergel firsch aufgeschlagen, mit rostiger Patina.

Aufschluss im Globigerinenmergel; Weg vom Chalchtrittli zur Mutthornhütte (GL).

36 Grindelwaldner/Rosenlaui-Marmor

Typ
Lithologie

Gesteinsklasse: Sedimentgesteine **Unterklasse:** terrestrische Karstbildung

Dieses Gestein ist zwar aufgrund seines kleinen und lokalen Vorkommens völlig unwichtig; als historischer Dekorationsstein jedoch von Bedeutung. Im Alttertiär (Eozän) war das seichte Meer des helvetischen Schelfs zeitweise verlandet, die kretazischen Karbonatgesteine wurden im heiß-tropischen Klima in weitläufigen Karstlandschaften verwittert. In Dolinen und tiefen Karstspalten bildeten sich Einbruchsbrekzien, das «Rohmaterial» des Grindelwaldner Marmors. Bei der Alpenbildung wurden diese in rund 15 km Tiefe bei 350 °C zu den heutigen bunten Gesteinen umgewandelt. Die abwechslungsreich strukturierten und gefärbten Gesteine waren im 19. Jahrhundert sehr beliebt für Kaminsimse, Kommodenabdeckungen, Türstürze etc.
Die Reste von Abbaustellen gleich neben dem Restaurant Marmorbruch können heute noch besichtigt werden; im Restaurant selbst gibt es schöne Stücke von poliertem Marmor zu kaufen.

Bestandteile|Härte
Eckige Komponenten von verschiedenen Kalksteinen (Quinten-, Öhrli- und Kieselkalk) in sandig-tonig-calcitischer Matrix.

Mächtigkeit|Verbreitung
In meter- bis dekametergroßen Taschen im obersten Teil des Öhrlikalks der Region Grindelwald/Rosenlaui; heute noch in Blöcken zu finden. Guter Aufschluss am NE-Ende des Wegtunnels Breitlauwi am Weg Pfingstegg–Milchbach.

Variabilität|Verwandte|Verwechslungen
Unverwechselbar; Ähnlichkeit mit Brekzien des Ost- und Südalpins.

Verwendung
Früher bedeutender Dekorationsstein, heute kaum mehr im Handel.

Grindelwaldner Marmor poliert; diese gelb-rosa Varietät war am beliebtesten für Kaminsimse.

Grindelwaldner Marmor poliert; auch kräftige Farben kommen vor.

37 Lochsitenkalk und Marmor von Saillon | Kalkmylonite

Typ
Lithologie

Säure-Base-Charakter
basisch

Gesteinsklasse: Metamorphite

Unterklasse: Tektonite | Mylonite

An der Basis der helvetischen Sedimentgesteinsdecken spielten sich gewaltige Verschiebungsbewegungen ab. Liefen diese in Kalksteinen ab, konnten Letztere extrem deformiert, ausgewalzt und zu Kalkmyloniten umgewandelt werden. Dabei handelt es sich um sehr feinkörnige, dichte, fein gebänderte und teilweise auch mit wilden Fließstrukturen durchsetzte Gesteine. Zwei bekannte Vertreter werden hier vorgestellt.

Der berühmte «Lochsitenkalk» tritt an der Basis der Glarner Hauptüberschiebung als eine bis etwa 0,5 m dicke, gelbliche Schicht auf. Noch heute wird um Erklärungen der chaotischen «Knetstrukturen» und der Entstehungsprozesse dieses Gesteins gerungen – denn diese passen nicht zu Myloniten. Waren es wirklich nur intensivste Verformungen, oder spielten auch Fluids eine große Rolle dabei? Der Lochsitenkalk war einer der «Hauptdarsteller» im großen Wissenschaftsstreit der Alpengeologen in der zweiten Hälfte des 19. Jahrhunderts, bei der um Erklärungen für die «verkehrte» Gesteinsabfolge der Glarner Alpen – unten junger Flysch, oben alter Verrucano – gerungen wurde, bis sich um die Jahrhundertwende die heute gesicherte Deutung als eine der großen Deckenüberschiebungen der Alpen durchgesetzt hatte. Der Aufschluss an der Lochsite ob Schwanden GL, wo man diese Verhältnisse bequem studieren kann, ist bis heute eine Art «Mekka» der Alpengeologen und mit ein Grund, warum die Region seit 2008 ein UNESCO-Weltnaturerbe ist (www.unesco-sardona.ch).

Der Marmor von Saillon («marbre cipolin de Saillon», Unterwallis) tritt an der Basis der Morclesdeckenfalte im Schrattenkalk auf. Wie der Lochsitenkalk ist er teilweise echt mylonitisch ausgebildet, mit einer streng parallelen Feinbänderung, kann aber auch Zonen mit

Lochsitenkalk am Ringelspitz (SG).

Die Lochsite: Ein Mekka der Alpengeologen – hier wurde die Deckentheorie der Alpen entwickelt! Im Bild der Geologe T. Buckingham, der den Aufschluss im Detail untersuchte.

100 %
$CaCO_3$

Landschaftsprägung
Lochsitenkalk: teilweise auffällig gelbliches Band.

wilden Knetstrukturen zeigen. Von daher kommt sein Name «marbre cipolin», der sich auf das italienische Wort für Zwiebel bezieht.
Ähnliche Kalkmylonite finden sich entlang der Südflanke des Rhonetals (VS) zwischen Sierre und Gampel in den parautochthonen Malmkalken, sowie im Lötschental am Hockenhorn (VS).

Bestandteile|Härte
Calcit, mittelhart.

Textur und Struktur
Äußerst feinkörnig, mikrokristallin, stark laminiert, manchmal auch mit Fluidalstrukturen.

Farbe(n), Patina, Verwitterung und Erosion
Helle Pastellfarben, Verwitterung wie Kalkstein.

Einschlüsse|Fossilien
Keine.

Adern|Klüfte|Bruchmuster
Durchsetzt von später entstandenen weißen Calcitadern.

Alter|Bildungsetappen
Während der Überschiebungen der helvetischen Decken im Miozän.

Variabilität|Verwandte|Verwechslungen
Kalkmylonite sind an sich gut zu erkennen. Ihre Farben und Internstrukturen können jedoch stark variieren.

Verwendung
Der Marmor von Saillon wurde auf 1000 m Höhe über Saillon im recht großen Stil abgebaut. Er war im 18. und 19. Jahrhundert berühmt und ist an und in Gebäuden der ganzen westlichen Welt zu finden, oft auch in den USA.

Marmor von Saillon (VS).

Kalkmylonite an der Basis des Hockenhorns, Lötschental (VS).

38 Flint|Silex|Hornstein|Feuerstein

Typ
Lithologie

Säure-Base-Charakter
sauer

Gesteinsklasse: Sedimentgesteine **Unterklasse:** chemische Sedimente

In vielen Kalksteinen der Schweiz, vom Helvetikum bis ins Südalpin, kommen Einlagerungen von Hornsteinknollen vor (z.B. Nr. 7, 26, 28, 30, 68, 117). «Hornstein» ist ein alter Bergmannsbegriff für muschelig brechende, zähe Gesteine, deren Bruchflächen besonders an Kanten in der Struktur einem Kuhhorn gleichen. Heute verwendete Synonyme sind Feuerstein, Silex, Flint.

In vielen Kalkschlämmen aus Calcit-Mikrofossilien ist auch ein gewisser Anteil an Kieselschwämmen, Diatomeen oder Radiolarien enthalten. Diese bestehen aus einer wasserhaltigen Quarzform namens Opal-CT, dessen Wasserlöslichkeit bei leicht erhöhten Temperaturen und Drücken deutlich ansteigt. Deshalb werden die Skelette der Kieselfossilien bei der Diagenese aufgelöst und reichern das Porenwasser an gelöstem Quarz an. Dieser kann später an zufälligen Stellen oder an geeigneten Kristallisationskeimen wieder langsam ausgefällt werden. So wachsen ganz langsam Knollen aus mikrokristallinem Quarz (Chalcedon).

Noch eine Bemerkung zur Bezeichnung «Feuerstein»: Zwar können durch das Aneinanderschlagen von zwei Feuersteinen Funken erzeugt werden, doch sind diese entgegen der populären Vorstellung nicht heiß genug, um ein Feuer zu entfachen. Stattdessen wird als zweite Komponente entweder Pyrit oder aber Stahl benötigt. Mithilfe von Pyrit erzeugten schon die Steinzeitmenschen Feuer.

Bestandteile|Härte

Mikrokristalliner Quarz (Chalcedon), sehr hart, H = 7.

Mächtigkeit|Verbreitung

Siehe Text. Knollen meist cm-groß, in Ausnahmefällen im dm-Bereich. Sie sind meist in schichtparallelen Lagen angereichert, aber oft auch ziemlich isoliert.

Silexkonkretionen in mittelpennischem Oberjurakalk, Kaiseregg (FR).

Verwitterte Oberfläche im Schrattenkalk bei Anzeindaz (VD), mit vielen herauswitternden Silexknollen.

100 % SiO_2

Landschaftsprägung
Keine

Der Stahl der Steinzeit

Textur und Struktur
Mirkokristallin, massig, richtungslos; muscheliger Bruch, beim Abschlag oft konzentrische Absplitterungen wie bei Glas (Wallnerlinien).

Farbe(n), Patina, Verwitterung und Erosion
Bei uns meist dunkelgrau bis schwarz, bei stärkerer Verwitterung aufhellend zu Braungrautönen. Meist mit knochenweißer, mm-dicker Haut, die aus einer Vorläufersubstanz von Quarz besteht (sog. Opal–CT). Silexknollen wittern heraus und verwittern extrem langsam.

Einschlüsse|Fossilien
Selten mit einem Fossil im Kern.

Adern|Klüfte|Bruchmuster
Keine.

Alter|Bildungsetappen
Kalksteine der Jura- und Kreidezeit.

Variabilität|Verwandte|Verwechslungen
Es gibt auch hellbeige und rötliche Silexknollen. Radiolarit (Nr. 118) ist synsedimentär-diagenetisch gebildeter Silex in Schichtform. Chalcedon/Jaspis-Knollen können auch vulkanisch und hydrothermal entstehen, kommen aber in der Schweiz nicht vor.

Verwendung
Steinzeitlich wichtigster Werkstoff in Mitteleuropa für Steinwerkzeuge (Beile, Schaber, Klingen). 2010 wurde an der östlichsten Jurafalte, der Lägern bei Baden, eine rund 4000 Jahre alte Produktionsstätte für Feuersteinwerkzeuge aus den dortigen Malmkalken entdeckt. Steinwerkzeuge aus Lägernsteinen wurden im gesamten Mittelland und bis Süddeutschland gefunden.

Große Silexknollen in Kieselkalk des Doggers der Morclesdecke, Plan Coupel unterhalb der Ramberthütte am Grand Muveran (VS).

Jungsteinzeitliche Pfeilspitzen aus verschiedenen Silexarten.

Gesteinszone 5
Grundgebirgsgesteine des Helvetikums

Weitläufige Granitlandschaften und Gneisberge

Die Anhebung des Alpengebäudes war in der axialen Zone zwischen Martigny und Landquart besonders stark, sodass die Erosion sich durch den ganzen Deckenstapel bis ins alte prämesozoische Grundgebirge des europäischen Kontinentalrandes einfressen konnte. Dieses Grundgebirge liegt heute entlang dem Südostrand der helvetischen Sedimentdecken in den drei Einheiten Aar-, Tavetsch- und Gotthard-Massiv. Südwestlich von Martigny taucht das Grundgebirge wieder auf in den beiden Massiven Mont-Blanc und Aiguilles-Rouges.

Flugaufnahme über dem Grimselpass nach Westen, ins Herz des Aarmassivs. Im Vorder- und Mittelgrund der Zentrale Aaregranit/Grimselgranodiorit (Nr. 49), beim Pfeil die scharfe Grenze zum Altkristallin; das Finsteraarhorn links besteht aus Amphiboliten (Nr. 42).

Im Lötschental (VS), Blick gegen Lonzahörner. Der Kontrast zwischen dem hellen Bietschhorngranit oben (Nr. 49) und dem dunkleren Altkristallin mit braunen Paragneisen (Nr. 41) und dunkleren Amphibolitbändern (Nr. 42) ist frappant.

Warum Massive?

Geografisch wird mit «Massiv» eine topografisch klar abgrenzbare Gebirgsgruppe gemeint. Die Alpengeologen wollten damit jedoch ausdrücken, dass es sich um Grundgebirgsteile handelt, welche bei der Alpenbildung nicht als Decken überschoben, sondern an Ort und Stelle, sozusagen «massiv» verankert geblieben sind («autochthon»). Neuere tiefenseismische Untersuchungen zeigten jedoch, dass dieses Grundgebirge bei der Alpenbildung auch verschoben wurde (Abb. S. 88 oben). Vor Kurzem erst wurde beschlossen, das Gotthardmassiv in Gottharddecke umzutaufen.

Warum treten diese Grundgebirgsteile nur als längliche, linsenförmige Körper entlang des Alpenbogens auf und nicht als kontinuierlich aufgeschlossene Zonen? Ursache dafür ist, dass die Anhebungen parallel zur Alpenachse nicht einheitlich waren, sondern es Zonen verstärkter Anhebung gab (axiale Dome), während sich dazwischen Zonen schwächerer Anhebung (axiale Depressionen) befanden. In diesem Zusammenhang ist vor allem die Rawil-Depression zwischen der Domzone im Bereich des Mont-Blanc-Gebietes und jener im Nordtessin (Tessiner Kulmination) von Bedeutung, weil sie es erlaubt, einen Einblick sowohl in tiefere als auch höhere Stockwerke des Deckengebäudes zu werfen. In der Rawildepression sinkt die Oberfläche des Grundgebirges einige km ab, und so blieben dort die darüber aufgestapelten helvetischen Sedimentdecken von der Erosion verschont. Mit einer Wanderung vom Lötschental bis zum Rawilpass kann man so ein Vertikalprofil von rund 10 km Dicke durchwandern.

Wie alle alpinen Grundgebirgseinheiten bestehen auch die externen helvetischen «Massive» aus Altkristallin, darin intrudierte variszische Magmatite, und regional begrenzte karbonopermische Tröge (s. S. 90). Das helvetische Grundgebirge ist von zahlreichen Gängen durchzogen, am häufigsten von hellen Apliten (Nr. 123), seltener von Pegmatiten (Nr. 124). Lokal erreichten Granitmagmen auch die Erdoberfläche, wie recht häufige Rhyolitgänge (Nr. 55), subvulkanische rhyolithische Intrusivkörper (z. B. Sandalp-Rhyolith (GL) und vulkanische und vulkanosedimentäre

terrestrische Ablagerungen wie Ignimbrite (Nr. 104) und Lahars (Trift-Formation) zeigen. Weiter sind auch Lamprophyre (Nr. 56) anzutreffen. Alle diese Gänge hängen mit dem variszischen Magmatismus zusammen.
Für einen tieferen Einblick in die Vielfalt dieser Gesteinszone sei die ganz neu erschienene geologische Karte 1: 100 000 «Aar-, Tavetsch- und Gotthardmassiv» von 2017 wärmstens empfohlen.

Aarmassiv

Das Aarmassiv prägt die Hochgebirgslandschaften des nördlichen Alpenhauptkammes über rund 120 km vom Lötschental bis an den Tödi, mit einer mittleren NW-SO-Breite von rund 20 km und einer Fläche von fast 2000 km² (5 % der Landesfläche). Es ist parallel zu seiner Längserstreckung und zum allgemeinen Verlauf der alpinen geologischen Strukturen in Längszonen unterteilt (Abb. S. 199). Entlang seinem NW-Rand liegen als Teil des Altkristallins die Gesteine der Innertkirchen-Lauterbrunnen-Zone (Nr. 39). Daran schließt eine breite Zone von Altkristallin an (im NO Erstfeldergneise (Nr. 40), im SW Lötschentaler Gneiskomplex). Dann folgt der Ofenhorn-Stampfhorngneiskomplex, mit migmatischen Biotit-Plagioklasgneisen (Nr. 41) und eingelagert zahlreichen größeren und kleineren Körpern von Amphiboliten (Nr. 42), Serpentiniten (Nr. 88), Marmoren und Kalksilikatfelsen (Nr. 44). Die Amphibolite können sehr mächtig werden. So besteht die Gruppe Gross Grünhorn/Finsteraarhorn/Scheuchzerhorn aus Bänderamphiboliten. Oft sind die Amphibolitzonen auch stark migmatisch ausgebildet. Ähnliche Gesteinsverbände treffen wir dann auch südlich des Aaregranits in der «südlichen Schieferhülle».
In dieses Altkristallin intrudierten die zahlreichen variszischen Plutonite, die im Aarmassiv in drei Phasen entstanden.

- 347–331 Mio. J. (untere Karbonzeit): Frühvariszische, alkalisch geprägte Plutone mit Puntegliasgranit und Giuvsyenit (Nr. 51); zudem auch mit Tödi- und Stremgranit, Baltschieder-Granodiorit, Bristenstocksyenit und Curtin-Monzodiorit.
- 315–307 Mio. J. (obere Karbonzeit): Mittelvariszische Granite (Voralp, Brunni, Munt Dado) und Diorite (Russein, Düssi, Nr. 50)
- 299–295 Mio. J. (unterste Permzeit): Spät- bis postvariszische Granite, mit dem weitaus größten Pluton des Gebiets, dem Zentralen Aaregranit (Nr. 49) und seinen Verwandten (Gastern- und Mittagfluhgranit, SW-Aaregranit und Grimsel-Granodiorit).

Gleichzeitig wurden an der Oberfläche, in Becken beschränkter Ausdehnung, oberkarbonische klastische Sedimente abgelagert. Diese sind besonders vielfältig am Ostrand des Massivs im Tödigebiet ausgebildet (Karbon des Bifertengrätlis, Nr. 57).
Das Aarmassiv wurde bei der Alpenbildung intensiv zerschert. Dabei wurden Späne von Grundgebirge gegen NW abgeschert, dazwischen

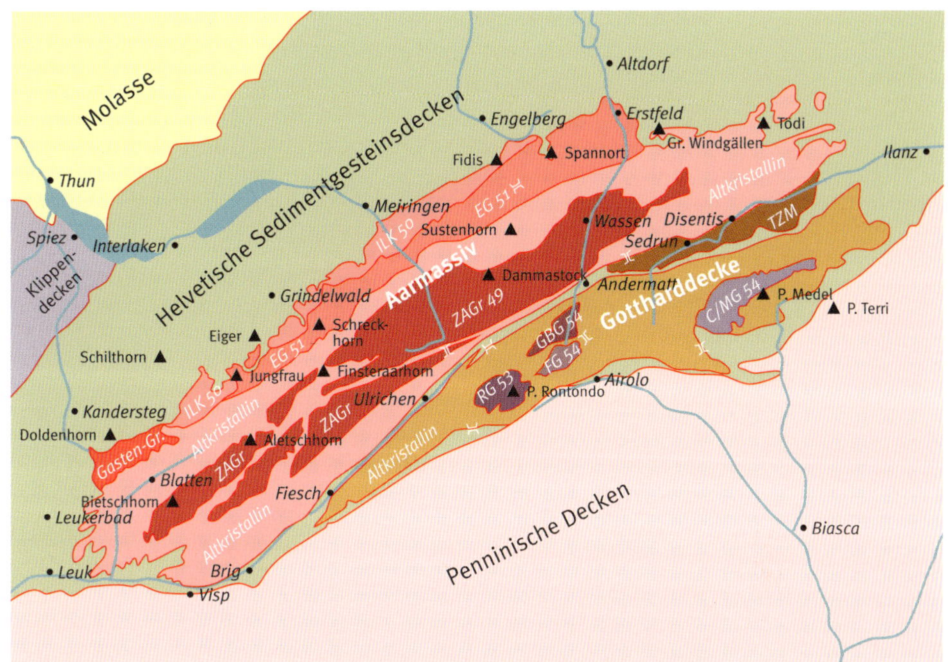

wurden keilförmige Zonen von mesozoischen Sedimenten eingeklemmt und verfaltet, die teilweise mehrere km tief in das Grundgebirge hineinziehen können. In der Landschaft kann man diese Keile etwa an den Ostseiten von Wetterhorn und Jungfrau (der berühmte «Jungfraukeil») sehen.

Gotthardecke

Die Gotthardecke ist ein schmaler Körper, mit Ausmaßen von ca. 80 × 7 km und einer Fläche von knapp 600 km². Ihre Gesteine wurden alpin wesentlich stärker überprägt als diejenigen des Aarmassivs, und zwar bis in die untere Amphibolitfazies. Trotzdem sind viele alte Strukturen und reliktische Mineralogien früherer Ereignisse erhalten geblieben. Wie das Aarmassiv lässt sich auch die Gotthardecke in Zonen unterteilen. Eine nördliche Paragneiszone zeigt eine Vielzahl von in Biotit-Plagioklasgneisen eingelagerte Gesteine auf, die viel über die alte geologische Geschichte verraten. Im mittleren Bereich der Decke dominiert dann der Streifengneis (Nr. 43), ein alter ordovizischer Granitkörper. Als südlichsten Teil trifft man an der Nordflanke des Bedrettotals eine bunte Abfolge von metasedimentären Schiefern an, die als paläozoische Metasedimente interpretiert werden. In dieses ganze Altkristallin intrudierten wie im Aarmassiv variszische bis spät-/postvariszische Granite, von denen hier die wichtigsten mit Rotondo- (Nr. 53), Fibbia-, Gamsboden-, Cristallina- und Medelgranit (Nr. 54) vorgestellt werden.

Vereinfachte geologische Karte der Grundgebirgseinheiten Aar-Tavetsch und Gotthard. Kompilation aus verschiedenen Quellen.

ILK = Innertkirchen-Lauterbrunnen-Kristallin; EG = Erstfelder Gneise; ZAGr = Zentraler Aaregranit; RG = Rotondogranit; GBG = Gamsbodengranit; FG = Fibbiagranit; C/MG = Cristallina-/Medelsergranit.

Tavetscher Zwischenmassiv

Das zwischen Trun und Oberalppass als maximal 4 km breiter Streifen aufgeschlossene Tavetscher Zwischenmassiv ist von seinen Gesteinen her der Gottharddecke nahestehend. Es besteht nur aus Altkristallin, mit einer bemerkenswerten Häufigkeit von eingelagerten Serpentinitlinsen. Berüchtigt wurde diese eingequetschte Kristallin-Einheit durch ihre starke spätalpin-spröde Deformation des nördlichen Teils, in welcher ein Großteil ihrer Gesteine zu sogenannten «Kakiriten», d. h. zu nur leicht verfestigten tektonischen Brekzien, umgewandelt wurden. Diese Gesteine waren die größte Herausforderung für die Tunnelbauer im Gotthard-Basistunnel.

Mont-Blanc- und Aiguilles-Rouges-Massive

Profilskizze des Jungfraukeils am Wetterhorn ...

... und so sieht es in der Landschaft aus. Der dicke Kristallinlappen ist an seiner bräunlichen Farbe gut zu erkennen.

Profil leicht modifiziert nach O. A. Piffner, Geologie der Alpen, 3. Auflage, Haupt Verlag 2015.

Diese beiden Massive bilden nach der Rawil-Depression die Fortsetzung der zentralalpinen Massive. Im Grundsatz sind sie sehr ähnlich aufgebaut. Da sehr wenig von ihnen auf Schweizer Boden liegt, wird auf eine weitere Einführung hier verzichtet.

Verrucano

In der Permzeit bildeten sich infolge einer europaweiten Dehnungstektonik geografisch klar definierte permische Senken aus. Am Ostrand des Tavetscher Zwischenmassivs bildete sich ein großer, SSW-NNO-streichender Trog aus. Dieser wurde mit bis zu 2 km mächtigen klastischen Sedimenten gefüllt, und parallel dazu fand an den tektonischen Grabenbrüchen ryholithischer Vulkanismus statt. Der nördliche Teil dieser sogenannten Verrucanoserien wurde bei der Alpenbildung vollständig aus dem Grundgebirge ausgestülpt und als Glarner Verrucano rund 35 km nach Norden überschoben. Diese Überschiebungsfläche ist im Gelände außerordentlich gut sichtbar und hat letztlich dazu geführt, dass die Glarner Alpen zu einem UNESCO-Weltnaturerbe erklärt wurden. Der zurückgebliebene Teil ist heute als metamorpher Ilanzer Verrucano am Nordrand der Gottharddecke auf der Strecke Ilanz/Andermatt/Furkapass/Brig als schmaler Zug aufgeschlossen.

Alpine Metamorphose

Alle externen helvetischen Grundgebirgseinheiten erlitten bei der alpinen Gebirgsbildung eine metamorphe Überprägung. Diese ist in den Mont-Blanc- und Aiguilles-Rouges-Massiven schwach und äußert sich makroskopisch kaum. In den Zentralalpen nimmt der Metamorphosegrad hingegen von schwach bis mittel (um 350 °C) am NW-Rand des Aarmassivs bis gegen 500 °C zu (Beginn Amphibolitfazies) am Südrand der Gottharddecke zu. Im Aarmassiv bewirkte die alpine Metamorphose und die begleitende Deformation die Ausbildung von Scherzonen, in denen die Gesteine stark alpin verschiefert wurden, und bei der als sichtbarer Einfluss der Umkristallisationen der Biotit zu grünem Chlorit umgewandelt wurde. Die Scherzonen haben einen großen Einfluss auf die Formen der Berge – sie

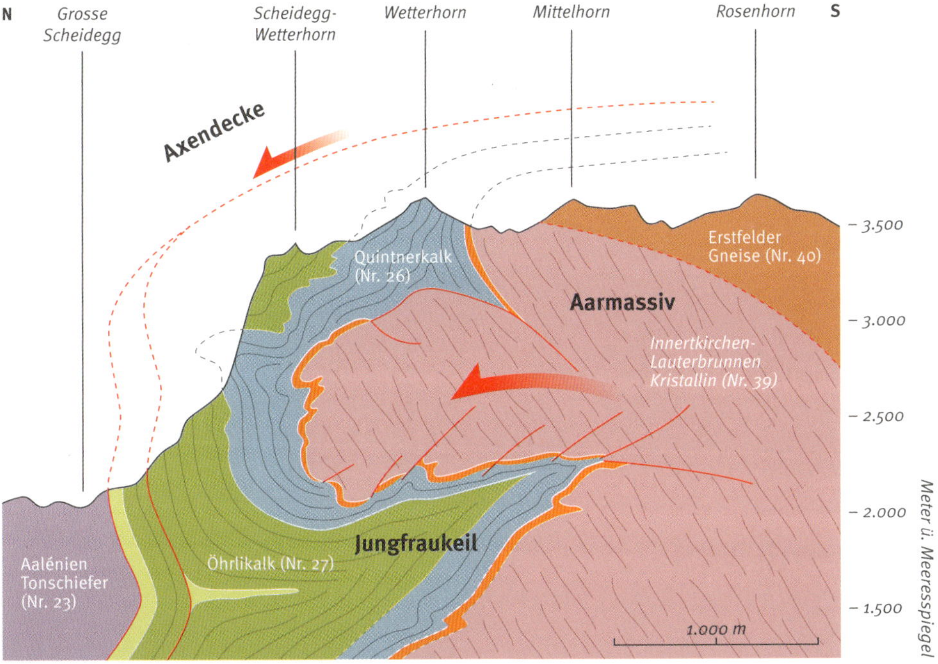

N Grosse Scheidegg
Scheidegg-Wetterhorn
Wetterhorn
Mittelhorn
Rosenhorn S
Axendecke
Quintnerkalk (Nr. 26)
Erstfelder Gneise (Nr. 40)
Aarmassiv
Innertkirchen-Lauterbrunnen Kristallin (Nr. 39)
Jungfraukeil
Aalénien Tonschiefer (Nr. 23)
Öhrlikalk (Nr. 27)
1.000 m
– 3.500
– 3.000
– 2.500
– 2.000
– 1.500
Meter ü. Meeresspiegel

bilden nämlich die auffälligen Scharten und Couloirs. Am Südrand der Gottharddecke sind die Gesteine unter dem Einfluss der höhergradigen alpinen Metamorphose weitgehend alpin umkristallisiert worden.

⇢ Die folgenden Gesteine, welche in anderen tektonischen Einheiten beschrieben werden, können in der Gesteinszone 5 ebenfalls angetroffen werden: **Aplit** (Nr. 123), **Pegmatit** (Nr. 124) und **Serpentinit** (Nr. 88).

39 Innertkirchen-| Lauterbrunnenkristallin

Typ
Formation/ Komplex

Säure-Base-Charakter
sauer

Gesteinsklasse: Metamorphite

Unterklasse: hochgradige Metamorphite

Das Innertkirchen-/Lauterbrunnenkristallin bildet ab dem Engelbergertal den nördlichen Rand des abtauchenden Aarmassivs. In der Landschaft ist es vom anschließenden Erstfeldergneis kaum zu unterscheiden. Im frischen Aufschluss ist es jedoch mit seinem unruhigfleckigen Aspekt und den vielen enthaltenen Gesteinsschollen sehr auffällig.

Der Komplex zeigt alle typischen Anzeichen eines hoch metamorphen Schollenmigmatits, der kurz vor der totalen Aufschmelzung stand. Die Hauptmasse hat schon plutonischen, granitartigen Charakter, nur die vielen, mehrere cm großen grünlichen Cordieritflecken, die unruhige Textur und die vielen noch nicht ganz aufgeschmolzenen Gesteinsschollen bezeugen den metamorphen Charakter.

Bestandteile|Härte

Quarz, Feldspäte, Biotit und grünliche Cordierit-Flecken.

Mächtigkeit|Verbreitung

60 km lange Zone am Nordwestrand des Aarmassivs, vom Engelbergertal im NO bis ins Lauterbrunnental im SW; maximal 5 km breit. Die Sustenpassstraße verläuft von Innertkirchen bis nach Gadmen in diesem Gesteinskomplex.

Textur und Struktur

Sehr heterogen, das Hauptgestein hat granodioritischen Charakter. Es ist unruhig gefleckt und durchsetzt mit Schollen gneisiger Anteile. Die grünlichen Flecken sind meist sekundär veränderte Nester von ehemaligem hoch metamor-

Fast vollständig regranitisierte Partie mit grünlichen Flecken des metamorphen Minerals Cordierit.

Nicht ganz aufgeschmolzene Scholle von verfaltetem Gneis in weitgehend granitisierter Matrix.

60	40 %
SiO_2	Rest

Landschaftsprägung
Mittel; zahlreiche typische Gneisberge.

phem Cordierit. Das Ganze ist typisch für einen weit entwickelten Migmatitkomplex (Schollenmigmatit) am Übergang zum magmatischen Gestein.

Farbe(n), Patina, Verwitterung und Erosion
Im frischen Zustand grau und fleckig; mit rostbrauner Patina. Vergleichsweise verwitterungs- und erosionsresistent.

Einschlüsse|Fossilien
Enthält zahlreiche Schollen und Linsen von Marmoren, dunklem Paragneis, Erstfeldergneis, Marmor und Amphibolit.

Adern|Klüfte|Bruchmuster
Kaum bemerkenswerte Aderbildungen. Alpine Zerrklüfte.

Alter|Bildungsetappen
Nach neueren Daten ist der Komplex durch die teilweise Aufschmelzung von Gneisen der Erstfeldergneise mit ihren verschiedenartigen Gesteinseinlagerungen bei der ordovizischen Gebirgsbildung entstanden. Von der variszischen und alpinen Gebirgsbildung ist die Serie kaum beeinflusst.

Variabilität|Verwandte|Verwechslungen
Im Kleinbereich sehr variable Ausbildung, im Aufschlussbereich wegen den Cordieritflecken und der schollenmigmatischen Ausbildung jedoch einfach zu erkennen.

Die gletschergeschliffenen Aufschlüsse im Vorfeld des Tschingelgletschers im hintersten Lauterbrunnental (BE) sind spektakulär.

Stark verwitterte und mit Flechten überzogene Straßenaufschlüsse bei Innertkirchen – zum Davonlaufen …

40 Erstfeldergneis

Typ
Formation/ Komplex

Säure-Base-Charakter
sauer

Gesteinsklasse: Metamorphite **Unterklasse:** hochgradige granitische Orthogneise

Der Erstfeldergneis ist ein recht einfach zu erkennendes Gestein. Seine lagenmigmatische Struktur (s. Fotos) ist charakteristisch. Mineralogisch handelt es sich beim Erstfeldergneis um einen leukokraten Biotit-Plagioklas-Gneis. Neuere Untersuchungen zeigen, dass es sich beim Erstfeldergneis nicht um einen Ortho-, sondern um einen Paragneis handelt. Das Alter des ursprünglich sandig-tonigen Sedimentgesteins ist nicht bekannt, es dürfte proterozoisch sein. Die metamorphe Umwandlung zum hoch metamorphen Migmatit fand vor rund 450 Mio. J., während der ordovizischen Gebirgsbildung statt.

Bestandteile|Härte

Quarz, Feldspäte und ziemlich viel Biotit (etwa granitische Zusammensetzung).

Mächtigkeit|Verbreitung

Die Erstfeldergneise bilden einen maximal 9 km breiten Zug, der südöstlich an das Innertkirchner Kristallin anschließt. Im Reusstal bei Erstfeld bildet er die ersten Aufschlüsse im Aarmassiv. Er reicht von Erstfeld bis gegen das Schreckhorn zu. Die Berge der Kröntengruppe ob Erstfeld und der Fünffingerstöcke am Sustenpass liegen in der Zones des Erstfeldergneises.

Textur und Struktur

Helles, mittelkörniges Gneisgestein mit fluidaler Lagenmigmatitstruktur. Mittel- bis grobkörnige Quarz-/Feldspatlagen werden umflossen von biotitreichen Säumen. Das Gestein ist oft verfaltet, dazwischen kommen aber auch fast granitartige Partien vor.

Erstfeldergneis; um akzessorische Erzkörner herum Oxidationshöfe aus Eisenhydroxid.

Sehr charakteristische Erstfeldergneise am Krönten (UR); im Hintergrund der Quintnerkalk des Schlossbergs.

SiO2	Rest
65	35 %

Landschaftsprägung
Stark; hochalpine Grate und Wände.

Das helle, weiß-schwarze Gestein

Farbe(n), Patina, Verwitterung und Erosion

Heller, lagig bis verfalteter Migmatitgneis. Wie alle derartigen Gesteine kann er eine bräunliche Patina/Verwitterungskruste aufweisen. Vergleichsweise verwitterungs- und erosionsresistent.

Einschlüsse|Fossilien

Der Gneis kann Einschlüsse von andern, hochmetamorphen Gesteinen in Form von Linsen und Lagen enthalten, vor allem Marmore und Kalksilikatfelse, aber auch Quarzite, Amphibolite und einige ultrabasische Gesteine. Solche Fremdgesteinseinschlüsse können zuweilen über 100 m lang sein.

Adern|Klüfte|Bruchmuster

Kaum bemerkenswerte Aderbildungen. Alpine Zerrklüfte.

Alter|Bildungsetappen

Wahrscheinlich spätpräkambrisches, klastisches und sandig-toniges Sedimentgestein; bei der ordovizischen Gebirgsbildung zu Migmatit umgewandelt. Von der variszischen und alpinen Gebirgsbildung wenig beeinflusst.

Variabilität|Verwandte|Verwechslungen

In der Region seines Vorkommens gut zu identifizieren. Im Handstück durchaus ähnlich zu manchen alpinen Tessiner Migmatiten.

Verwendung

Lokaler Baustein.

Klettereigenschaften

Ziemlich gutes und solides Klettergestein.

Migmatisch verfaltete Partie im Erstfeldergneis, Silberberg ob Sustenpass (UR).

Die Gneispyramide des Sustenspitz (2931 m) besteht ganz aus Erstfeldergneisen; Aufnahme von der Tierberglihütte aus.

41 Biotit-|Plagioklasgneise

Typ
Lithologie

Säure-Base-Charakter
sauer

Gesteinsklasse: Metamorphite

Unterklasse: hoch metamorphe Metasedimente

Biotit- und quarzreiche Paragneise sind in den altkristallinen Anteilen der externen helvetischen Grundgebirge weit verbreitet – wie auch in fast allen andern alpinen Grundgebirgseinheiten (s. Nr. 82, 99). Sie repräsentieren alte quarzreiche und klastische Sedimente (vorwiegend Grauwacken), die ordovizisch oder variszisch in Amphibolitfazies metamorphosiert wurden. Bei der Alpenbildung wurden sie nur geringfügig überprägt, v. a. durch Scherzonen und teilweiser Chloritisierung der Biotite. In der Gottharddecke gibt es solche Gneise auch aus der alpinen Metamorphose.

Die Klasse der Biotit-Plagioklasgneise repräsentierten damit sozusagen das «gewöhnliche» Altkristallin – deshalb der Untertitel «Allerweltsgestein des Grundgebirges».

Der Name «Gneis» ist eine alte sächsische Bergmannsbezeichnung aus dem 16. Jahrhundert; er wurde dort allgemein für harte Gesteine mit Paralleltextur verwendet. Wahrscheinlich stammt das Wort von den mittelhochdeutschen Bezeichnungen «ganeist», «geneiste» und althochdeutschen «gneisto» für «Funke», weil die harten und quarzreichen Gesteine beim Anschlagen gerne Funken erzeugten. Früher war auch «Gneus» üblich, so hat Goethe etwas die Gesteine bezeichnet. Auf Englisch und Französisch wird «gneiss» verwendet.

Der Stadtteil «Gneis» in Salzburg hat hingegen gar nichts mit der Gesteinsbezeichnung zu tun ...

Bestandteile|Härte

Quarz, Feldspat, Biotit, zuweilen auch Muskovit sowie Akzessorien. Hartes und zähes Gestein.

Frischer, biotitreicher Biotit-/Plagioklasgneis, hier quer zur Schieferung betrachtet.

Alpinmetamorph «vergrünter» Gneis (Biotit zu Chlorit umgewandelt), Aufnahme schräg zur Schieferung.

65	35 %
SiO_2	Rest

Landschaftsprägung
Mittel; zahlreiche typische Gneisberge.

Allerweltsgestein des Altkristallins

Mächtigkeit|Verbreitung
Häufige Gesteinsart im Altkristallin der externen helvetischen Grundgebirge.

Textur und Struktur
Fein- bis mittelkörnig, deutlich geschiefert, manchmal auch unruhig-flaserig mit quarzreichen hellen Schlieren.

Farbe(n), Patina, Verwitterung und Erosion
Im frischen Bruch bräunlich grau; Patina braun- bis rostrot; verwittert stärker als helle Orthogneise oder granitische Gesteine.

Einschlüsse|Fossilien
Es können linsenartige Einschlüsse von Kalksilikatfelsen oder Marmoren vorkommen.

Adern|Klüfte|Bruchmuster
Kaum bemerkenswerte Aderbildungen. Alpine Zerrklüfte.

Alter|Bildungsetappen
Wahrscheinlich spätpräkambrische bis frühpaläozoische, klastische, sandig-tonige Sedimentgesteine, meist mehrfach metamorphosiert (polymetamorph).

Variabilität|Verwandte|Verwechslungen
Große Variabilität in den Gehalten von Biotit.

Verwendung
Lokaler Baustein.

Typischer Biotit-/Plagioklasgneis, intrudiert von einem Gang des Zentralen Aaregranits; Langgletscher, Lötschental (VS).

Das Sustenhorn von Südosten. Es besteht im Wesentlichen aus altkristallinen Biotitgneisen.

42 Amphibolit und Amphibolitmigmatit

Typ
Lithologie

Säure-Base-Charakter
basisch

Gesteinsklasse: Metamorphite

Unterklasse: hochgradige Metabasika

Amphibolite kommen sowohl im Aarmassiv als auch in der Gottharddecke verbreitet vor, kaum jedoch in den schweizerischen Anteilen der Aiguilles-Rouges- und Mont-Blanc-Massive. Im Aarmassiv treten Amphibolite gehäuft in einer Zone zwischen Erstfeldergneisen und dem Zentralen Aaregranit auf, aber auch im Altkristallin südlich des Aaregranits; dieser intrudierte weitgehend in die amphibolitreiche Zone. Die Amphibolite des Aarmassivs sind meistens migmatisch ausgebildet, oft als ästhetisch wunderschöne Schollenmigmatite, in welchen alle Stadien der partiellen Aufschmelzung beobachtet werden können. In der Gottharddecke treten Amphibolite in den altkristallinen Gneis- und Schieferzonen auf. Dort sind sie meist als Bänderamphibolite ausgebildet. Lokal sind auch Granatamphibolite vorhanden; zudem findet man ganz selten reliktische Eklogite, die beweisen, dass die Gesteine vor ihrer amphibolitfaziellen Metamorphose noch eine Hochdruckmetamorphose erlebt haben. Die Amphibolite sind assoziiert mit Gabbros und Serpentiniten.

Bestandteile|Härte

Die Grundmasse besteht aus schwarzgrüner Hornblende und weißlich-gelblichem Plagioklas; zuweilen sind Granat und Titanit enthalten. In den Schollenmigmatiten besteht das Leukosom aus hellen, feldspatreichen quarzdioritischen Gesteinen, oft mit eingesprengten idiomorphen, gedrungenen Hornblendekristallen.

Mächtigkeit|Verbreitung

Züge, Schollen und Linsen, z.T. in beträchtlicher Mächtigkeit von über 100 Metern. Die Züge sind teilweise über viele km verfolgbar. Der markanteste Berg in den Amphiboliten des Aarmassivs ist das Finsteraarhorn – so benannt, weil es eben aus dunklem Amphibolit besteht.

Gebänderter Amphibolit, Lötschental (VS).

Granatamphibolit, Silberberg am Sustenpass (UR).

55 SiO_2 | 45 % Rest

Landschaftsprägung
Mittel, einzelne markante, eher dunkle Berge.

Dunkle Zeugen uralter Ozeanböden

Textur und Struktur
Fein- bis mittelkörnig, verzahnt und kompakt.

Farbe(n), Patina, Verwitterung und Erosion
Reiner Amphibolit ist im frischen Bruch dunkelgrünlich bis schwarzgrünlich, gesprenkelt mit hellen Plagioklasfeldspäten. Die Schollenmigmatite sind hell-dunkel gescheckt. Oft ist eine recht intensive rostbraune Patina vorhanden.

Einschlüsse|Fossilien
Selten Linsen von Kalkisilikatgesteinen (Nr. 44)

Adern|Klüfte|Bruchmuster
Klüfte in Amphiboliten bestehen in der Regel aus weißem Feldspat, dunkelgrünem Chlorit und pistaziengrünem Epidot.

Alter|Bildungsetappen
Die Amphibolite von Aarmassiv und Gottharddecke stammen aus alter ozeanischer Kruste, waren also Basalte. Diejenigen der Gottharddecke erlebten eine ordovizische Hochdruck- und anschließend eine amphibolitfazielle Metamorphose. Die Migmatisierung der Aarmassiv-Amphibolite dürfte ebenfalls ordovizisch sein. Variszisch und alpin sind die Gesteine wenig beeinflusst.

Variabilität|Verwandte|Verwechslungen
Die Amphibolite zeigen einen große Variabilität in ihrer Erscheinungsform, sind aber aufgrund ihrer Farbe und ihres Mineralbestands in der Regel leicht erkennbar.

Klettereigenschaften
Wie Nr. 40

Verfaltete, gebänderte und leicht migmatische Amphibolite, Lötschental (VS). Die Kluftscharen gehen auf die alpine Gebirgsbildung zurück.

Die steil stehenden Bänderamphibolite bei der Finsteraarhornhütte; das Finsteraarhorn im Hintergrund besteht aus denselben Gesteinen.

43 Streifengneis

Typ
Formation/Komplex

Gesteinsklasse: Metamorphite **Unterklasse:** hochgradige Metagranitoide

Der Streifengneis ist ein charakteristisches und auffälliges Gestein der zentralen Gottharddecke. Er ist an seiner deutlichen Streifung leicht zu erkennen. Diese geht auf ein Lineargefüge zurück, bei dem streifenförmige, glimmerreiche Bahnen entstanden. Solche Lineargefüge entstehen bei starker duktiler Scherung. Der Streifengneis war einmal ein ordovizischer Granit (Alter um 440 Mio. J.), der wiederum durch Aufschmelzung von sedimentärem Material entstanden ist. Ob seine Vergneisung noch während der ordovizischen oder erst bei der variszischen Gebirgsbildung stattfand, ist noch unklar.

Bestandteile|Härte
Quarz (um 30 %), Feldspäte (um 60 %), Muskovit (um 8 %), Biotit in granitischer Zusammensetzung sowie Akzessorien.

Mächtigkeit|Verbreitung
Zentrale, bis ca. 5 km breite Zone in der Gotthardddecke, von der Ostseite des Gotthardpasses über die Nordseite des Lukmanierpasses – wo der Streifengneis durch den variszischen Medelsergranit (Nr. 54) unterbrochen wird – und weiter bis über das Val Sumvitg hinaus.

Variabilität|Verwandte|Verwechslungen
Der Streifengneis zeigt höchst unterschiedliche Ausmaße der Vergneisung, von grobflaserig, fast noch granitartig, bis zum hochdeformierten, plattig-linearen Gneis.

Verwendung
Lokaler Baustein.

Streifengneis: nomen est omen!

Bruchstücke von Streifengneis auf dem Hüttenweg zur Cadlimohütte vom Lukmanierpass aus.

44 Marmor | Kalksilikatfels

Typ
Lithologie

Gesteinsklasse: Metamorphite **Unterklasse:** Metakarbonate

Hoch metamorphe Marmore bis Kalksilikatfelse treten – wie fast in allen altkristallinen Grundgebirgsteilen des Alpenraums – als in den Gneisen und Schiefern eingelagerte Linsen und Lagen auf. Sie können als einzelne, cm- bis dm-große Linsen oder aber als über Hunderte von Metern lange Bänder oder Zonen auftreten. Oft sind die Marmorlagen auch boudiniert. Neben praktisch reinweißem Marmor sind alle Schattierungen bis hin zu sehr silikatreichen Kalksilikatfelsen, oft auch in Wechsellagerung, zu finden. Dies widerspiegeln ursprüngliche Lagen von Kalkstein mit wechselnden Anteilen von Ton- und Sandstein. Die Gesteine wurden zu voralpiner Zeit (wahrscheinlich meist variszisch) hochgradig metamorphosiert und erlitten bei der Alpenbildung höchstens noch eine gewisse niedriggradige retrograde Überprägung.

Bestandteile | Härte
Marmore: Calcit, manchmal etwas Glimmer; weiche Gesteine. Kalksilikatfelse: Quarz, Plagioklas, Biotit, Hornblende, Vesuvian, Diopsid und Großulargranat; harte massige Gesteine.

Mächtigkeit | Verbreitung
Meist nur Linsen im cm-/dm-Bereich. Am Silberberg (Susten) und im obersten Erstfeldertal auch größere Vorkommen.

Variabilität | Verwandte | Verwechslungen
Die alpin metamorphen Marmore/Kalksilikatgesteine des Tessins (Nr. 85, 86) sind im Handstück nicht von diesen hier zu unterscheiden.

Verwendung
Vorkommen zu klein für lohnenden Abbau.

Weißer reiner Marmor aus einer rund 50 cm breiten Lage im Innertkirchen-/Lauterbrunnenkristallin (Nr. 39); Sustenpassstraße bei der Talstation der Triftbahn.

Kalksilikatfels mit Vesuvian (braun), Granat (rosa) und Diopsid (grünlich) aus dem Sustengebiet.

45 Glimmerschiefer|Sericitschiefer

Typ
Lithologie

Gesteinsklasse: Metamorphite **Unterklasse:** Metasedimente

Im Altkristallin aller Grundgebirgseinheiten, ganz besonders in der Gottharddecke, kommen neben den verschiedenartigen Gneisen auch eigentliche Schiefer vor, glimmerreiche Gesteine, die eine starke und relativ engständige Paralleltextur aufweisen und im Gelände eindeutig als Schiefer angesprochen werden müssen. Je nach ihren Gehalten an den wichtigsten Glimmermineralien Muskovit/Sericit, Biotit und Chlorit erhalten sie ihre spezifischen Bezeichnungen. Die glimmerreichen Schiefer bilden, wie es sich gehört, oft sehr gut parallel spaltende Platten und wenig stabile Grate und Wände. Es bestehen fließende Übergänge zu eigentlichen Gneisen. Ähnlich wie die Biotit-Plagioklas-Gneise (Nr. 41) gehören verschiedene Schiefertypen zur «Grundausstattung» der alpinen Grundgebirge. Sie sind in aller Regel ebenfalls sedimentären Ursprungs, entstanden aus tonreicheren Gesteinen als die Gneise, weshalb sie viel glimmerreicher sind und eine ausgeprägtere Schieferung aufweisen.

Bestandteile|Härte

Quarz, Feldspäte, Muskovit/Serizit, Biotit, Chlorit in stark wechselnden Anteilen, dazu Akzessorien.

Mächtigkeit|Verbreitung

In allen Altkristallingebieten der externen Grundgebirge.

Variabilität|Verwandte|Verwechslungen

Sehr hoch, s. oben.

Verwendung

Bestenfalls lokaler Baustein.

Feldaspekt von Glimmerschiefern aus dem Altkristallin der Gottharddecke, oberhalb von Hospental (UR).

Altkristalline Glimmerschiefer an der Straße Ernen-Ausserbinn (VS), mit einer Boudinageeinschnürung und kleiner Zerrkluft darin.

46 Granat-Hornblende-Garbenschiefer

Typ
Lithologie

Gesteinsklasse: Metamorphite **Unterklasse:** Metamergel

Das südliche Altkristallin der Gottharddecke zeigt eine sehr hohe Gesteinsvielfalt. Die Geologen gliederten dieses Durcheinander, indem sie «Serien» ausschieden (z.B. Prato-, Giubine-, Neva- oder Tremolaserie). Heute interpretiert man diese Gesteine als altpaläozoische Sedimentgesteine, die bei der alpinen Gebirgsbildung in Amphibolitfazies metamorphosiert wurden.

In der Tremolaserie wurde ein Gesteinstyp berühmt, der auch dem Laien auffällt: die granatführenden Hornblende-Garbenschiefer. In einer schiefrigen Matrix aus Biotit und Quarz liegen bis über 1 cm große, rotbraune Granate, und in den Schieferungsflächen große, grünschwärzliche Hornblendekristalle, die besenartig gebündelte Aggregate bis über 10 cm Länge bilden. Man erkennt mit der Lupe, dass die Hornblenden über die Schieferung wuchsen, also jünger sind als die Schieferungen. Dasselbe Phänomen kann auch bei einem Teil der Biotite beobachtet werden, welche quer zur Schieferung liegen («Querbiotite»). In den Granaten sind teilweise rotierte Einschlüsse von Quarz erkennbar, welche anzeigen, dass sie während der Ausbildung der Schieferung wuchsen und dabei rotiert wurden. Die Ausgangsgesteine der Garbenschiefer waren stets sandig-tonige/mergelige Sedimentgesteine.

Bestandteile|Härte
Quarz, Feldspat, Biotit (auch Muskovit), Hornblende, Granat, Chlorit und Calcit.

Mächtigkeit|Verbreitung
Deckenparallele Zone von ca. 17 km O-W-Erstreckung und bis über 1 km Breite.

Variabilität|Verwandte|Verwechslungen
Hohe Variabilität in den Gehalten aller Mineralien.

Verwendung
Wird zum Teils als Dekorationsstein verwendet.

Granat-Hornblende-Garbenschiefer aus der Tremolaserie, Val Piora (TI).

Die unter Geologen bekannten Hornblendeschiefer von Frodalera südlich des Lukmanierpasses (TI).

47 Ofenstein|Giltstein

Typ
Lithologie

Säure-Base-Charakter
basisch

Gesteinsklasse: Metamorphite **Unterklasse:** Meta-Ultrabasika

In den altkristallinen Gesteinsserien finden sich neben den Amphiboliten auch Linsen von Serpentiniten (s. auch Nr. 88). Diese werden zusammen mit den Amphiboliten als Reste uralter ozeanischer Kruste angesehen, die bei Subduktions- und Gebirgsbildungsvorgängen in die kontinentale Kruste eingeschuppt und metamorph umkristallisiert wurde. Die Amphibolite entstanden aus den ozeanischen Basalten, die Serpentinite aus dem Erdmantelgestein Peridotit (Nr. 111). Da diese chemisch sehr unterschiedlich sind von normalen Krustengesteinen, bildeten sich um die Serpentinitlinsen bis mehrere Meter dicke Reaktionszonen, in welchen die Mineralien Talk, Chlorit und Aktinolith (Strahlstein) gebildet wurden. Da Talk und Chlorit sehr weich sind, lassen sich diese Gesteine leicht bearbeiten. Weil sie zudem eine hohe Wärmespeicherkapazität aufweisen, hat man sie seit Jahrhunderten in erster Linie für den Bau von Öfen verwendet – deswegen der Name «Ofenstein». Weitere Bezeichnungen sind Lavez-, Gilt- oder Topfstein. Besonders talkreiche Varianten sind auch als Speckstein bekannt, der sich leicht mit dem Messer zu Figuren schnitzen lässt.

Bestandteile|Härte

Serpentinit: Serpentinmineralien, Magnetit und Ilmenit.
Ofenstein: Serpentin, Talk, Chlorit und Karbonat (auch Magnesit).

Mächtigkeit|Verbreitung

Linsenförmige Einlagerungen in den Altkristallinserien von bis zu einigen Zehnermetern Länge und Volumina bis einige 100 m^3.

Textur und Struktur

Serpentinit: feinstkörnig-dicht, massig bis schiefrig, manchmal mit glänzenden Rutschharnischflächen mit hellen (grünen, gelblichen

Frischer Bruch in talkreichem Ofenstein von Hospental (UR).

Randzone eines Vorkommens vom Saflischpass (VS), mit grünem Aktinolith und braunem Eisenkarbonat (Ankerit).

SiO$_2$	CaCO$_3$	Rest
40	5	55 %

Landschaftsprägung
Kaum Landschaftsprägung.

und weißlichen) Mineralausscheidungen. Ofenstein: mittel- bis grobkörnig, massig-richtungslos, fleckig, wechselnde Anteile von weißem Talk, grünem Chlorit und Serpentin, manchmal auch Strahlstein (Aktinolith-Amphibol).

Farbe(n), Patina, Verwitterung und Erosion
Serpentinit: grün bis grünschwarz.
Ofenstein: fleckig hellgrau bis grüngrau.
Beide Gesteine verwittern in der Regel schneller als die sie umgebenden Gneise/Schiefer.

Einschlüsse|Fossilien
Keine.

Adern|Klüfte|Bruchmuster
Manchmal durchsetzt von Asbestklüften, weissen bis bräunlichen Karbonatadern (Calcit, Fe-Calcit); Serpentinit ist oft durchsetzt von Rutschharnischen.

Alter|Bildungsetappen
Präkambrische oder frühpaläozoische Ozeankruste, polymetamorph.

Variabilität|Verwandte|Verwechslungen
Serpentinit insgesamt sehr homogen. Ofenstein mit variablen Anteilen der Hauptmineralien.

Verwendung
Traditionell verwendet für Öfen, Tür- und Fensterumrahmungen, Säulen etc. Serpentinit wird heute vor allem für Fassadenplatten verwendet.

Klettereigenschaften
Keine Kletterrouten, da zu lokale und kleine Vorkommen.

Ofensteinbruch ob Hospental (UR).

Alter Lötschentaler Ofen aus Giltstein.

48 Mont-Blanc-Granit

Typ
Formation/Komplex

Säure-Base-Charakter
sauer

Gesteinsklasse: Magmatite **Unterklasse:** granitoide Plutonite

Der Mont-Blanc-Granit ist ein unverkennbares Gestein. Es ist grobkörnig (um 0,5–1 cm), die Quarze sind grau, manchmal auch rauchbraun. Die Hauptmasse zeigt eine porphyrische Struktur mit bis über 5 cm großen Kalifeldspatklötzchen und recht viel Biotit. Die randlichen Zonen sind etwas feinerkörnig, nicht porphyrisch und etwas biotitärmer. Zonenweise enthält der Granit Schwärme von schwarzgrünen Schollen aus Biotit-Hornblendediorit, die frühe Kristallisationen repräsentieren. Diese wittern gerne etwas heraus und bieten dann den Kletterern willkommene Griffe und Tritte («chickenheads»). Ebenfalls zonenweise angereichert, treten feinkörnige Aplitgänge auf, etwa in den Südostwänden der Aiguilles Dorées. Wie im Aarmassiv bewirkte die alpine grünschieferfazielle Metamorphose und Deformation eine teilweise Chloritisierung der Biotite und Saussuritisierung der Plagioklase, was zu einer Grünlichfärbung des Gesteins führte. Die Deformationen konzentrieren sich auf diskrete Scherzonen. Der Mont-Blanc-Granit ist ein häufig in den Tälern und im Mittelland anzutreffendes Findlingsgestein und damit wichtiges Leitgestein für die Ausbreitung des Mont-Blanc-Rhonegletscher-Systems.

Bestandteile|Härte

Mittlerer Modalbestand: Quarz 36 %, Kalifeldspat 28 %, Plagioklas 32 %, Biotit 4 %. Hartes und zähes Gestein.

Mächtigkeit|Verbreitung

Großer linsenförmiger Granitkörper von 12 × 35 km, Tiefe mindestens 8 km. Umfasst die Hauptberggruppen des Mont-Blanc-Massivs.

Textur und Struktur

Siehe Text.

Farbe(n), Patina, Verwitterung und Erosion

Im frischen Bruch hellgraues bis hellgrünliches

Mont-Blanc-Granit im frischen Bruch, mit ganz leicht saussuritisierten, grünlichen Plagioklasen.

Porphyrische Varietät mit stark saussuritisiertem Plagioklas.

SiO_2	Rest	
73	27	%

Landschaftsprägung
Sehr stark, gewaltige Granitberge.

Der stolzeste Alpengranit am König der Alpenberge

Gestein (je nach alpinmetamorpher «Vergrünung»); Patina rotbraun. Insgesamt sehr verwitterungsresistentes Gestein. Infolge der Klüftung ist die Erosion durch Ausbrüche relativ intensiv. Diese hat in den letzten Jahren, vermutlich aufgrund des Auftauens von Permafrost stark zugenommen.

Einschlüsse|Fossilien
Zonenweise Scharen von feinkörnigen Hornblende-Biotitdioriten als münzen- bis fußballgroße, gerundete Fremdeinschlüsse (Xenolithen); zonenweise viele Aplitgänge (s. Text).

Adern|Klüfte|Bruchmuster
Subhorizontal liegende Quarzadern und alpine Zerrklüfte mit schönsten Rauchquarzen. Intensive Zerklüftung in ± orthogonalem Kluftsystemen, welche immer wieder zu großen Felsstürzen führen.

Alter|Bildungsetappen
Intrusion spät im Verlauf der variszischen Orogenese, datiert auf 303 ± 2 Mio. J.

Variabilität|Verwandte|Verwechslungen
S. Text. Der typische Mont-Blanc-Granit hebt sich deutlich von allen andern großen alpinen Granitkörpern ab. Im nördlich anschließenden Aiguilles-Rouges-Massiv kommt der etwas feiner körnige Vallorcinegranit auf Schweizer Boden vor.

Verwendung
Baustein, früher auch an Findlingen abgebaut. Zahlreiche Gebäudesockel und Bauten bestehen aus Mont-Blanc-Granit.

Klettereigenschaften
Hervorragendes Klettergestein. Zahlreiche geschichtsträchtige Klassiker und eine Unzahl moderner Freikletterrouten.

Porphyrischer Mont-Blanc-Granit mit dioiritschen Schollen.

Blick vom Vallon d'Arpette de Saleinaz an die Gruppe des Portalet (3343 m), mit dem Granitzahn des Petit Clocher rechts.

49 Zentraler Aaregranit

Typ
Formation/Komplex

Säure-Base-Charakter
sauer

Gesteinsklasse: Magmatite **Unterklasse:** granitoide Plutonite

Der Zentrale Aaregranit ist der bedeutendste Granit der Schweizer Alpen. Er baut viele großartige Berggestalten der Berner Hochalpen auf, angefangen beim Bietschhorn im WSW bis zum Sockel des Tödi im NNO. Besonders markante Berge im Zentralen Aaregranit sind etwa das Bietschhorn, der Galenstock oder die berühmten Granitkletterberge Salbitschijen und Bergseeschijen.

Der riesige Pluton, der heute den Zentralen Aaregranit bildet, intrudierte während der variszischen Gebirgsbildung (radiometrisches Alter 297 Mio. J.). Der ganze Pluton ist intern gegliedert. Man kann insbesondere einige vor allem randlich entwickelte Granite als halbwegs eigenständige Gesteine ausscheiden, so etwa die Brunni-, Voralp-, Mittagfluh-, Bietschhorn-, Baltschieder- und Gasterngranite. Diese gehören jedoch zum selben plutonischen Komplex. Das Gleiche gilt für den im Grimselgebiet aufgeschlossenen Grimselgranodiorit, welcher neben mehr Plagioklas deutlich mehr Biotit enthält.

Heute wissen wir, dass bei der Alpenbildung das früher als komplett autochthon betrachtete Aarmassiv auch stark abgeschert und intern deformiert wurde. Dies äußert sich auch im Erscheinungsbild des Zentralen Aaregranits. Dieser ist nämlich von großen Systemen von steil gegen SSW einfallenden duktilen Scherzonen durchzogen, an denen der Granit teilweise sehr stark deformiert wurde. Zwischen diesen Scherzonen liegen linsenförmige Bereiche, in denen er praktisch undeformiert vorliegt. Dies bedeutet, dass der Bergwanderer und Kletterer manchmal auf schön blockigen Granit stößt, um dann unvermittelt in eine Zone mit Granitgneis oder im Extremfall sogar in eine Zone mit Granitschiefer und Granitmylonit zu geraten. Geradezu schulbuchmäßig ist dieses Phänomen am Südgrat des Salbitschijen zu sehen: Die am stärksten zerscherten

Frischer Aaregranit, undeformiert, aber mit leicht saussuritisiertem Plagioklas (grünlich) und teilweise chloritisiertem Biotit (schwarzgrün).

Grimsel-Granodiorit ,der bei der der alpinen Gebirgsbildung leicht vergneist wurde.

70	3 %
SiO_2	Rest

Landschaftsprägung
Sehr stark, viele große Berggestalten und Kletterberge.

Größter Alpengranit mit voralpiner Entstehung

Bereiche erodierten am leichtesten, dort bildeten sich Couloirs und Scharten.

Bestandteile|Härte

Quarz (grau, um 25 %), Kalifeldspat (weiß, um 35 %), Plagioklas (oft leicht gelblich, um 35 %) und Biotit (schwarz oder grün chloritisiert, um 5 %). Hartes und zähes Gestein.

Mächtigkeit|Verbreitung

Der Zentrale Aaregranit bildet einen alpenkammparallelen, lang gestreckten plutonischen Körper von 100 km Länge, der an der breitesten Stelle 9 km breit ist. Die Tiefe ist nicht genau bekannt, dürfte aber über 8 km betragen (wobei ein großer Teil zudem schon wegerodiert worden ist). Das Volumen muss ursprünglich weit über 4000 km^3 betragen haben. Damit ist der Zentrale Aaregranit der größte bekannte variszische Pluton Mitteleuropas.

Textur und Struktur

Im ungestörten Zustand massig-richtungslos, mittelkörnig homogen, kaum je porphyrisch. Durchzogen von duktilen Scherzonen, an denen das Gestein zuerst leicht, dann immer stärker vergneist wurde. In manchen Scherzonen liegen im Hauptscherbereich eigentliche Granitmylonite vor: feinkörnige, plattige grünliche Schiefer.

Farbe(n), Patina, Verwitterung und Erosion

Das Gestein ist insgesamt hell weißgrau, mit einer charakteristischen Sprenkelung durch die Biotite. Oberflächlich kann es eine rötlich braune Patina aufweisen. Der Granit ist sehr verwitterungsresistent. Der wichtigste Erosionsprozess ist die Frostsprengung. Dadurch bilden sich große Block- und Granitschutthalden.

Teufelsbrücke (UR), gebaut aus Aaregranit, dahinter das Gestein mit typischer Klüftung.

Kletterei am Westgrat des Salbitschijen (UR) in perfektem, blockigem (undeformiertem) Granit.

Einschlüsse|Fossilien
Dunkle dioritische Schollen treten hie und da auf, zonenweise auch helle Aplit- und Quarzporphyrgänge, seltener Pegmatite.

Adern|Klüfte|Bruchmuster
Der Granit ist oft von Quarz- und Quarz-/Feldspatadern durchzogen. Die berühmten alpinen Zerrklüfte verlaufen subhorizontal. In den glazial überprägten Granittälern kann oft eine hangparalle Druckentlastungsklüftung beobachtet werden.

Alter|Bildungsetappen
Variszische Intrusion vor 297 ± 2 Mio. J. in die umgebenden Gneise und Schiefer des «Altkristallins» (stellenweise mit Kontaktmetamorphose). Alpine Überprägung in der Grünschieferfazies.

Variabilität|Verwandte|Verwechslungen
Der eigentliche Zentrale Aaregranit ist mit seinen typischen Merkmalen recht gut zu erkennen. Er unterscheidet sich z. B. deutlich vom Mont-Blanc-Granit. Die meist etwas helleren und feinerkörnigen randlichen Varianten (Baltschieder-, Mittagfluh- und Voralpgranit) sind ebenfalls recht typisch, aber untereinander im Handstück oft sehr ähnlich. Der Grimselgranodiorit am südöstlichen Rand des Plutons ist im Schnitt deutlich dunkler und etwas grobkörniger als der Hauptgranit.

Verwendung
Guter Baustein, wurde z. B. im Grimselgebiet extensiv für den Staumauerbau eingesetzt.

Klettereigenschaften
Fantastisches Klettergestein. Viele der großartigsten Granitklettereien der Schweiz liegen im Zentralen Aaregranit.

Der Strahler strahlt – Franz von Arx mit einem der soeben geborgenen Riesenbergkristalle vor der Kluft am Plannggenstock (UR).

Kristallmonster
Die größten Bergkristalle der Alpen

Die größten alpinen Zerrklüfte kommen im Zentralen Aare- und im Mont-Blanc-Granit vor. Der Zentrale Aaregranit ist reich an rekordgroßen Bergkristallen und Rauchquarzen. Aus historischer Zeit ist einiges bekannt, aber vermutlich wissen wir um viele große Funde nichts, da vom 17. bis zum 19. Jahrhundert, der Blütezeit der Kristallsucherei, fast alle Kristalle nach Italien exportiert und dort zu Vasen, Karaffen und Kronleuchtern verarbeitet wurden.

In jüngster Zeit machte vor allem ein Fund Schlagzeilen: Die beiden Strahler Franz von Arx und Paul von Känel erschlossen ab 1994 ein großes Kluftsystem am Planggenstock (UR), und 2006 bargen sie die ersten Riesenkristalle; ab 2008 gesellte sich Elio Müller dazu. Die geborgenen Bergkristalle sind von außergewöhlicher Reinheit und Größe. Die größte Gruppe wiegt 300 kg. Ein Großteil des Fundes ist im Naturhistorischen Museum in Bern in einer hervorragend gestalteten Sonderabteilung zu bewundern.

Doch der weitaus größte bekannte Bergkristall ist woanders zu bewundern: In Mörel im unteren Goms hat der Strahler Werner Schmidt ein kleines, aber feines Museum eingerichtet, wo er ausschließlich seine Eigenfunde präsentiert. Der stille Mann sucht, birgt und transportiert seine Funde ausschließlich allein und hängt nichts an die große Glocke. Aber seine Bergkristall- und Rauchquarzsammlung lässt jeden Museumsdirektor vor Neid erblassen! Neben unglaublich schönen Gwindeln und Rauchquarzgruppen kann man bei ihm auch den größten bekannten Bergkristall/Rauchquarz bewundern, ein Monster von mehr als 800 kg Gewicht. Der Blick in die Tiefe dieses Kristalls lässt einen etwas erschauern, wenn man daran denkt, dass es Millionen Jahre gedauert hat, bis er ausgewachsen war.

Und hier lächelt der Walliser Strahler Werner Schmidt mit seinem 800 kg schweren Riesenrauchquarz aus seiner Kluft am Gamchihorn (VS).

50 Düssi-Diorit

Typ
Formation/
Komplex

Gesteinsklasse: Magmatite **Unterklasse:** basische Plutonite

Stellvertretend für verschiedene kleinere Vorkommen von dioritischen Gesteinen im Aarmassiv sei hier der Düssi-Diorit vorgestellt. Zusammen mit dem weitaus bedeutenderen Bernina-Diorit (Nr. 102) repräsentiert er diesen doch wichtigen Plutonitentypus in diesem Buch. Das Gestein ist mittel- bis grobkörnig und massig-richtungslos, allerdings durch die alpine Gebirgsbildung teilweise verschiefert.

Bestandteile|Härte

Plagioklas, meist leicht vergrünt/saussuritisiert (um 50 %), Hornblende schwarzgrün um 40 %, Rest: etwas Quarz, Kalifeldspat und Akzessorien um 10 %.

Mächtigkeit|Verbreitung

Der Hauptkörper von ca. 5 × 1 km Ausmaßen liegt quer über dem Brunnital zwischen Fruttstock und Klein Düssi (UR) an der Südseite des Maderanertals. Kleine Vorkommen in der Schöllenenschlucht und andernorts im Aarmassiv.

Variabilität|Verwandte|Verwechslungen

Die interne Variabilität ist groß, es gibt dunklere und hellere Partien und Gabbros. Die Diorite und Gabbros bilden oft Schollen in granitischer Matrix. Weiter sind aplitische und pegmatitische Gänge häufig. Ähnlich komplexe Diorit-/Granitverhältnisse findet man im Val Punteglias am Piz Posta Biala.

Der feinkörnige, massige, dunkle Diorit.

Blick vom Tödi zum Gross Düssistock: Der Diorit ist am linken Grat des Düssistocks als leicht grünliches Gestein zu erkennen.

51 Puntegliasgranit und Giuvsyenit

Typ
Formation/
Komplex

Gesteinsklasse: Magmatite **Unterklasse:** granitoide Plutonite

Die beiden Gesteine bilden geografisch deutlich voneinander abgegrenzte plutonische Körper. Aufgrund ihrer Ähnlichkeit und gleichzeitigen Entstehung werden sie jedoch gemeinsam präsentiert. Beide gehören zu den alkalireichen Plutoniten, welche die ältesten Intrusionen des variszischen Zyklus im Aarmassiv bilden (um 335 Mio. J.). Die Zusammensetzung beider Gesteine liegt im Grenzbereich Quarz-Syenit und Quarzmonzonit. Sie sind grobkörnig mit cm-großen Kalifeldspateinsprenglingen, die oft aufgrund von magmatischen Fließvorgängen eingeregelt sind. Als dunkle Mineralien kommen schwarze Hornblende und braunschwarzer Biotit vor. In beiden Gesteinen, ganz besonders aber im Giuvsyenit, sind makroskopisch gut sichtbare honigbraune Titanit-Kristalle zu erkennen. Der Puntegliasgranit ist mit dunklen, feinerkörnigen Dioritgesteinen assoziiert, mit oft komplexen Verbandsverhältnissen zwischen beiden Gesteinen.

Bestandteile|Härte
Quarz (grau), Kalifeldspat (große Einsprenglinge), wenig Plagioklas (milchigweiß-grünlich), Hornblende (schwarz), Biotit (schwarzbraun) und Titanit (honigbraun).

Mächtigkeit|Verbreitung
Puntegliasgranit: ca. 14 km langer, max. 2 km breiter Körper vom Val Russein über das obere Val Punteglias bis ins Val Frisal (GR). Am besten aufgeschlossen rund um die Puntegliashütte. Giuvsyenit: Linse von 4 × 1 km am Piz Giuv, mit einem schmalen Zug parallel zum alpinen Streichen bis zum Piz Ault (GR).

Variabilität|Verwandte|Verwechslungen
Die beiden Gesteine sind kaum mit andern Plutoniten des Aar- oder Gotthardmassivs verwechselbar.

Typischer Puntegliasgranit mit leicht eingeregelten Kalifeldspäten aus der Umgebung der gleichnamigen SAC-Hütte.

Piz Ner und Scantschala vom Val Puntglias aus gesehen; beide bestehen aus alpin fast undeformiertem Puntegliasgranit.

52 Habkerngranit

Typ
Lithologie

Gesteinsklasse: Magmatite **Unterklasse:** granitoide Plutonite

Wo soll man ihn unterbringen, den schönsten Granit der Schweiz, wie der große Alpengeologe Bernhard Studer (1794–1887) ihn bezeichnete? Denn diesen Granit findet man ausschließlich als exotische Blöcke in Wildflyschgesteinen bei Habkern ob Interlaken sowie bei Schwyz und Iberg (SZ) und in Molassegesteinen.

Der dekorative, grobkörnig-porphyrische Granit bis Granodiorit besteht aus gräulich bis grünlich fettglänzendem Quarz, lachsroten Kalifeldspateinsprenglingen und weißlichem Plagioklas sowie schwarzem Biotit. Der größte Block von Habkerngranit ist der «Luegiblock» bei Habkern (2'633'113/1'174'431), ein geschütztes Naturdenkmal. Der Monolith misst über Grund 31 × 28 × 14 m, hat damit ein Volumen von mindestens 12 000 m³ und ein Gewicht von mindestens 33 000 t. Er wurde 1840 beinahe für die Berner Nydeggbrücke abgebaut, doch die damalige Baukommission fand seine Farben zu aufdringlich. 1852 wurde eine polierte Platte aus dem Gestein in die USA als Geschenk für das Washington-Denkmal exportiert. 1868 kaufte ein Privater den Block mit Umgebung für Fr. 980.– und schenkte ihn dem Naturhistorischen Museum in Bern. Seither ist er geschützt. Der Block ist entgegen vielen Dokumenten kein glazialer Findling, sondern ein Wildflyschblock. Jedoch wurde bei Schöftland (AG) ein eindeutiger Findling aus Habkerngranit gefunden, welcher vom letzteiszeitlichen Aaregletscher dorthin transportiert wurde.

Bestandteile | Härte
Grobkörniger homogener Biotitgranit.

Variabilität | Verwandte | Verwechslungen
Unverwechselbar.

Verwendung
Früher Baustein, heute Schmuckstein.

Der schönste Granit der Schweiz – einverstanden?

Der Luegibodenblock bei Habkern (BE) – leider wegen mangelnder Pflege kaum mehr als solcher erkennbar.

53 Rotondogranit

Typ
Formation/Komplex

Gesteinsklasse: Magmatite **Unterklasse:** granitoide Plutonite

Der Rotondogranit hebt sich von den meisten der anderen variszischen Graniten von Aarmassiv und Gotthardddecke recht deutlich ab. Er ist feinkörnig-gleichkörnig, ziemlich biotitarm, und wird deshalb auch als «Apligranit» bezeichnet. Weiter sind sehr typisch die auffälligen, kleinen roten Granatkristalle. Der Granitkörper bildet einen klar abgegrenzten Stock, in welchem im oberen Teil, etwa am Leckihorn oder am Poncione di Maniò, in das Granitmagma eingesunkene große Gneisschollen der Umgebungsgesteine zu beobachten sind. Der Granitkörper ist in seinem südlichen Teil alpin sehr wenig deformiert; dort finden sich denn auch die besten Klettergebiete mit richtigem «Granit-Feeling». Warum der Granit so erstaunlich wenig alpine Zerrklüfte mit schönen Mineralien aufweist, ist nicht ganz klar.
Das Intrusionsalter des Granits ist spätvariszisch, um 296 Mio. J. (unterstes Perm). Er ist damit gleich alt wie die andern Granitstöcke der Gotthardddecke weiter östlich (Nr. 54). Der Rotondogranit gehört weltweit zu den bestuntersuchten Granitkörpern in Bezug auf seine Uran-Gehalte, die in der Randregion angereichert sind.

Bestandteile | Härte

Quarz (bräunlich, um 35 %), Feldspat (weiß bis grünlich, um 60 % und Biotit (um 5 %). Auffallend sind die eingestreuten kleinen rotbraunen Granatkristalle.

Mächtigkeit | Verbreitung

Der Granitkörper hat eine ovale Aufschlussform von rund 30 km²; er bildet den eindrücklichen Gebirgsstock Saashörner/Poncione di Maniò/Pizzo Rotondo des Bedrettotals.

Variabilität | Verwandte | Verwechslungen

Der Granit ist homogen; etliche kleinere Granitvorkommen der Umgebung können ihm zugerechnet werden (u. a. Lucendro, Prosa, Tälligrat).

Der mittelkörnige helle, völlig undeformierte Rotondogranit; Varietät ohne Granat.

Das Chüebodenhorn, Nachbar des Pizzo Rotondo, besteht ebenfalls vollständig aus Rotondogranit. Typischer blockiger Granitschutt im Vordergrund.

54 Granitgneise der Gottharddecke

Typ
Formation/ Komplex

Säure-Base-Charakter
sauer

Gesteinsklasse: Metamorphite

Unterklasse: granitoide Orthogneise

«Der Gotthardgranit», das «Urgestein» der «Urschweiz», Basis des Gotthardmythos. Wer von Hospental gegen den Gotthardpass fährt, tritt ein in eine tatsächlich urzeitlich wirkende kahle Granitlandschaft, mit massiven, gletschergeschliffenen Felsen.

Im Gebiet vom Pizzo Lucendro über den Gotthardpass und dann wieder vom Lukmanierpass über das obere Val Cristallina und die Medelserhütte bis ins oberste Val Sumvitg kommen verschiedene mittelgroße bis kleine Granitkörper vor, die allesamt spätvariszische Alter haben (um 295 Mio. J., unterstes Perm). Sie prägen dort ausgesprochen typische Granit-Gebirgslandschaften.

Granite? Gneise? Beides! Auf www.strati.ch, der stratigrafischen Referenz für die Schweiz, werden alle als Granite gehandelt, ebenso in vielen früheren Publikationen. Auf neueren geologischen Karten werden jedoch alle außer dem Medelsergranit als Granitgneise bezeichnet – weil sie eben über weiteste Strecken eine alpin entstandene Verschieferung zeigen. Andererseits sind sie insgesamt noch eindeutig als intrusive Granitkörper zu erkennen.

Hier ein kleiner Überblick über die wichtigsten dieser Granitgneis-Körper:

Gamsboden: Heller Zweiglimmer-Augengneis. Ca. 12 km² großer Körper nördlich des Gotthardpasses. Deutlich vergneist, aber mit noch sehr gut erkennbaren Kalifeldspat-Einsprenglingen.

Fibbia: Elliptischer Körper am Gotthardpass («Gotthardgranit»). Hell, flaserig bis schlierig. Sehr ähnlich dem Gamsboden-Granitgneis, sie könnten in der Tiefe auch beide zusammenhängen.

Cristallina: Größter Körper, länglicher Aufschluss von ca. 14 × 4 km, 25 km², Lukmanierpass über Val Cristallina bis Val Sumvitg. Das Gestein ist granodioritisch, deutlich glimmerreicher als die andern, ohne Kalifeldspateinsprenglinge.

Fibbia-Granitgneis.

Grobkörniger Medelsergranit.

70	30 %
SiO_2	Rest

Landschaftsprägung
Markante Granitlandschaften (oft mit Gletscherschliff) und Granitberge.

Medel: Länglicher Körper entlang dem Nordrand des Cristallina-Granodiorits, ca. 18 × 1 km. Leukokrater, mittel- bis grobkörniger, porphyrischer Granitgneis.
Weitere kleinere Granit-/Granitgneiskörper kommen am Winterhorn, Piz Cacciola und im Val Tremola vor. Der Winterhorngranit ist dem Rotondogranit (Nr. 53) sehr ähnlich und führt wie dieser Granat.

Bestandteile|Härte
Siehe Text. Alle Granite sind Zweiglimmer-Granitgneise.

Farbe(n), Patina, Verwitterung und Erosion
Die Granite erscheinen im Gelände alle recht hell. Meist sehr frisch, etwas rostbraune Patina.

Einschlüsse|Fossilien
In manchen Körpern Einschlüsse von Nebengestein in den Randbereichen.

Adern|Klüfte|Bruchmuster
Mehr oder weniger stark von spröden Störungszonen, Scherzonen und Klüften durchzogen. Auch alpine Zerrklüfte, außer im Gamsbodenkörper (Grund unbekannt).

Alter|Bildungsetappen
Spätvariszisch, um 295 Mio. J. (unterstes Perm).

Variabilität|Verwandte|Verwechslungen
Alle Granitgneise sehen sich recht ähnlich, unterscheiden sich aber deutlich von andern Graniten der Region, wie etwa dem Rotondogranit oder dem Zentralen Aaregranit.

Verwendung
Lokale Bausteine. Der früher als «Gotthardgranit» wichtige Bau- und Skulpturstein ist Zentraler Aaregranit aus der Gegend von Gurtnellen.

Medelsergranit mit diskreten Scherzonen, an denen das Gestein zu Gneis bis Schiefer umgewandelt wurde.

Das Winterhorn am Gotthardpass – «Urgesteinslandschaft der Urschweiz» – Basis des Gotthardmythos.

55 Rhyolith (alt: Quarzporphyr)

Typ
Lithologie

Säure-Base-Charakter
sauer

Gesteinsklasse: Magmatite

Unterklasse: saure granitische Vulkanite|Subvulkanite

Rhyolite sind vulkanische oder subvulkanische Gesteine mit granitischer Zusammensetzung. Sie werden in drei tektonischen Einheiten beschrieben: helvetisch (hier), ostalpin (Nr. 104) und südalpin (Nr. 114). In den externen helvetischen Massiven treten Rhyolite gerne als subvulkanische Gänge von bis zu über 1 m Mächtigkeit auf, die sich immer durch eine sehr auffällige helle, weißlich-gelbliche Farbe auszeichnen. Recht oft finden sich darin schöne subidiomorphe graue Quarzeinsprenglinge und idiomorphe Pyritwürfelchen. An der Kleinen Windgälle (UR) liegt eine größere Masse von rötlichen Rhyolithen im Kern einer Stirnfalte (Windgällen-Porphyr); im Glarner Verrucano (Nr. 59) wurden größere Massen von rhyolitischen bis andesitischen Vulkaniten abgelagert, die im Kärpfgebiet anstehen, und im hintersten Linthal auf der Sandalp ist ein subvulkanischer kleiner Stock des «Sandalp-Porphyrs» aufgeschlossen, der im Zusammenhang steht mit der Intrusion des Zentralen Aaregranits. Im Gebiet um die Trifthütte SAC treten rhyolitische bis andesitische Vulkanite zusammen mit vulkanosedimentären Ablagerungen auf.

Bestandteile|Härte

Harte mikrokristalline Quarz-Feldspat-Matrix, darin unterschiedlich viele Einsprenglinge von subidiomorphem Quarz (graubraun), rosarotem Kalifeldspat und evtl. Biotit. In den hellen Rhyolithgängen recht oft idiomorphe Pyritwürfel.

Mächtigkeit|Verbreitung

Gänge in allen externen Massiven sporadisch bis lokal gehäuft. Größere rötliche Porphyrmasse an der Südseite der Kleinen Windgälle (UR) und größere Massen im Glarner Verrucano des Kärpfgebiets (GL).

Heller mikrokristalliner Rhyolith mit wenigen kleinen Quarz- und Feldspateinsprenglingen.

Gleicher Größenausschnitt, Rhyolith feinkristallin, mit deutlich erkennbaren Quarz- und Feldspateinsprenglingen.

SiO2	Rest
75	25 %

Landschaftsprägung
Kaum; Ausnahme Windgälle (UR) und Kärpf (GL).

Helle Gänge und rötliche Massen

Textur und Struktur
Mikrokristallin, porphyrisch. Gänge zum Teil zerschert oder verschiefert.

Farbe(n), Patina, Verwitterung und Erosion
Gänge fast immer sehr hell weißlich-gelblich; Windgällenporphyr rötlich, Sandalp- und Kärpfvulkanite grau-grünlich. Ziemlich verwitterungsresistent.

Einschlüsse|Fossilien
Keine.

Adern|Klüfte|Bruchmuster
Zuweilen weiße Quarzadern.

Alter|Bildungsetappen
Permisch, im Zusammenhang mit dem spätvariszischen und dem an die Permtröge gebundenen Magmatismus.

Variabilität|Verwandte|Verwechslungen
Menge an Einsprengseln variabel. Die hellen Rhyolithgänge enthalten meist nur Quarzeinsprenglinge oder gar keine.

Verwendung
Keine.

Klettereigenschaften
In den massiven Kärpfvulkaniten schöne Klettermöglichkeiten, sonst kein Klettergestein.

Feldaspekt eines Rhyolithganges mit Kontakt zu zerscherten altkristallinen Biotit-/Plagioklasgneisen, Lötschental (VS).

Die Windgällen von Süden. Gipfelaufbau des Klein Windgällen aus Rhyolith («Windgällen-Porphyr»), eingefaltet in graue Quintnerkalke (Nr. 26).

56 Lamprophyre

Typ
Lithologie

Säure-Base-Charakter
basisch

Gesteinsklasse: Magmatite **Unterklasse:** basische Ganggesteine

Magmatische Gänge aus Lamprophyr sind quantitativ insgesamt unbedeutende Gesteine. Doch sie gehören zu allen kristallinen Grundgebirgseinheiten der Alpen, sei es das helvetische, das mittelpenninische, das ost- oder das südalpine. Mit dem Begriff «Lamprophyr» fassen die Alpengeologen alle dunklen Ganggesteine zusammen, welche mit dem variszischen Magmatismus verbunden sind. Diese Ganggesteine umfassen eine sehr große chemisch-mineralogische Bandbreite. Gemeinsam ist allen der hohe Anteil an mafischen Mineralien (Pyroxen, Amphibol, Biotit), erhöhte Gehalte von Na oder K und die Anwesenheit von H_2O, CO_2 und S, P_2O_5. Dabei handelt es sich um eine sehr spezielle Gruppe von Magmatiten, deren Entstehung noch immer diskutiert wird. Die Lamprophyre werden aufgrund ihrer chemisch-mineralogischen Zusammensetzung weiter unterteilt, so z. B. Minette, Vogesit, Spessartit, Kersantit u. a.

Im Aarmassiv und der Gottharddecke gibt es unterschiedliche Generationen von Lamprophyrgängen: solche, die sehr früh im magmatischen Zyklus, vor den Haupt-Granitintrusionen, eindrangen, und solche, die sich später bildeten. Wenn die Lamprophyre bei der alpinen Gebirgsbildung kaum oder wenig von Deformation und metamorpher Umkristallisation erfasst wurden, bilden sie herauswitternde Härtlinge, im andern Fall liegen sie als einwitternde grünlich braune schiefrige Gesteine vor (Chloritschiefer). In den gut erhaltenen Lamprophyrgängen können recht häufig Einschlüsse des durchschlagenen Nebengesteins beobachtet werden.

Fast biotitfreier Lamprophyr im frischen Bruch, Silberberg am Sustenpass (UR).

Biotit-Lamprophyr mit alpiner Epidotkluft, Sustenpass (UR).

SiO$_2$	CaCO$_3$	Rest	
55	2	43	%

Landschaftsprägung
An gewissen Stellen auffällige dunkle Gänge.

Die dunkelbraunen Spaltenfüllungen

Bestandteile|Härte
Magmatische Minerale: Pyroxen, Hornblende, Plagioklas, oft auch Biotit, selten Quarz.

Mächtigkeit|Verbreitung
Gänge mehrere Meter bis Dekameter mächtig, oft schwarmweise auftretend, auch sich verzweigend; meist nicht über längere Distanzen verfolgbar.

Textur und Struktur
In der Regel mikrokristallin bis feinkristallin porphyrisch. Die Gänge sind fast immer intern unstrukturiert, massig und richtungslos. Alpin stark beanspruchte Gänge sind zu verschieferten, chloritreichen Gesteinen umgewandelt.

Farbe(n), Patina, Verwitterung und Erosion
Fast immer dunkelbraun wenn frisch, mit zunehmender Umwandlung mehr grünlich.

Einschlüsse|Fossilien
Nebengesteinsschollen.

Adern|Klüfte|Bruchmuster
Frische Gänge oft quer zur Gangrichtung geklüftet.

Alter|Bildungsetappen
Variszischer magmatischer Zyklus (Karbon bis Perm).

Ca. 4 m mächtiger vertikaler Lamprophyrgang an der Sustenpassstraße, erste Haarnadelkurve nach der Passhöhe auf Urner Seite.

Lamprophyrgang in Aaregranit, Gletscherschliffplatten beim Märjelensee am Aletschgletscher (VS).

57 Karbonische Konglomerate | Sandsteine

Typ
Lithologie

Gesteinsklasse: Sedimentgesteine

Unterklasse: fluviatile klastische Sedimentgesteine

In den Karbonsenken, die in das alte Grundgebirge eingetieft sind, wurden molasseartige Sedimente abgelagert, die von der Abtragung der variszischen Gebirgshöhen zeugen. Ähnlich wie in der tertiären Mittellandmolasse wurden fluviatile Konglomerate und Sandsteine abgelagert, in vereinzelten stilleren Becken auch siltig-tonige Schichten und Kohleschichten (Nr. 58). Die Konglomerate zeigen sehr gut gerundete Gerölle überwiegend aus Quarz und hellen Graniten. Sie sind assoziiert mit Sandsteinen, welche oft fluviatile Schrägschichtungen zeigen. Im Falle der Karbonschichten des Bifertengrätli (GL) sind die Ablagerungen feiner, nämlich sandig-siltig-tonig, zudem sind in diesen feinen Lagen viele sedimentäre Strukturen wie Rippelmarken, Slumps etc. erhalten. Eingelagert in diese Schichten sind häufig fossile Pflanzenresten, im besten Fall ganze Baumstämme oder Abdrücke ganzer Zweige.

Bestandteile | Härte
Gerölle (vorwiegend Quarz, Granite), Quarzsandkörner, detritischer Glimmer, Tonlagen und Steinkohle.

Mächtigkeit | Verbreitung
In den helvetischen, mittelpenninischen und südalpinen Karbonabfolgen, oft zusammen mit Steinkohle (Nr. 58). Besonders schön im Unterwalliser Karbon (Dorénaz, Vallorcine). In der mittelpenninischen Zone Houillère mittelgradig metamorph.

Variabilität | Verwandte | Verwechslungen
Aufgrund ihrer Farbe, Zusammensetzung und viel stärkerer Zementierung leicht von mittelländischen tertiären Analoggesteinen unterscheidbar.

Gut gerundetes Karbonkonglomerat von Dorénaz (VS).

Karbonische Sandsteinbänke mit Konglomeratlagen und fluviatiler Schrägschichtung, Dorénaz (VS).

58 Steinkohle

Typ
Lithologie

Gesteinsklasse: Sedimentgesteine **Unterklasse:** lakustrine kohlige Sedimentgesteine

Dieses schwarze, an glänzenden Flächen muschelig brechende weiche Gestein war der Motor der ersten Industrialisierungswelle und ist bis heute ein enorm wichtiger Energierohstoff geblieben. Weltweit werden heute über 7000 Mio. Tonnen Steinkohle pro Jahr verbrannt – Klimaschädlichkeit und Luftverschmutzung hin oder her. Gemessen an den weltweiten Reserven, machen die recht zahlreichen Vorkommen der Schweiz eine verschwindend kleine Menge aus. Doch bis zum Zweiten Weltkrieg waren sie von wirtschaftlicher Bedeutung. Die weitaus größten Vorkommen im Permokarbontrog des Unterwallis wurden bis 1953 abgebaut. In den Spitzenjahren wurden bis 16000 t/Jahr gefördert.
Das Klima des Karbons war bei uns tropisch feucht-heiß, es gediehen üppige Wälder, deren organisches Material in den sumpfigen Ablagerungen nicht oxidierte, sondern langsam verkohlt wurde (vgl. Nr. 14, 134). Faszinierend sind denn auch die in den Kohleschichten zu findenden Pflanzenfossilien und die kohligen Pflanzenreste in den begleitenden Sand- und Siltsteinen, wie sie an verschiedenen Karbonvorkommen der Schweiz noch heute gefunden werden können.

Bestandteile|Härte
Kohlenstoff C, weich (H = 2).

Mächtigkeit|Verbreitung
Vorkommen in den helvetischen Karbonsenken (Unterwallis, Ferden im Lötschental VS, Grassen UR/BE, Bifertengrätli GL), in den mittelpenninischen Karbonsedimenten der Zone Houillère (VS) und in den südalpinen Karbonserien von Manno bei Lugano.

Variabilität|Verwandte|Verwechslungen
Unverwechselbar.

Karbonsandstein von Dorénaz mit Schmitzen von Steinkohle aus Pflanzenresten.

Kohlige Rindenstücke von Karbonpflanzen in Glimmersandstein, Karbon des Bifertengrätli (GL).

59 Verrucano

Typ Lithologie

Säure-Base-Charakter sauer

Gesteinsklasse: Sedimente und Vulkanite **Unterklasse:** klastische Sedimente und Vulkanite

Wir präsentieren die Verrucanogesteine am Beispiel des helvetischen Glarner Verrucano. Verrucanosuiten kommen in weiteren tektonischen Einheiten der Alpen vor. Mit dem Ausklingen der variszischen Gebirgsbildung lag das zukünftige Mitteleuropa zu Beginn der Permzeit als wüstenartiges, trocken-heißes Land auf Äquatorhöhe da. Durch krustale Dehnungen bildeten sich Grabensenken aus, die Dimensionen von einigen km Breite und bis mehrere Zehnerkilometer Länge aufwiesen. Darin lagerten sich mächtige klastische Sedimentserien ab. Die Einsenkungen waren begleitet von Magmenaufstiegen entlang der Grabenbrüche. Es wurden vorwiegend granitische Magmen gefördert und als Rhyolithe (Nr. 55, 104, 114) abgelagert. Aus diesem geologischen Setting ergeben sich für die Verrucanoserien folgende Gesteinsinhalte:

- Rote fluviatile Brekzien bis Konglomerate/Fanglomerate, von ziemlich fein bis sehr grob,
- Rote Sand-, Silt- und Tonsteine,
- Rhyolithische bis dazitische Vulkanite (massive Laven, Ignimbrite, Tuffe, Gängen, subvulkanische Stöcke, s. Nr. 55, 104).

Die rote Farbe stammt von Eisenhydroxiden, typisch für Wüstenablagerungen. Doch es gibt auch Verrucanoablagerungen, die grünlich sind, weil bei der alpinen Metamorphose das Eisen reduziert wurde. Dies gilt primär für die Verrucanoeinheiten der penninischen Zone. Aber auch beim Glarner Verrucano lässt sich ein Farbwechsel beobachten. Etwa ab dem Piz Sardona gegen S werden die Gesteine stärker metamorph und grünlich. Im roten Glarner Verrucano gibt es zwei Gesteine, welche Lokalnamen erhielten, die noch heute weit verbreitet sind:

Sernifit = grobe rote Brekzien bis Konglomerate (Fanglomerate)

Melserstein = Mittelkörnige, ziemlich homogene quarzreiche Feinbrekzien bei Mels (SG).

Typisches Verrucano-Fanglomerat aus dem Sernftal (GL) (= «Sernifit»).

Alpin deformierte Schlammstromablagerung (Lahar) mit hellen Stücken von Rhyolith in ehemals schlammiger Matrix; hinter der Leglerhütte (GL).

70	30 %
SiO_2	Rest

Landschaftsprägung
Teilweise stark.

Rotbrauner Schwartenmagen und grünlicher Sprenkelstein

Nicht zu verwechseln mit dem weißlichen Melser Sandstein aus der Triaszeit (Nr. 19). Hier werden die wichtigsten Verrucanoserien der Schweiz kurz vorgestellt:

Helvetischer Bereich

Glarner Verrucano: Glarnerdecke, Gebiet Kärpf-Mürtschenstock-Spitzmeilen-Pizol, ca. 10 × 25 km = 250 km². Bis 1700 m mächtige Abfolge. Südlich des Piz Sardona mittelstark alpinmetamorph, z. T. gneisartige Gesteine. Wichtiges Leitgestein für die Verbreitung der Eiszeitgletscher: «Roter Ackerstein» im Kanton Zürich.

Ilanzer Verrucano: Tavetscher Zwischenmassiv, Gebiet Vorab-Ilanz-Val Sumvitg-Andermatt-Furka-Brig, ca. 240 km². Grünliche gneisartige Metasandsteine und -konglomerate mit Kristallingeröllen, lokal schiefrig bis phyllitisch.

Verrucano des Aiguilles-Rouges-Massivs: Teil des Permokarbontrogs nördlich von Martigny, ca. 10 km². Permische Fanglomerate und Sandsteine über den Karbon-Sedimenten, bis 300 m mächtig.

Mittelpenninischer Bereich (Briançonnais)

Zone Houillère: Zwei parallele Tröge (Zone Houillère und Mont Fort-Decke). St. Niklaus/Val d'Anniviers/Verbier bis südl. Grand St. Bernhard, ca. 90 km Länge, 200 km². Grünliche Serien von konglomeratischen Metaquarziten, Metarhyolithen und Metapeliten.

Ostalpiner Bereich

Münstertaler Verrucano: S-charl-Decke, Gebiet Ofenpass-Sta. Maria, bis 1500 m mächtig, ca. 50 km². Graugrüne und rote Konglomerate, Sand-/Siltsteine. Darüber mächtige Vulkanite.

Südalpiner Bereich

Servino: Obere orobische Decke, max. 300 m mächtig, schmale N-S-Zone direkt westl. des Luganersees. Bunte feinkörnige Sandsteine

Grüner metamorpher Verrucano-Konglomerat-Gneis, Ringelspitz (GR).

So kann man sich die Landschaft des Verrucanos vorstellen; hier in der Atacamawüste, Chile.

und Tone, gekoppelt an die permischen Vulkanite (Nr. 114).
Verrucano Lombardo: Untere orobische Decke, Länge O-W ca. 90 km, Breite bis 10 km, ca. 200 km². Fanglomeratische Brekzien, Sandsteine, Tonsteine und Vulkanite.
Bozener Verrucano: dominiert von gigantischen Rhyolith-Vulkaniten.

Bestandteile | Härte
Sehr variabel.

Mächtigkeit | Verbreitung
Siehe Text.

Textur und Struktur
Sehr variabel.

Farbe(n), Patina, Verwitterung und Erosion
Entweder rotbraune oder grünliche Farben. Massige Vulkanite, ziemlich verwitterungsresistent, die klastischen Serien recht verwitterungsanfällig.

Einschlüsse | Fossilien
Kaum Fossilien.

Adern | Klüfte | Bruchmuster
Häufig sind weiße Quarzadern. Die Kluftsysteme in den massigen Vulkaniten sind oft orthogonal.

Alter | Bildungsetappen
Alle Verrucanoserien wurden im Perm zw. 300–250 Mio. J. abgelagert.

Variabilität | Verwandte | Verwechslungen
Als Gesamtserie unverwechselbar.

Klettereigenschaften
In mächtigeren massigen Vulkanitserien teilweise gute Kletterfelsen, z. B. am Klein Kärpf (GL).

Historische Mühlsteinabbaustelle bei Mels (SG) – einfach mal stehen geblieben.

Rote Mühl- und Pflastersteine

Verrucanogesteine wurden und werden verschiedenenorts abgebaut. Hier werden zwei bedeutende Beispiele vorgestellt.

Die Mühlsteine von Mels SG: Bei Mels beginnt der Glarner Verrucano mit einer homogenen mittelkörnigen Brekzie. Schon früh entdeckten die Menschen, dass sich dieser «Melser Stein» außerordentlich gut für Mühlsteine eignet. Warum? Er enthält als klastische Komponenten viele praktisch ungerundete, kantige Quarzkörner, die in einer weichen tonigen Matrix liegen. Die Quarze erzeugen eine hervorragende Mahleigenschaft, und die Steine stumpfen nicht ab, weil immer wieder Quarze aus der weichen Matrix gerissen werden und so das Gestein rau und mahlkräftig bleibt. Zeugen des frühesten Abbaus gehen auf die Römerzeit zurück. Eine Blüte erlebte der Abbau im 19. Jahrhundert. Er bildete eine wichtige wirtschaftliche Stütze der Region, denn Melser Mühlsteine wurden nach ganz Europa exportiert. Mit dem Aussterben der klassischen Wasser- und Windmühlen ging der Abbau zu Ende. Heute können Zeugen des Abbaus auf einem Geoweg besichtigt werden.

Bozener Porphyr – Pflasterstein für ganz Europa: Das Gebiet um Bozen ist geprägt von bis 4000 m mächtigen andesitischen bis rhyolithischen Vulkanitablagerungen der mittleren Permzeit, die in ihrer Mächtigkeit und Ausdehnung ihresgleichen in ganz Europa suchen. Sie entstammen einer 100 km^2 großen Caldera, die heute unter den Dolomitengesteinen versteckt liegt. Die Vulkanite bedecken eine Fläche von über 2000 km^2! Mächtige Abfolgen von massigen Rhyolithvulkaniten (Lavaströme, Ignimbrite, Tuffe) wurden abgelagert. Die Rhyolithe, bekannt als «Bozener Quarzporphyr», eignen sich bestens für die Herstellung von zähen und abriebsfesten Pflastersteinen. Sie werden heute noch im großen Maßstab abgebaut. Der Bozener Pflasterstein ist in ganz Europa anzutreffen.

Bozener Porphyr-Pflastersteine.

Gesteinszone 6

Mesozoische Sedimentgesteine des Unterpenninikums

Blick auf die Ostseite des nördlichen Domleschg bei Rothenbrunnen mit der Burg Hoch Juvalt; die ganze Felsflanke besteht aus Bünderschieferserien, hier von Kalksteinen dominiert.

Blick vom Blausee im Binntal (VS) gegen das Bättlihorn (2991 m); dessen braun anwitternde Bündnerschieferserien mit ihren «weichen» Verwitterungsformen kontrastieren mit den von Landkartenflechten bedeckten Orthogneisen im Vordergrund.

In der Jurazeit begannen sich im plattentektonischen Muster zwischen Europa/Nordamerika im Norden und Adria/Afrika im Süden weitere Komplikationen abzuspielen. Ein kleinerer Kontinentblock namens Iberia spaltete sich von Europa ab, damit öffneten sich neue Meeresbecken. Iberia wies eine schmale Fortsetzung gegen Nordosten auf, die bis in den zukünftigen Alpenraum hineinreichte. Diese ist als «Briançonnais-Schwelle» bekannt. Zwischen der schmalen Briançonnais-Schwelle und dem europäischen Kontinentalrand öffnete sich ein neuer Meeresarm, das Walliser Becken (Abb. S. 85 und 88 unten).

Das unterpenninische Walliser Becken war ein schmaler Meeresarm, in dem nur in kleinen Teilbecken etwas ozeanische Kruste entstand. Ein größerer Teil seines Grundgebirges bestand aus ausgedünnter kontinentaler Kruste. Im Walliser Becken wurden in der oberen Jura-, vor allem aber in der unteren Kreidezeit, große Mengen von Kalken und Tonen sowie untergeordnet auch von Sanden abgelagert. Daraus entstanden mächtige Abfolgen, welche die Alpengeologen zusammenfassend als «Bünderschiefer» bezeichnen. Diese wurden bei der Alpenbildung von ihrer Unterlage abgeschert, überschoben, verfaltet und metamorphosiert. Wir finden sie heute als bis über 1000 m mächtige, kaum gliederbare und schlecht datierte Abfolgen vor.

Die weitaus größten Mengen und Gebiete mit unterpenninischen Bündnerschiefern finden wir – nomen est omen! – im nördlichen Bündnerland, wo sie ganze Talschaften mit ihren eher sanften Verwitterungsformen morphologisch prägen. In einer schmalen Zone am Südrand der Gottharddecke lassen sie sich bis ins Oberwallis verfolgen, wo sie im Gebiet Nufenenpass/Binntal/Visp noch einmal größere Vorkommen bilden. In den schmalen Zonen zwischen den unterpenninischen Grundgebirgsdecken («Deckentrenner», Gesteinszonen 8 und 9), können Bündnerschieferzüge zusammen mit Triasdolomiten und -quarziten bis in die hoch metamorphen Teile der Tessiner Decken gefunden werden. So dürfte der berühmte Kalksilikatfels «Castione nero» (Nr. 86) nichts anderes als ein «veredelter» Bündnerschiefer sein.

→ Neben den großen Mengen an monotonen Bündnerschiefern trifft man in den Bündnerschiefergebieten auch auf kleinere Vorkommen anderer Gesteine aus ihrer ehemaligen Unterlage: **Metabasalte|Grüngesteine** (Nr. 89, 90), **Serpentinite** (Nr. 88), **Triasquarzite** (Nr. 62), **Trias-Dolomitmarmore** (Nr. 63), **Rauwacken** (Nr. 64).

60 Bündnerschiefer, schwach metamorph

Typ
Lithologie

Säure-Base-Charakter
insgesamt basisch

Gesteinsklasse: Metamorphite

Unterklasse: Metasedimente

Gänzlich unmetamorphe Bündnerschieferserien gibt es in den Schweizer Alpen nicht, alle sind mindestens schwach metamorph. Bis zum Beginn der Grünschieferfazies (Temperaturen um 350 °C) sieht man makroskopisch den Gesteinen ihre Metamorphose wenig an, ausgenommen die deutliche Verschieferung der tonigen Anteile.

Bündnerschiefer sind Tiefmeerablagerungen, die aus kalkigen Anteilen der marinen Biomasse einerseits, andererseits aus von Flüssen eingeschwemmtem detritischem Material, meist Ton, aufgebaut sind. Charakteristisch für viele der Serien ist eine mehr oder weniger regelmäßige Wechsellagerung von fast reinen Kalkbänken mit Ton- und Mergellagen (ganz ähnlich wie bei den Flyschen die Wechsellagerung Tonschiefer/Sandstein). Es gibt aber auch mächtige Abfolgen mit stark überwiegenden Tonschiefern (z.B. die Nolla-Tonschiefer in der gleichnamigen Schlucht westlich von Thusis), aber auch sehr kalksteinreiche Abfolgen (z.B. die über den Nolla-Tonschiefern liegenden Nolla-Kalke). Auch Sandanteile wurden teilweise eingeschwemmt, was zur Ausbildung von Sandsteinen, Kalksandsteinen oder sandigen Mergelschiefern führte. Ganz analog zu den Flyschserien sind auch die Bündnerschieferserien insgesamt gut verformbar. Sie wurden deshalb oft abgeschert, dienten als Überschiebungshorizonte und sind intern meist extrem komplex zerschert und verfaltet – das kann man an fast jedem Aufschluss beobachten.

Hier eine kurze Charakterisierung der lithologischen Haupttypen der Bündnerschiefer:

Kalksteine: Feinkörnige, meist graue Kalksteine. Bei etwas stärkerem Metamorphosegrad schon in Richtung Marmor gehend.

Tonschiefer: Schwarzgraue Tonschiefer, Phyllite bis Sericitschiefer.

Sandkalke: Graue sandige Kalksteine mit rostbrauner Verwitterungskruste.

Phyllit/Tonschiefer aus der Bündnerschieferserie im unteren Domleschg (GR).

Rekristallisierter Kalkmarmor aus der gleichen Serie.

Chemie
variabel

Landschaftsprägung
Rundliche Talflanken, brüchig-graue Felswände, schiefrige Berge.

Kein Gestein, sondern ein Gesteinsverband

Grüngesteine: In manchen Bündnerschieferserien können auch Grüngesteine (Nr. 90) eingeschaltet sein, welche submarine Basaltergüsse dokumentieren.

Mächtigkeit|Verbreitung

Das weitaus größte Verbreitungsgebiet in der Schweiz erstreckt sich in den mittelhohen Bergen des Prättigaus, unteren Schanfiggs, des Domleschgs und Safientals. Das mittlere und obere Averstal wird von Bündnerschiefern geprägt, und im Unterengadin bestehen die Berge auf der Nordseite des Inntals zwischen Ardez und von dort östlich bis über die Landesgrenze hinaus aus Bündnerschiefer (Engadiner Fenster). Die Serien lassen sich in einzelne Decken unterteilen, die aus jeweils 3–5 km mächtigen Abfolgen bestehen. Die Vorkommen weiter westlich/südlich sind dann höher metamorph (Nr. 61). Im Wallis finden sich Vorkommen in der Gegend südlich von Brig, und dann ab Sion in einem recht schmalen Streifen über Verbier und das Val Ferret gegen Courmayeur hin (sogenannte Zone Sion-Courmayeur).

Farbe(n), Patina, Verwitterung und Erosion

Die Bündnerschieferserien sind in der Regel leicht verwitter- und erodierbar; Ausnahmen sind diejenigen Serien, die ausschließlich aus mächtigeren Kalken/Marmoren bestehen.

Einschlüsse|Fossilien

Reich an Mikro-, arm an Makrofossilien.

Adern|Klüfte|Bruchmuster

In den kalkigen Partien sind weiße Calcitklüfte sehr häufig und eines der «Markenzeichen» der Serien. Sie entstanden während und nach den Deckenüberschiebungen, weil die Kalke zwischen den leicht verformbaren Tonschiefern gerne spröd zerbrachen und in den sich bildenden Hohlräumen neuer Calcit auskristallisierte.

Aufschluss in verfalteten Bündnerschiefern bei Rothenbrunnen im Domleschg (GR); die beiden Proben der Makrofotos stammen von hier.

Straßenaufschluss in Bündnerschiefern, links kalk-, rechts tonschieferdominiert; Domleschg (GR).

Alter|Bildungsetappen
Oberer Jura bis oberste Kreidezeit.

Variabilität|Verwandte|Verwechslungen
Manchmal ist es im Aufschluss ohne Kenntnisse der lokalen Geologie nicht einfach zu entscheiden, ob es sich um eine Flysch- oder um eine Bündnerschieferserie handelt.

Via Mala – tiefe Schlucht in Bündnerschiefern
Zwischen Thusis im Domleschg und Zillis liegt eine 4 km lange eindrückliche Schluchstrecke – die «Via Mala», der schlechte Weg. Diese wurde während den eiszeitlichen Gletschervorstößen unter gut 1500 m Eisbedeckung als subglaziale Schlucht angelegt und dann von den Wassern des Hinterrheins noch weiter vertieft. An den engsten Stellen sind die vertikalen unteren Schluchtwände lediglich 3 m voneinander entfernt. Damit ist die Schlucht ein gut zugängliches Schulbeispiel für das Wirken der subglazialen Gletscherwasser während den Eiszeiten. Durch ihre feine Silt- und Sandfracht konnten diese eine enorme Schleifwirkung erzeugen. Ähnlich eindrückliche subglaziale und für Besucher leicht zugängliche Schluchten sind im Berner Oberland die Rosenlauischlucht, die Aareschlucht, die Gletscherschlucht des Unteren Grindelwaldgletschers sowie die Trümmelbachfälle, im Bündnerland die Taminaschlucht sowie im Wallis die Gorges du Trient. Der Schweizer Schriftsteller C. F. Meyer schrieb zur Via-Mala-Schlucht: «Als eine Welt der Willkür, des Trotzes und der Auflehnung kann diese Schlucht, wo rasende Fluten sich den Weg durch die Felsen bahnten, beschrieben

Die Bündnerschieferberge bei Rothenbrunnen (GR).

werden.» Und der Philosoph Friedrich Nietzsche meinte nach dessen Besuch: «Ich schreibe nichts von der ungeheuren Großartigkeit der Via Mala: mir ist es, als ob ich die Schweiz noch gar nicht gekannt hätte».
Die Gletscher mussten hier eine Barriere aus erosionswiderstandsfähigeren Kalkschieferserien innerhalb der Bündnerschieferabfolgen überwinden, die Nolla-Kalkschiefer. Diese bilden zusammen mit den nördlich anschließenden Nolla-Tonschiefern (aufgeschlossen im Val Nolla westlich von Thusis) den Hauptteil der Tomüldecke. So kann der Schluchtbesucher an den bis 300 m hohen Schluchtwänden kalkdominierte Bündnerschiefer anschauen. Diese bestehen aus grob gebankten Serien von graubräunlich geschichteten Kalksteinen, die mehr oder weniger stark intern verschiefert sind. Dazwischen liegen lokal stark unterschiedliche dicke Tonschieferlagen.
Die Via Mala bildete früher das größte Verkehrshindernis der Verbindung München/Chur und Italien. Schon zur Römerzeit existierte ein Weg durch die Schlucht. Nach einer wechselvollen Geschichte wurde die Schluchtstraße im 15. Jahrhundert deutlich ausgebaut, im 18. kamen zwei neue Steinbrücken dazu, und 1820 eine neue Fahrstraße, die weitestgehend noch der heutigen Route entspricht.
Die Via-Mala ist touristisch vorbildlich erschlossen (www.viamala.ch).

In der Schlucht der Via Mala.

61 Bündnerschiefer, mittelstark bis stark metamorph

Typ
Lithologie

Säure-Base-Charakter
insgesamt basisch

Gesteinsklasse: Metamorphite **Unterklasse:** Metasedimente

Die im Bereich der stärkeren alpinen Metamorphose liegenden Bündnerschieferserien unterscheiden sich von den schwach metamorphen wie folgt: Die Kalkschichten wurden zu feinspätigen grauen Marmoren bis Glimmermarmoren umgewandelt. Diese Gesteine laufen auch unter dem Namen «Kalkglimmerschiefer». Oft kann man mm- bis cm-dicke Lagen von fast reinem Marmor beobachten, der von feinen, silbrig glänzenden Glimmerhorizonten als Schieferungsflächen unterbrochen wird. Die tonigen Schichten liegen als eigentliche Glimmerschiefer vor, die recht oft auch bis cm-große Granatkristalle enthalten, manchmal auch die typischen Metamorphosemineralien Staurolith und Disthen. Manche der Glimmerschiefer sind grafitreich und erscheinen dann schwärzlich grau; auch die darin enthaltenen Granate können schwärzlich erscheinen. Ehemals mergelige Ausgangsgesteine können als Hornblende und/oder granatführende Glimmerschiefer vorliegen. Wie in den schwach metamorphen Bündnerschiefern kommen neben diesen Hauptlithologien auch noch sandige, konglomeratische oder brekziöse Lagen vor, die zu entsprechenden Metasedimenten umkristallisiert sind. Im Bereich der höchsten Metamorphosegrade nah an der Insubrischen Linie sind die Gesteine noch stärker metamorph. So sind etwa auch die Marmore und Kalksilikatfelse von Castione bei Bellinzona (Nr. 85, 86) ehemaligen Bündnerschieferserien zuzuordnen.

Bestandteile|Härte

Unterschiedlich, siehe Text.

Mächtigkeit|Verbreitung

Größere Flächen am Nordrand der Tessiner Gneisdecken zwischen Faido über Airolo, zudem des Val Bedretto, am Nufenenpass, in den Binntaler Bergen und bis hin zum Simplonpass. Zwischen den mittelpenninischen Kris-

Typisch Bündnerschiefer: Fein gebänderte, grau und braun anwitternde Calcitmarmore und biotitreiche schwärzliche Glimmerschiefer, Kaltwassergebiet, Simplon (VS).

Metamorphe mergelige Tonlagen werden bei der Metamorphose zu granat- und hornblendehaltigen Glimmerschiefern umgewandelt.

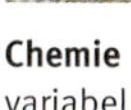

Chemie
variabel

Landschaftsprägung
Braun!

tallindecken liegen oft Bündnerschieferzonen; die bedeutendste davon ist die Misoxerzone zwischen dem San Bernardinopass und Mesocco.

Textur und Struktur
Siehe Text.

Farbe(n), Patina, Verwitterung und Erosion
Im Gelände oft bräunliche Verwitterungsfarben, dadurch oft von umgebenden Gneisen abgehoben. Verwittern ziemlich leicht.

Einschlüsse|Fossilien
Wegen des hohen Metamorphosegrads sind keine Fossilien erhalten.

Adern|Klüfte|Bruchmuster
In den Marmoren sind Calcit-Quarzknauer häufig.

Alter|Bildungsetappen
Oberer Jura bis Kreidezeit.

Variabilität|Verwandte|Verwechslungen
Ähnliche Gesteine des Lukmaniergebietes sind ultrahelvetische Metasedimente des Lias (Stgir Formation). Metasedimentäre Glimmerschiefer innerhalb der vormesozoischen Kristallindecken können zuweilen ähnliche Lithologien aufweisen (z. B. Nr 82).

Klettereigenschaften
Keine wirklichen Kletterberge, meist brüchige Grate und Wände.

Verfaltete Bündnerschiefer im Kaltwassergebiet, Simplon (VS).

Bündnerschieferlandschaft auf der Nordseite des Binntals (VS), in der monotonen Rosswald-Bündnerschieferserie.

Gesteinszone 7
Mesozoische Sedimentgesteine des Mittelpenninikums

Berglandschaft der Klippendecke; Blick von der Jaunpassstraße nach Norden, vorbei an Mittag- und Trimlehorn in den Préalpes médianes plastiques; die hellen Kalksteinwände bestehen aus Oberjura-Kalkstein (Nr. 68).

Blick von NNE auf die Barrhörner im Mattertal (VS). Auf dem kristallinen Grundgebirge der Mischabel-Siviez-Decke (braun, links-unten) folgt eine nicht in die Préalpes überschobene autochthone Serie von mittelpenninischen Sedimenten, unten Triasmarmore, grau in der Hauptwand die Oberjura-Kalksteine (Nr. 68).

Der stark zerteilte Mikrokontinent

In der unteren/mittleren Jurazeit spaltete sich der Mikrokontinent Iberia vom eurasischen Kontinentalrand ab (Abb. S. 85 und 88 unten). Im Alpenraum bildete er einen gegen Osten auslaufenden dünnen Spickel, die sogenannten Briançonnais-Schwelle. Darauf wurden ebenfalls mesozoische Sedimentgesteine abgelagert. Die nur ca. 40–60 km schmale Schwelle war in sich selbst weiter stark unterteilt, was mit andauernder Bruchtektonik während ihres Bestehens zu tun hat. Grob kann das Mittelpenninikum in eine Schwellenzone im SO, das eigentlichen Briançonnais, und eine Zone tieferer Becken im NW, das Sub-Briançonnais, unterteilt werden (Abb. S. 249). Ab der oberen Jurazeit beruhigte sich die Bruchtektonik, und die ganze Briançonnais-Schwelle senkte sich ab, was zur Ablagerung der dicken Schicht von Oberjura-Kalkstein (Nr. 68) und der tief marinen Couches Rouges (Nr. 69) darüber führte. Wegen der Bruchtektonik am Rand und innerhalb der Briançonnais-Schwelle während der Ablagerung der Sedimente sind auch synsedimentäre Brekzien weit verbreitet. Eine Deckeneinheit besteht sogar zum großen Teil aus Brekzien und wurde deswegen «Brekziendecke» getauft.

Die Abgeschobenen: Tektonische Klippen

Die Sedimentserien des Briançonnais wurden bei der Alpenbildung zum größten Teil vom Grundgebirgssockel abgeschert und weit auf die helvetischen Decken überschoben. Die größten Anteile davon findet man in den sogenannten Klippendecken, einem Gebiet vom Thuner- bis zum Genfersee, und weiter im Chablais. Man unterscheidet aufgrund der unterschiedlichen Sedimentabfolgen dort zwei Einheiten:

- **Préalpes Médianes plastiques:** Diese sind aus den dicken Sedimentserien der Lias- und Doggerzeit (Nr. 65, 66) des Sub-Briançonnais aufgebaut. Wegen des hohen Anteils an Mergelgesteinen wuden diese Sedimentabfolgen bei den Deckenüberschiebungen stark verfaltet; daher die Bezeichung «plastiques». Folgende Berggruppen liegen darin: Rochers de Naye, Vanil Noir, Kaiseregg, Gantrisch, Stockhorn.
- **Préalpes Médianes rigides:** Diese stammen von der eigentlichen Briançonnais-Plattform, die im Unteren und Mittleren Jura eine Hochzone bildete. Deswegen wurden in dieser Zeit kaum Sedimente abgelagert. Dafür sind dort aus der Triaszeit recht mächtige Dolomit- und Kalkschichten vorhanden, die bei den Deckenüberschiebungen mitgeschoben wurden. Weil kaum gut verfaltbare weiche Gesteine vorhanden sind, ergaben sich bei den Überschiebungen keine Falten, sondern Verschuppungen und Überschiebungen, was zu markanten

Bergformen mit Wänden und Graten führte: Mont d'Or, Gummfluh, Gastlosen, Spillgerten.

Ablagerungsprofil durch die gesamte Briançonnais-Schwelle im Bereich der Zentralalpen zur Mittleren Kreidezeit. Modifiziert und ergänzt nach L. Braillard, Erläuterungen zum Atlasblatt 1226 Boltigen des Geol. Atlas der Schweiz, 2015.

Die helle Oberjura-Kalkplatte der Rätschenfluh und deren Fortsetzung als helles Kalkband und mächtige Kalksteinberge der Sulz- und Drusenfluh (Prättigau, GR); sie gehören zu der weit nach N überschobenen mittelpenninischen Sulzfluh-Falknis-Decke.

Die Briançonnais-Sedimentdecken waren auch weiter gegen Osten vorhanden. Zeugen davon sind tektonische Klippen in der Zentralschweiz (Giswil, Stanserhorn, Buochserhorn, Mythen, Ibergeregg). Dass sie weitgehend wegerodiert wurden, hat mit der dort stärkeren Hebung zu tun (Tessiner Kulmination). Weiter östlich finden wir dann wieder zusammenhängende Gebiete. Die größten Vorkommen sind in den Schamser Decken rund um Splügen zu finden (Splügener Kalkberge); diese wurden nur wenig von ihrer kristallinen Unterlage, der Surettadecke, abgeschert. Aber auch in Graubünden gibt es Anteile, welche weit nach NW verfrachtet wurden. Als Falknis-Sulzfluhdecke können sie über das Aroser Weisshorn, die Weissfluh, Rätschen- und Sulzfluh bis zum Falknis verfolgt werden. Der Anblick des hellen Malmkalkbandes als Rahmen des Prättigauer Halbfensters von Rätschenfluh über Sulzfluh bis zum Falknis gehört zu den großartigsten landschaftlichen Eindrücken der alpinen Deckentektonik (Abb. S. 249). Als letztes treffen wir die Gesteine dann am NW-Rand des tektonischen Engadiner Fensters, wo sie als Tasnadecke den gleichnamigen Berg und den Piz Minschun aufbauen.

Die Zurückgebliebenen

Unter den auf ihrem Grundgebirge zurückgebliebenen Teilen ist vor allem die Barrhornserie im Mattertal (VS) zu erwähnen. Zahlreiche kleinere Vorkommen finden sich zudem eingeklemmt zwischen den Grundgebirgsdecken Mischabel-Siviez und Mont Fort und dem überschobenen Oberpenninikum, in den Tälern Hérens, Hérémence und Bagnes. Diese Gesteine wurden von der alpinen Metamorphose stärker erfasst. Die Trias-Sandsteine liegen als Quarzite (Nr. 62), die Trias-Dolomite als Dolomitmarmore (Nr. 63), die Tonsteine/Mergel als Glimmerschiefer, die Kalksteine als Calcitmarmore vor. Nicht alle diese Vorkommen konnten auf Gesteinszonenkarte ausgeschieden werden – einfach weil sie oft zu geringmächtig sind. Deshalb seien die Benutzer dieses Buches darauf hingewiesen, dass sie in den Landschaften der mittelpenninischen Grundgebirgsdecken immer auch darauf gefasst sein müssen, kleineren Vorkommen von Metasedimenten zu begegnen.

→ Die folgenden Gesteine, welche in anderen tektonischen Einheiten beschrieben werden, können in der Gesteinszone 7 ebenfalls angetroffen werden: **Oolithe Dogger** (Nr. 6), **Korallenkalk Dogger** (Nr. 26), **Kalksandsteine/Sandsteine Dogger, Kieselkalke Lias/Dogger** (Nr. 117) und **pelagischer Kalkstein der Unterkreide** (Nr. 120).

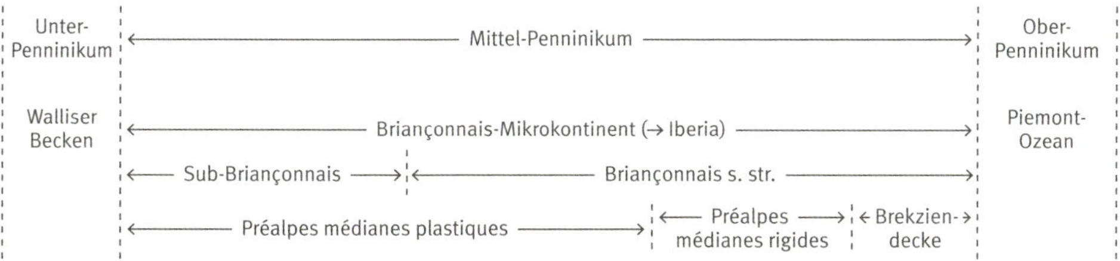
Unter-Penninikum
Mittel-Penninikum
Ober-Penninikum
Walliser Becken
Briançonnais-Mikrokontinent (→ Iberia)
Piemont-Ozean
Sub-Briançonnais
Briançonnais s. str.
Préalpes médianes plastiques
Préalpes médianes rigides
Brekziendecke

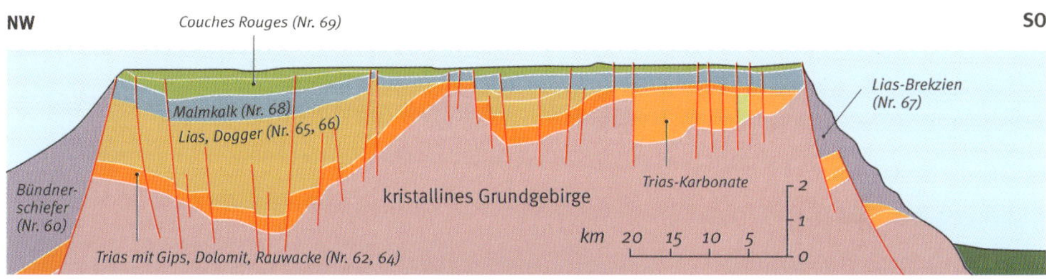
NW
SO
Couches Rouges (Nr. 69)
Malmkalk (Nr. 68)
Lias, Dogger (Nr. 65, 66)
Lias-Brekzien (Nr. 67)
Bündnerschiefer (Nr. 60)
kristallines Grundgebirge
Trias-Karbonate
Trias mit Gips, Dolomit, Rauwacke (Nr. 62, 64)
km 20 15 10 5
2
1
0

62 Quarzit Trias

Typ
Lithologie

Säure-Base-Charakter
sauer

Gesteinsklasse: Sedimentgesteine|Metamorphite **Unterklasse:** Metasedimente

So wie im Jura und im helvetischen Bereich, ist auch im Mittelpenninikum die Triasabfolge von der dreiteiligen «Germanischen Trias» geprägt, an deren Basis Sandsteine liegen. Da die Abscherung der mittelpenninischen Sedimentgesteine in den Evaporiten der mittleren Trias erfolgte, blieben die Sandsteine der unteren Trias auf dem darunterliegenden Grundgebirge zurück. Deshalb finden wir diese Sandsteine fast nur zusammen mit den Kristallindecken als alpin metamorphe Quarzite. Wir ordnen sie trotzdem hier ein, weil sie zur mesozoischen Sedimentabfolge gehören. Sowohl im Wallis als auch in Graubünden sind die reinen Triasquarzite mit darunter nahtlos folgenden konglomeratischen, quarzreichen, gneisartigen Gesteinen verbunden, die lokal bedeutende Mächtigkeiten von über 100 m annehmen können. Charakteristisch für diese Metakonglomerate sind leicht rosarote Quarze. Diese Gesteine werden als permische, verrucanoähnliche Ablagerungen interpretiert.

Bestandteile|Härte

Fast nur Quarz; oft jedoch kleine Mengen von silbrig bis grünlich glänzenden Hellglimmern; sehr harte Gesteine.

Mächtigkeit|Verbreitung

Im ganzen Gebiet der mittelpenninischen Grundgebirgsdecken (Gesteinszonen 8 und 9) jeweils am Rand und zwischen den Decken sowie in Serien des Unter- und Oberpenninikums im Wallis (Combin-Zone/Tsaté-Decke). Die mächtigsten und in der Landschaft am stärksten wahrnehmbaren Vorkommen liegen im Wallis, in einem breiten Geländestreifen an den mittleren südseitigen Hängen, von Visp über den Illgraben/Illhorn, das untere Val d'Hérens bis in die Gegend des Col du St. Bernard.

Grünlicher Glimmerquarzit im Querbruch; die Quarzkörner sind dicht gepackt, die feinen grünlichen Glimmer stark eingeregelt; Mattertal (VS).

Perfekte Tafelquarzitplatten, mit rostig angewittertem Querbruch; Cimes-Blaches-Decke, Furgghorn bei Zermatt (VS).

Landschaftsprägung
Sehr wenig.

Vom unscheinbaren Sandstein zur hellgrünen Dachplatte

Textur und Struktur
Fein- bis mittelkörnig, massig-richtungslos und kompakt. Die meist vorhandenen Hellglimmer sind streng in den Schieferungsflächen eingeregelt und erzeugen so plattige Gesteine, die sich oft in perfekte Platten von einigen cm Dicke spalten lassen.

Farbe(n), Patina, Verwitterung und Erosion
Die Quarzite sind sehr verwitterungsresistent.

Einschlüsse|Fossilien
Keine.

Adern|Klüfte|Bruchmuster
In postmetamorph tektonisch stark beanspruchten Partien weiße Quarzadern.

Alter|Bildungsetappen
Oberstes Perm bis untere Trias.

Variabilität|Verwandte|Verwechslungen
Es gibt folgende Abweichungen: Höhere Anteile von Glimmer, wodurch die Gesteine stark schiefrig werden, Einschaltung von konglomeratischen Lagen sowie Anteile von Karbonat, was zu bräunlich herauswitternden Löchern führt.

Verwendung
Insbesondere in den südlichen Wallisertälern traditionell *der* Stein für Dachplatten; am bekanntesten ist der Kalpetranquarzit. Im Mattertal sind heute noch viele Häuser damit bedeckt. Leider wurde der Abbau 2005 eingestellt. Im Neuzustand sind die Platten sehr schön hellgrünlich, werden mit der Zeit aber durch Patina und Flechtenbewuchs dunkler.

Tafelquarzit im Aufschluss, Mischabel-Siviez-Decke, Täschalp, Mattertal (VS).

Nur noch selten werden neue Chalets mit den (teuren) Tafelquarziten gedeckt, Aroleid bei Zermatt (VS).

63 Dolomitmarmor | zuckerkörner Dolomitmarmor

Typ
Lithologie

Säure-Base-Charakter
basisch

Gesteinsklasse: Metamorphite **Unterklasse:** Metakarbonate

Im ganzen Bereich der mittelpenninischen Sedimentgesteine sind triadische Dolomite verbreitet, sei es un- oder schwach metamorph in den abgescherten Decken oder als höher metamorphe Dolomitmarmore in den Metasedimentzonen zwischen den mittelpenninischen Grundgebirgsdecken. Weil Dolomit wesentlich kompetenter ist als Kalk, sind in Kalkmarmoren eingelagerte Dolomitmarmorlagen häufig boudiniert. Eine höchst eigenartige Variante sind die zuckerkörnigen Ausbildungen. In diesen weißen Gesteinen weisen die Dolomitkörner nur wenig Zusammenhalt auf; sie sind bei Tunnelbauern gefürchtet, können sie doch zu massiven Einbrüchen führen, wenn sie wassergesättigt sind. Man geht heute davon aus, dass die Gesteine bei der Metamorphose ein Gefüge von perfekt kristallisierten Dolomitkristallen mit geraden Korngrenzen entwickelten. Diese weisennur wenige Verzahnungsmöglichkeiten der Körner auf. Bei späteren tektonischen Beanspruchungen wurde dieses Gefüge zusätzlich gelockert, wodurch entlang den Korngrenzen Fluids eindringen konnten, was zur Rezementation führte. Bei den oberflächennahen Einwirkungen von Grundwässern wird dieser Zement wieder gelöst, wodurch die zuckerkörnigen Gesteine resultierten. Dies erklärt, dass in größerer Tiefe diese Gesteine fest sind, wie etwa auf dem Niveau des Gotthard-Basistunnels.

Bestandteile | Härte

Dolomit, auch mit Calcitgehalten und/oder etwas Quarz (unreine Dolomitmarmore). Mittelhart, in der zuckerkörnigen Ausbildung weich bis absandend.

Mächtigkeit | Verbreitung

Meist nur einige Meter bis Zehnermeter. In Zonen tektonischer Anhäufung auch wesentlich mächtiger. Dolomitmarmore sind im gan-

Gut rekristallisierter reiner Dolomitmarmor, Kaltwasser beim Simplonpass (VS).

Zuckerkörniger Dolomitmarmor vom Lengenbach im Binntal (VS) mit Zinkblendevererzung (honigfarben) und wenig Sulfosalzen (grau).

CaCO$_3$	Rest
50	50 %

Landschaftsprägung
Oft auffällige helle bis weiße Felswände oder -bänder in der Landschaft.

Helle Felsbänder in der Landschaft

zen Bereich der mittel- und unterpenninischen Grundgebirgsdecken verbreitet, vom St. Bernhard im Westen bis nach Mittelbünden im Osten. Bekannte Vorkommen finden sich in der Piora-Mulde zwischen Airolo und Lukmanierpass, unterhalb des Passo di Campolungo im Nordtessin und im Binntal im Oberwallis.

Textur und Struktur

Fein- bis mittelkörnig, massig-richtungslos, oft noch mit erhaltener sedimentärer Bankung. Stellenweise sind auch synsedimentäre Dolomitbrekzien ausgebildet.

Farbe(n), Patina, Verwitterung und Erosion

Hellgelb bis hellgrau, manchmal infolge geringer Grafitgehalte auch hellgrau (ehemaliges organisches Material). Verwittern eher leicht; die zuckerkörnigen Varianten zerfallen an der Oberfläche zu weißem Dolomitsand.

Einschlüsse|Fossilien

Keine.

Adern|Klüfte|Bruchmuster

Zuweilen Calcitadern; Klüftung oberflächennah.

Alter|Bildungsetappen

Mitteltrias, Bildung als Sabkha-Sediment; Metamorphose und Deformation bei der Alpenbildung.

Variabilität|Verwandte|Verwechslungen

Dolomitmarmore können im Handstück oft nicht von Calcitmarmoren unterschieden werden. Da hilft nur der Salzsäure-Test.

Verwendung

Höher metamorphe Varianten (Nr. 85) werden noch selten als Bausteine verwendet.

Der Schreck der Tunnelbauer am Gotthard: Der Pizzo Colombè (2545 m) in der Pioramulde besteht ganz aus zuckerkörnigem Dolomitmarmor.

Die spektakuläre Falte in zuckerkörnigem Dolomitmarmor beim Passo di Campolungo ob Rodi-Fiesso in der Leventina (TI).

64 Rauwacke (auch Zellendolomit)

Typ
Lithologie

Säure-Base-Charakter
basisch

Gesteinsklasse: Sedimentgesteine **Unterklasse:** evaporitische Sedimente

Rauwacken sind einfach zu erkennen. Da sie sehr leicht verwittern, sind sie allerdings oft schutt- oder vegetationsbedeckt; wo sie aufgeschlossen sind, fallen sie als graue bis ockerbraune, unstrukturierte und ruppig verwitternde Felsgebilde oder ockergelbe Bänder in der Landschaft auf (nicht zu verwechseln mit dem harten und gut geschichteten Rötidolomit Nr. 20). Rauwacke ist nicht zu verwechseln mit Grauwacke – das ist eine Sandstein-Variante, in der neben Quarz noch andere Mineralien wie Feldspäte, Hornblende, Pyroxen u. a. m. als klastische Komponenten vorhanden sind. Für die Entstehung dieser eigenartigen Gesteine wurden verschiedene Hypothesen aufgestellt. Heute geht man davon aus, dass es sich ursprünglich um salz- und/oder gipshaltige Evaporitgesteine in engem Verband mit Dolomiten der Triaszeit handelt. Wegen der extrem leichten Verformbarkeit von Salz und Gips erfolgten viele Deckenüberschiebungen bei der Alpenbildung in diesen Schichten; die Evaporite wurden dabei zu tektonischen Mischungen mit Dolomitbruchstücken verformt. Bei der Einwirkung von Grund- und Oberflächenwässern wurden Salz und Gips herausgelöst, wodurch die porös-zelligen Strukturen entstanden. Rauwacken kommen in den helvetischen, unter- und mittelpenninischen, ost- und südalpinen Triasabfolgen vor.

Bestandteile|Härte
Weiches Gestein.

Mächtigkeit|Verbreitung
Mächtigkeiten in der Regel einige Meter bis Zehnermeter, durch tektonische Anhäufung auch größere Massen.

Rauwacke mit Brekzienstruktur, eckige graue Dolomitbruchstücke liegen in poröser Matrix. Stübleni ob Lenk (BE), Ultrahelevetikum.

Rauwacke aus den oberostalpinen Triassedimenten der S-charl-Decke am Ofenpass (GR).

Landschaftsprägung
Manchmal auffällig ockerbraune Aufschlüsse.

Gleitmittel der alpinen Deckenbildungen

Textur und Struktur
Grob porös bis zellig, auch wabenartig, manchmal recht fest, manchmal auch bröcklig, fast schon mit Lockergesteincharakter. Meist brekziös, mit mm- bis cm-großen Dolomitfragmenten in einer karbonatischen Matrix; zuweilen auch mit andern Gesteinskomponenten.

Farbe(n), Patina, Verwitterung und Erosion
Von Hellgrau über Hellbeige bis Ockerbraun, verwittert an der Oberfläche ziemlich schnell.

Einschlüsse|Fossilien
Keine Fossilien.

Adern|Klüfte|Bruchmuster
Oft ähnlich einer tektonischen Brekzie von einem wirren Netzwerk karbonatischer Klüfte und Adern durchzogen.

Alter|Bildungsetappen
Ursprüngliche Ablagerung mittlere Triaszeit; Umwandlung zu Rauwacke bei der Alpenbildung.

Variabilität|Verwandte|Verwechslungen
Manche Quelltuffe (Nr. 132) können Rauwacken sehr ähnlich sehen.

Verwendung
Im Wallis und Graubünden oft anstelle von Quelltuffen für Torbögen, Fenster etc. verwendet.

Klettereigenschaften
Keine Klettergebiete bekannt.

Rauwackentürmchen mit der für solche Aufschlüsse typischen ruppigen Verwitterung in Stübleni ob Lenk (BE).

Rauwacken in Bachbett der Val Piora, Piora-Mulde (TI).

65 Spatkalk

Typ
Lithologie

Gesteinsklasse: Sedimentgesteine **Unterklasse:** flachmarine Karbonatsedimente

Der Spatkalk wurde bei den helvetischen Sedimentgesteinen vorgestellt (Nr. 24). Weil er auch in dieser Gesteinszone eine wichtige Kalksteinart ist, wird er hier nochmals aufgeführt. Wir verzichten aber auf eine weitere Beschreibung. Ähnlich wie beim Quarzsandstein von Attinghausen (Nr. 15) soll hier ein Blick auf die praktische Verwendung geworfen werden. Lias-Spatkalke der Préalpes waren beliebte Bau- und Sockelsteine, die in zahlreichen historischen Bauten – u. a. auch im Bundeshaus – Verwendung fanden. Je nach Tönung, von Dunkelgrau bis Lilabraun, erhielten sie verschiedene Gebrauchsnamen (Arvel rose, marbre chocolat u. Ä.). Heute wird das Gestein nur noch als Schotterstein (Bahn- und Straßenbette, Steinkorbmauern etc.) abgebaut, in einem riesigen Steinbruch bei Villeneuve am Ende des Genfersees. Sicher keine Augenweide, aber was sind die Alternativen? Zusätzlich heikel ist die Thematik, weil der Steinbruch im BLN-Gebiet Tour d'Aï/Dent de Corjon liegt. Ein Verein mit Namen «SOS-Arvel» wehrt sich gegen Konzessionserneuerungen und die Ausweitung des Abbaus.

Bestandteile|Härte
Calcit in spätigen Körnern; in Lagen auch Silexknollen.

Mächtigkeit|Verbreitung
In den ganzen Préalpes médianes plastiques, bis 150 m mächtig. Vergleichbare Kalksteine kommen auch in den Splügener Kalkbergen vor.

Variabilität|Verwandte|Verwechslungen
Verschiedene Tönungen und Übergänge in kieselige Kalksteine.

Verwendung
Früher wichtiger Baustein, heute noch wichtiger Schotterstein.

Der Lias-Spatkalk der Carrière d'Arvel (VD), kompaktes Gestein aus verzahnten Calcitkristallen.

Die Carrière d'Arvel bei Villeneuve (VD): alles Lias-Spatkalke.

66 Mergel-Kalk-Wechsellagerungen

Typ
Lithologie

Gesteinsklasse: Sedimentgesteine **Unterklasse:** marine biogen-klastische Sedimentgesteine

In den tiefer marinen Becken der nördlichen Briançonnais-Schwelle wurden im Dogger mächtige Abfolgen von Kalksteinen und Mergeln/Tonen abgelagert, die bis 1000 m Mächtigkeit erreichen können. Früher wurden diese Abfolgen als «*Zoophycus*»- oder «*Cancellophycus*»-Dogger beschrieben, heute werden sie allgemein als Staldengrabenformation nach dem Typusprofil im Staldengraben bei Schwarzsee (FR) bezeichnet. Es handelt sich um meist recht rhythmisch geschichtete Wechsellagerungen im cm- bis dm-Bereich von dunkelgrauen Mergel-/Tonschiefern mit bräunlichen Kalksteinen, die mal spätig, mal sandig, mal oolithisch ausgebildet sein können. Im Gelände erscheinen sie als bräunlich verwitternde Serien. *Zoophycen* bzw. *Cancellophycen* gehören zu den Spurenfossilien (Ichnofossilien). Es sind meist fächer- oder spiralartig angeordnete Strukturen an Schichtunterseiten, die als Kriech-, Fraß- oder Bohrspuren von bodenlebenden Würmern in tiefmarinen Schlämmen interpretiert werden. Solche Spurenmuster sind in den Gesteinen der Staldengrabenformation häufig zu finden. Die Staldengrabenformation ist aber auch reich an Makrofossilien, vor allem Ammoniten.

Bestandteile|Härte
Siehe Text.

Mächtigkeit|Verbreitung
Préalpes médianes plastiques, bis gegen 1000 m mächtig; ähnliche Abfolgen sind auch in den Splügener Kalkbergen zu finden.

Variabilität|Verwandte|Verwechslungen
Große Variationsbreite innerhalb der einzelnen Lagen; als Gesamtserie gut zu erkennen.

Nordgrat der Kaiseregg (FR). Die untere Hälfte des Grates besteht aus der Staldengrabenformation, die Gipfelfelsen aus Malmkalk (Nr. 68).

Zoophycus-Spurenfossilien in devonischen Kalksandsteinen (New York State, USA).

67 Brekzien Jura- bis Kreidezeit

Typ
Lithologie

Säure-Base-Charakter
variabel

Gesteinsklasse: Sedimentgesteine **Unterklasse:** synsedimentäre Brekzien

Auf und am Rand der unruhigen Briançonnais-Schwelle fanden während der Trias-, vor allem aber während der Jura- und teilweise bis in die Kreidezeit, immer wieder Hebungen und Senkungen statt; diese waren vor allem verbunden mit den Öffnungen des Piemontozeans in der unteren Jurazeit (Lias) und des Walliser Beckens in der mittleren bis oberen Jurazeit. Immer wenn in einem marinen Sedimentationsraum differenzielle Hebungs-/Senkungsvorgänge spielen, können synsedimentäre Brekzien gebildet werden. Da dies sowohl am europäischen als auch am adriatisch/afrikanischen Kontinentalrand sowie am Briançonnais-Mikrokontinent der Fall war, wurden in allen diesen drei Regionen Brekzien gebildet (Nr. 22, 110). Im Bereich des Briançonnais bildeten sich besonders mächtige Brekzien am SO-Rand der Plattform, d. h. am Abhang gegen den Piemontozean. Dieser war durch Scharen von listrischen Abschiebungen gekennzeichnet, wo sich die Brekzien bilden konnten. In den Préalpes Romandes besteht die über den Préalpes Médianes (rigides/plastiques) liegende Brekziendecke zum größten Teil aus Brekzien – nomen est omen. Dort kann eine untere, bis 500 m mächtige Brekzie mit der Öffnung des Piemontozeans, und eine obere Brekzie (bis 100 m) mit derjenigen des Walliser Beckens korreliert werden. Weitere wichtige mittelpenninische Brekzien sind die Vizan-(Taspinit-)Brekzien der Schamserdecken und die Falknisbrekzie der gleichnamigen Decke. Die Komponenten der Brekzien widerspiegeln das jeweils ältere, aberodierte Material in den unteren Brekzien der Jurazeit; es dominieren Dolomite der Triaszeit, aber auch Triasquarzite. Bei der Vizanbrekzie wurde gar kristallines Grundgebirge freigelegt und als Komponenten sedimentiert (Gneis von Taspegn).

Die «untere Brekzie» der Brekziendecke, beim Seebergsee im Diemtigtal (BE). Die Komponenten sind fast ausschließlich Dolomite und Kalke der Trias.

Das gleiche Gestein im verwitterten Aufschluss.

Chemie
variabel

Landschaftsprägung
Nicht besonders.

Unruhiger Meeresgrund auch im Briançonnais

Bestandteile|Härte
Siehe Text.

Mächtigkeit|Verbreitung
Brekzien der Brekziendecke: Großes Gebiet im Raum Zweisimmen/Gstaad/Saanen, insgesamt bis rund 600 m mächtig. Weitaus größtes Brekziengebiet der Schweiz. Falknisbrekzie: Westliche Rätikongruppe, bis über 200 m mächtig. Vizan-Taspinit-Brekzie: Berge der Schamserdecken rund um Andeer, bis 250 m.

Textur und Struktur
Von sehr grobkörnigen bis zu mittelkörnigen Brekzien.

Farbe(n), Patina, Verwitterung und Erosion
Unterschiedlich, meist eher dunklere Gesteine; infolge Brekzienstruktur im Nahbereich sehr auffällig; meist «ruppig» verwitternde Oberflächen.

Einschlüsse|Fossilien
Kaum Makrofossilien.

Adern|Klüfte|Bruchmuster
Im üblichen Rahmen, je nach tektonischer Beanspruchung.

Alter|Bildungsetappen
Jura, teilweise bis in die untere Kreidezeit.

Variabilität|Verwandte|Verwechslungen
Große Variabilität in Textur und Komponentengrößen.

Marmor der Combin-Zone bei Trockener Steg ob Zermatt (VS). Hoch deformierte und zu Marmor metamorphosierte Brekzie.

Landschaft beim Seebergsee; im Vordergrund Brekzien, im Hintergrund das Niederhorn aus Oberjura-Kalk der Préalpes médianes rigides.

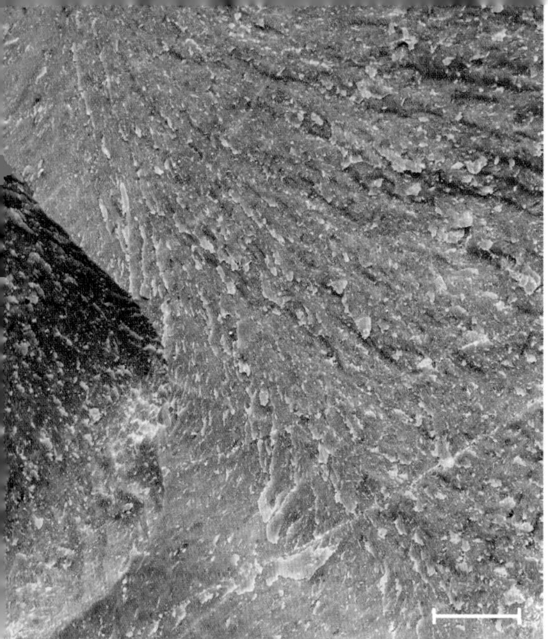

68 Oberjurakalk (Malmkalk)

Typ Lithologie

Säure-Base-Charakter basisch

Gesteinsklasse: Sedimentgesteine **Unterklasse:** marine Karbonatgesteine

So wie in den Sedimentgesteinen der Juraberge (Nr. 7) und der helvetischen Decken (Nr. 26) werden auch die Sedimentserien des Mittelpenninikums durch eine helle Kalksteinschicht der oberen Jurazeit geprägt, welche häufig die gut sichtbaren Felswände und -grate bildet und damit den tektonischen Bau in der Landschaft nachzeichnet. Im Mittelpenninikum beruhigte sich in der oberen Jurazeit die intensive synsedimentäre Bruchtektonik der Lias- und Jurazeit. Die ganze Briançonnais-Schwelle lag recht einheitlich in flacher tropischer Meeresbedeckung. Über die ganze Plattform hinweg wurden daher feine Kalkschlämme abgelagert, die sich später zu den hellen mikritischen Kalksteinen verfestigten. In den Préalpes médianes plastiques werden die Malmkalke neuerdings als Molésonformation, in den Préalpes médianes rigides als Dorfflüeformation bezeichnet.

Bestandteile | Härte

Meist reine Kalksteine, im oberen Teil oft mit Horizonten von Silexknollen durchsetzt, die als braun-ruppige Knollen herauswittern, im frischen Bruch hingegen fast schwarz sind (Nr. 38).

Mächtigkeit | Verbreitung

Die Mächtigkeiten schwanken zwischen 50–300 m; in den ganzen Préalpes bilden die Oberjura-Kalkbänke das «Skelett» der Berge, die dominanten Grate und Wände. In Graubünden ist der Kranz von hellem Oberjurakalk im Prättigauer Halbfenster, von der Rätschenfluh über Sulz- und Drusenfluh am markantesten. Im Walliser Mattertal zieht ein auffälliges helles Band von Oberjuramarmor vom Stellihorn über Barrhorn und Brunegghorn weit gegen S unter dem Weisshorn hindurch.

Dichter, mikritischer Oberjurakalk von der Sulzfluh (GR). Die feinen Schuppen sind Absplitterungsschüppchen.

Korallenkalk mit einzelnen erhaltenen Korallenstämmen; Simmenfluh (BE).

Landschaftsprägung
Das markante helle Leitgestein der mittelpenninischen Sedimentabfolgen.

Die weißen Rippen der Préalpes

Textur und Struktur
Die Kalksteine sind oft mikritisch, können aber auch oolithisch, onkolithisch, spätig oder bioklastisch sein; auch Korallenkalke kommen vor.

Farbe(n), Patina, Verwitterung und Erosion
Anwitterungsfarbe fast immer ein sehr helles Grau bis fast Weiß; im frischen Bruch mittel- bis dunkelgrau. Relativ verwitterungsresistent. Verwitterung durch Karstlösung dominiert, man trifft aber auch auf Schratten und weitere Karstphänomene. Im Gebiet Tour d'Aï/Tour de Famelon (VD) gibt es ausgedehnte Karstlandschaften und Höhlensysteme.

Einschlüsse|Fossilien
Makrofossilien sind ziemlich selten.

Adern|Klüfte|Bruchmuster
In zerbrochenen Zonen weiße Calcitadern; meist mit ausgeprägten Kluftsystemen.

Alter|Bildungsetappen
Oberer Jura (Oxfordien bis Tithonien).

Variabilität|Verwandte|Verwechslungen
Die Kalke sind im Aufschluss- und Handstückbereich manchen Quintner- (Nr. 26) und Schrattenkalken (Nr. 30) sehr ähnlich – im geologisch-tektonischen Kontext jedoch klar zuzuordnen.

Verwendung
Lokaler Baustein/Weidemauern.

Klettereigenschaften
In den Préalpes liegen viele bekannte Klettergebiete in den Oberjurakalken, so etwa Tour d'Aï, Tour de Mayen, La Moëllée, Gastlosen, Mittagfluh und Stockhorn.

Die Gastlosen (FR) bestehen aus subvertikal aufgestellten Rippen aus Oberjurakalk der Dorfflüeformation.

Die Rätschenfluh oberhalb von St. Antönien (GR) bildet einen Teil des Kranzes von Oberjurakalken der Sulzfluhdecke rund um das Prättigauer Halbfenster.

69 Couches-Rouges-Mergelkalke

Typ
Gruppe

Gesteinsklasse: Sedimentgesteine **Unterklasse:** pelagisch, detritische Sedimentgesteine

In der mittleren bis oberen Kreide senkte sich die ganze Briançonnais-Plattform langsam ab, und es begannen sich tiefer marine Ablagerungen zu bilden. In der oberen Kreidezeit, teilweise bis in die Tertiärzeit hinein, lagerten sich langsam pelagische Mergelkalke ab, und zwar über einen Zeitraum von rund 45 Mio. J. (90–45 Mio. J.). Trotz dieser enorm langen Zeit erreichen die Couches Rouges nirgends mehr als 150 m Mächtigkeit. Dies hat einerseits mit der enorm langsamen Sedimentation in diesem 200–500 m tiefen, landfernen Meeresbecken zu tun, anderseits mit zwei langen Schichtlücken von je etwa 12 Mio. J. Dauer, wo die Plattform trocken lag und nichts abgelagert wurde. Die drei Formationen, welche die Couches-Rouges-Gruppe in den Préalpes aufbauen, heißen von unten nach oben: Rote-Platte-, Forclettes- und Chenaux-rouges-Formation.

Bestandteile|Härte
Mischung zwischen pelagischem Kalk (v. a. Foraminiferenschlamm) und feinem eingeschwemmtem Ton.

Mächtigkeit|Verbreitung
Max. 150 m; in den ganzen Préalpes médianes, in den Klippen der Zentralschweiz – extrem auffällig am Gross Mythen – und bis in die Falknis-Sulzfluh-Decken.

Variabilität|Verwandte|Verwechslungen
Die rötliche Färbung ist nicht überall vorhanden. Es gilt: je höher der Tonanteil, desto ausgeprägter ist sie, weil die Tonminerale Eisen enthalten.

Verwendung
Früher als «Châble Rouge» bei Roche (VD) im Rhonetal abgebaut; der Steinbruch ist heute noch auffällig mit seinen rötlichen Schichten.

Rötlicher Mergelkalk mit weissen Calcit-Rutschharnischen, Gross Mythen (SZ).

Der Gross Mythen ob Schwyz, eine Klippe der Préalpes Médianes rigides; über dem hellen Oberjurakalk liegen direkt die Couches-Rouges-Mergelkalke.

Gesteinsdünnschliffe: Die mikroskopischen Farbwunderwelten der Gesteine

Die Untersuchung von Gesteinen mit der Lupe kann schon einiges an Erkenntnissen bringen. Aber erst eine Untersuchung unter dem Mikroskop erlaubt es den Geologen, die Gesteine wirklich zu verstehen. Man macht sich dabei den Umstand zunutze, dass mit Ausnahme der Erzmineralien alle Mineralien transparent sind – wenn sie denn nur dünn genug geschliffen werden. Die Herstellung von Gesteinsdünnschliffen ist im Prinzip einfach, erfordert jedoch viel Erfahrung und Sorgfalt. Man sägt zu diesem Zweck ein flaches Klötzchen von 2,5 × 4,5 cm, schleift dieses auf der einen Seite fein und klebt es auf einen Glasträger. Dann sägt man das Klötzchen parallel zum Glas dünn ab. Die verbleibende Gesteinsscheibe wird nun auf eine Dicke von 2/100 mm abgeschliffen und mit einem Deckglas zugedeckt – fertig.

So kann man nun im Mikroskop die gesteinsbildenden Mineralien und ihre gegenseitigen Verwachsungen und Kristallisationsabfolgen ermitteln. Dabei kommt nochmals ein Trick ins Spiel: Bei um 90 Grad gekreuzt polarisiertem Licht zeigen die meisten Mineralien spezifische bunte Interferenzfarben. Diese erlauben zusammen mit weiteren Parametern ihre eindeutige Bestimmung.

So wie heute noch ein guter Arzt ohne sorgfältige Anamnese und einfache Untersuchung kaum zu einer Diagnose kommen kann, brauchen die Geologen auch heute noch als Basis für noch so apparateintensive High-Tech-Forschungen immer zuerst eine Gesteinsuntersuchung im Dünnschliff. Das ist eine faszinierende und spannende Detektivarbeit!

Oolithkalkstein im Normallicht. Man kann die Innenstruktur der Ooide und den sie verbindenden Calcitzement erkennen.

Basalt im gekreuzt polarisierten Licht. In der mikrokristallinen Matrix liegen Augiteinsprenglinge mit Wachstumszonierung und Verzwillingung sowie extrem kleine graue Plagioklasleisten.

Gesteinszone 8

Grundgebirgsgesteine des Penninikums, mesoalpin mittelstark überprägt

Die Walliser Mischabelgruppe mit dem Dom in der Mitte. Sie besteht aus altkristallinen Paragneisen und -schiefern der Mischabel-Siviez-Decke. Die Schieferung fällt steil nach links ein und prägt so die Morphologie der Berge.

Sicht auf die Nordflanke des Bergells an den Piz Duan, mit den südlichen Teilen der Tambodecke (unten) und Surettadecke (oben), getrennt durch einen hellen Zug von mittelpenninischen Triasgesteinen («Deckenscheider»).

Schiefer in tausend Varianten

Wir haben in der Einführung zu den Gesteinszonen 6 und 7 dargelegt, dass diese Sedimentserien weitgehend von ihrem kristallinen Grundgebirge abgeschert wurden. In den Gesteinszonen 8 und 9 befinden wir uns nun in diesen Grundgebirgseinheiten. Die Unterteilung in zwei Zonen hat einzig mit der Intensität der mesoalpinen Metamorphose zu tun (s. S. 26). In der Zone 8 präsentieren wir Gesteine, die bei dieser Metamorphose höchstens in Grünschieferfazies umgewandelt wurden. Deswegen sind darin noch viele voralpine Strukturen und Mineralogien erhalten, beispielsweise in den variszischen Plutoniten. In der Zone 9 sind dann die penninischen Grundgebirgseinheiten beschrieben, die mesoalpin mindestens untere Amphibolitfazies erlebt haben und damit fast nur noch alpinmetamorphe Mineralbestände und Gefüge aufweisen. Als Grenze zwischen den beiden wählten wir die 500 °C-Isotherme, die in der Gesteinszonenkarte eingetragen ist. Natürlich sind die Übergänge zwischen den beiden Zonen fließend.

Bei den penninischen Grundgebirgseinheiten gab und gibt es ein ziemliches Durcheinander was Nomenklatur und paläogeografische Zuordnung betrifft. Heute geht man davon aus, dass es einen fast kontinuierlichen Übergang vom helvetischen über den südhelvetischen in den unterpenninischen Bereich gegeben hat und dass ein Teil der Grundgebirgsdecken südlich der Gottharddecke noch zum europäischen Kontinent gerechnet werden muss. Für diesen Übergangsbereich wurden verschiedene Bezeichnungen verwendet: helvetisch, infrapenninisch, subpenninisch. Wir halten uns an die 2017 publizierte, auf breitem Konsens beruhende Einteilung der Landesgeologie. Die südlichsten Bereiche des europäischen Kontinentalrandes werden als infrapenninisch, die Bereiche des Walliser Beckens als unterpenninisch und der Briançonnais-Mikrokontinent als mittelpenninisch bezeichnet.

Die Abscherungen der Sedimentdecken erfolgte in den Evaporiten der Triaszeit, die teilweise unter, teilweise über den Triasdolomiten abgelagert wurden. Deshalb finden wir im Bereich der Grundgebirgsdecken teilweise auch noch Dolomitmarmore, und vor allem die Untertriassandsteine als plattige Quarzite, schließlich auch karbonopermische Sedimente – natürlich ebenfalls metamorph, und heute als Schiefergesteine vorliegend.

Die Grundgebirgsdecken bestehen ganz generell aus überwiegend schiefrigen Gesteinen von Altkristallin und Karbonoperm, mit einem sehr großen Spektrum an Zusammensetzungen sowie darin eingelagerten variszischen Plutonen als Orthogneiskörper. Nachfolgend ein kurzer Überblick über die Decken dieser Gesteinszone und ihren Gesteinsinhalt.

Name	Gebiet	Gesteine und Metamorphose
Decken westlich der Tessiner Kulmination		
Mischabel-Siviez-Decke Grundgebirge	Weissmies- und Mischabelgruppe, Augstbordhorn-Gruppe, weiter nach W über die Täler Anniviers, Hérens, Hérémence und über Siviez bis zum Grossen St. Bernhard	Altkristallin: Zweiglimmerschiefer bis -geise, Chlorit-Muskovitschiefer, Granat-Glimmerschiefer, eingelagerte Amphibolite
Mischabel-Siviez-Decke Permo-Trias-Metasedimente	Nördlich an das Grundgebirge der Mischabel-Siviez-Decke anschließende Zone von bis 5 km Breite, vom untersten Turtmanntal über Val d'Anniviers, Mont Noble bis zum Grossen St. Bernhard	Tafelquarzite bis Quarz-Sericitschiefer, übergehend in Sericit-Metakonglomerate, Chloritschiefer
Mont-Fort-Decke	Gruppe Métailler/Mont Fort/Rosablanche, weiter nach SW über Petit Combin bis zum Mont Vélan	Chlorit-Albitgneise und -schiefer, mit eingelagerten Grünschiefern, teilweise auch Blauschiefern
Zone Houillère	1–2 km schmaler Streifen von Sion über Verbier bis zum Grossen St. Bernhard	Schwarzgraue Sericitschiefer, Metakonglomerate, selten Rhyolithe (→ Gesteine aus einer Karbonsenke; houiller = franz. für Steinkohleformation)
Monte-Rosa-Decke	Große, durch Rückfaltungen stark verdickte Decke; baut das ganze Monte-Rosa-Massiv und die Grenzberge bis zum Stellihorn auf, ebenso das ganze obere Val Anzasca; reicht mit einer schmalen Verlängerung über Villadossola und das Centovalli bis nördlich Locarno	Ein Großteil wird vom postvariszischen Pluton des Monte-Rosa-Granits eingenommen. Altkristalline hoch metamorphe Gneise, aber auch Glimmerschiefer. Als einzige der Decken dieser Gesteinszone erlebte die Monte-Rosa-Decke auch eine frühalpine eklogitfazielle Metamorphose
Decken östlich der Tessiner Kulmination		
Tambodecke	San Bernardinopass/Piz Tambo/Splügenpass; Valle S. Giacomo bis Chiavenna, Ausläufer ins Bergell über Soglio bis Vicosoprano	Gneise und Glimmerschiefer; alte Orthogneise; variszische Metagranitoide, v. a. Truzzogneis (I). Im südlichen Teil erreicht der Metamorphosegrad Amphibolitfazies → Gesteinszone 9, Tambogneis
Surettadecke	Andeer/Innerferrera/Surettahorn, über Piz Timun, Pizzo Stella hinunter ins Bergell bei Vicosoprano	Altkristalline Gneise und Glimmerschiefer, darin intrudierter postvariszischer magmatisch-subvulkanischer Rofnakomplex (Nr. 70)

Die Berge auf der Ostseite des Val de Bagnes (Pleureur, Rosablanche) bestehen aus Grundgebirgsgesteinen der Mont-Fort-Decke.

Unterwegs zur Mont Fort-Hütte, in den Gneisen und Schiefern der gleichnamigen Decke; im Hintergrund das Massiv des Mont Fort (3328 m).

Die Gesteinsvielfalt unter den altkristallinen Schiefern und Gneisen ist groß; es wird in diesem Buch nur eine kleine, aber exemplarische Auswahl der wichtigsten Typen präsentiert.
Und daran denken: Mit Resten der mesozoischen Bedeckung in Form von Triasquarziten und -dolomiten, teilweise auch noch mit jüngeren Metasedimenten, ist immer zu rechnen (s. Gesteinszone 7).

⇢ Die folgenden Gesteine, welche in anderen tektonischen Einheiten beschrieben werden, können in der Gesteinzone 8 ebenfalls angetroffen werden: **Amphibolite** (Nr. 42 und 98), **Karbonkonglomerate** (in der Zone Houillère; Nr. 57), **Steinkohle** (in der Zone Houillère; Nr. 58), **Tafelquarzit** (Nr. 62), **Dolomitmarmor** (Nr. 63) und **Grünschiefer/Grüngesteine** (Nr. 90).

70 Rofnagneis, Rofnaporphyr, Andeergranit

Typ
Formation/Komplex

Säure-Base-Charakter
sauer

Gesteinsklasse: Metamorphite **Unterklasse:** Metagranitoide

Schauen wir uns die Bezeichnungen für diese Gesteinsart an: Andeergneis, Andeergranit, Rofnagneis, Rofnagranit, Rofnaporphyr. Porphyr, Granit, Gneis, was jetzt? Alles in einem! Das Namensdurcheinander steht exemplarisch für die Verhältnisse in fast allen kristallinen Grundgebirgsdecken der Alpen. Die großen variszischen Intrusivkörper erlebten bei der Alpenbildung eine Deformation und Metamorphose, welche sie selektiv und in höchst unterschiedlichen Ausmaßen erfassten. In verschonten Kernbereichen konnten magmatische Gefüge und Mineralien praktisch vollständig bis heute «überleben». Darum herum fließen zunehmend stärker vergneiste Partien, bis schließlich hin zu eigentlichen Myloniten nahe den Deckenkontakten. Der Rofnakomplex besteht aus einem ehemals unteren, subvulkanisch-porphyrischen Teil (= Rofnaprophyr) mit teilweise erhaltenen magmatischen Gefügen und einem darüberliegenden grobporphyrischen Granit, welcher durchwegs zu Augengneis umgewandelt wurde. Und deshalb sind alle obigen Namen richtig – am entsprechenden Aufschluss eben. In einer neueren Publikation wird vorgeschlagen, nur noch den Begriff «Rofna-Porphyr-Komplex» zu verwenden, was sehr sinnvoll ist.

Bestandteile|Härte

Quarz, Feldspäte, grünlicher Hellglimmer («Phengit»), wenig Chlorit. Insgesamt hartes Gestein.

Mächtigkeit|Verbreitung

Der Rofnakomplex umfasst die ganze Gebirgsgruppe zwischen Andeer/Roflaschlucht bis zum Splügenpass/Surettahorn, mit einer Fläche von rund 80 km^2.

Textur und Struktur

Typus Rofnaporphyr: massiges, teilweise richtungsloses Gestein; feinkörnige Grundmasse mit Einsprenglingen von Quarz, Feldspat und

Der «Grüne Andeer» aus dem Steinbruch Andeer – eine deutlich vergneiste, homogene Variante des Granitgneises.

Andeer-Augengneis aus der Roflaschlucht südlich Andeer (GR).

70	30 %
SiO_2	Rest

Landschaftsprägung
Sowohl massige Granit- als auch Gneisberge.

Der beliebte Grüne

Chlorithäufchen, die aus ehemaligen Biotiten entstanden sind.
Typus Augengneis: Gneis mit variabler Intensität der Verschieferung, mit bis mehrere cm-großen Kalifeldspateinsprenglingen, die praktisch undeformierte Klötzchen, aber auch zahlreiche andere Formen bis hin zu stark geplätteten Augen bilden können.

Farbe(n), Patina, Verwitterung und Erosion
Granitporphyr grau, Augengneis grünlich. Braune Patina; ziemlich verwitterungsresistent.

Einschlüsse|Fossilien
Im undeformierten Granitporphyr z.T. dunkle Schollen.

Adern|Klüfte|Bruchmuster
Mit für Granite/massige Gneise typischem Klüftungsmuster.

Alter|Bildungsetappen
Die radiometrischen Altersbestimmungen zeigen Alter um 270 Mio. J. (mittleres Perm). Deutlich jünger als die variszischen Granite mit Altern von 300–330 Mio. J.

Verwendung
In Andeer wird in einem modernen Steinbruch der beliebte «Grüne Andeer», abgebaut; ein massiger hellgrüner Gneis, der zu Brunnen, Gartenmöbeln, Inneneinrichtungen, Mauersteinen und zu Grabsteinen verarbeitet wird.

Klettereigenschaften
Hochalpines Gneisgelände, keine ausgesprochenen Klettertouren.

Interessante Webseiten
www.andeergranit.ch

Die steilen Wände der Roflaschlucht bestehen aus Andeer-Granitgneis.

Steinbruch Andeer (GR).

71 Randa-Augengneis

Typ
Formation/ Komplex

Säure-Base-Charakter
sauer

Gesteinsklasse: Metamorphite

Unterklasse: Metagranit

Der Randa-Augengeis ist wenig bekannt, vielleicht weil keine großen Berggipfel aus ihm bestehen. Doch ist er ein charakteristisches und eindrückliches Gestein, quasi der Walliser Bruder des Rofnagneises (Nr. 70). Wie dieser ist er vor rund 270 Mio. J., also mittelpermisch, intrudiert, und auch er zeigt höchst unterschiedliche Ausmaße alpiner Deformation und Umkristallisation. Der Randa-Augengneis bildet einen einzigen, klar definierten und homogenen Gesteinskörper, der heute eine flache Struktur bildet. Dies deutet auf eine ursprüngliche Form als Sill oder Lakkolith hin. «Augengneis par excellence» deshalb, weil im Randa-Augengneis nach der Erfahrung des Autors die schönsten und schulbuchmäßigsten Augengneispartien vorkommen, mit perfekt dicklinsig ausgezogenen Kalifeldspäten; dazu auch viele schöne Übergänge von wenig bis zu hoch deformierten Augengneisen – ganz ähnlich wie im Arollagneis (Nr. 105), wo dies ausführlich dargestellt wird.

Bestandteile|Härte
Kalifeldspat, Plagioklas, Quarz, Muskovit, Chlorit, selten Relikte von Biotit. Hartes Gestein.

Mächtigkeit|Verbreitung
Klar definierter Intrusionskörper in den umgebenden Paragneisen der Siviez-Mischabel-Decke; bildet zwischen Randa und St. Niklaus beidseitig die Talwände. Im Osten bis ins Saastal bei Saas Balen, im Westen ausgedünnt entlang der südseitigen Rhonetalflanke über Bürchen bis oberhalb Ergisch. Bei St. Niklaus ca. 1 km mächtig.

Typischer Randa-Augengneis.

Unterschiedliche Zusammensetzung und Deformationen in einem Aufschluss von Randa-Augengneis.

70	30 %
SiO_2	Rest

Landschaftsprägung
Steile und wilde Talwände im mittleren Mattertal.

Der Augengneis *par excellence*

Textur und Struktur
Mittelkörnig; grobporphyrisch, manchmal aber auch gleichkörnig. Selektiv und auch lokal sehr unterschiedlich deformiert. Im Extremfall können die ursprünglich quaderförmigen Kalifeldspateinsprenglinge zu 50 cm langen Aggregaten ausgezogen sein.

Farbe(n), Patina, Verwitterung und Erosion
Frisch mittelgrau, verwittert langsam; rostbraune Patina.

Einschlüsse|Fossilien
Immer wieder Aplitgänge, die auch ins Nebengestein reichen können.

Adern|Klüfte|Bruchmuster
Im Mattertal gut erkennbare deutliche Klüftung in zwei subvertikalen Richtungen.

Alter|Bildungsetappen
Intrusionsalter um 270 Mio. J. (Mittelperm), postvariszisch.

Variabilität|Verwandte|Verwechslungen
Unverwechselbares Gestein in der Region.

Verwendung
Früher lokaler Baustein.

Klettereigenschaften
Neue Sportklettergebiete bei St. Niklaus in hervorragend festem Gneis.

Das Mattertal bei St. Niklaus (VS). Die steilen Wände der Talflanken werden aus Randa-Augengneis aufgebaut.

Sportklettern in massigem, grobbankigem Randa-Augengneis oberhalb von St. Niklaus (VS).

72 Monte-Rosa-Granitgneis

Typ
Formation/ Komplex

Säure-Base-Charakter
sauer

Gesteinsklasse: Metamorphite **Unterklasse:** Metagranite

Beim Monte-Rosa-Granitgneis wird das «Granit oder Gneis Problem» exemplarisch vorgeführt. Auf den herrlichen Gletscherschliffplatten oberhalb der futuristischen Monte-Rosa-Hütte findet man einen klassischen Granit, grobkörnig und mit großen Kalifeldspat-Einsprenglingen sowie Gängen von Apliten und Pegmatiten. Schaut man etwas genauer hin, entdeckt man duktile Scherzonen, um welche der Granit zuerst leicht vergneist vorliegt, um dann im Zentrum der Scherzone zu einem mylonitartigen Gneisgestein umgewandelt zu sein. Folgt man den Vorkommen des Monte-Rosa-Granitgneises gegen Osten ins Val d'Ossola und weiter bis nach Locarno, so wird man zunehmend nur noch Granitgneis antreffen, zuletzt einen linearen Gneis, in dem die weißen Kalifeldspatkristalle zu bis über 10 cm langen, bleistiftartigen Stängeln ausgezogen wurden.
Obwohl der Monte-Rosa-Granitgneis eine zweifache alpine Metamorphose erlebte, konnten weite Bereiche im Innern des großen Plutons praktisch undeformiert und mit erhaltenem magmatischem Mineralbestand überleben!
Im Monte-Rosa-Massiv sind Randbereiche des Granitplutons mit Kontakten zu den umgebenden braunen Gneisen (Nr. 84) teilweise sehr gut sichtbar; so etwa am imposanten SW-Grat der Dufourspitze, wo man vom Grenzgletscher aus die vom darunterliegenden hellen Granit in die braunen Rahmengesteine ausschwärmenden Aplit- und Pegmatitgänge bewundern kann.

Bestandteile|Härte
Quarz, Alkalifeldspat (oft Einsprenglinge), Plagiolas, Biotit und Akzessorien. In stark vergneisten Partien auch Hellglimmer und Chlorit.

Mächtigkeit|Verbreitung
Aufschlussfläche von rund 400 km². Der zentrale Körper misst rund 18 × 18 km, die pfannenstielartige Verlängerung nach Osten bis oberhalb von

Monte Rosa-Granitgneis aus der amphibolitfaziellen Ostverlängerung des Granitkörpers im Valle d'Ossola. Der Granit ist zu einem linearen Gneis ausgezogen.

Kaum deformierter porphyrischer Monte Rosa-Granit(gneis); die Einregelung der Kalifeldspäte geht auf magmatische Prozesse zurück.

70	30 %
SiO_2	Rest

Landschaftsprägung
Baut ganz wesentlich den Monte-Rosa-Gebirgsstock auf.

Locarno ist rund 60 km lang. Diese hat mit den spätalpinen Rücküberschiebungen und den Bewegungen an der Insubrischen Linie zu tun.

Textur und Struktur
Von magmatisch-grobporphyrisch über augen- und stängelgneisig bis hin zu mylonitisch.

Farbe(n), Patina, Verwitterung und Erosion
Frisch ist seine Farbe Grau, seine Patina ist granitüblich rostbraun. Verwitterungsresistent, große Blöcke sind als Findlinge auch im Mittelland anzutreffen.

Einschlüsse|Fossilien
Aplite, Pegmatite, auch dunkle Schollen.

Adern|Klüfte|Bruchmuster
Vor allem Systeme von alpinmetamorphen Scherzonen. Keine alpinen Zerrklüfte mit Kluftmineralien.

Alter|Bildungsetappen
Höchstwahrscheinlich spät- bzw. postvariszische Intrusion um 270 Mio. J. Frühalpine Hochdruckmetamorphose um 43 Mio. J. bei 580 °C/25 kb), gefolgt von einer grünschiefer- bis amphibolitfaziellen mesoalpinen Metamorphose (um 30 Mio. J.).

Variabilität|Verwandte|Verwechslungen
Der undeformierte Monte-Rosa-Granit hat Ähnlichkeiten mit dem Bergeller Granit – Verwechslungen sind aber wegen der großen geografischen Distanz kaum zu befürchten.

Verwendung
Im Valle d'Ossola als «Serizzo Monte Rosa» abgebaut.

Die Granit(gneis)-Platten bei der Monte Rosa-Hütte SAC.

Das Monte Rosa-Massiv von Westen. Ein großer Teil besteht aus Monte Rosa-Granitgneis.

73 Chlorit-Muskovitschiefer und -gneise

Typ
Lithologie

Gesteinsklasse: Metamorphite | **Unterklasse:** Metasedimente

Schiefrige Gesteine von grünlich grauer Farbe sind in allen mittelpenninischen Grundgebirgseinheiten immer wieder anzutreffen. Meist sind es aufgrund ihres hohen Gehalts an Muskovit und Chlorit eindeutige Schiefer, es gibt aber Übergänge zu gneisartigen Typen, die mehr Quarz (und evtl. Feldspäte) enthalten. Auf den Schieferungsflächen dieser Gesteine sind die silbrighellen Muskovite und die stumpfgrünen Chlorite entweder als Einzelplättchen oder als blätterteigartige Aggregate zu erkennen. Diese können auch sehr feinkörnig sein und dann silbrig helle bis grünliche, samtig glänzende Überzüge auf den Schieferungsflächen bilden. Im Falle von Muskovit spricht man in dieser Ausbildung dann von Serizit. Quer zur Schieferung ist viel Quarz zu erkennen, die Feldspatgehalte können variieren. Die Ausgangsgesteine dieser Schiefer waren sandig-tonige Sedimentgesteine unbekannten Alters.

Bestandteile | Härte

Quarz, etwas Feldspat, Muskovit, Chlorit, zuweilen etwas Karbonat.

Mächtigkeit | Verbreitung

Lagen von dm bis viele Zehnermetern Mächtigkeit in allen mittelpenninischen altkristallinen Grundgebirgsteilen außerhalb der mesoalpinen Amphibolitfazies.

Variabilität | Verwandte | Verwechslungen

Größere Bandbreite bei der Zusammensetzung, Übergänge zu andern Schiefertypen (z. B. zu Nr. 74 und 75) häufig anzutreffen.

Chlorit führender Muskovit-Gneis aus dem Saastal (VS).

Noch Schiefer oder schon Gneis? Chlorit-Muskovit-Gneisplatten am Mont Vélan VS.

74 Chloritoid-Glimmerschiefer

Typ
Lithologie

Gesteinsklasse: Metamorphite **Unterklasse:** Metasedimente

Chloritoid wurde bei den gesteinsbildenden Mineralien (Kap. 7) nicht vorgestellt. Es handelt sich um ein Al-reiches Fe-Mg-Inselsilikat, welches nur in metamorphen Gesteinen vorkommt. Es ist typisch für den Übergang von schwacher zu mittelstarker Metamorphose in Metapeliten (Meta-Tonsteinen). Es bildet schwarze, hexagonale Plättchen, die sehr leicht mit Biotit verwechselt werden können. Doch wie sein alter deutscher Name «Sprödglimmer» sagt, ist er weniger gut spaltbar, nicht biegbar, und vor allem mit H = 6.5 viel härter als Biotit (Test mit der Messerklinge!). Chloritoid-Phyllite bis -Schiefer sind in den alpin mittelstark-metamorphen Grundgebirgen verschiedentlich anzutreffen, auch in helvetischen bis penninischen, tonigen Metasedimenten. Die Gesteine sind meist sehr reich an Hellglimmer, sei es in Form von Sericit oder sei es als gröber geschuppter Muskovit. Chloritoid kann auch in quarzitischen Gesteinen vorkommen oder in größeren Kristallen in Quarzknauern.

Bestandteile|Härte

Hellglimmer, Quarz, Chloritoid, teilweise auch Feldspat, Chlorit, Biotit und Granat; auch grafitreiche dunkelgraue Schiefer sind häufig.

Mächtigkeit|Verbreitung

Größere Vorkommen im Grundgebirgsteil der Mont-Fort-Decke im Unterwallis sowie in Metapeliten und Metaquarziten der ultrahelvetisch-unterpenninischen Metasedimenten nördlich der Adula- und Surettadecken.

Variabilität|Verwandte|Verwechslungen

Größere Bandbreite von Zusammensetzungen, Übergänge zu andern Schiefertypen (z. B. zu Nr. 73–75).

Ausschnitt aus Chlorit-Chloritoid-Sericit-Schiefer, Mont-Fort-Decke, Lac de Mauvoisin (VS).

Ostseite des Mont Vélan beim Grossen St. Bernhard; in diesen Altkristallinserien der Mont-Fort-Decke kommen auch Chloritoid-Schiefer vor.

75 Albitschiefer und -gneise|Knotenschiefer

Typ
Lithologie

Gesteinsklasse: Metamorphite **Unterklasse:** Metasedimente

Diese Gesteine liegen gefügemäßig oft im Grenzbereich zwischen Schiefern und Gneisen. Sie zeichnen sich alle aus durch auffällig weiße, rundliche Körner von Albit, die bis zu 1 cm Größe erreichen können. Auf schieferungsparallelen Oberflächen bilden diese oft kleine Knötchen oder Warzen, weshalb sie auch als «Knotenschiefer» bezeichnet werden. Die Albitkristalle sind offensichtlich bei der Metamorphose gewachsen, haben das Schiefergefüge überwachsen oder beeinflusst und haben so eine Art feinporphyrisches Gefüge erzeugt, welches man «porphyroblastisch» nennt (Kap. 8). Die frisch grauen bis graubraunen Gesteine können auch Übergänge in quarzreiche, gar metakonglomeratische Gneise zeigen. Die Ausgangsgesteine waren tonig-sandige klastische Sedimente mit hohem Feldspatanteil (Arkosen); ihr Alter ist unbekannt, könnte auch präkambrisch sein.

Bestandteile|Härte
Albitkristalle («Blasten»), Quarz, Hellglimmer, Biotit und/oder Chlorit, teilweise auch etwas Granat.

Mächtigkeit|Verbreitung
Verbreitete Gesteine in den Grundgebirgsdecken Siviez-Mischabel und Mont Fort im Wallis. Sie machen dort einen guten Teil des Altkristallins aus.

Variabilität|Verwandte|Verwechslungen
Große Bandbreite in Bezug auf Glimmerarten und -anteile sowiein Bezug auf Größe und Menge der Albitkristalle.

Heller Chlorit-Sericit-Albitgneis, Mont-Fort-Decke, Lac de Mauvoisin (VS).

Mont Vélan von Norden her gesehen. Die rechte Hälfte des Berges besteht aus Albitschiefern.

76 Blauschiefer | Glaukophan-Epidotschiefer

Typ
Lithologie

Gesteinsklasse: Metamorphite **Unterklasse:** Metabasika

In Basalten, die unter relativ hohen Drucken und relativ tiefen Temperaturen (weniger als 250–400 °C, 8–14 kbar) kristallisieren Natriumamphibole (Glaukophan und Crossit), die sich durch ihre blauen Farben auszeichnen. Diese gaben sowohl den Gesteinen als auch der entsprechenden metamorphen Fazies den Namen: Blauschiefer. Das Blau der Amphibole kann von fast Schwarzviolett bis zu deutlich Mittelblau variieren. Manchmal muss man gut hinschauen und dem Auge Zeit geben, bis man den Blauton erkennt. Sehr oft ist in den Blauschiefern noch der unverkennbar pistaziengrüne Epidot vorhanden, und auch Hellglimmer kann mit von der Partie sein; dies ergibt die auffälligen Glaukophan-Epidotschiefer.

Blauschiefer kommen in recht vielen penninischen Gesteinseinheiten vor, am häufigsten in der Tsaté- und Mont-Fort-Decke des Wallis und in den Adula-Suretta-Decken Graubündens; insgesamt in allen Einheiten, welche eine frühalpine druckbetonte Metamorphose erlebt haben. Leider hat die darauf folgende temperaturbetonte Metamorphose die Blauschiefer weitgehend retrograd umgewandelt, sodass meist nur reliktische Bereiche als Blauschiefer erhalten blieben.

Bestandteile | Härte
Blauer Amphibol, Epidot, Hellglimmer, Albit, auch Quarz, Karbonat sowie Akzessorien.

Mächtigkeit | Verbreitung
Siehe Text.

Variabilität | Verwandte | Verwechslungen
Alle Übergänge zu Grüngesteinen/Prasiniten (Nr. 90); Eklogite (Nr. 93) können retrograd zu Blauschiefern umgewandelt werden.

Ausschnitt aus Glaukophan-Epidotschiefer aus der Mont-Fort-Decke, Pointe de Penne ob Bourg St. Pierre (VS).

Gleiches Gestein im Handstückbereich, lagiger Aufbau Epidot-Glaukophan.

Gesteinszone 9

Grundgebirgsgesteine des Penninikums, mesoalpin stark metamorph

Weitläufige hochalpine Gneislandschaften

Wir treffen hier auf Gesteine, die analog zu jenen aus der Gesteinszone 8 sind – allerdings wurden diese hier bei der mesoalpinen Metamorphose stark bis sehr stark umgewandelt. Man redet bei dieser Zone daher auch von der Tessiner oder Lepontinischen Kulmination (zuweilen auch einfach vom Lepontin). Die darin vorhandenen Grundgebirgsdecken finden Sie z. B. auf der tektonischen Karte der Schweiz 1:500 000.

Blick von Bodio in der Leventina nach OSO auf den Torrone Alto, aufgebaut aus Leventina- (unterste Hänge), Simano- (mittlere Felswände) und Aduladecke (Gipfelpartie); also aus Ortho- (Nr. 79) und Paragneisen (Nr. 82).

Blick von Cama im Misox hoch zum Piz de Groven: steile, teilweise bewaldete, etwas düstere Fluchten aus hoch metamorphen Gneisen der Simano- und Aduladecke: typische Tessiner Gneislandschaft.

Zwiebelschalen-Metamorphose

Das auffälligste und seit Langem bekannte Muster dieser Gesteinszone ist der konzentrisch von außen nach innen zunehmende Metamorphosegrad, von der unteren Amphibolitfazies (ca. 500 °C) bis zu fast 750 °C in der Region Bellinzona (Abb. S. 97). Dort begannen die Gesteine aufzuschmelzen, wodurch sich alpine Migmatite (Nr. 80) bildeten. Die Isograden bzw-. Isothermen (Linien gleichen Metamorphosegrades bzw. gleicher Temperartur) dieser Metamorphose schneiden die Deckenkontakte diskordant durch. Die Deckenüberschiebungen erfolgten also vor der Metamorphose. Neuste Untersuchungen zeigten, dass die jeweiligen Maximaltemperaturen im Süden vor rund 28 Mio. J., gegen Norden erst vor 21 Mio. J. erreicht wurden.

Deckenscheider

Wie in Gesteinszone 8 werden in der Gesteinszone 9 die Grundgebirgsdecken durch schmale Zonen mit metamorphen mesozoischen Sedimenten getrennt, die sogenannten Deckenscheider. Man trifft dort auf triassische Quarzite, Dolomit- und Calcitmarmore sowie auf Bündnerschiefer. Diese zeigen natürlich die gleiche Zunahme der Metamorphose gegen Süden hin. So ist der hier vorgestellte Peccia-Marmor (Nr. 85) ein triassischer Kalkstein und der Castione Kalksilikatfels (Nr. 86) ein ehemaliger Bündnerschiefer. An manchen Stellen bilden diese Metasedimente eindrückliche geologische Landschaften, etwa die wunderschöne liegende Falte in weißem zuckerkörnigem Triasmarmor (Nr. 63) am Passo di Campolungo.

Nord – Süd – Mitte

Im mittleren Teil des Lepontins liegen die Decken flach. Im Norden und Süden haben sich nach nach der Metamorphose Steilzonen (steep belts) entwickelt. Die südliche Steilzone ist besonders imposant und bedeutsam. Sie entstand durch das Eindringen der adriatischen Mittel- und Unterkruste in die alpine Kollisionszone, während parallel dazu die Insubrische Störung aktiv wurde (Abb. S. 89, 367 oben). Die Bewegungen führten zu

einer enormen Hebung des Blocks im Norden der Insubrischen Linie. Gleichzeitig waren damit auch Rückfaltungen und Rücküberschiebungen im internen (südlichen) Teil des Alpengebäudes verbunden, deren Ausmaße erst in jüngerer Zeit klar wurden.

Gewaltiger Metamorphosesprung an der Insubrischen Linie

Heute werden an der Insubrischen Linie die hoch metamorphen Decken messerscharf abgeschnitten, und ein gewaltiger Metamorphosesprung kann beobachtet werden. So treffen wir an der Nordseite der Magadinoebene auf alpine Migmatite, die bei rund 750 °C gebildet wurden. An der Südflanke der Ebene, durch deren Mitte die Insubrische Linie verläuft, haben die Grundgebirgsgesteine des südalpinen Kristallins nur eine sehr schwache alpine Metamorphose von rund 350 °C erlebt. Damit muss sich der Nordblock mit den lepontinischen Decken um mindestens 15 km relativ zum Südblock angehoben haben.

Gneisplatten verschiedener Tessiner Gneistypen, bereit zum Ausliefern, im Steinbruch von Cresciano, Riviera TI. Einige Tessiner Steinbrüche und steinverarbeitende Betriebe konnten sich trotz harter globaler Konkurrenz bis heute halten.

Blick von Gordevio im Maggiatal nach NW auf den Madone di Càmedo, aufgebaut aus relativ flach liegenden Orthogneisen der Antigoriodecke (Nr. 81).

Hauptgesteine: Para- und Orthogneise sowie Amphibolite

Alle Grundgebirgsdecken des Lepontins bestehen im Wesentlichen aus altkristallinen Gneisen und Schiefern, mit teilweise bedeutenden Anteilen von Amphiboliten und darin eingelagerten Orthogneisen aus variszischen Granitoiden. Was im Altkristallin der Gesteinszone 8 vielerlei Arten von Schiefern sind, sind hier die festen und schönen Gneise. Das Lepontin war und ist deshalb bekannt für seine nutzbaren Natursteine. Viele davon haben Eigennamen erhalten, einige wenige werden im Folgenden vorgestellt.

Frühalpine Hochdruckmetamorphose und tektonische Akkretionszone

Die Aduladecke, die südliche Steilzone zwischen Bellinzona und Centovalli, sowie eine Zone zwischen Maggia- und Antigoriodecke sind gesteinsmäßig viel heterogener als die andern Decken. Sie weisen eine zuweilen chaotisch anmutende Mischung von Para- und Orthogneisen mit Amphiboliten, Eklogiten, Ultramafiten, Marmoren und weiteren Metasedimenten auf. Zudem wurde in diesen Einheiten Relikte einer frühalpinen Hochdruckmetamorphose festgestellt, in einigen Ultrabasiten wie an der Cima Gagnone und der Alpe Arami (Nr. 87) sogar einer Ultrahochdruckmetamorphose (s. S. 298 f). Neuerdings werden diese Einheiten als «tektonisches Mélange» aufgefasst und als «tektonischer Akkretionskanal» interpretiert. Damit ist der Grenzbereich zwischen der abtauchenden europäischen und der überschobenen mittelpenninischen/adriatischen Platte gemeint, in dem die Gesteine unterschiedlich weit subduziert und rasch wieder hinaufgezogen worden sind.

→ Die folgenden Gesteine, welche in anderen tektonischen Einheiten beschrieben werden, können in der Gesteinzone 9 ebenfalls angetroffen werden: **Amphibolit** (Nr. 42 und 98), **Tafelquarzit** (Nr. 62), **Dolomitmarmor ± zuckerkörnig** (Nr. 63), **Serpentinit** (Nr. 88) und **Eklogit** der tektonischen Akkretionszone (Nr. 93).

77 Zevreilagneis|Valsergneis

Typ
Formation/
Komplex

Gesteinsklasse: Metamorphite **Unterklasse:** Metagranitoide

Der Zevreilagneis ist der wichtigste Orthogneis der Aduladecke. Diese ist intern enorm komplex aufgebaut, zudem wurde der Gneiskörper bei der Alpenbildung in verschiedene Züge aufgespaltet. Er gibt sich aber ziemlich einfach zu erkennen: Ein helles, grünlich weißes Gestein, sehr klar und streng parallel geschiefert, spaltet in schöne Platten von cm- bis dm-Dicke. Recht oft ist er als Augengneis ausgebildet und verrät damit seine Herkunft als Granit sofort.

Bestandteile|Härte

Feldspäte, Quarz, hellgrüner Muskovit (Phengit), manchmal Chlorit. Hartes, zähes Gestein.

Mächtigkeit|Verbreitung

Von Vals im Norden in verschiedenen Zügen über Rheinwaldhorn/Bernardinopass und die Berge zwischen Calancatal und Misox, bis weit in den Süden der Aduladecke ins Gebiet des Val Bodengo.

Variabilität|Verwandte|Verwechslungen

Grobaugige bis feinplattige Gneise. Im südlichen Teil der Aduladecke werden die hellen Orthogneise teilweise anders genannt, dürften aber Analoga des Zevreilagneises sein.

Verwendung

Bei Vals (GR) wird seit Langem eine plattige Varietät des Zevreilagneises als «Valser Quarzit» abgebaut. Wie der «Granito» für die Tessiner Gneise ein aus geologischer Sicht leider falscher Name!
Erstmals richtig berühmt wurde der «Valser Quarzit» 1996 durch seine Verwendung in den Valser Thermen durch Peter Zumthor. 2004 wurde er gewissermaßen zum «Nationalstein» durch seine Verwendung auf dem neugestalteten Bundesplatz in Bern und durch die Neugestaltung des Sechseläutenplatzes in Zürich.

Leicht augiger Zevreilagneis.

Blick von der S.-Bernardino-Straße im mittleren Misox nach W an den Piz de Trescolmen (2582 m). Die sehr ebenen Gneisplatten bestehen aus dem streng geschieferten Zevreilagneis.

78 Tambogneis

Typ
Formation/
Komplex

Gesteinsklasse: Metamorphite **Unterklasse:** Metagranitoide

Die Tambodecke liegt größtenteils im italienischen Val San Giacomo an der Südseite des Splügenpasses. Sie wird, wie die andern hochmetamorphen Kristallindecken, durch altkristalline Gneisverbände und variszisch gebildete Metagranitoide gebildet. Der Tambogneis bildet das Schweizer «Schwänzchen» der Tambodecke im unteren Bergell. Er wird in Promontogno in einem großen Steinbruch abgebaut. Das schöne hellgrünliche Gestein ist sozusagen der perfekte Gneis: Er ist feinkörnig, entweder ganz homogen oder leicht augig, und sehr attraktiv mit seinen grünlich schimmernden Glimmerbelägen auf den Schieferungsflächen.

Bestandteile|Härte
Feldspäte (nicht unterscheidbar), Quarz, grünlicher Muskovit (Phengit) und z. T. etwas Chlorit.

Mächtigkeit|Verbreitung
Beginn der Aufschlüsse im untersten Val Bondasca, dann von Promontogno bis Soglio, dann weiter nach Italien entlang der Nordflanke des Bergells.

Variabilität|Verwandte|Verwechslungen
Die Tambogneise sind evtl. die hoch deformierten Formen des Truzzo-Granitgneises, der im unteren Val San Giacomo dominant ist. Der Tambogneis ist der hoch deformierten Varietät des Zevreilagneises ziemlich ähnlich.

Verwendung
Die schönen, regelmäßig plattigen Phengitgneise werden abgebaut und als «Soglio Quarzit» (der Geologe seufzt ...) im Handel angeboten.

Plattiger Tambogneis, Promontogno, Bergell (GR).

Gneissteinbruch in Promontogno, Bergell (GR).

79 Tessiner Gneise, Orthogneise

Typ
Lithologie

Säure-Base-Charakter
sauer

Gesteinsklasse: Metamorphite

Unterklasse: Metagranitoide

Die Tessiner Berge zwischen dem Bedrettotal und Lukmaniergebiet im Norden einerseits und andererseits bis zum Nordende des Lago Maggiore im Süden sind aus Grundgebirgsdecken des europäischen Kontinentalrandes und des Briançonnais-Mikrokontinents aufgebaut. Wie es sich für ordentliches Grundgebirge gehört, bilden variszische granitische Plutonite einen wichtigen Anteil am Gesteinsinhalt. Weil das ganze Gebiet im Bereich der starken alpinen Metamorphose (Amphibolitfazies) liegt, sind alle diese Granitoide zu Gneisen umgewandelt. Die meisten verraten ihren plutonischen Ursprung noch deutlich, vor allem wenn sie als Augengneise vorliegen. Da und dort wurden auch noch Intrusivkontakte in die umgebenden Paragneisserien (Nr. 82) festgestellt, und vielerorts sind helle Aplit- und Pegmatitgänge in den Gneisen zu beobachten, welche den plutonischen Ursprung ebenfalls verraten.

Die Tessiner Orthogneise prägen die Berglandschaften und Täler ganz entscheidend. Früher waren sie (und sind sie es vereinzelt auch noch heute) ein wichtiger Wirtschaftsfaktor, weil sie in zahllosen Steinbrüchen abgebaut wurden resp. werden. Die Tessiner bezeichnen ihre Gneise traditionellerweise als «graniti», auch wenn es sich bei ihnen allesamt um Gneise handelt.

Im mittleren Teil der Tessiner Berge bilden die Gneise eher flach liegende, teilweise bis gegen 2 km mächtige plattenförmige Körper. Gegen Süden hin, gegen die sogenannte südliche Steilzone, biegen sie sich in die subvertikale Position, und im Norden sind sie verfaltet. Die wichtigsten Gneiskörper wurden mit Namen belegt, eine Auswahl sei hier kurz vorgestellt:

Leventinagneis (Leventinadecke): Heller Zweiglimmergneis mit recht vielen Gängen; von grobflaserigem Augengneis bis zu feinkörni-

Leventinagneis, Steinbruch Cresciano (TI).

Coccogneis mit den charakteristischen größeren Biotitaggregaten.

70 | 30 %
SiO_2 | Rest

Landschaftsprägung
Sehr stark, große Wandfluchten, markante Berggestalten im ganzen mittleren Tessin.

gem, perfekt plattigem Gneis. Bildet von Faido bis Claro die gesamten tieferen Talwände der Leventina und Riviera. Wird bei Cresciano noch im großen Stil abgebaut.

Verzascagneis (Simanodecke): Typischer Vertreter der leukokraten Tessiner Zweiglimmer-Granitgneise. Tritt auch als Augengneis in Erscheinung. Bildet ab Corippo große Teile der Berge des Verzascatales.

Coccogneis (Maggiadecke): Auffälliger mesokrater Biotitgneis mit charakteristischer flaseriger Textur durch flatschige Biotitnester, teilweise auch als Augengneis ausgebildet. Er ist nach dem Pizzo del Cocco östlich von Bignasco benannt und bildet einen 2–4 km breiten Gürtel von Cima dell'Uomo ob Bellinzona nach W und NW an der Nordflanke des Maggiatals bis Sornico.

Ruscadagneis (Maggiadecke): Mesokrater Zweiglimmergneis, teilweise migmatisch ausgebildet, verläuft parallel und verzahnt mit dem Coccogneis von Maggia bis nach Brontallo. Er ist nach der kleinen Alpe Ruscada ob Someo im Maggiatal benannt.

Matorellogneis (Sambuco-Einheit): Biotitreicher, grobkörniger granodioritischer Gneis mit Biotitnestern. Baut die Berge zwischen Lago Naret und Sambuco in der obersten Valle Maggia auf.

Bestandteile|Härte
Tessiner Gneise bestehen alle aus weißlichen Feldspäten (Alkalifeldspat nur unterscheidbar von Plagioklas, wenn er «Augen» bildet), grauem transparentem Quarz, schwarzem Biotit zuweilen silbrig glänzendem Muskovit. Harte Gesteine.

Mächtigkeit|Verbreitung
Siehe Text.

Augengeis, oberes Verzascatal.

Die steilen felsigen Flanken der Valle Verzasca bestehen zu großen Teilen aus Orthogneisen.

Textur und Struktur
Riesige Bandbreite von grobkörnig-grobflaserig bis zu feinkörnig-plattig; verbreitet Augengneistexturen. Häufig sind fließende Übergänge zwischen diesen Typen über wenige cm oder dm zu finden.

Farbe(n), Patina, Verwitterung und Erosion
Im frischen Bruch je nach Biotitgehalt von sehr hell weißgrau bis mittelgrau. Patina ähnlich wie bei Graniten rostbraun, ziemlich verwitterungsresistent.

Einschlüsse|Fossilien
Aplit- oder Pegmatitgänge in unterschiedlicher Häufigkeit. Zum Teil sind diese durch die alpine Deformation praktisch in die Schieferung eingeregelt.

Adern|Klüfte|Bruchmuster
Wenig hydrothermale Adern; immer mehr oder weniger deutlich geklüftet.

Alter|Bildungsetappen
Karbonisch bis unterpermische Intrusionsalter, starke alpinmetamorphe Überprägung vor rund 40–30 Mio. J.

Variabilität|Verwandte|Verwechslungen
Siehe Text.

Verwendung
Nach wie vor wichtige und beliebte Bausteine, vielseitige Verwendung.

Klettereigenschaften
Oft hervorragend. Zahlreiche großartige, steile und schwierige Klettereien des Tessins liegen in den Orthogneisen.

Tradioneller Stall aus Orthogneisplatten, Verzascatal (TI).

Tessiner Rustico: Träume aus Stein – Traum gewordene Steine

Wer kennt sie nicht, die überall im Tessin in den abgelegenen Tälern noch verbreiteten «Rustici», kunstvoll gemauert aus roh behauenen hellen Gneisquadern, mit Dächern aus ebenso gekonnt gelegten plattigen Gneisvarietäten? Angelo Valsecchi schreibt in seinem schönen Buch über das Tessin «L'uomo e la natura – la pietra»: «Der Stein ist zwingend mit dem Leben der Menschen verkettet». Es gibt fast 1000 Jahre alte erhaltene, einfache Steinbauten, die sogenannten «case dei pagani» (Heidenhäuser), die an oder unter Felsüberhänge (Balmen) gebaut wurden. Auch auf vielen Alpen des Tessins findet man einfache Bauten unter Überhängen oder unter Riesenfelsblöcken.

Das «Rustico» ist zu einem Sammelbegriff für ländliche Tessiner Steinhäuser geworden. Die Einheimischen unterschieden verschiedene Typen, mit Dialektnamen wie «sprügh», «fiadaröi», «fienili». Es gibt viele Bestrebungen im Tessin, diese faszinierende ursprüngliche Bausubstanz zu erhalten.

Neben den bäuerlichen Hausbauten wurden auch Treppen, Terrassenmauern, Pferchmauern, Weinrebenstelen, elegante Steinbrücken und Wegkapellen aus den Gneisplatten errichtet. Das ergibt im alpin-ländlichen Tessin ein eindrückliches Ensemble des steinernen Bau-Erbes. Alle diese Bauten beeindrucken und berühren uns durch ihre Einfachheit, die aber mit höchster Bauqualität und Präzision einhergeht, sowie durch ihren harmonischen Dialog mit der natürlichen und steinreichen Umgebung. Diese übt heute vor allem auf Städter eine unwiderstehliche Anziehungskraft aus. Kein Wunder, sind dort, wo eine Straßenzufahrt besteht, fast alle traditionellen Rustici mehr der weniger kunst- und geschmackvoll zu Ferienhäuschen umgebaut worden.

In Brontallo im oberen Valle Maggia legt man großen Wert auf den traditionellen Bau auch neuer Ferienhäuser.

80 Tessiner alpine Migmatite

Typ
Lithologie

Säure-Base-Charakter
verschieden

Gesteinsklasse: Metamorphite **Unterklasse: migmatische Gneise**

In den Grundgebirgseinheiten der Alpen sind migmatische Gesteinskomplexe verbreitet (Nr. 39, 40). Diese entstanden jedoch ausschließlich vor der alpinen Gebirgsbildung. Sie sind teils variszischen und teils ordovizischen Ursprungs.

In der südlichen Steilzone der Tessiner Gneisdecken biegen die nördlich davon mehr oder weniger flach liegenden Decken plötzlich in eine vertikale bis überkippte Lage um. Grund dafür sind Rückfaltungen, die durch den afrikanischen Krustenkeil verursacht wurden, die in die europäische Mittelkruste hineindrängten. Die Steilzone der Tessiner Gneisdecken wurde deshalb früher «Wurzelzone» genannt, weil da die Decken sozusagen zu wurzeln scheinen. In dieser Zone erreichten die Bedingungen der mesoalpinen Metamorphose Temperaturen von weit über 650 °C. Dies ist die Temperatur, bei der sich unter Anwesenheit von Tiefenfluids granitische Schmelzen bilden können. Die ermittelten Bedingungen lagen bei Temperaturen von 700–750 °C und Drucken von 7–8 kbar (20–25 km Tiefe). Sie sind der Grund für die hier vorhandenen Migmatitgesteine, die, als einzige in den ganzen Alpen, nicht vor, sondern während der Alpenbildung entstanden sind. Wer etwa die schönen Aufschlüsse im Unterlauf der Maggia bei Ponte Brolla oder die Bau- und Sockelgesteine der Festung Bellinzona betrachtet, wird feststellen, dass die Bildung der weißen Quarz-Feldspat-Schmelzen teils während und teils nach der Verformung der Gesteine erfolgte. Die meisten Migmatite sind Lagenmigmatite, bei denen die weißen Schmelzanteile in parallelen, oft auch verfalteten Lagen auftreten. Es können aber auch größere Schmelztaschen und in die Umgebungsgesteine intrudierende Pegmatit- und Aplitgänge beobachtet werden.

Bestandteile|Härte

Im Großen und Ganzen gleich wie diejenigen der normalen Tessiner Orthogneise (Nr. 79).

Migmatischer Orthogneis aus dem Maggiatal.

Biotitgneis und Amphibolite mit hellen, teilweise aufgeschmolzenen Gneislagen; bei Gorduno, Steilzone von Bellinzona.

Landschaftsprägung
Eindrückliche Aufschlussmuster in ausgewaschenen Flussläufen.

Wo das Alpengebäude angeschmolzen wurde

Mächtigkeit|Verbreitung
Die Migmatite kommen in einem etwa 10 km breiten, O-W verlaufenden Streifen vor, vom Lago di Mezzola über Bellinzona, die unteren Teile von Verzasca- und Maggiatal, und weiter über das Centovalli bis gegen Domodossola. Die südliche scharfe Begrenzung wird durch die Insubrische Linie gebildet. Im Norden klingt die Zone über einige 100 m aus; eine daran anschließende Zone mit aus den Migmatiten stammenden Aplit-/Pegmatitgängen greift bis ca. 3 km weiter nach Norden.

Textur und Struktur
Lagenmigmatische, seltener auch schollenmigmatische Strukturen, mit unregelmäßigen Schmelznestern, Pegmatiten und Apliten.

Farbe(n), Patina, Verwitterung und Erosion
Gleich wie die andern Gneise des Tessins (Nr. 79).

Einschlüsse|Fossilien
Keine.

Adern|Klüfte|Bruchmuster
Nichts Spezifisches.

Alter|Bildungsetappen
Die Bildung der Migmatite fand vor 29–25 Mio. J. statt, in einer späten Phase der alpinen Metamorphose.

Variabilität|Verwandte|Verwechslungen
Unverwechselbar.

Verwendung
Keine.

Klettereigenschaften
Hervorragend; alle Sportklettergebiete um Ponte Brolla liegen in diesen Gesteinen.

Biotitgneise mit eingedrungenen granitischen Schmelzen; Lavertezzo, Verzascatal.

Pegmatitgang in den Paragneisen von Lavertezzo, der aus migmatischen Schmelzen in die Umgebung intrudierte.

81 Antigorio- und Monte-Leone-Gneise

Typ
Formation/Komplex

Säure-Base-Charakter
sauer

Gesteinsklasse: Metamorphite **Unterklasse:** Metagranitoide

Diese beiden Gneise sind das westliche Pendant zu den Orthogneisen des Tessins (Nr. 79). Der Antigoriogneis ist der größte ausscheidbare Orthogneiskörper in dieser Gesteinszone. Er dominiert die Täler um Domodossola herum, aber auch die Berge der westlichen Maggiatalseite. Die Ausgangsgesteine beider Gneise waren Granite bis Granodiorite, selten auch Tonalite. Die alpine amphibolitfazielle Metamorphose erfasste die Gesteine durchdringend, aber dennoch gibt es von durchdringender Deformation verschonte Bereiche, wo sehr wenig vergneiste, granitartige Bereiche überleben konnten. Dies gilt vor allem für gröberkörnige Augengneise.

Bestandteile|Härte

Feldspäte (Kalifeldspat von Plagioklas nur unterscheidbar, wenn er «Augen» bildet), grautransparente Quarze, schwarzer Biotit (zuweilen etwas grün chloritisiert) sowie silbrig glänzender Muskovit.

Mächtigkeit|Verbreitung

Antigoriogneis: Nimmt fast die gesamten Berge westlich der Maggia ein (Valli Onsernone, Vergeletto, Bavona), das ganze Valle d'Antigorio und das Val Divedro bis über Gondo hinaus. Erreicht Mächtigkeiten von weit über 1000 m und bedeckt eine Fläche von rund 750 km^2, davon ca. ein Drittel in der Schweiz.
Monte-Leone-Gneis: Berge der südlichen Seite des Binntals und um den Monte Leone herum, sowie die Gebirgsgruppe zwischen Val Divedro und Val Bognanco in Italien.

Textur und Struktur

Mittel- bis grobkörnig, von grobflaserig-augig bis zu stark homogen und feinlagig deformiert.

Farbe(n), Patina, Verwitterung und Erosion

Im frischen Bruch je nach Biotitgehalt von sehr hell weißgrau bis mittelgrau. Patina ähnlich wie

Normaltypus Monte-Leone-Gneis, Schinhörner, Binntal (VS).

Aufschluss im grobbankigen Antigoriogneis, Simplonstraße Gondoschlucht (VS).

70	30 %
SiO_2	Rest

Landschaftsprägung
Wilde Gneisberge und ebenso wilde steile Talflanken.

bei Graniten rostbraun, ziemlich verwitterungsresistent.

Einschlüsse|Fossilien
Aplit- oder Pegmatitgänge in unterschiedlicher Häufigkeit.

Adern|Klüfte|Bruchmuster
Wenige hydrothermale Adern, aber stets mehr oder weniger deutlich geklüftet. In alpinen Zerrklüften findet man eine große Vielfalt an Kluftmineralien.

Alter|Bildungsetappen
Intrusionsalter Antigoriogneis um 290 Mio. J.; Monte-Leone-Gneis um 302 Mio. J. Alpinmetamorphe Überprägung vor rund 40–30 Mio. J.

Variabilität|Verwandte|Verwechslungen
Interne Variabilität groß, analog zu den Tessiner Orthogneisen. In der Monte-Leone-Decke gibt es auch Vorkommen grobkörnig-porphyrischer Orthogneise mit ordovizischem Alter (um 456 Mio. J).

Verwendung
Der Antigoriogneis war und ist einer der am meisten verwendeten und vielseitigsten Bausteingneise (bekannt als Serizzo Antigorio). Als «Serizzo» werden in Italien in grobe Platten spaltende helle Gneise bezeichnet.

Klettereigenschaften
Hervorragend, wie Tessiner Gneise. Die wilden Kletterrouten des Val Divedro liegen im Antigoriogneis.

Das Hübschhorn vom Simplonpass aus, Vorgipfel des Monte Leone, aufgebaut aus flach südfallendem Monte-Leone-Gneis.

Die steilen Wände der Gondoschlucht sind in den granitartigen Antigoriogneis eingetieft.

82 Paragneisserien (Polyzyklische Gneise)

Typ
Lithologie

Säure-Base-Charakter
variabel

Gesteinsklasse: Metamorphite

Unterklasse: amphibolitfazielle Gneise und Amphibolite

Wie im helvetischen und ostalpinen Grundgebirge überwiegen auch hier im Tessiner Altkristallin Biotit-Plagioklasgneise (ehemalige Grauwacken, siehe auch Nr. 41, 99) und darin eingelagerte Amphibolite (ehemalige Basalte, siehe auch Nr. 42, 98) – mit dem einzigen Unterschied, dass sie ihren amphibolitfaziellen Mineralbestand *während* und nicht *vor* der Alpenbildung erhielten. Für den Laien im Feld macht das keinen Unterschied, denn wie ein metamorphes Gestein daherkommt, hängt nur vom Metamorphosegrad ab und nicht vom Zeitpunkt dieser Metamorphose. Aufschlüsse in diesen Serien von ganz besonderer Güte und Bekanntheit befinden sich in den geschliffenen Bachfelsen der Verzasca bei Lavertezzo. Die besondere Ästhetik aus vielfarbenen Bändergneisen, Falten und Gängen sowie das Wechselspiel zwischen dem Gestein und dem darüberfließenden klaren Wasser zieht bei schönem Sommerwetter Heerscharen von Touristen an. Leider wird die Gelegenheit nicht genutzt, den zahlreichen Besuchern auch die geologische Perspektive des faszinierenden Anblicks zu erläutern. Schade!

Bestandteile|Härte

Biotit-Plagioklasgneise: Plagioklas (weiß), Quarz (grau), Biotit (schwarz), zuweilen Hellglimmer (silbrig), manchmal auch Granat (rotbraun). Übergänge zu Metapeliten (Nr. 83) vorhanden. Amphibolite: Hornblende (schwarz bis schwarzgrün), Plagioklas (weiß), z.T. Biotit (schwarzbraun), zuweilen auch Granat (rotbraun).

Mächtigkeit|Verbreitung

Im ganzen Gebiet. Größere Vorkommen bilden die ganze Campo-Tencia-Gruppe und die unteren Talhänge der Val Verzasca von Lavertezzo bis Sonogno.

Typischer Tessiner Biotit-Plagioklasgneis, mit leichter rostiger Verwitterung.

Die allseits bekannten Tessiner Garten- und Pergola-Gneisplatten aus biotitreichem Gneis.

Chemie
variabel

Landschaftsprägung
Wie die Tessiner Orthogneise (Nr. 79).

Die Wundergneise von Lavertezzo

Textur und Struktur
Meist fein- bis mittelkörnige, kompakte Gesteine mit Gneisgefügen; Bänderungen in allen Dimensionen, oft stark verfaltet; gegen die südliche Steilzone hin auch migmatisch ausgebildet.

Farbe(n), Patina, Verwitterung und Erosion
Insgesamt dunklere Gesteine als die Orthogneise (Nr. 79); Patina dunkel-rostbraun.

Einschlüsse|Fossilien
Selten Linsen/Körper von Ultrabasiten.

Adern|Klüfte|Bruchmuster
Vor allem gegen die südliche Steilzone hin zahlreiche alpine Aplit- und Pegmatitgänge.

Alter|Bildungsetappen
Mehrfache voralpine Metamorphosen/Deformationen. Bildung der Gesteine proterozoisch. Alpin amphibolitfaziell metamorph.

Variabilität|Verwandte|Verwechslungen
Siehe Text.

Verwendung
Homogene Biotitgneise werden abgebaut für Garten-/Pergola-Platten und Küchenabdeckungen.

Klettereigenschaften
Etwa gleich wie die Orthogneise, v. a. im südlicheren, höher metamorphen Teil der Gesteinszone.

Wechsellagerung von biotitreichen und biotitarmen Gneisen, Maggiatal (TI).

Lavertezzo und seine berühmten Flussfelsen in polyzyklischen Gneisen.

83 Disthen-Staurolith-Granat-Glimmerschiefer

Typ
Lithologie

Gesteinsklasse: Metamorphite **Unterklasse:** Metapelite

In den altkristallinen Serien der Tessiner Decken gibt es auch fast reine metapelitische Gesteine, also ehemalige Tonsteine. Was unmetamorph als unansehnliches mausgraues Bröckelgestein daherkommt, wurde durch die hochgradige Metamorphose zu wunderschönen Glimmerschiefern umgewandelt, mit eingelagerten, bis über cm-großen Kristallen von Granat, Staurolith und Disthen. Diese bilden das wohl eindrücklichste Beispiel dafür, wie sehr eine Gesteinsmetamorphose ein Gestein mineralogisch radikal verändern kann. Denn: Mahlt man beide Gesteine zu Pulver und analysiert sie chemisch, wird festzustellen sein, dass die chemische Zusammensetzung identisch geblieben ist – mit Ausnahme des Anteils von H_2O, welches bei der Metamorphose aus dem Ton entwichen ist!

Bestandteile|Härte
Quarz, etwas Feldspat, Muskovit und Biotit, dazu in unterschiedlichen Anteilen rotbrauner Granat, brauner Staurolith und blauer Disthen.

Mächtigkeit|Verbreitung
Als Züge höchst unterschiedlicher Mächtigkeit in den altkristallinen (polyzyklischen) Anteilen der Decken; große schöne Vorkommen im Gebiet Leit/Campo Tencia.

Variabilität|Verwandte|Verwechslungen
Große Variabilität. Berühmt wurden die spektakulären Disthen-Glimmerschiefer von Alpe Sponda, mit ihren großen blauen Disthen- und braunen Staurolithkristallen in der weißen-Glimmermatrix.

Staurolith-Granat-Zweiglimmerschiefer mit Kleinfältung, Capanna Leit (TI).

Disthen- und Staurolithkristalle in Quarz-Hellglimmer-(Paragonit)-Schiefer von der Alpe Sponda (TI).

84 Sillimanit-Biotitgneise

Typ
Lithologie

Gesteinsklasse: Metamorphite **Unterklasse:** Metasedimente

In sehr hoch metamorphen Biotitgneisen (obere Amphibolit- bis Granulitfazies) konnte sich das Alumosilikatmineral Sillimanit bilden. Dieser kann meist von bloßem Auge bzw. mit der Lupe kaum erkannt werden. Im günstigen Fall erkennt man kleine farblose Prismen. Oft bildet Sillimanit auch faserige Aggregate (= Fibrolith); liegen diese in Quarzknauern, kann man sie gut erkennen. In den Grundgebirgsdecken außerhalb der alpinen Amphibolitfazies-Metamorphose (Lepontin) kommen altkristalline Biotitgneise mit Sillimanit vor. Weit verbreitet und frisch sind diese in der Monte-Rosa-Decke. Des Weiteren gibt es im südlichen Teil des Lepontins, im Bereich der heißesten alpinen Metamorphose, auch sillimanitführende Biotitgneise, die alpinmetamorph gebildet wurden.

Bestandteile|Härte
Quarz, Biotit, Sillimanit, teilweise auch Granat, Feldspat und Akzessorien.

Mächtigkeit|Verbreitung
Ein Großteil des Altkristallins der Monte-Rosa-Decke (Gesteinszone 8) besteht aus solchen Gneisen; diese bauen zusammen mit dem Monte-Rosa-Granitgneis (Nr. 72) das Monte-Rosa-Massiv inkl. Liskamm auf. In der südlichen Steilzone der Tessiner Decken (Gesteinszone 9) kommen auch sillimanitführende Biotitgneise vor, zudem in der Gruf-Masse östlich des Bergeller Plutons.

Variabilität|Verwandte|Verwechslungen
Wie bei allen Paragneisen recht große Variabilität in Zusammensetzung und Struktur. Unterscheidung von sillimanitfreien Biotit-Plagioklasgneisen (Nr. 41, 82) meist nur unter dem Mikroskop möglich.

Sillimanit-Biotitgneis mit Quarzsegregationen; Altkristallin der Monte-Rosa-Decke, Gornergletscher (VS).

Fibrolithischer Sillimanit in enger Verwachsung mit Biotit und Quarz in Sillimanit-Biotit-Gneis.

85 Marmor: Beispiel Peccia|Cristallina

Typ
Lithologie

Gesteinsklasse: Metamorphite **Unterklasse:** Calcit-Marmor

In den Tessiner Gneisdecken kommen Marmore in zwei unterschiedlichen Stellungen vor: erstens als kleinere Linsen und Lagen innerhalb der Paragneisserien, zweitens in den zwischen den Decken als «Deckentrenner» eingequetschten Resten von mesozoischen Sedimentgesteinen. Letztere bestehen aus triassischen Quarziten und Marmoren sowie aus jurassischen Bündnerschiefern. Diese Vorkommen sind wesentlich größer und oft über viele km verfolgbar. Einer der bekanntesten Triasmarmore liegt am Passo di Campolungo oberhalb des Lago Tremorgio, zwischen Sambuco- und Simanodecke. In der obersten Valle Maggia, im Seitental Val Peccia, liegt quer zum Tal ein Deckentrennerzug, darin eingelagert eine rund 400 m breite Zone von Calcitmarmor. Dieser wird seit 1946 auf 1400 m im höchst gelegenen Steinbruch Europas abgebaut und im Handel als Peccia- oder Cristallinamarmor vertrieben. Die Reserven sind gewaltig, der Abbau infolge der Steilheit des Geländes jedoch eine Herausforderung.

Bestandteile|Härte
Calcit, daneben schlierig verteilte Zonen mit Quarz, Biotit, Chlorit und andern Mineralien.

Mächtigkeit|Verbreitung
Der 400 m breite Zug zieht sich vom Talgrund bis zum Pizzo Castello hoch und auf der andern Seite ins Val Bavona hinunter.

Variabilität|Verwandte|Verwechslungen
Große Vielfalt an Tönungen und Strukturen infolge von kleinen Beimengungen anderer Mineralien. Alle Varietäten zeigen jedoch die gleiche grobkörnig-kompakte Textur.

Verwendung
Vielseitige Verwendung, vor allem für Bäder. Auch von Bildhauern sehr geschätzt.

Pecciamarmor, leicht gemaserte Version mit etwas Hellglimmer, Biotit und Chlorit.

Ein Teil des alpinen Marmorsteinbruchs von Peccia im obersten Maggiatal (TI).

86 Kalksilikatfels: Beispiel Castione

Typ
Formation

Gesteinsklasse: Metamorphite **Unterklasse:** Metamergel

Castione nero – da kommen Geologen ins Schwärmen! Er ist eines der besten Beispiele aus den Alpen für hoch metamorphes Mergelgestein, welches durch die Metamorphose von einem unansehnlichen grauen Mergel zu einem schönen, massig-gebänderten und gefleckten Gestein mit grünem Diopsid und rotbraunem Granat umgewandelt wurde.
Hoch metamorphe Mergel werden als «Kalksilikatfelse» bezeichnet, weil sie neben Calcit viele Silikatmineralien enthalten. Neben dem Castione nero kommen auch fast reine weiße Marmore vor (Castione bianco). Beide Gesteine wurden abgebaut und vielerorts in Europa zur Fassadenverkleidung verwendet. Leider wurden die Steinbrüche nun eingestellt und verfüllt. Das ist jammerschade, ist der Steinbruch doch im nationalen Geotop-Inventar aufgeführt. Es belegt, dass dieses Inventar noch keine Wirkung entfalten konnte. Die Geologen-Gemeinschaft sollte sich schleunigst auf die Beine machen, um das geologische Erbe der Schweiz zu erhalten.

Bestandteile|Härte
Castione nero: Matrix aus Quarz, Calcit, Plagioklas, Skapolith, Biotit, darin grüner Diopsid und rotbrauner Granat.
Castione bianco: Calcit, goldbrauner Biotit (Phlogopit), bis mehrere cm-große grünliche Diopsidkristalle.

Mächtigkeit|Verbreitung
800 m mächtiger, steil stehender O-W-Gesteinszug direkt nördlich von Castione, als «Deckenscheider» zwischen Simano- und Aduladecke.

Verwendung
Siehe Text.

Castione-Kalksilikatfels im frischen Bruch ...

...und poliert, wie man ihn als Fassadenstein kennt.

87 Granatperidotit

Typ
Lithologie

Säure-Base-Charakter
basisch

Gesteinsklasse: Metamorphite

Unterklasse: Meta-Ultrabasite

Dieses Gestein kommt in den Bergen nördlich Bellinzona vor, in der Cima Lunga-Decke, einem Ausläufer der Aduladecke. Der berühmteste Aufschluss liegt auf 1500 m bei der Alpe Arami. Doch das schöne Gestein ist für die Alpengeologie von herausragender Bedeutung, und deshalb darf es in diesem Buch nicht fehlen.

Granatperidotite sind hochmetamorphe Erdmantelgesteine (Peridotit Nr. 111, Serpentinit Nr. 88). Man findet sie vor allem in uralten kontinentalen Krustenteilen, etwa in Norwegen und Kanada. Die Granatperidotite des Tessins liegen als größere Linsen in migmatischen Gneisen (Nr. 80) der südlichen Steilzone der Aduladecke, zusammen mit Eklogiten (Nr. 93) und Marmoren (Nr. 85). Der Granatperidotit der Alpe Arami zog schon früh die Aufmerksamkeit der Geologen auf sich. Bald wurde klar, dass es sich um ein hochdruckmetamorphes Gestein handeln muss, weist er doch zu den Gneisen einen Rand aus Eklogit (Nr. 93) auf. Das Mineralpaar Granat/Olivin deutet ebenfalls auf sehr hohe Drucke und Temperaturen bei der Umwandlung hin.

In den letzten zwanzig Jahren forschten Wissenschaftlerteams aus der Schweiz und den USA intensiv an diesem Gestein; sie kamen zu unterschiedlichen Schlüssen über die Bildungsbedingungen. Während die US-Forscher eine Entstehung in über 400 km Tiefe bei Temperaturen um 1200 °C postulierten, ermittelten die Geologen der ETH Zürich Bedingungen von rund 100 km Tiefe und 800 °C. Beide Teams stützten sich auf sorgfältige Analysen und Berechnungen. Die Frage der Bildungsbedingungen bleibt offen. Die Resultate der Schweizer sind mit den heute bekannten Abläufen der Alpenbildung kompatibel – schon eine Versenkung auf rund 100 km Tiefe bei der Alpenbildung ist ja sehr beträchtlich. Wie die die von den US-Forschern postulierten Versenkungstiefen

Granatperidotit von der Alpe Arami, praktisch ohne retrograde Umwandlungen.

Verwitterte Oberfläche im Granatperidotit, mit der typischen orangebraunen Verwitterung. Die randlich chloritisierten Granate wittern warzenartig hervor.

45	55 %
SiO_2	Rest

Landschaftsprägung
Keine, im Wald und in alpinen Rasen verborgene Aufschlüsse.

bei der Alpenbildung erklärt werden können, bleibt offen.

Bestandteile|Härte
Extrem hart-zähes Gestein, besteht zum größten Teil aus eng verzahnten Olivinkörnern von bis 2 mm Größe und darin eingesprengten blutroten Granaten, die auffällige blaugrüne, 1–2 mm dicke Reaktionssäume aufweisen; enthält zudem kleinere Anteile von grasgrünem Chrom-Pyroxen.

Mächtigkeit|Verbreitung
Südliche Aduladecke (Cima-Lunga-Serie); Vorkommen am Piz Gagnone, Alpe Arami und Monte Duria (I). Die Linse der Alpe Arami misst ca. 1 × 0,4 km (Koord. 2'718'772/1'121'281).

Textur und Struktur
Massig-richtungslos, im Aufschluss gebändert.

Farbe(n), Patina, Verwitterung und Erosion
Für ultrabasische Gesteine typische rostbraune, bis mehr als 1 cm dicke Verwitterungsschale. Rundliche Verwitterungsformen mit ruppig-rauer Oberfläche. Die Granate wittern warzenartig hervor.

Einschlüsse|Fossilien
Metarodingit-Gänge (Nr. 95).

Adern|Klüfte|Bruchmuster
Oberflächliche Klüftung.

Alter|Bildungsetappen
Integration von Mantelperidotitspänen in die kontinentale Kruste im Bereich des Walliser Beckens. Subduktion bei der Kollisionsphase von Europa mit Afrika bis mind. 100 km Tiefe und eklogitfazielle Metamorphose vor 43 Mio. J. Danach rascher Wiederaufstieg, bei 35 Mio. J.

Die Aufschlussverhältnisse im Granatperidotit der Alpe Arami.

Die Alpe Arami; die Aufschlüsse befinden sich im felsigen Waldgebiet oberhalb der Alp. Das Alpgebäude wurde 2020 zu einer schönen Unterkunft ausgebaut (www.baita-arami.ch).

evtl. thermisches Ereignis mit kurzer Aufheizung auf über 1000 °C.

Variabilität|Verwandte|Verwechslungen
Granatperidotit ist ein unverwechselbares Gestein.

Verwendung
Keine.

Das neue Diamantenfieber – über Ultrahochdruckgesteine
Bis vor Kurzem galt es unter Geologen als Regel, dass die vergleichsweise leichte kontinentale Kruste mit ihrer maximalen Dicke von gegen 60 km in aktiven Gebirgszonen nicht tiefer subduziert werden kann. Dass daran etwas nicht korrekt sein konnte, fiel erstmals dem französischen Geologen Christian Chopin auf, der in den 1980er-Jahren im Dora-Maira-Massiv eigenartige weiße gneisartige Gesteine mit bis fußballgroßen (!), fast weißen Granaten untersuchte. (Die Granate waren weiß, weil es sich um praktisch reine Mg-Endglieder (Pyrop) handelte). Eingeschlossen in diesen Granaten fand er Quarzkörner, was an sich etwas Übliches ist. Irritierend war jedoch, dass diese Quarze aus der Hochdruckform von Quarz namens Coesit bestanden – und diese entsteht nur bei extrem hohen Drucken von über 30 kbar. Zugleich handelte es sich beim untersuchten Gestein jedoch zweifellos um ein Metasediment, womit klar war, dass Chopin ein Stück kontinentale Kruste gefunden hatte, welches eindeutig tiefer als 60 km – nämlich auf gut 100 km subduziert worden ist.
Diese Sensation löste einen gewaltigen Forschungsschub nach solchen «Ultrahochdruckgesteinen» (Ultra High Pressure, UHP rocks) aus. In den Alpen und weltweit kamen bald weitere Funde von Coesit, vor allem in Eklogiten, zutage. Die nächste Sensation gelang

Der berühmt gewordene weiße Riesen-Pyrop-Granat aus dem Dora-Maira-Massiv westlich von Turin.

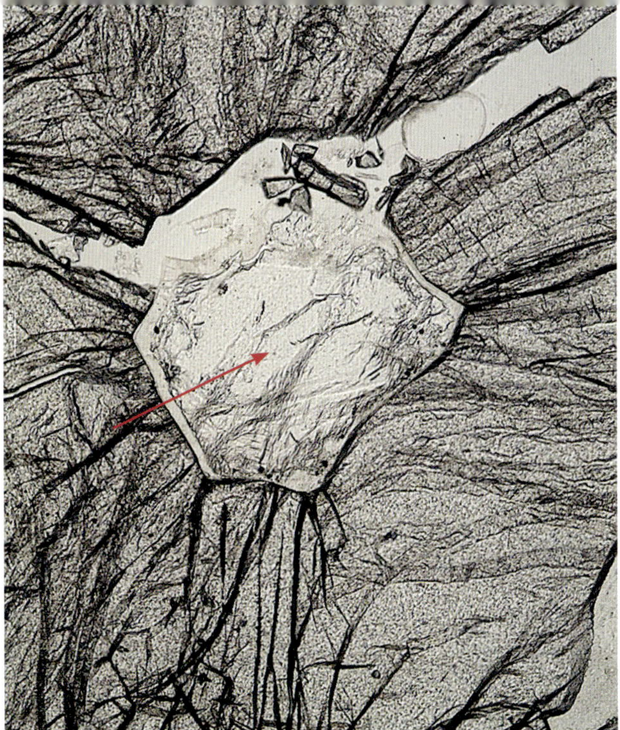

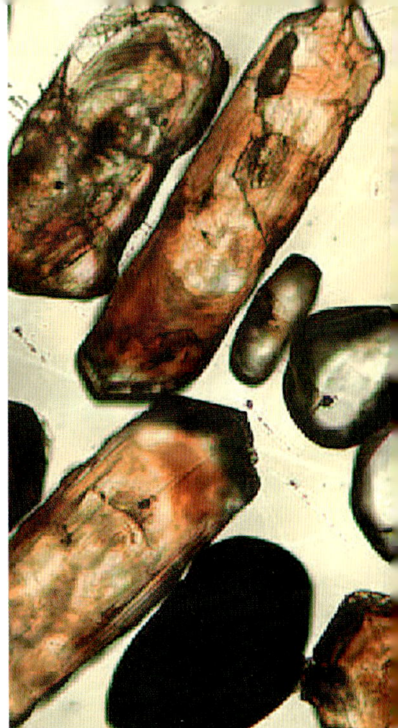

1990 russischen Forschern, die in Ultrahochdruckgesteinen aus Kasachstan winzig kleine Diamanten (Mikrodiamanten) fanden. Diamant ist die Hochdruckform von Kohlenstoff (Grafit). Zu seiner Entstehung braucht es noch wesentlich höhere Drucke bzw. Versenkungstiefen als bei Coesit. Folglich musste die kontinentale Kruste noch tiefer, nämlich auf über 120 km subduziert worden sein!

Bisher fand man Diamanten nur in uralten Gesteinen der alten Kratone in Kimberlitschloten, die direkt aus dem oberen Erdmantel aufstiegen. Unterdessen wurden Mikrodiamanten in weiteren Ultrahochdruckgesteinen gefunden. Der erste Fund in den Alpen gelang italienischen Forschern 2010 in den bereits als Ultrahochdruckgesteinen bekannten Quarziten des Lago Cignana südlich des Matterhorns.

Die Ultrahochdruckgesteine brachten auch ganz neue Fragen in die Diskussion: Wie können Pakete von kontinentaler Kruste überhaupt so tief subduziert werden? Und wie gelangten sie anschließend in kurzer Zeit wieder an die heutige Oberfläche zurück? Denn alleine aufgrund der isostatischen (archimedischen) Anhebung von 1–2 mm pro Jahr kann das niemals geschehen; die Gesteine sind eindeutig schneller aufgetaucht (mit einem «Tempo» von 0,5–1 cm pro Jahr). Was kann dafür die Ursache sein? Zur Beantwortung dieser Frage ist mittlerweile ein ganz neues Feld der geologischen Forschung entstanden. Es zeugt davon, dass auch in einem der am besten untersuchten Gebirge der Welt immer wieder neue Erkenntnisse gewonnen werden, welche auch allgemein anerkannte und lieb gewonnene feste Vorstellungen ins Wanken bringen.

Dünnschliffmikroskopaufnahme vom gleichen Granat, mit einem Einschluss von Coesit (Pfeil, Bildbreite: ca. 1 mm).

Mikroaufnahmen von Zirkonen aus UHP-Gneisen aus Kasachstan. Die kleinen schwarzen Körner in den Zirkonen sind Mikrodiamanten von etwa einem Hundertstel mm Größe.

Gesteinszone 10
Ozeanische Gesteine des Oberpenninikums

Ein Blick in die Ophiolithe der Zermatt-Saas-Decke von Westen. Das Strahlhorn rechts besteht aus Serpentiniten (Nr. 88), die auch die grünliche Farbe der 1860er-Moräne des Findelengletschers prägen, das Rimpfischhorn in der Mitte aus eklogitisierten Kissenlaven (Nr. 93), das Allalinhorn links aus dem helleren Allalin-Metagabbro (Nr. 92). Das Oberrothorn im Mittelgrund links ist aus Bünderschiefern (Nr. 96) aufgebaut.

Piz Platta im Oberhalbstein (GR) von SO. Der Berg und die vorgelagerten Wände bestehen aus einer rund 800 m mächtigen Serie von Metabasalten mit zahlreichen gut erhaltenen (wenn auch deformierten) Kissenlaven, die in Grünschieferfazies metamorphosiert wurden.

Tiefseetauchen im Hochgebirge

Die Gesteine des Oberpenninikums stammen aus dem Piemontozean, dem Hauptbecken des Meeressystems, das auch als alpine Tethys bekannt ist. Sie bestehen zum allergrößten Teil aus ozeanischer Kruste und darauf abgelagerten marinen Sedimenten. Solche Ensembles werden als Ophiolithe bezeichnet (vgl. S. 102).

Eine klassische ozeanische Kruste, wie sie etwa im mittelatlantischen Rücken vorliegt, hat den Aufbau Serpentinite/Gabbros/vertikaler Gangkomplex (sheeted dyke complex)/Kissenlaven. Beispiele solcher vollständiger ozeanischer Kruste, die durch gebirgsbildende Prozesse als Ophiolithe «an Land gegangen sind», können etwa in Zypern oder in Oman studiert werden. Bei den alpinen Ophiolithen fehlt hingegen durchwegs der Gangkomplex; meist kann man die Kissenlaven direkt auf Serpentinit beobachten. Die ozeanische Kruste des Piemontozeans (und noch viel mehr des Walliser Beckens) zeigt also Abweichungen vom klassischen Profil, indem bei der Zerdehnung zwischen Afrika und Europa der Erdmantel am Ozeanboden freigelegt wurde und dann Intrusionen von Gabbros und Extrusionen von Kissenlaven stattfanden. In den Alpen findet sich nirgends mehr eine schön erhaltene Abfolge Serpentinit/Gabbro/Basalt. Vielmehr wurden die in das Alpengebäude eingeschuppten Stücke ozeanischer Kruste intern zerschert, was ein mehr oder weniger wildes Durcheinander der verschiedenen Gesteinsarten ergab.

In den Basalten und Peridotiten der alpinen Ophiolithe wurden alle primären magmatischen Mineralien zerstört. Die Gesteine liegen heute als Metabasalte und Serpentinite vor. Einzig in etlichen Metagabbros können geschonte Bereiche gefunden werden, in denen nicht nur die magmatischen Texturen, sondern auch magmatische Mineralien erhalten blieben. Das beste Beispiel dafür ist der Allalin-Metagabbro (Nr. 92). Bemerkenswert ist, wie in vielen alpinen Ophiolithen Kissenstrukturen trotz intensiver Deformation und mehrfacher Metamorphose erhalten bleiben konnten (Nr. 90, 93). Beste Beispiele sind die schwach metamorphen Kissenlaven vom Aroser Hörnli (GR), die grünschieferfaziellen des Piz Platta (GR), die hochgradig kontaktmetamorphen am Ostrand des Bergeller Plutons vom Monte del Forno (GR) und die eklogitfaziell metamorphen von Pfulwe-Rimpfischhorn (VS, Nr. 93). In vielen der oberpenninischen Ophiolithen können primär auf den Kissenlaven auflagernde ozeanische Tiefseesedimente beobachtet werden, meist Radiolarite (Nr. 118), aber auch weiße Tiefseekalke und dunkle Tonschiefer mit Kalklagen. Verbunden damit sind auch die für diese Milieus typischen Manganvererzungen anzutreffen; die größten und bekanntesten sind

Tektonische Übersichtskarte der Schweiz mit den im Text erwähnten wichtigsten Ophiolithvorkommen der Schweiz.

diejenigen von Parsettens/Falotta im Oberhalbstein (GR). Über den Tiefseesedimenten folgen in der Regel mächtige Serien von Bündnerschiefern (Nr. 60, 61, 96). Diese wurden bei der Gebirgsbildung oft von den magmatischen Ozeangesteinen abgeschert.
Das Alter der Ophiolithserien liegt zwischen 166 Mio. J. (mittlere Jurazeit) und Beginn der Kreidezeit (um 145 Mio. J.); die Bildung ozeanischer Kruste dauerte also vergleichsweise kurz.
Oberpenninische Ophiolithgesteine trifft man in den Schweizer Alpen in folgenden Gebieten an (s. auch Karte S. 305 oben):

Name	Gebiet	Gesteine und Metamorphose
Westlich der Tessiner Kulmination		
Zermatt-Saas-Decke	Ausläufer, der sich im Aostatal stark verbreiternden größten Ophiolithdecke der Alpen; von Saas Fee über Allalin-Rimpfisch-Strahlhorn nach Zermatt und unter das Matterhorn.	Viele Metabasalte und Serpentinite, aber auch Metagabbros, u. a. der bekannte Allalin-Metagabbro (Nr. 92); auch Metaradiolarite mit Manganvererzungen. Frühalpine Hochdruck- und mesoalpine Grünschieferfazies-Metamorphose.
Antrona-Ophiolith	Nur kleine Anteile auf Schweizer Boden im Laggintal südlich des Simplons (VS); die größten Teile liegen im Val Bognanco und bis nach Domodossola (I).	Fast nur Metabasalte und Serpentinite; frühalpine Hochdruck- und mesoalpine Grünschiefer- bis Amphibolitfazies-Metamorphose.
Tsatédecke (auch Combin-Zone)	Über der Zermatt-Saas-Decke liegend; von Zermatt in einem großen Bogen unter dem Weisshorn durch, sich dann verbreiternd auf rund 5 km über Zinal, Lac de Moiry, Les Haudères, Lac des Dix, Lac de Mauvoisin und Grand Combin.	Mächtige Serien von kalkreichen Bündnerschiefern (Nr. 96); mit Einschaltungen von Metabasalten, Metagabbros und Serpentiniten. Der größte Ophiolith-Metagabbro-Körper der Schweiz liegt in den Aiguilles Rouges d'Arolla.
Gets-Flysch-Decke	Zwei Züge: Jaunpass/Hundsrügg/Saanen und Zweisimmen/Gstaad	Ähnlich der Aroser Zone eine Mélangedecke mit Flysch und eingeschuppten Metabasalten; beim Jaunpass konnten noch Kissenlaven nachgewiesen werden.
Östlich der Tessiner Kulmination		
Aroser Zone	Zerscherte Deckenfragmente an der Basis der Silvrettadecke; Umgebung Arosa, Klosters/Gotschna/Weissfluh, Schwarzhorn bei Tilisunahütte (A), sowie am Westrand des Engadiner Fensters.	Hoch fragmentierte Einheit mit Stücken ozeanischer Kruste in meist schiefriger Matrix: auch tektonische Olistolithe der überliegenden Silvrettadecke; nicht bis schwach metamorph.
Plattadecke	Oberhalbstein, vom Piz d'Err über Piz Platta bis zum Septimerpass und schmaler Zug hinab zum Silsersee.	Fast nur Ozeankrustengesteine, vor allem Metabasalte und Serpentinite, aber auch Gabbros, Gänge etc. Vollständigstes Stück Ozeankruste in Graubünden. Grünschiefer-metamorph.
Lizun-Malenco-Ophiolith	Vom Bergalgatal (Avers) über Piz Lizun bis Casaccia; im Val Forno über den Murettopass und dann sich im ganzen mittleren Val Malenco ausbreitend.	Im nördlichen Teil fast nur Metabasalte und Bündnerschiefer; am Ostrand der Bergeller Intrusion vom Piz Salacina bis Monte del Forno durch Kontaktmetamorphose amphibolitfaziell; im Val Malenco riesige Serpentinitmassen.

Südseite des Täschtales vor Zermatt. Der Kontrast der grünlichen Metabasalte zu den braun anwitternden Bündnerschiefern ist sehr deutlich.

Kleinere Mengen ophiolithischer Gesteine werden auch in der Gesteinszone 6, im Unterpenninikum, gefunden. Es handelt sich immer um kleine Vorkommen. Echte ozeanische Kruste scheint sich im Walliser Becken nicht entwickelt zu haben. Vielmehr wurden durch das schräge Aufreißen des Beckens Teile von serpentinisiertem Mantel am Meeresgrund exponiert, auf den lokale Basaltergüsse abgelagert wurden. Selten findet man auch Kissenstrukturen.

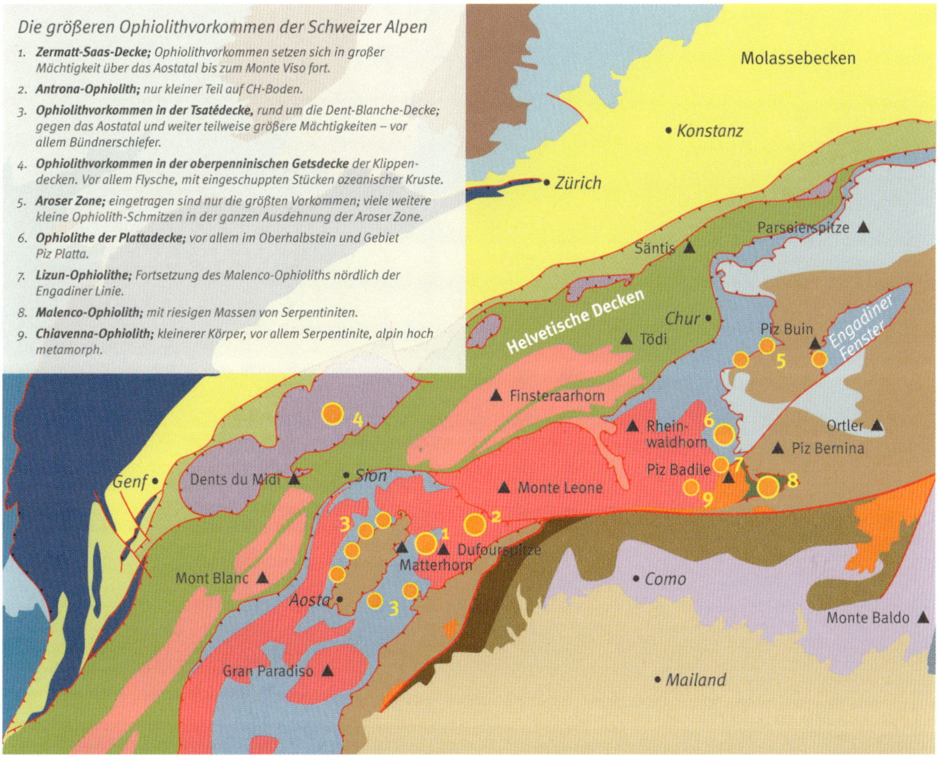
Die größeren Ophiolithvorkommen der Schweizer Alpen
1. Zermatt-Saas-Decke; Ophiolithvorkommen setzen sich in großer Mächtigkeit über das Aostatal bis zum Monte Viso fort.
2. Antrona-Ophiolith; nur kleiner Teil auf CH-Boden.
3. Ophiolithvorkommen in der Tsatédecke, rund um die Dent-Blanche-Decke; gegen das Aostatal und weiter teilweise größere Mächtigkeiten – vor allem Bündnerschiefer.
4. Ophiolithvorkommen in der oberpenninischen Getsdecke der Klippendecken. Vor allem Flysche, mit eingeschuppten Stücken ozeanischer Kruste.
5. Aroser Zone; eingetragen sind nur die größten Vorkommen; viele weitere kleine Ophiolith-Schmitzen in der ganzen Ausdehnung der Aroser Zone.
6. Ophiolithe der Plattadecke; vor allem im Oberhalbstein und Gebiet Piz Platta.
7. Lizun-Ophiolithe; Fortsetzung des Malenco-Ophioliths nördlich der Engadiner Linie.
8. Malenco-Ophiolith; mit riesigen Massen von Serpentiniten.
9. Chiavenna-Ophiolith; kleinerer Körper, vor allem Serpentinite, alpin hoch metamorph.
Molassebecken
Konstanz
Zürich
Parseierspitze
Säntis
Helvetische Decken
Chur
Tödi
Piz Buin
Engadiner Fenster
Finsteraarhorn
Rheinwaldhorn
Ortler
Piz Bernina
Piz Badile
Genf
Dents du Midi
Sion
Monte Leone
Dufourspitze
Matterhorn
Mont Blanc
Aosta
Como
Monte Baldo
Gran Paradiso
Mailand

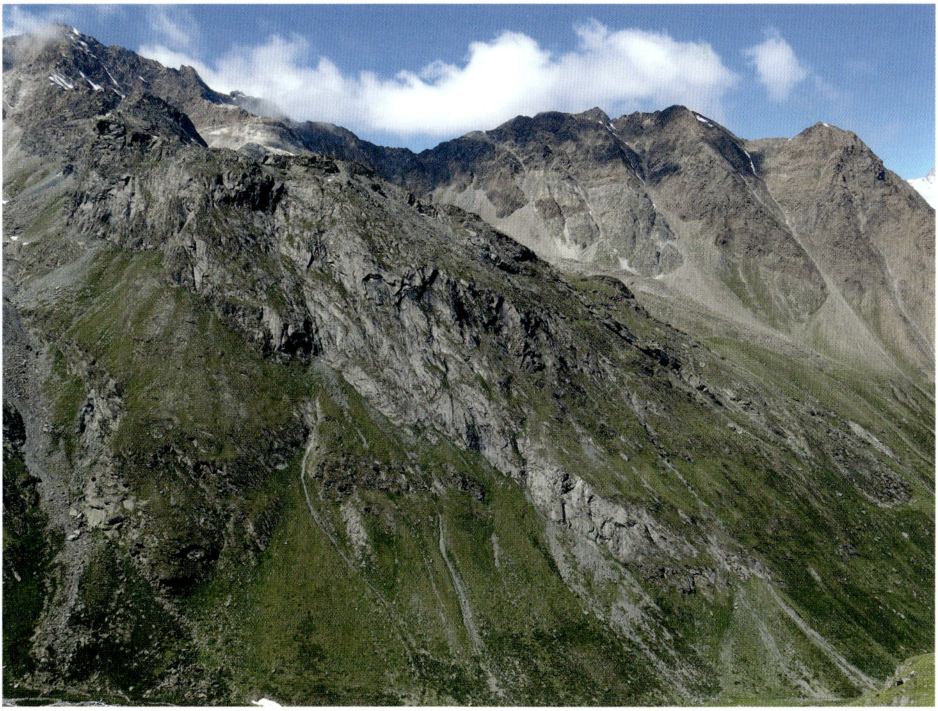

88 Serpentinit

Typ Lithologie

Säure-Base-Charakter basisch

Gesteinsklasse: Metamorphite **Unterklasse:** Meta-Ultrabasite

Serpentinite waren schon in der Antike bekannt. Weil manche grün gemusterte Varietäten eine Ähnlichkeit mit Schlangenhaut aufweisen, wurden sie nach dem lateinischen Wort für Schlange, serpens, Schlangenstein benannt. Serpentinit ist ein außergewöhnliches und geologisch wichtiges Gestein des Erdmantels. Dieser besteht aus Peridotit (Nr. 111), der wiederum zum größten Teil aus dem Fe-Mg-Mineral Olivin besteht (bzw. Varietät Peridot), mit mehr oder weniger Pyroxen dabei. Gelangt Peridotit in Dehnungs- und Spreizungszonen in die Nähe der Erdoberfläche (unter Meeresbedeckung), dann wird ihn Meerwasser, welches in Spalten und Bruchzonen eindringt, sofort umwandeln nach der vereinfachten Gleichung: Peridotit + H_2O → Serpentinit bzw. Olivin + H_2O → Serpentinmineral. Dabei können auch wilde tektonische Brekzien entstehen, wo dunkler Serpentinit von wirr angeordneten weissen Calcit-Adern durchzogen wird (=Ophicalcit). Dies sind heute noch beliebte Fassadensteine. Chemisch sind Serpentinminerale nichts anderes als «wasserhaltiger Olivin». Es gibt drei Modifikationen der Serpentinminerale mit jeweils anderen Kristallstrukturen: Lizardit, Chrysotil und Antigorit.

Die bedeutendsten Serpentinite der Alpen sind abgeschürfte Erdmantelspäne der mesozoischen ozeanischen Kruste des Piemontozeans. Sie liegen in den Alpen in unterschiedlichen Metamorphosegraden vor. Die tief- bis mittelgradigen bestehen aus Lizardit und Chrysotil, die höhergradigen aus Antigorit. Bei den höchst metamorphen Typen, die Temperaturen über 550 °C erlebt haben, hat sich die Rückreaktion Serpentinminerale → Olivin + H_2O abgespielt (wobei das frei werdende H_2O abwanderte). Deshalb liegen diese Gesteine schon wieder teilweise oder ganz als Olivinfelse vor. Man redet dabei nicht von Peridotit, um diese metamorphen Typen vom magmatischen Ausgangsgestein zu unterscheiden. Da Serpentinite keinerlei Alkali-Elemente (Na, K) und kaum

«Klassischer» Serpentinit, dicht, in Grüntönen, mit polierten Rutschharnischflächen, Oberhalbstein (GR).

Dunklere Varietät mit Rutschharnischriefungen, Zermatt-Saas-Zone.

Landschaftsprägung
Bei größeren Gesteinsmassen stark, dunkle Berge.

Dunkler Botschafter aus dem Erdmantel

Calcium enthalten, bilden sich über ihnen schlechte Böden, was in Flurnamen wie Totalp, Lichenbretter, Malenco zum Ausdruck kommt. Die wichtigsten mesozoischen Serpentinitkörper der Schweizer Alpen sind die folgenden:

Totalp Davos (GR): Gebiet Totalp-Totalphorn (ca. 3 km²), schwach metamorph, Teil der Aroser Mélangedecke.

Oberhalbstein (GR): Zwischen Piz Err und Piz Platta bis Septimerpass, verschiedene größere Körper (ca. 8 km²), mittelgradig metamorph.

Malenco (GR)/Italien: Ganzes mittleres Val Malenco, von der Disgrazia im W bis ins Puschlav (ca. 250 km²), mittel- bis hochgradig metamorph (Kontaktmetamorphose am Ostrand der Bergeller Intrusion); viel schön parallel geschieferter Antigorit-Serpentinit, ideal für den Abbau von Platten.

Chiavenna, Italien: An den Berghängen SO von Chiavenna (ca. 5 km²), hochgradig metamorph.

Geisspfad, Binntal (VS)/Italien: Vom Geisspfadpass bis zum Cervandone (ca. 5 km²), hochgradig metamorph; v. a. im zentralen Bereich hartzäher Olivinfels.

Zermatt (VS): Vom Rimpfischhorn über Riffelberg-Breithorn weit in die Täler Ayas und Valtournenche reichend (ca. 120 km²), eklogitfaziell metamorph, mittelgradig teilweise rücküberprägt; oft recht massige Antigorit-Serpentinite, retrograd auch schiefrige Varianten.

Val d'Hérens (VS): West- und Ostflanke der Couronne de Bréona (ca. 4 km²), mittelgradig metamorph.

Bestandteile | Härte

Serpentinmineralien (Chrysotil, Lizardit und Antigorit); manchmal mit erhaltenem magmatischem Pyroxen («Diallag»); oft mit oktaedrischen Magnetiten, und weiteren Erzmineralien (Ilmenit, Chromit). In alpin hoch metamorphen Körpern kommen auch Olivinfelse vor (z. B. Ostrand Bergell, Geisspfad VS).

Massiger, undeformierter Serpentinit mit teilweise erhaltenen magmatischen Pyroxenen (glänzenden Kristalle); Rheingeröll bei Sargans (SG).

Von solchen Musterungen stammt der Name «Schlangenstein»; Engadiner Fenster GR.

Mächtigkeit|Verbreitung
Hauptmassen in den mesozoischen Ophiolithserien des südpenninischen Piemontozeans (s. oben); aber auch in nordpenninischen Decken. Serpentinite in den prämesozoischen Grundgebirgen siehe Nr. 47.

Textur und Struktur
Von massig-richtungslos bis zu stark geschiefert. Meist mikrokristallin, z.T. mit eingesprengten Erzmineralien oder bis > 1 cm großen Diallagen. Typisch sind unregelmäßig zerscherte Gesteine mit glänzenden Rutschharnischen.

Farbe(n), Patina, Verwitterung und Erosion
Im Normalfall Dunkelgrün, mit Variationen von Schwarzgrün bis hell Gelbgrün. Bei längerer Exposition bildet sich eine orangebraune Verwitterungskruste. Massige, hoch metamorphe Serpentinite sind ziemlich erosionsresistent und bilden markante Berge (Disgrazia, Riffelhorn VS, Pollux VS, Rot- und Schwarzhorn).

Einschlüsse|Fossilien
Kann von metabasaltischen Gängen durchzogen sein, die durch Interaktion mit dem Serpentinit rodingitisiert wurden (vgl. Nr. 95).

Adern|Klüfte|Bruchmuster
Oft stark durchadert, Aderfüllungen meist aus weißlichen bis gelblichen Serpentinmineralien, manchmal auch mit faserigem Serpentinasbest. Zum Teil auch seltene und sehr schöne Kluftmineralien wie Vesuvian, rotbrauner Hessonit- oder grasgrüner Demantoid-Granat.

Alter|Bildungsetappen
Die penninischen Serpentinite stammen aus mesozoischen Ophiolithen oder subkrustalem Mantel.

Der Geisspfad-Serpentinit im Binntal (VS); der rostbraun verwitternde Serpentinit kontrastiert mit dem hellen Monte-Leone-Gneis (Nr. 81).

Das Riffelhorn besteht gänzlich aus Serpentinit der Zermatt-Saas-Decke.

Variabilität|Verwandte|Verwechslungen
Sehr hohe Variabilität in Farben und Strukturen; aber in der Regel leicht identifizierbar.

Verwendung
Serpentinit wurde und wird für Bau-, Fassaden- und Säulensteine verwendet. Auch in der modernen Architektur sind Serpentinite beliebt. In der Schweiz gibt es keine aktive Abbaustelle mehr.

Klettereigenschaften
In den großen und höher alpin metamorphen Serpentinitmassen können hervorragende Klettergebiete liegen – etwa am Riffelhorn ob Zermatt, am Rothorn am Geisspfad oder im Val Malenco (I).

Asbest und Demantoid – zwei ungleiche Kluftmineralien im Serpentinit.
Weil die Serpentinite chemisch so speziell sind, kommen in Klüften darin auch sehr spezielle Mineralien vor. Zwei spektakuläre davon seien hier vorgestellt. In einigen der höher metamorphen Serpentiniten der Alpen, z. B. am Geisspfad (VS) und bei Malenco (I), finden sich Kluftspalten, welche mit einem weißen, weichen, biegsamen und faserigen Material gefüllt sind, das gewebeartige Eigenschaften hat. Darin eingebettet können prachtvolle kleine grüne kugelige Kristalle liegen. Das weiße faserige Mineral ist Serpentin-Asbest. Dessen Kristalle sind biegsam und lassen sich verweben. Man hat daraus feuerfeste Textilien, vor allem aber feuerfeste Baumaterialien hergestellt. Heute ist bei uns die Verwendung von Asbestfastern wegen ihrer gesundheitlichen Risiken verboten. Die grünen kugeligen Kristalle sind Granate, die ihre grüne Farbe von Chrom erhalten haben, welches in Serpentiniten im Mineral Chromit immer vorhanden ist. Sie heißen Demantoid und sind gesuchte Edelsteine.

Serpentinite bei Trockener Steg ob Zermatt, vorne frisch, dahinter rostbraun verwittert. Auch Breithorn und Pollux bestehen daraus.

Asbestfasern aus einer Kluft im Geisspfad-Serpentinit.

Sauer und basisch: Was die Kieselsäure mit dem Quarz zu tun hat

Die weit verbreitete Landkartenflechte wächst ausschließlich auf sauren Gesteinen.

Gelbflechten hingegen bevorzugen basische Kalksteine als Unterlage.

Fast alle Namensgebungen in der Geologie sind nur im Kontext ihrer historischen Entstehung zu verstehen. So auch das Konzept von sauer und basisch bei den Gesteinen. Früher musste man die chemische Zusammensetzung von Gesteinen mit nasschemischen Methoden (auflösen, umwandeln, ausfällen, etc.) ermitteln. Bei den magmatischen Gesteinen stellte man fest, dass deren Gehalt an Silizium bzw. Silziumoxid variiert. Das SiO_2 des Quarzes und die $(SiO_4)_2$-Gruppen der Silikatmineralien sah man als Salze der Kieselsäure H_4SiO_4 an. Seither wird eine Einteilung der Magmatite über den «Kieselsäuregehalt», das heißt den SiO_2-Gehalt, vorgenommen. Bei Gesteinen mit einem SiO_2-Gehalt von über 65 Gew.-% spricht man von sauren Gesteinen, bei solchen mit 65–55 Gew.-% SiO_2 von intermediären, und bei solchen mit 55–48 Gew.-% SiO_2 von basischen, darunter von ultrabasischen Gesteinen. Bekannteste saure Magmatite sind die granitischen Gesteine, bekannteste basische die Basalte. Etliche Krustenflechtenarten wachsen ausschließlich auf sauren bzw. basischen Gesteinen. Wie Sie vielleicht wissen, reden auch die Bodenkundler von sauren und basischen Böden. Dort wiederum ist – anders als bei den Geologen – mit dem Säuregehalt «richtige» Säure gemeint, und zwar ausgedrückt im ph-Wert des Bodens. Ob ein Boden sauer ($pH < 7$) oder basisch ($pH > 7$) ist, hängt in erster Linie vom Karbonatgehalt des darunterliegenden Gesteins ab. Je kalkiger dieses ist, desto basischer ist der Boden. Über silikatischen Gesteinen bilden sich bevorzugt saure Böden, über kalkigen bevorzugt basische Böden – beide mit ihren typischen Pflanzenassoziationen, wie das gerade bei den Alpenpflanzen sehr schön zu beobachten ist. Eines der bekanntesten Beispiele ist das Edelweiß, das ausschließlich in Kalksteingebieten wächst, ein anderes die Alpenrose, die als rostblättrige auf sauren, als behaarte Variante auf basischen Böden gedeiht.

89 Metabasalt, schwach metamorph («Diabas»)

Typ
Lithologie

Gesteinsklasse: Metamorphite | **Unterklasse:** Metabasika

Die meisten oberpenninischen Gesteine – Ophiolithe und tiefmarine Sedimente – liegen in mittelstark bis stark metamorpher Überprägung vor. In der Aroserdecke jedoch, von Arosa über Klosters bis nördlich der Sulzfluh, sind die Gesteine nur sehr schwach metamorph. Gleiches gilt für die Getsdecke des Simmentals. In beiden kommen Ophiolithgesteine eingelagert vor. In größeren Metabasaltmassen in diesen beiden Einheiten konnten stellenweise die ursprünglichen Strukturen der Ozeanbodenbasalte bestens erhalten bleiben. Sehr bekannt unter Geologen ist der «Pillowberg» des Aroser Hörnlis zwischen Arosa und Lenzerheide (2'766'799/1'182'463). Der markant in der weichen Schieferlandschaft stehende, 50 m hohe Felsklotz besteht ganz aus subvertikal stehenden Kissenlavaablagerungen. Man kann ursprünglich magmatische Strukturen wie die abgeschreckten Pillowränder mit rundlichen Variolen (Variolit), die Polarität der Kissenstrukturen (unten/oben), die Glasscherben-Matrix zwischen den Pillows (Hyaloklastit) und die «Krokodilhaut» der Kissen bewundern. Die Basalte sind makroskopisch noch wie im ursprünglichen Zustand dunkel schwarzgrau und mikrokristallin – auch wenn sich mineralogisch schon metamorphe Mineralien der schwachen Metamorphose gebildet haben. Ein veralteter Begriff für solche Gesteine ist «Diabas».

Bestandteile|Härte
Mikrokristallin braungraue Matrix, recht harte Gesteine.

Mächtigkeit|Verbreitung
Nur kleine lokale Vorkommen (s. Text).

Variabilität|Verwandte|Verwechslungen
Eine Bestimmung kann schwierig sein, wenn die grünlichen Metabasalte chaotisch-brekzienartig mit Sedimentgesteinen vermischt sind.

Kissenlavabasalt mit weißlichen Kirstallisationskügelchen (Variolen); Aroser Hörnli, Aroser Zone (GR).

Die Kissenlaven am Aroser Hörnli ob Arosa (GR).

90 Grünschiefer|Grüngestein

Typ
Lithologie

Säure-Base-Charakter
basisch

Gesteinsklasse: Metamorphite

Unterklasse: mittelgradige Metabasalte

Grüngesteine/Grünschiefer kommen in einer großen Bandbreite von Erscheinungsformen vor, von massig bis stark geschiefert. Und doch sind sie in der Regel gut erkenn- und bestimmbar, weil sie alle zu einem großen Teil aus den grünen und makroskopisch gut erkennbaren Mineralien Chlorit, Aktinolith und Epidot bestehen, dazu noch aus milchigweißem Albitfeldspat. Epidot kann, muss aber nicht anwesend sein. Die Grüngesteine haben der mittelgradigen Normalmetamorphose ihren Namen «Grünschieferfazies» gegeben. Grüngesteine sind immer metamorphe Basalte, in den Alpen ausschließlich solche der ozeanischen Kruste in Ophiolitheinheiten. Recht oft findet man trotz der Metamorphose/Deformation noch Kissenlavastrukturen erhalten, wenn auch teilweise stark deformiert (geplättet).

Bestandteile|Härte

Unterschiedliche Anteile von Albit (weiß), Aktinolith (mittel- bis hellgrün), Chlorit (stumpfgrün) und Epidot (pistaziengrün); oft auch noch etwas Pyrit, auch Calcit kann vorhanden sein. In feinkörnig-massigen Grüngesteinen können die Mineralien unter Umständen mit der Lupe nicht auseinandergehalten werden. Mittelharte Gesteine.

Mächtigkeit|Verbreitung

Von dünnen Lagen in Metasedimenten (Bündnerschiefer) bis zu mächtigen Abfolgen von mehreren Hundert Metern Mächtigkeit. Große Vorkommen in den Schweizer Alpen: unterpenninische Bünderschiefer der Tomüldecke (Westseite Safiental), Plattadecke im Oberhalbstein (Marmorera/Bivio/Piz Platta/Septi-

Epidot-Aktinolith-Chlorit-Albit-Grüngestein, Tsaté-Decke, Chanrion (VS).

Dichtes Grüngestein mit weißen Caclit- und pistaziengrünen Epidotklüftchen, Oberhalbstein (GR).

55	45 %
SiO_2	Rest

Landschaftsprägung
Eher wenig ausgeprägt, grünliche Felsgebiete

merpass), Zermatt-Saas-Decke (Saas Fee/Rimpfischhorn/Zermatt), Tsatédecke (Gegend südlich Zinal bis Moiry, Umgebung Arolla).

Textur und Struktur
Fein- bis mittelkörnig; höchst unterschiedliche Grade der Verschieferung. Recht oft auch gebändert, mit helleren albitreicheren und dunkleren Lagen; diese können unter Umständen stark deformierte Pillow- oder vulkanische Brekzienstrukturen abbilden.

Farbe(n), Patina, Verwitterung und Erosion
Die Gesteine sind immer grün in unterschiedlichen Farbtönen. Sie verwittern ziemlich leicht, können eine rostbraune Patina aufweisen.

Einschlüsse|Fossilien
Keine.

Adern|Klüfte|Bruchmuster
Recht häufig sind albitreiche Adern, teilweise mit Chlorit, Calcit und Pyrit.

Alter|Bildungsetappen
Sowohl die Grüngesteine des oberpenninischen Piemontozeans als auch diejenigen des unterpenninischen Walliser Beckens haben jurassisches Bildungsalter und erlebten eine mesoalpine Metamorphose; diejenigen der Zermatt-Saas-Decke erlebten vorgängig noch eine frühalpine Hochdruckmetamorphose (→ Eklogit Nr. 93).

Variabilität|Verwandte|Verwechslungen
Siehe Text. In Gebieten mit vorgängiger Hochdruckmetamorphose gibt es oft Übergangsgesteine zwischen Eklogiten/Blauschiefern und Grünschiefern, die noch reliktisch erhaltene Hochdruckminerale enthalten können.

Grünschiefer mit deformierten Kissenlavastrukturen, Marmorerasee, Oberhalbstein (GR).

Im Täschtal (VS). Die grünbraunen, gneisartigen Grüngesteine kontrastieren mit den bräunlichen Bündnerschiefern der Zermatt-Saas-Decke.

91 Metagabbro: Diallaggabbro | Flasergabbro | Fuchsitschiefer

Typ
Lithologie

Säure-Base-Charakter
basisch

Gesteinsklasse: Metamorphite **Unterklasse:** Metabasika

Was bei den sauren Plutoniten (Granitoiden) der Orthogneis, das ist bei den basischen Plutoniten der Flasergabbro bis Fuchsitschiefer. Gleich wie dort können in größeren Metagabbrokörpern die Verformungen und Umwandlungen der alpinen Metamorphose selektiv ausgeprägt sein. In den beiden größten grünschieferfaziellen Metagabbrovorkommen der Alpen, denjenigen der Plattadecke und der Tsatédecke, sieht man praktisch undeformierte Gabbros mit noch teilweise erhaltenem magmatischem Mineralbestand (= Diallaggabbros), die über kurze Distanzen in stark verformte gneisartige Flasergabbros und noch weiter in schiefrige Metagabbros oder Fuchsitschiefer übergehen.

Bestandteile | Härte

Weiße Teile: ehemaliger Plagioklas → Albit, Zoisit, evtl. Quarz und Hellglimmer.
Grüne Teile: ehemalige Pyroxene → Aktinolith, ± Chlorit, Epidot und Chromglimmer (Fuchsit); der magmatische Olivin wird zu chloritreichen Aggregaten umgewandelt.

Mächtigkeit | Verbreitung

Verbreitet in den schwach bis mittelgradigen Ophiolitheinheiten. Größere Vorkommen in der Plattadecke (GR) des Oberhalbsteins; in der Tsatédecke (VS) liegt eine große Metagabbromasse, welche die Aiguilles Rouges d'Arolla aufbauen. Sie ist die größte Metagabbromasse der Schweiz.

Textur und Struktur

Gneisartig-flaserig bis schiefrig; stark schiefrige Varietäten können als recht homogene Fuchsit-Schiefer ausgebildet sein.

Farbe(n), Patina, Verwitterung und Erosion

Helle, in der Regel deutlich grün-weiß gemusterte Gesteine. Verwitterungspatina rostbraun.

Undeformierter Diallaggabbro mit magmatischem Augit («diallagisiert») und saussuritisiertem Plagioklas, Aiguilles Rouges d'Arolla (VS).

Aus dem gleichen Gabbrokörper, zu Flasergabbro deformierte Partie.

55	45 %
SiO_2	Rest

Landschaftsprägung
In größeren Massen markante Felsstrukturen.

Einschlüsse|Fossilien
Keine.

Adern|Klüfte|Bruchmuster
Manchmal dichte Gänge aus Grüngestein (Nr. 90): Klüfte und Adern wie bei diesen mit Albit, ± Chlorit, Aktinolith und Calcit.

Alter|Bildungsetappen
Analog zu den Grüngesteinen (Nr. 90).

Variabilität|Verwandte|Verwechslungen
Diallaggabbro: wenig deformierter Metagabbro, bei welchem der magmatische Plagioklas in eine porzellanartig dichte, weiße bis hellgrüne Masse saussuritisiert wurde (bestehend aus Zoisit, Albit, evtl. Quarz, Chlorit und Epidot), und der magmatische Augit infolge Entmischung von Titanmineralien zu braunen Kristallen mit starkem kupferartigem Glanz auf den Spaltflächen umgewandelt wurde.

Fuchsitschiefer: stark schiefrige Metagabbros mit hellgrünem Chrom-Muskovit = Fuchsit. Das Cr stammt aus den magmatischen Pyroxenen.

Fedoz-Metagabbro: größerer Gabbrokörper im hintersten Val Fedoz (GR); dieser ist wie die Collon-/Matterhorngabbros der Dent-Blanche-Decke (Nr. 106) nicht ozeanischen Ursprungs, sondern eine spätvariszische Intrusion.

Klettereigenschaften
Bei größeren massigeren Vorkommen gut (z. B. Aig. Rouges d'Arolla, VS).

Völlig metamorph rekristallisierter und deformierter Metagabbro, unterhalb Feekopf, Täschtal (VS).

Die Aig. Rouges d'Arolla (VS); sie bestehen vollständig aus Metagabbro.

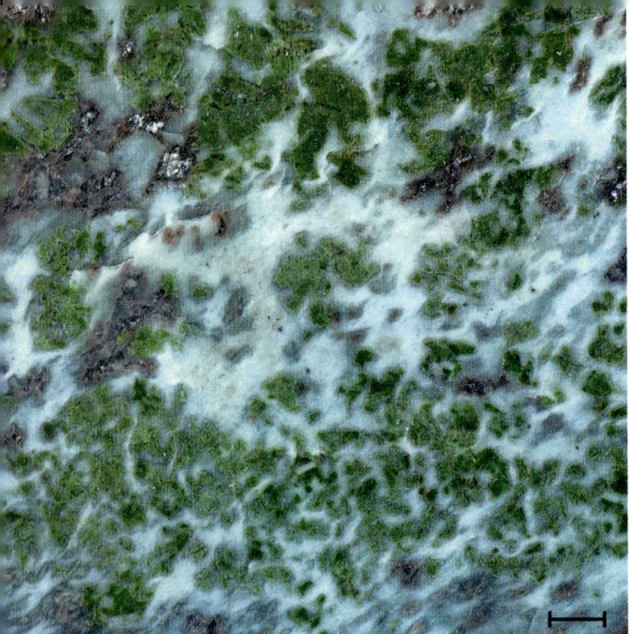

92 Allalin-Metagabbro

Typ
Formation/ Komplex

Säure-Base-Charakter
basisch

Gesteinsklasse: Metamorphite | **Unterklasse:** Hochdruck-Metabasite

Der Allalin-Metagabbro ist eines der faszinierendsten Gesteine der Alpen. Das Gestein ist erstens sehr ästhetisch und ansprechend, kaum ein Stück ist gleich wie das andere. Zweitens ist es das einzige Gestein der Schweizer Alpen, welches aufgrund von speziellen Umständen seine ganze Geschichte seit seiner Entstehung über mehrere Phasen metamorpher Überprägung noch erkennbar gespeichert hat (Weiteres dazu weiter unten).

Bestandteile|Härte

Im Allalin-Metagabbro wurden insgesamt 37 verschiedene Mineralien gefunden! Dies hat mit seiner komplexen Geschichte zu tun. Am auffälligsten sind die weißlichen und grünen Flecken; die weißen repräsentieren den ehemaligen magmatischen Plagioklasfeldspat. Sie bestehen aus einem fein verwachsenen Gemenge von Zoisit, Disthen und Hellglimmer. Wenn die grünen Flecken hellgrün sind, bestehen sie aus chromhaltigem Omphacit, wenn sie dunkler grün sind, vorwiegend aus Amphibolen. Das Gestein ist insgesamt sehr hart und teilweise extrem zäh.

Mächtigkeit|Verbreitung

Der Allalin-Metagabbro bildet eine 2 × 2 × 0,5 km große Linse in der Ophiolithdecke Zermatt-Saas. Er ist ein wichtiges Leitgestein für die Ausbreitung des eiszeitlichen Rhonegletschers, weil er so leicht erkennbar ist. Auch in Konglomeraten der unteren Süßwassermolasse ist er ein wichtiges Leitgestein. Sein ursprüngliches Volumen muss ein Vielfaches des heutigen betragen haben!

Textur und Struktur

Höchst variabel! Der häufigste Typus ist grob gemustert mit eckigen bis flatschig ausgezogenen weißlichen und grünen Anteilen. Das Gestein zeigt alle Übergänge vom grobkörnigen,

Der auffälligste Typ: Allalin-Metagabbro, mit grasgrünem Chrom-Omphacit (= «Smaragdit»).

Gabbro mit erhaltenem magmatischem Mineralbestand (Augit schwarz, saussuritisierter Plagioklas weiß), Olivin (bräunlich, mit Rand).

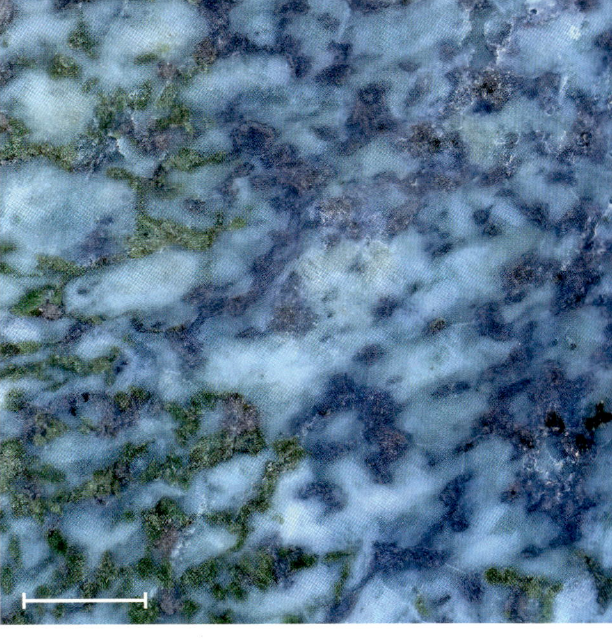

50	50 %
SiO_2	Rest

Landschaftsprägung
Baut das Allalinhorn im Wallis auf.

magmatischen Gefüge bis zur stark ausgewalzten Gneisstruktur (Flasergabbro → Nr. 91).

Farbe(n), Patina, Verwitterung und Erosion

Im Gelände eher helleres Gestein, vor allem im Kontrast zu den dunklen Metabasalten (Nr. 90, 93) und Serpentiniten (Nr. 88). Wegen der starken Zerklüftung relativ leicht erodierbar; wegen seiner Härte und Zähigkeit aber schlecht verwitterbar. Gerölle und Blöcke des Gesteins überleben auch längeren Transport und Abrieb.

Einschlüsse|Fossilien

Recht häufig sind feinkörnige bräunliche Metabasaltgänge.

Adern|Klüfte|Bruchmuster

Wegen der komplexen Geschichte gibt es eine Vielzahl von Adergenerationen (s. weiter unten). Der Gabbrokörper ist stark zerklüftet.

Alter|Bildungsetappen

Bildung vor rund 164 Mio. J. in der untersten Kruste am Rand des sich öffnenden Tethysozeans; weitere Geschichte siehe unten.

Variabilität|Verwandte|Verwechslungen

Kaum mit anderem Gestein zu verwechseln. In den Westalpen ist der große Metagabbrokörper des Monte Viso sehr ähnlich.

Verwendung

Die dicht-zähen, jadeartigen Varianten des Allalin-Metagabbro waren bei den Steinzeitmenschen beliebt für Schaber und Keile; heute sind die verschiedenfarbigen Varietäten recht beliebt als Dekor- und Schmucksteine. Wegen der alten Bezeichnung «Smaragdit» für den grünen Chrom-Omphacit laufen Stücke des Allalin-Metagabbros oft unter dem Handelsnamen «Smaragdit-Gabbro».

Eklogit-Metagabbro mit den beiden Eklogit-Mineralien Granat und Omphacit, dazu schwarzer Mg-Chloritoid und weißer Zoisit.

Helle Varietät mit lilafarbenem Glaukophan, links grüner Chrom-Omphacit. Weisse Matrix = Zoisit und Disthen (= ursprünglicher Plagioklas).

Klettereigenschaften

Die großen S- bis SO- Wände des Allalinhorns eigenen sich nicht für Klettertouren, weil das Gestein zu stark zerklüftet ist.

Das faszinierende Gesteinschamäleon

Der Allalin-Metagabbro ist ein Lehrstück dafür, wie Gesteinsmetamorphose abläuft. Sie wissen ja, dass die Hauptfaktoren der Metamorphose erhöhte Temperaturen und Druck sind. Doch damit metamorphe Mineralreaktionen in einem Gestein tatsächlich ablaufen können, braucht es noch einen dritten Faktor, und das ist Tiefengrundwasser – «Fluid», wie die Geologen sagen. Denn erst dieses ermöglicht die notwendigen Auflösungsreaktionen an den Rändern der Mineralkörner sowie den Transport der gelösten Elemente zu neu sich bildenden metamorphen Mineralien. In völlig fluidfreien, «trockenen» Gesteinen passiert in der Regel nichts, auch wenn sich Druck und Temperatur stark verändern. Was einen Zutritt von Fluids oft ermöglicht, ist die Verformung von Gesteinen. Dann können sich Risse und Mikrorisse bilden, durch welche die heißen Tiefenfluids bis zu den Korngrenzen vorstoßen können.

Nehmen wir einen recht häufigen Normalfall, einen tonhaltigen Kalkstein (Mergel), der langsam in die Tiefe gerät und damit in höhere Drucke und Temperaturen. In den Tonmineralien ist sehr viel Kristallwasser enthalten, ferner gibt es auch viel Fluid in Flüssigkeitseinschlüssen des Calcits. Wenn das Gestein nun heißer wird, werden diese Fluide nach und nach freigesetzt und können so die metamorphen Mineralreaktionen auslösen. Mit jedem Temperaturschritt wird mehr Kristallwasser freigesetzt, welches dann die weiteren Reaktionen katalysiert – bis bei allerhöchsten Temperatu-

Kaum mehr erkennbar als Gabbro – vollständig retrograd zu verfaltetem Grünschiefer umgewandelter Metagabbro.

Spröde Kluft mit den beiden Mineralien Magnesium-Chloritoid (schwarz) und Talk (weiß), die sich in einer Tiefe von 100 km gebildet hat.

ren von über 700 Grad ein praktisch «trockenes» Granulitgestein vorliegt. Da funktionieren die Metamorphosereaktionen also wie von alleine. Anders bei einem Gestein wie dem Allalin-Metagabbro: Dieser kristallisierte in der Tiefe von einigen km als plutonische Intrusion aus einem wasserfreien Basaltmagma zu einem «trockenen», fluidfreien Gestein, welches aus den magmatischen Mineralien Plagioklas, Augit und Olivin bestand. Der große Gabbrokörper bildete mit seinen Ausmaßen ein Stück enorm widerstandsfähigen Gesteins. Bei seiner Versenkung in die Tiefe passierte also vorerst nichts. Erst als aus den ebenfalls mit geschleppten Sedimentgesteinen der ozeanischen Kruste durch die zunehmenden Drücke und Temperaturen Fluide zu entweichen begannen, konnten diese auch in den Gabbrokörper eindringen und metamorphe Mineralreaktionen auslösen; allerdings konnten sie dies nur teilweise tun, gewisse ganz feste und von stärkerer Deformation verschonte Bereiche des Gabbros blieben vollständig «trocken».

Und so kommt es, dass wir heute im ganzen Gabbrokörper Zonen finden, wo noch der magmatische Mineralbestand und das entsprechende Gefüge erhalten blieb, dann Zonen mit Umwandlungen entlang von Mikrorissen, welche den Weg in die Tiefe dokumentieren, dann solche mit den Mineralien der Eklogitfazies, als das Gestein sich auf fast 100 km Tiefe bei Temperaturen von über 600 °C befand, und dann, vor allem gegen das Äußere des Körpers in den Zonen stärkster «Durchnässung», Mineralgesellschaften, welche den Aufstieg dokumentieren, bis schließlich zu den letzten Hebungsvorgängen. Deshalb die enorme Vielfalt an Mineralien und Gefügen in einem einzigen Gesteinskörper!

Das Allalinhorn (VS, 4027 m) besteht fast ganz aus Metagabbro; hier der Blick an die gewaltige E/SE-Wand über dem Hohlaubgletscher.

93 Eklogit

Typ Lithologie

Säure-Base-Charakter basisch

Gesteinsklasse: Metamorphite — **Unterklasse:** hochmetamorphe Metabasite

Eklogite sind hochdruckmetamorphe Basalte; sie definieren die Eklogitfazies. Für ihre Bildung brauchen sie Drucke über 12 kbar und müssen daher auf etwa 30 km Tiefe subduziert werden. Bei der Subduktion ozeanischer Krusten werden die basaltischen Gesteine zu Eklogiten umgewandelt. Da diese mit Dichten 3,2–3,6 g/cm³ «schwerer» sind als der oberste Erdmantel (Asthenosphäre), ziehen sie die ozeanische Lithosphäre hinunter und wirken so als eigentlicher Motor der Plattenbewegungen («slab pull») – sozusagen als Subduktionstraktor. Es gibt sogar in eklogitfaziellen Metabasalten noch erhaltene Kissenstrukturen, welche die ozeanische Entstehung beweisen – etwa am Pfulwepass und am Rimpfischhorn im Wallis. In etlichen Eklogiten wurden in den letzten Jahren als feinste Einschlüsse im Granat die Hochdruckvarietäten von Quarz, Coesit, und Mikrodiamanten gefunden – Hinweise auf noch viel höhere Drucke und damit noch tiefere Versenkung in den Erdmantel.

Bestandteile | Härte

Grüner Omphacit (= Na-reicher Pyroxen) und dunkelroter Granat. Dazu können in geringerer Menge noch vorkommen: Quarz, Disthen, Glaukophan (Blauer Na-Amphibol), Zoisit, Hellglimmer, Rutil und Pyrit. Sehr harte und zähe Gesteine.

Mächtigkeit | Verbreitung

Eklogite kommen in den Schweizer Alpen in unterschiedlichen geologischen Milieus vor:

- Oberpenninische Zermatt-Saas-Ophiolithdecke (frühalpine Hochdruckmetamorphose). Mengenmäßig die größten Vorkommen, weshalb der Eklogit in dieser Gesteinszone vorgestellt wird.
- In Teilen der Grundgebirgsdecken des Tessins (Gesteinszone 9), im sogenannten tektonischen Akkretionskanal. Diese haben ebenfalls eine frühalpine Hochdruckmetamorphose erlebt (Tambo- und Aduladecke, südliche Steilzone).

Eklogit mit Glaukophan (violett), Zoisit (weiß) und verwittertem Eisenkarbonat (ocker); Pfulwe ob Zermatt (VS).

Eklogit der Zermatt-Saas-Decke mit weißen Zoisit-Pseudomorphosen nach dem prograd entstandenen Mineral Lawsonit; Täschtal (VS).

Landschaftsprägung
Eklogitlinsen oder -lagen bilden Härtlinge.

Veredeltes Basaltgestein als Subduktionstraktor

- Frühalpine Eklogite in den Hochdruckgesteinen der unterostalpinen Sesiazone (Nr. 107).
- Relikte alter Metamorphosen im Altkristallin der helvetischen Grundgebirgseinheiten, etwa Aig.-Rouges-Massiv und Gottharddecke (Gesteinszone 5).
- In Grundgebirgseinheiten der oberostalpinen Silvrettadecke als voralpine Relikte in Amphiboliten (Nr. 98).

Textur und Struktur

Mittel- bis grobkörnig, massig-richtungslos, stark verzahntes Gefüge, mit subidiomorphen Granaten.

Farbe(n), Patina, Verwitterung und Erosion

Frisch dunkelgrün-rot-gesprenkelt; Verwitterungsrinde rostbraun.

Einschlüsse|Fossilien

Keine.

Adern|Klüfte|Bruchmuster

In den Eklogiten der Zermatt-Saas-Decke werden selten synmetamorphe Quarz-Disthen-Adern gefunden.

Alter|Bildungsetappen

Bei der Alpenbildung erfolgte die Hochdruckmetamorphose der oberpenninischen Einheiten vor ca. 45–40 Mio. J.

Variabilität|Verwandte|Verwechslungen

Eindeutig zu erkennendes Gestein; allerdings kann es sämtliche retrograden Übergangsstadien zu Grüngesteinen geben.

Klettereigenschaften

In der Gipfelpartie des Rimpfischhorns (VS) klettert man in Eklogitkissenlaven mit bestens erhaltenen Kissenstrukturen.

Glaukophan-Eklogit aus der Silvrettadecke; Gletschergeschiebe bei Zernez (GR).

Eklogitisierte Kissenlaven am Gipfel des Rimpfischhorns; fast ein Wunder, dass diese die Hochdruckmetamorphose praktisch undeformiert überlebt haben.

94 Glaukophanit

Typ
Lithologie

Gesteinsklasse: Metamorphite **Unterklasse:** Hochdruck-Metabasika

Glaukophan (und Crossit), die Hochdruckvarietät der Amphibol-Familie, ist eines der ganz wenigen gesteinsbildenden Mineralien mit blauer Farbe (neben Disthen, Nr. 83 und dem Exoten Sapphirin). Metamorphe Basaltgesteine, die schon bei der Entstehung am mittelozeanischen Rücken hydrothermal umgewandelt wurden, enthalten teilweise beträchtliche Anteile an Wasser. Aus solchen Gesteinen können bei der Hochdruckmetamorphose fast reine Glaukophangesteine anstelle von Eklogit (Nr. 93) entstehen. Dabei kann es alle Übergänge zu Glaukophan-Epidotgesteinen (Nr. 76) geben. Das Gestein wird hier nochmals separat aufgeführt, weil es in der eklogitfaziell metamorphen Zermatt-Saas-Zone in teilweise spektakulärer Art vorkommt; einerseits als kompakte Glaukophanfelse, dann aber in Kombination mit den weiteren Hochdruckmineralien Granat, Talk, Hellglimmer, Omphacit und Mg-Chloritoid als ganz spezielle metamorphe Felse. Man geht heute davon aus, dass diese vor allem aus wasserreichen Basaltglasbrekzien zwischen den kompakten Basalt-Kissenlaven entstanden sind (sog. «Hyaloklastite»).

Bestandteile|Härte
Schwarzblauer, violettblauer, blauer Glaukophan; daneben unterschiedliche Anteile von Granat (rot), Omphacit-Pyroxen (grün), Talk (weiß), Hellglimmer (silbrig) und Mg-Chloritoid (schwarz).

Mächtigkeit|Verbreitung
Lokal begrenzte Vorkommen in den Metabasaltserien der Zermatt-Saas-Decke. Klassisches Fundgebiet in der Gegend des Pfulwepasses ob Zermatt.

Talk-Mg-Chloritoid-Granat-Omphacit-Glaukophan-Fels; Pfulwe bei Zermatt (VS).

Glaukophanit mit etwas Granat, bei Trockener Steg ob Zermatt (VS).

95 Rodingit

Typ
Lithologie

Gesteinsklasse: Metamorphite   **Unterklasse:** Metabasika

Rodingite sind massige metamorphe Gesteine, die hauptsächlich aus orangebraunem Grossulargranat und grünem Klinopyroxen (Diopsid) bestehen. Es handelt sich dabei um umgewandelte Basalt- oder Gabbrogänge in Serpentiniten; im ersten Fall sind die Gesteine sehr feinkörnig dicht, im zweiten grobkörnig. Man geht heute davon aus, dass die Gänge schon bei der Serpentinisierung der Peridotite an den mittelozeanischen Rücken rodingitisiert wurden, was vor allem einen Verlust von Natrium und eine Anreicherung von Calcium bewirkte. Rodingitisierte Basaltgänge sind meist hellbräunliche Gesteine. Weil sie wesentlich kompetenter sind als die umgebenden Serpentinite, wurden sie bei den Deformationen/Metamorphosen der Alpenbildung oft boudiniert; in den entstandenen Zwischenräumen («Boudin necks») bildeten sich oft grobkörnige Kristallisationen von Granat, Pyroxen, Epidot und Vesuvian.

Bestandteile|Härte

Granat (Ca-reicher Grossular, orangebraun); Diopsid (hellgrün), Epidot (pistaziengrün), Vesuvian (dunkelgrün), Chlorit (dunkelgrün), Prehnit (hellgrün) und Titanit (honigbraun bis grün).

Mächtigkeit|Verbreitung

Immer an basaltische oder gabbroide Gänge in den Serpentiniten gebunden; in der Zermatt-Saas-Decke schöne Aufschlüsse westlich von Trockener Steg; in der Plattadecke im Gebiet des Marmorera-Stausees.

Variabilität|Verwandte|Verwechslungen

Kann mit metasedimentären Kalksilikatfelsen (Nr. 44, 86) verwechselt werden.

Randzone eines Rodingitgangs mit grobkörnigem Epidot (hellgrün), Grossulargranat (orangebraun) und Chlorit (dunkelgrün); Trockener Steg, Zermatt (VS).

Rodingitisierter und leicht boudinierter Metagabbrogang in Serpentinit; Zermatt-Saas-Decke, westlich Trockener Steg, Zermatt (VS).

96 Bündnerschiefer, oberpenninisch

Typ
Lithologie

Säure-Base-Charakter
insgesamt basisch

Gesteinsklasse: Metamorphite **Unterklasse:** Metasedimente

Alles, was zu den Bündnerschieferserien von Nr. 60 und 61 gesagt wurde, trifft auch hier zu. Die Bündnerschieferserien des Wallis gehören zu zwei Deckeneinheiten, der Zermatt-Saas-Decke und der Tsatédecke (Combin-Zone). Die Gesteine der Zermatt-Saas-Decke haben eine starke frühalpine Hochdruckmetamorphose erlitten (s. Nr. 92, 93, 95), die später durch eine grünschieferfazielle Metamorphose überprägt wurde. Sind in den Metabasiten und Metagabbros dieser Decke erhaltene Gesteine der Hochdruckphase häufig, so finden sich in den dazugehörenden Bündnerschieferserien nur noch wenig Anzeichen davon. Aufgrund ihres Reichtums an wasser- und karbonathaltigen Gesteinen konnte die zweite Metamorphose die erste fast vollständig auslöschen. Die mächtigen Bündnerschieferserien der Combin-Zone zeigen keinerlei Relikte einer Hochdruckmetamorphose (mehr?) und liegen als grünschieferfazielle Gesteine vor.

Bestandteile|Härte

In den kalkreichen Partien sind makroskopisch zu erkennen: spätig glitzernder Calcit, Hellglimmer, mehr oder weniger Quarz und weißer Feldspat (Albit). In den eher metapelitischen Partien kommen viel Hellglimmer, auch Chlorit vor, zuweilen Granat oder Chloritoid (schwarze spröde Plättchen).

Mächtigkeit|Verbreitung

Die weitaus mächtigsten und großflächigsten Vorkommen liegen in der Tsatédecke und bilden einen 5–8 km breiten Streifen vom Grand Combin an der Landesgrenze über den Lac des Dix, Les Hauderès, Lac de Moiry bis unter und um das Weisshorn herum, von wo sie sich als dünnes Band nach Süden ins Mattertal hineinziehen, um dann im Zmuttal unter dem Matterhorn nochmals eine größere Fläche einzunehmen. Südlich der Landesgrenze wird ein Großteil der Südhänge des Aostatales daraus aufgebaut.

Quarzreicher Glimmerschiefer mit Quarzbändchen aus der Zermatt-Saas-Decke, Täschtal (VS).

Typischer Aspekt der oberpenninischen Bündnerschiefer an einem angewitterten Aufschluss bei der Chanrionhütte, Haut Val de Bagnes (VS).

Chemie
variabel

Landschaftsprägung
Mittel.

Mächtige Tiefmeerablagerungen

Im Kanton Graubünden gehören die schiefrigen Serien des Averstals zu den oberpenninischen Bündnerschiefern. In der unter der Silvrettadecke weit nach Norden verschleppten Aroser Zone kommen ebenfalls Bündnerschiefer vor (bis ins Prättigau und am Nordrand des Engadiner Fensters), immer verbunden mit Ophiolithen. Sie sind als einzige der südpenninischen Bündnerschiefer nur wenig metamorph.

Textur und Struktur

s. Text sowie Nr. 60, 61. Die Gesteine zeigen oft Stoffbänderungen, welche die ursprünglich sedimentäre Schichtung widerspiegeln. Verfaltungen und Boudinage sind häufig.

Farbe(n), Patina, Verwitterung und Erosion

Die Serien wittern deutlich braun an; insbesondere die marmorreichen Partien. Dies ist etwa an den Wänden des «Hirli» im Aufstieg zur Hörnlihütte gut zu sehen.

Einschlüsse|Fossilien

Calcit (+/Qz)-Konkretionen sind häufig.

Adern|Klüfte|Bruchmuster

Keine.

Alter|Bildungsetappen

In Metasedimenten der Combin-Zone fand man identifizierbare Reste von Mikrofossilien, welche auf ein Alter der unteren Oberkreide um 90 Mio. J. hinwiesen. Es wird vermutet, dass die ältesten Teile schon im Oberjura gebildet wurden.

Variabilität|Verwandte|Verwechslungen

Im Einzelgestein auch mit Metasedimenten ganz anderer Herkunft zu verwechseln. Als Gesamtserien eindeutig zuzuordnen.

Verwendung

Früher als lokaler Baustein.

Marmorreiche Bündnerschieferabfolge am Hirli unterhalb der Hörnlihütte am Matterhorn; grau der Calcitmarmor, braun die schiefrigen Anteile.

Ostseite des Grand Combin; sie besteht aus Bündnerschiefern mit Einlagerungen von grünlichen/schwärzlichen Serpentinitlinsen.

Alpine Zerrklüfte und Kluftmineralien: Wie das Gestein, so die Kluftmineralien

Alpine Boudinzerrkluft in Gneisen/Schiefern des Altkristallins der Gottharddecke, an der Straße Ernen-Ausserbinn (VS).

Kleine Zerrkluft mit Quarz, Feldspat und Chlorit in einem Gneis der Silvrettadecke, mit deutlicher Auslaugungszone.

Die Kristallklüfte der Alpen hängen ganz direkt mit der Gesteinsart, ihrer Verformung und Geschichte zusammen – deshalb sollen sie hier zumindest kurz erwähnt werden.

Die Suche nach Kristallen, das «Strahlen», hat in den Alpen eine lange Tradition. Die Mineralien kommen in sogenannten «Zerrklüften» vor, weil man richtigerweise seit Langem annahm, dass Dehnungskräfte diese Klüfte öffneten (also an ihnen «zerrten»). Wie in den Kapiteln «Schichtung vs. Schieferung» und «Brüche, Klüfte, Adern» dargelegt wurde, können Gesteine auf einwirkende Kräfte auf zwei grundsätzlich unterschiedliche Arten reagieren: durch sprödes Brechen oder durch duktiles Fließen im Festzustand. Welche Verformungsart sich abspielt, hängt von den Materialeigenschaften der Gesteine bzw. deren Mineralien, der Temperatur, der Verformungsgeschwindigkeit, und – ganz wichtig – von der Anwesenheit von Tiefengrundwässern (Fluids) unter hohem Druck ab.

Die alpinen Mineralklüfte sind offensichtlich Folgen von sprödem Zerbrechen der Gesteine. Sie entstanden im Verlauf der Anhebung des sich bildenden Alpenkörpers. In den helvetischen Grundgebirgsmassiven, wo die Mehrzahl der alpinen Zerrklüfte gefunden werden, liegen diese in der Regel subhorizontal. Sie bilden damit die während der Anhebung andauernde SE-NW-Kompression ab. Man kann zwei Typen unterscheiden: Scher- und Boudinklüfte. Scherklüfte treten oft in Scharen auf, Boudinklüfte immer dort, wo Gesteinslagen unterschiedlicher Festigkeit aneinanderstoßen; etwa eine Lage von fast glimmerfreiem Apligranit zwischen glimmerreichen Schiefern. Bei den Boudinklüften kann eine «Einschnürung» der Schieferung in die Boudins beobachtet werden (Abb. links); für die Strahler sind dies wichtige Anzeichen zum Aufspüren einer Kluft. Die Kluftbildungen in den helvetischen Massiven erfolgten während und nach den Deckenüberschiebungen im Zeitraum von rund 20–10 Mio. J. in Tiefen von 12 bis 6 km bei Temperaturen zwischen rund 350 und 200 °C.

Bergkristalle auf stark ausgelaugtem Aaregranit, Gebiet Gamchihorn (VS).

Die geschützte Kluft in einem Stollen der Kraftwerke Oberhasli KWO an der Grimsel ist die einzige Möglichkeit, eine nicht ausgebeutete Kristallkluft im Berg zu bewundern.

Was passiert, wenn ein Gestein in dieser Tiefe bricht? Eine initiale Kluft kann sich nur bilden, falls ein Tiefengrundwasser (metamorphes Fluid) vorhanden ist, das unter gleichem Druck steht wie das Gestein, weil ein leerer Hohlraum sofort wieder kollabieren würde. Offensichtlich waren solche Tiefenfluids weit verbreitet. Diese waren wässrig und enthielten in der Regel etwas Gase und gelöste Salze. Diese heißen Lösungen begannen sofort nach dem Eindringen, chemische Elemente aus dem Umgebungsgestein zu lösen; bei einem Granit vor allem Si, Al, K, Na, Ca, Mg, Fe und Ti. Dies taten sie so lange, bis das Fluid an diesen Elementen gesättigt war. Sichtbares Zeichen dieses Prozesses sind die um die Klüfte herum sichtbaren Auslaugungszonen von einigen cm bis dm Dicke (Abb. S. 326). Mit dem langsamen Aufsteigen und der damit verbundenen Abnahme von Druck und Temperatur wurden diese Fluids dann übersättigt, und ein Teil der gelösten Elemente begann sich wieder abzuscheiden; bevorzugt an der Kluftwand, an den als Kristallisationskeimen dienenden Mineralkörnern des Gesteins. Dieser Prozess hielt bis zu Temperaturen von rund 200 °C an, dann wurden die Systeme aus kinetischen Gründen inaktiv. Die Mineralien der Klüfte widerspiegeln damit die Mineralogie bzw. Chemie der Umgebungsgesteine. Je nach Gestein wissen die Strahler also schon zum Voraus, welche Mineralien sie erwarten können und welche nicht.

Erst seit Kurzem kann man ermitteln, mit welchen Geschwindigkeiten der Quarz, das weitaus häufigste Zerrkluftmineral, wächst. Das ermittelte Tempo hat selbst die Forscher überrascht: Gerade mal einige Zehntausendstel mm pro Jahr! Ein rund 10 cm großer Bergkristall braucht demnach etwa 200 000 Jahre, bis er seine Größe erreicht hat!

Gesteinszone 11
Grundgebirgsgesteine des Ostalpins

Die weitläufige Walliser Hochgebirgslandschaft der Dent-Blanche-Decke (Salassikum/Unterostalpin), von der Dent Blanche (links) über das Zinalrothorn bis zum Weisshorn (rechts). Im Vordergunrd die Gesteine der Zermatt-Saas-Ophiolithdecke.

Die Berninagruppe von der Diavolezza aus, mit Piz Bernina/Biancograt und Piz Morteratsch, die beide aus Berninadiorit (Nr. 102) aufgebaut werden. In der Mitte die Isla Pers in Alkaligranit (Nr. 103).

Das Ostalpin repräsentiert den ehemaligen adriatischen Kontinentalrand, der beim Zerdehnen und schließlichen Aufreißen von Pangäa stark zerbrochen wurde. Das Ostalpin wird in einen ozeannäheren Teil, das Unterostalpin, und einen internen Teil, das Oberostalpin, unterteilt. An das Oberostalpin anschließend lag dann das Südalpin (Abb. S. 88).
Wie der Name besagt, prägen die ostalpinen Decken die Ostalpen und sind daher in der Schweiz fast nur im Kanton Graubünden anzutreffen. Davon gibt es zwei gewichtige Ausnahmen: Roggenstock und Laucherenstöckli bei der Ibergeregg sind tektonische Miniklippen, wo oberostalpine Sedimentgesteine analog zu den nördlichen Kalkalpen nachgewiesen werden konnten. In den Klippendecken der Westschweiz konnten keine solchen Relikte festgestellt werden, dafür finden sich oberostalpine Gerölle noch in der unteren Süßwassermolasse der Westschweiz. Beides belegt, dass die ostalpinen Decken auch dort vorhanden waren.
Die Dent-Blanche- und Mont-Mary-Decken sowie die Sesiazone werden seit Langem mit der Margnadecke korreliert und als Unterostalpin interpretiert. Dabei irritierte, dass die Margnadecke zwischen den beiden oberpenninischen Decken, der Lizun-Malenco-Decke unten und der Plattadecke oben, eingeklemmt vorliegt. Deshalb schlugen einige Forscher in den letzten Jahren vor, diese Einheiten als einen kleinen, vom adriatischen Kontinentalrand abgedrifteten Mikrokontinent zu bezeichnen und diesen nach dem Matterhorn «Cervinia» zu nennen. Mit dem neuesten Konsensvorschlag der Landesgeologie wird die paläogeografische Heimat dieser Decken «Salassikum» genannt, und zwar nach einem alten Keltenstamm im Aostatal. Dabei wird offengelassen, ob dieses noch Teil des adriatischen Kontinentalrandes (unterostalpin) war oder ein abgespaltener Mikrokontinent ist.
Ähnlich wie bei den penninischen sind auch bei den ostalpinen Grundgebirgsdecken ein Großteil der mesozoischen Sedimente (Gesteinszone 12) abgeschert und als eigene Decken transportiert worden. Aber auch im Ostalpin blieben Teile der Sedimentbedeckungen zurück und können als Deckentrenner, eingeschuppte Späne oder tektonische Anhäufungen zwischen den Grundgebirgsdecken angetroffen werden. Bekannte Beispiele sind die Serien des Piz Alv beim Berninapass, des Pizzo Tremoggia im obersten Val Fex oder des Mont Dolin oberhalb von Arolla.
Die Tabelle gibt einen Überblick über die ostalpinen Grundgebirgsdecken und ihre Gesteinsinhalte.

Decken(n)	Tektonische Stellung und geografische Verbreitung	Gesteinsinhalte	Alpine Deformation und Metamorphose
Unterostalpin (bzw. Salassikum), westlich der Tessiner Kulmination			
Dent Blanche	Südwalliser Hochalpen vom Weisshorn über Matterhorn/Dt. Blanche/Mt. Collon bis ins Aostatal. Liegt als tektonische Klippe überschoben auf der oberpenninische Tsatédecke.	Fast ausschließlich Arollaserie, ein alpin metamorpher variszischer Plutonitkomplex (Nr. 105) mit einzelnen großen Gabbrokörpern (Weisshorn, Matterhorn, Mont Collon, Nr. 106).	Frühalpine Hochdruck-Metamorphose (Oberkreidezeit) mit Überschiebung der Mont-Mary- auf die Dent-Blanche-Decke und Bildung der Hauptschieferung und Verfaltungen, gefolgt von mesoalpiner Überprägung in Grünschieferfazies und Ausbildung von Großfalten.
Mont Mary	Auf die Dent-Blanche-Decke überschoben; vom Matterhorn über das ganze Valpelline bis zum Mt. Mary; sehr wenig Gebiet in der Schweiz.	Voralpin hochmetamorphe Metasedimente. Braune metapelitische Gneise mit Kalksilikatmarmoren.	
Sesia	In der Schweiz nur in einem Ausläufer an der Südseite des Centovalli anzutreffen. Im Piemont bedeutende Einheit. Internes Äquivalent der Dent-Blanche-Decke.	Eklogitische Glimmerschiefer (Nr. 107) und hochgradig metamorphe Gneise.	Frühalpine Hochdruck-Metamorphose (Oberkreide-Zeit) in Eklogitfazies; mesoalpine Überprägung in Grünschieferfazies.
Unterostalpin, östlich der Tessiner Kulmination			
Margna	Val Fex und Val Fedoz mit Piz da la Margna im Oberengadin; darunter oberpenninische Lizun-Malenco-Ophiolithdecke; darüber ebenfalls oberpenninische Plattadecke.	Vor allem altkristalline Gneise und Schiefer; darin vergneister spätvariszischer Orthogneis (Malojagneis) und postvariszischer Metagabbro (Fedoz).	Deckenüberschiebung von O nach W, verbunden mit Metamorphose und Deformationen in mittlerer bis oberer Grünschieferfazies.
Sella	Sellagruppe und breites Band auf der Südseite der Berninagruppe; liegt über der Margnadecke.	Altkristalline Gneise und Schiefer; darin spätvariszischer Sellagranodiorit und Musellagranit.	
Err-Corvatsch-Decke	Gruppe des Piz Corvatsch; Val Bever mit Piz d'Err, bis Piz Grevasalvas.	Fast nur variszische Plutonite, Diorite, Quarzdiorite und Granit (Nr. 100).	Deckenüberschiebung von O nach W, verbunden mit Metamorphose und Deformationen in mittlerer Grünschieferfazies. Die Deformationen sind kaum durchgreifend, sondern konzentrieren sich auf Scherzonen.
Bernina-Julier-Decken	Berninapass und ganze Berninagruppe mit Val Morteratsch und Val Roseg; St. Moriz/Piz Julier/Julierpass/Piz Lagrev.	Fast nur variszische Plutonite, Julier-Albula-Err-Granit (Nr. 100); im Berninagebiet viel Diorit (Nr. 102), Kalkalkaliplutonite (Nr. 101) und postvariszische Alkaligranite (Nr. 103) sowie permische Vulkanite/Subvulkanite (Nr. 104).	
Oberostalpin, östlich der Tessiner Kulmination			
Silvretta	Riesiges Gebiet von rund 7590 km^2 Fläche im östlichen Graubünden, mit Madrisa, Silvrettagruppe, Gebiete von Piz Linard und Piz Kesch und Flüelapassregion. Liegt als flacher «Deckel» auf den ausgezogenen Resten der penninischen Aroser- und Falknis-Sulzfluh-Tasna-Decken. Bildet den NW-Rahmen des Engadiner Fensters.	Altkristallin mit Paragneisen und -schiefern (Nr. 99) und Amphiboliten (z.T. mit Eklogitrelikten, Nr. 98); darin intrudiert prävariszische granitische Plutonite, welche heute als Orthogneise (Nr. 97) vorliegen.	Erste Deckenüberschiebungen erfolgten schon an der Wende Unter-Oberkreide in O-W-Richtung in seichter Tiefe. Der Schweizer Anteil ist alpin schwach metamorph, es herrschen spröde Verformungen vor. Die weite Überschiebung (ca. 90 km) auf die penninische Unterlage erfolgte im Alttertiär.
Languard	An der Landesgrenze zwischen Livigno und Samedan, mit Val Chamuera und Piz Languard.	Vielfältige altkristalline Schiefer und Gneise.	Analog zur Silvrettadecke. Nur zu ganz kleinen Teilen in der Schweiz liegen die weiter östlich, in Österreich und Italien, bedeutende Flächen einnehmenden weiteren ostalpinen Grundgebirgsdecken: Ötztal, Sesvenna, Vinschgau, Umbrail.
Campo	Val da Camp bis nach Tirano; in Südtirol riesige Decke ähnlicher Dimension wie die Silvrettadecke.	Vielfältige altkristalline Schiefer und Gneise; variszische Plutonite.	
S-charl	Kleine Unterdecke, auf Schweizer Boden zwischen Sta. Maria und S-charl mit Piz Sesvenna.	Fast nur Orthogneise; Verrucano-Ablagerungen («Münstertaler Verrucano») eines Permtroges.	
Umbrail	Kleine Unterdecke, auf Schweizer Boden östlich Sta. Maria vom Piz Chavalatsch bis zum Umbrailpass.	Ortho- und Paragneise.	

Oben: Piz Valletta (links) und Piz Julier von der Julierpassstraße aus; beide sind aus Graniten und Dioriten der Bernina-Julier-Decke aufgebaut.

Unten: Die Berge der Silvretta-Vestancla-Gruppe von NW gesehen. Sie bestehen aus Gesteinen der Silvrettadecke.

97 Orthogneise der Silvrettadecke

Typ
Lithologie

Säure-Base-Charakter
sauer

Gesteinsklasse: Metamorphite

Unterklasse: hochgradige Metagranitoide

Die Silvrettadecke besteht etwa zur Hälfte aus alten Orthogneisen, die in das noch ältere Altkristallin intrudierten, das vorwiegend aus Paragneisen (Nr. 99) und Amphiboliten (Nr. 98) besteht. Die Orthogneise sind damit etwa gleich dominant wie in den Grundgebirgsdecken des Tessins – mit dem großen Unterschied, dass die Orthogneise der Silvrettadecke ihre metamorphe Umwandlung schon *vor* der Alpenbildung erlebt haben. Man kann zwei Suiten von Orthogneisen unterscheiden:

- **Ältere Orthogneise** (Beispiele Mönchalp-Augengneis, Kesch-Streifengneis, Radönt-Augengneis, Urezzasgneis); diese intrudierten vor rund 900 Mio. J. im Proterozoikum; neben Graniten entstand eine ganze kalkalkalische Gesteinssuite bis hin zu dioritischen Gesteinen. Diese Plutonite wurden dann metamorph zu Orthogneisen umgewandelt.
- **Jüngere Orthogneise** (Beispiele Flüela-, Tschuggen-, Frauenkirch- und Güstizia-Augengneis); ihre Intrusionsalter liegen um 450 Mio. J. im Ordovizium; sie wurden dann später zusammen mit den älteren Orthogneisen ebenfalls zu Orthogneisen umgewandelt.

Für den Laien sind diese beiden Orthogneissuiten im Feld nicht auseinanderzuhalten. Da viele dieser Gneise als Augengneise ausgebildet sind, wird ein Erkennen als granitoide Orthogneise aber meist keine Schwierigkeiten bereiten.

Bestandteile | Härte

In unterschiedlichen Anteilen, aber immer mit granitisch-granodioritisch-tonalitischer Zusammensetzung: Quarz (grau), Kalifeldspat (weißlich, oft Einsprenglinge mit Zwillingsnaht), Plagioklas (weißlich bis grünlich), Biotit (schwarz), meist auch Muskovit (silbrig glänzend).

Mittelkörnig homogener Zweiglimmer-Orthogneis; Ofenpassstraße oberhalb von Zernez (GR).

Grobkörnig-augiger Orthogneis, aus großem Block bei der Silvrettahütte (GR).

65	35 %
SiO_2	Rest

Landschaftsprägung
Bauen viele der steilen und felsigen Berge der Region Kesch/Flüela/Silvretta auf.

Weitläufige felsige Hochgebirgslandschaften

Mächtigkeit | Verbreitung
Im ganzen Gebiet der Silvrettadecke; bekanntere Berge in den Orthogneisen sind Piz Kesch, Flüela-Weisshorn (das Flüela-Schwarzhorn besteht aus Amphibolit Nr. 98 – daher der Name!), Piz Buin, Verstanclahorn, Gross Litzner, Seehorn und Madrisa.

Textur und Struktur
Sehr variabel, von mittelkörnig homogenen, gut geschieferten Augengneisen bis zu grobkörnig flaserig-augigen Gneisen.

Farbe(n), Patina, Verwitterung und Erosion
Im frischen Bruch immer helle, weißlich beige Gesteine. Die Patina wie üblich braun bis braunrot.

Einschlüsse | Fossilien
Keine.

Adern | Klüfte | Bruchmuster
Für solche Gesteine übliche Klüftung.

Alter | Bildungsetappen
Siehe Text.

Variabilität | Verwandte | Verwechslungen
s. Text; als Orthogneise an sich einfach zu erkennen.

Verwendung
Lokaler Baustein.

Klettereigenschaften
Mittel, oft wegen Klüftung und metamorpher Bänderung nicht sehr kompakt. Stellenweise schöne Klettergrate (Gr. Litzner, Seehorn).

Aufschlussbild von typischem Silvretta-Orthogneis, mit duktilen Scherzonen, in denen das Gestein stark deformiert wurde.

Orthogneisberge: Gross Seehorn und Gross Litzner; im Vordergrund graue Orthogneise, braune Paragneise (Nr. 99) und dunkle Amphibolite (Nr. 98).

Normaler, leicht gebänderter Amphibolit, mit etwas Biotit (braun).

Stark gebänderte Amphibolite, wie sie typisch sind für die Silvrettadecke; bei Zernez.

98 Amphibolite der Silvrettadecke

Typ Lithologie

Säure-Base-Charakter basisch

Gesteinsklasse: Metamorphite **Unterklasse:** hochgradige Metabasalte

In keiner Grundgebirgseinheit der Schweiz sind derart viele und große Massen von Amphiboliten anzutreffen wie in der Silvrettadecke. Flächenmäßig machen sie darin rund ein Fünftel aus. Wer Amphibolite in allen möglichen Ausbildungen und Varietäten erleben will, geht auf Bergwanderung in die Berge der Silvrettadecke! Häufig sind die Gesteine gebändert bis lagig. Es gibt auch stark verfaltete Zonen und solche mit migmatischen Gefügen. Mit etwas Glück findet man granatführende Partien, die noch massig-richtungslose Gefüge aufweisen. In solchen Partien haben die Forscher noch reliktisch erhaltene Eklogite (Nr. 93) gefunden, die eine sehr alte, vor-variszische Hochdruckmetamorphose abbilden und die ganzen späteren hochgradigen Metamorphosen überlebt haben. Von der chemischen Zusammensetzung her sind die Amphibolite als Stücke uralter, proterozoischer ozeanischer Kruste zu deuten. Selten findet man assoziiert mit ihnen auch Flasergabbros (z. B. oberes Val Sarsura) oder ultrabasische Gesteine.

Bestandteile | Härte

Immer das typische Amphibolit-Duo: weißer bis grünlicher Plagioklas (oft ± saussuritisiert) und schwarzgrüne Hornblende. Daneben eher selten reliktischer braunroter Granat sowie auch pistaziengrüner Epidot und dunkelbrauner Biotit. Deshalb können Granat-, Epidot- und Biotitamphibolite ausgeschieden werden. Es gibt auch quarzführende Varietäten.

Mächtigkeit | Verbreitung

Im ganzen Gebiet der Silvrettadecke als Einlagen, Bänder, Boudins in den Paragneisen, aber auch als teilweise mächtige lagige Komplexe, etwa vom Piz Linard über die Plattenhörner ins Val Vereina, am Flüela-Schwarzhorn, im Val Sarsura und am Winterberg beim Gross Litzner.

55	45 %
SiO_2	Rest

Landschaftsprägung
Bilden eher dunkle Berge – wie etwa das Flüela-Schwarzhorn.

Größte Amphibolitvorkommen der Schweiz

Textur und Struktur
Meist fein-bis mittelkörnig, massig bis lagig; Bänderamphibolite sind sehr häufig; aber auch migmatische Strukturen mit hellen Leukosomen sind anzutreffen.

Farbe(n), Patina, Verwitterung und Erosion
Im frischen Bruch dunkel graugrüne Gesteine; Patina dunkel rostbraun.

Einschlüsse|Fossilien
Keine.

Adern|Klüfte|Bruchmuster
Keine.

Alter|Bildungsetappen
Bildung im Proterozoikum, evtl. sogar im Archaikum; mehrfache metamorphe Überprägungen im Proterozoikum, u. a. mit einer eklogitfaziellen Hochdruckmetamorphose; zuletzt amphibolitfazielle Überprägung bei der variszischen Gebirgsbildung.

Variabilität|Verwandte|Verwechslungen
s. Text; grundsätzlich einfach zu erkennende Gesteine.

Klettereigenschaften
Ähnlich wie die Paragneise – mittelmäßig.

Amphibolit mit migmatischen Strukturen; Block bei Zernez.

Der stolze Piz Linard (GR) von Süden nahe bei Susch. Der Berg ist ganz aus steil gelagerten Bänderamphiboliten aufgebaut.

99 Paragneise der Silvrettadecke

Typ
Lithologie

Gesteinsklasse: Metamorphite **Unterklasse:** Metasedimente

Das Altkristallin! Hier einige Bezeichnungen aus den altkristallinen Einheiten, die auf den geologischen Karten der Silvrettadecke zu finden sind: Gneise, Glimmerschiefer, Mischgneise, Migmatite, Bi-Plag-Schiefergneise, Biotit-Fleckengneise, Chlorit-Muskovitschiefer, Plagioklasknotengneise, Hornfelsgneise, Alumosilikatgneise und -schiefer. Das widerspiegelt die große Vielfalt von uralten Metasedimenten, die am Aufbau des Altkristallins beteiligt sind. Besonders erhellend auch der Ausdruck «Schiefergneis» – ja was denn jetzt? Der Laie seufzt und stöhnt. Dabei drückt der entsprechende Geologe damit nur aus, dass in diesem Gestein alle Übergänge zwischen Gneis- und Schiefergefügen bestehen. Die dominante Lithologie umfasst jedoch relativ eintönige Biotit-Plagioklasgneise bis -schiefer, die uralte proterozoische, evtl. gar archaische Grauwackenserien repräsentieren.

Bestandteile|Härte
Haupttyp: Biotit-Plagioklasgneis mit Plagioklas, Quarz und Biotit; dazu eine riesige Vielfalt weiterer mineralogischer Zusammensetzungen.

Mächtigkeit|Verbreitung
Neben den leicht erkennbaren Orthogneisen und Amphiboliten macht dieses kunterbunte Vielerlei meist schiefriger Gesteine rund ein Drittel der Gesteine der Silvrettadecke aus.

Variabilität|Verwandte|Verwechslungen
Siehe Text.

Biotitreicher Schiefer – eines von vielen mögichen Beispielen aus den Paragneisserien der Silvrettadecke.

Altkristallin, wie man es unterwegs antrifft: vorwiegend Biotit-Plagioklas-Gneise.

Findlinge: Die geologischen Findelkinder

Findlinge sind größere Gesteinsblöcke, die von einem Gletscher verfrachtet und nach dessen Abschmelzen liegen gelassen wurden. In der Schweiz belegen Findlinge die Reichweite der eiszeitlichen Gletschervorstöße.

Einer der berühmtesten Findlinge ist der «Pierre des Marmettes» bei Monthey, ein Riesenbrocken von über 1800 m^3 und mindestens 5000 t Gewicht aus Mont-Blanc-Granit, der vor 18 000 Jahren deponiert wurde. Er war eines der wichtigsten Indizien, welche J. von Charpentier ab 1818 dazu brachten, die Theorie der großen Eiszeiten zu formulieren.

Man findet Findlinge in allen Alpentälern, teilweise weit oben an den Talflanken, vor allem aber bis weit ins Mittelland hinaus bis an den Jura-Südfuß. Kann man Findlinge eindeutig einem Muttergestein zuordnen, werden sie als «Leitgesteine» bezeichnet. Beispiele sind der Mont-Blanc-Granit (Nr. 48) , den man bis nach Solothurn antrifft, als Leitgestein des Mont-Blanc/Rhonegletscher–Systems; der Allalin-Metagabbro (Nr. 92), Leitgestein für den Rhonegletscher; der Zentrale Aaregranit (Nr. 49), Leitgestein für den Reussgletscher; Juliergranit (Nr. 100), Leitgestein für den Rheingletscher.

Bis ins 19. Jahrhundert wurden Findlinge verbreitet als Bau- und Dekorationssteine abgebaut. Erst mit der Erkenntnis ihrer wissenschaftlichen Bedeutung wurden sie unter Schutz gestellt, der bis heute für alle größeren Findlinge generell gilt. Mit kleineren Findlingsblöcken wird jedoch ein lebhafter Handel für Gartensteine betrieben.

Der Pierre des Marmettes – der bedeutendste Findling der Schweiz, ungepflegt und von hässlichen Parkplätzen umstellt. So geht man bei uns mit dem geologischen Erbe um …

Findling aus Mont-Blanc-Granit im Wald nordöstlich der Verenaschlucht bei Solothurn. Wenigstens werden diese nur als Trainingsobjekte für Boulderer benutzt.

100 Juliergranit mit Err- und Albulagranit

Typ
Formation/
Komplex

Gesteinsklasse: magmatische Gesteine **Unterklasse:** Granitoide

Der Juliergranit ist ein unverwechselbares, auffälliges Gestein: grobkörnig, farblich stark gesprenkelt, mit weißgrauem Quarz, fleischrosafarbenem Kalifeldspat und stumpfgrünem Plagioklas. Er bildet das wichtigste Leitgestein für die Ausdehnung der eiszeitlichen Rhein- und Linthgletscher. Man findet ihn als Moränengerölle und Findlinge bis vor die Tore von München! Die Granite Julier, Err und Bernina (Nr. 103) gehören alle zur gleichen Gruppe von oberkarbonischen kalkalkalischen Plutonitserien. Dazu gehören auch tonalitische bis dioritische Gesteine, wie etwa die Bernina-Diorite (Nr. 102). Auch im Gebiet der Err- und Julierdecke kommen neben den Graniten auch Tonalite bis Diorite vor. Die starken Verfärbungen der Plagioklase und Kalifeldspäte gehen auf eine schwache alpine Metamorphose zurück, welche die Gesteine zwar in ihrem Mineralbestand «angriff», aber nicht zu einer duktilen Verformung führen konnte.

Bestandteile | Härte
Quarz (grau, 25–45 %), Plagioklas (grün saussuritisiert, 35–65 %), Kalifeldspat (rosa, 10–40 %) und Biotit (dunkelgrün chloritisiert, 0–5 %).

Mächtigkeit | Verbreitung
In den Err- und Julierdecken des Albula-Julier-Gebietes nehmen diese Granite große Flächen ein.

Variabilität | Verwandte | Verwechslungen
Der Juliergranit ist unverwechselbar. Die andern Typen (Err, Albula) sehen ihm sehr ähnlich.

Verwendung
Lokaler Baustein; eigentlich erstaunlich, dass das attraktive Gestein nicht in größerem Umfang verwendet wird.

Die bekannte Varietät des Juliergranits mit den bunten Feldspäten. Aus einem Bachgeröll in der Gelgia bei Mulegns, Oberhalbstein (GR).

Der «frische» Juliergranit mit weißen Kalifeldspäten; Julierpasshöhe (GR).

101 Granodiorite von Bernina, Corvatsch und Sella

Typ
Formation/
Komplex

Gesteinsklasse: magmatische Gesteine   **Unterklasse:** granitoide Plutonite

Der grobkörnige, leicht bläulich erscheinende Berninagranodiorit («Blauer Berninagranit») ist zwar ein auffälliges Gestein, sein heutiges Aufschlussgebiet ist jedoch recht bescheiden (Val Morteratsch). Die bläuliche Farbe stammt von den saussuritisierten Plagioklasen. Der Name ist insofern inkorrekt, als dass die allermeisten Typen Granodiorite sind; das Spektrum reicht bis hin zu den Tonaliten. Häufig enthalten die Gesteine rundliche Diorit-Xenolithen, die auf ein etwas jüngeres Alter als die Berninadiorite (Nr. 102) hinweisen. Die gesamte kalkalkalische Diorit-Tonalit-Granodioritsuite intrudierte spätvariszisch vor rund 330 Mio. J. (mittlere Karbonzeit). Die Granodiorite der Corvatsch- und Sellateildecken sind ähnliche Gesteine, erlitten jedoch bei der Alpenbildung stärkere Deformationen und liegen meist als Gneise vor, in Scherzonen und Randbereichen auch als Mylonite.

Bestandteile|Härte
Quarz (graubläulich, 25–45 %), Plagioklas (weißgrünlich, 35–65 %), Kalifeldspat (rosa, 10–40 %) und Biotit (dunkelgrün chloritisiert, 0–5 %).

Mächtigkeit|Verbreitung
Die Hauptmasse des Berninagranodiorits ist im Val Morteratsch aufgeschlossen; er bildet die unteren Felswände, den Munt Pers und die Isla Pers. Der Corvatschgranodiorit baut das ganze Corvatsch-Massiv und den Piz Aglagliouls auf; der Sellagranodiorit die gesamte Sellagruppe vom Chapütschin bis zum Piz Sella.

Variabilität|Verwandte|Verwechslungen
Die Granodiorite sind eng verwandt mit den Graniten von Julier, Err und Albula.

Frischer Bruch im Berninagranodiorit.

Oberfläche eines glazialen Findlings des Berninagranodiorits bei S-chanf im Oberengadiner Inntal.

102 Berninadiorit

Typ
Formation/
Komplex

Gesteinsklasse: magmatische Gesteine **Unterklasse:** dioritische Plutonite

Die große Dioritmasse der Berninadecke sowie die kleineren Vorkommen in den unterostalpinen Decken Corvatsch, Julier und Err zeichnen sich einerseits durch ein ziemlich leicht zu erkennendes Dioritgestein aus, andererseits durch eine große primärmagmatische Heterogenität. Diese äußert sich in lokalen Korngrößenunterschieden, magmatischen Schollen- und Brekzienbildungen – es muss ziemlich lebhaft zugegangen sein in dieser Magmakammer!
Auf der Wanderung von der RhB-Station Morteratsch zum rasant zurückschmelzenden Morteratschgletscher kann in den Blöcken am Weg die Vielfalt der Dioritgesteine studiert werden, mit den vielfältigen Phänomenen von magmatischen Prozessen wie Schlierenbildung, Korngrößenänderungen, Xenolithen und Schollen, magmatischen Brekzien und Gängen. Die Diorite gehören zusammen mit den blauen Berninagraniten zur oberkarbonischen, kalkalkalischen magmatischen Serie der unterostalpinen Decken.

Bestandteile|Härte
Weißlicher bis grünlicher (saussuritisierter) Plagioklas, schwarze Hornblendestängel, braunschwarze Biotitaggregate, manchmal etwas grauer Quarz (→ Quarzdiorite bis Tonalite).

Mächtigkeit|Verbreitung
Die Diorite bauen die gesamte westliche Berninagruppe zwischen Piz Rosatsch, Val Roseg und Val Morteratsch auf. Sie sind auf einer Fläche von rund 30 km² aufgeschlossen. Kleinere Vorkommen sind auch in den Err- und Julierdecken im Gebiet Julier-Albula zu finden.

Variabilität|Verwandte|Verwechslungen
Große Variabilität in Mineralbestand (Gabbro-Diorit-Quarzdiorit-Tonalit) und Korngrößen.

Frischer Biotit-Hornblende-Diorit, Val Morteratsch (GR).

Auch in Magmakammern können sich Brekzien bilden, hier durch Reintrusion von granitischem Magma in schon verfestigten und zerbrochenen Diorit; Block im Val Morteratsch (GR).

03 Alkaligranite|Syenite, «bunte Berninagranite»

Typ
Formation/
Komplex

Gesteinsklasse: magmatische Gesteine **Unterklasse:** Alkaliplutonite

Die Alkaliplutonite wurden auch als «bunte Berninagranite» bezeichnet, weil sie in allen Farbtönen von Tiefrosa bis Weiß vorkommen. Im frischen Zustand sind die Gesteine weiß, mit zunehmender hydrothermal-metamorpher Umwandlung werden sie durch die Verfärbung des Kalifeldspates rötlich. Besonders gut ist dies sichtbar an den Felswänden des Paun da Zücher über Morteratsch, wo im Nachmittagslicht der Kontrast der rötlichen Alkaligesteine zu den bräunlichen Granitgneisen auffällig wird.
Die Alkaligesteine sind fein- bis mittelkörnig, homogen, und enthalten viel weniger Biotit und Hornblende als die Plutonite der Kalkalkaliserie. Sie sind mit Altern um 280 Mio. J. (unterstes Perm) deutlich jünger als die Kalkalkaliplutonite, und mancherorts können schöne Intrusivkontakte beobachtet werden; so etwa in der riesigen SO-Wand des Piz Roseg, wo mächtige Lagergänge von feinkörnig-aplitischen Alkaligraniten in den dunklen Berninadioriten sichtbar sind.

Bestandteile|Härte
Kalifeldspat (weiß bis stark rötlich, 30–90 %), Quarz (hellgrau, 5–40 %), Plagioklas (grünlich, 5–25 %), Hornblende (schwarz, 2–10 %) und Biotit (meist chloritisiert grün, 2–10 %).

Mächtigkeit|Verbreitung
In der Berninadecke größere Vorkommen von Alkaligranit/Syenit am Piz Palü/Cambrena und am Piz Chalchagn/Piz Albris beidseits von Morteratsch. In der Julierdecke sind Vorkommen vor allem am Piz Lagrev zu finden.

Variabilität|Verwandte|Verwechslungen
Man trifft die ganze Reihe von Syenit über Quarzsyenit bis Alkalifeldspatgranit und alkalireichem Granit an.

Blick von Morteratsch auf den Paun da Zücher. Die rötlichen Alkalifeldspatgranite heben sich deutlich von den grünlich braunen Orthogneisen ab, in welche sie intrudierten.

Rötlicher Alkalifeldspatgranit der Berninadecke.

104 Rhyolith|Ignimbrit

Typ Lithologie

Säure-Base-Charakter sauer

Gesteinsklasse: magmatische Gesteine **Unterklasse:** saure Vulkanite

Rhyolithe kommen in den unterostalpinen Grundgebirgsdecken nördlich und südlich des Oberengadins vor. Meist sind es kleinere Massen, oft subvulkanische Rhyolithgänge. Wie bei den Plutoniten dieser Region können karbonische kalkalkalische und jüngere, unterpermische alkalische Rhyolithe unterschieden werden – allerdings nicht im Feld, sondern nur mit geochemischen Untersuchungen. Die älteren Rhyolithe sind meist stark deformiert und zu schiefrig-plattigen Gesteinen umgewandelt. Man müsste sie konsequenterweise als «Metarhyolithe» bezeichnen. Was allen eigen ist und woran sie zu erkennen sind: die mikrokristalline Matrix und die rundlich-buchtigen, sehr klaren Quarzeinsprenglinge.

Im Gebiet der Diavolezza mit Sass Queder und Piz Trovat sind größere Massen rhyolithischer Gesteine der jüngeren alkalischen Serie anzutreffen. Man findet dort an frischen Aufschlüssen teilweise erhaltene flaserartige Strukturen, wie sie charakteristisch sind für vulkanische Glutwolkenablagerungen (Ignimbrite) – eindeutiger Beweis für die Entstehung an der Oberfläche. Andererseits findet man in der Umgebung der Diavolezza größere Schollen von Altkristallin in den (Meta)Rhyolithen – ein Hinweis auf subvulkanischen Ursprung. Dies deutet darauf hin, dass wir hier sowohl Teile des Unterbaus als auch des Oberflächenbaus einer alten Vulkanstruktur vor uns haben.

Bestandteile|Härte

Mikrokristalline Matrix mit bis mehrere mm großen Einsprenglingsmineralien (s. unten); harte, splittrige Gesteine.

Mächtigkeit|Verbreitung

In den unterostalpinen Decken Bernina-Corvatsch-Sella und Err-Julier, nicht in der oberostalpinen Silvrettadecke.

Rhyolith vom Sass Queder (3066 m GR) bei der Diavolezza mit rötlichen Kalifeldspat- und grauen Quarz-Einsprenglingen.

Ignimbrit mit der charakteristischen Struktur, die aus den Glutwolken-Ablagerungen resultierte. Piz Trovat (3145 m GR).

75	25 %
SiO_2	Rest

Landschaftsprägung
Bei der Diavolezza am Sass Queder und Piz Trovat markante Felsberge; sonst unbedeutend.

Am Quarz sollst du mich erkennen!

Textur und Struktur

Immer mit feinstkörnig-mikrokristalliner Matrix von heller Farbe (von Beige über grünlich bis Violett, rosarötlich). Darin immer mit der Lupe erkennbare Einsprenglingsminerale, meistens Quarz mit den für diese Gesteine typischen gerundet-buchtigen Formen, sehr frisch und klar; daneben auch rötliche Kalifeldspate oder grünliche saussuritisierte Plagioklase. Oft stark verschiefert oder plattig, nur in größeren Vorkommen noch massig-richtungslos.

Farbe(n), Patina, Verwitterung und Erosion

Farben sehr variabel; Patina meist deutlich rötlich braun. Verwittert ähnlich wie granitische Gesteine.

Einschlüsse|Fossilien

Z.T. Schollen von Umgebungsgesteinen.

Adern|Klüfte|Bruchmuster

Kaum Adern; oft mit recht engständiger Klüftung.

Alter|Bildungsetappen

Karbonisch und Unterpermisch (vgl. Text).

Variabilität|Verwandte|Verwechslungen

Große Bandbreite von Erscheinungsformen, anhand der charakteristischen Quarzeinsprenglinge in mikrokristalliner Matrix in der Regel aber gut erkennbar.

Klettereigenschaften

Klettersteig in den Rhyolithen des Piz Trovat.

Zerscherter, rotbraun verwitterter Metarhyolith 200 m nordwestlich der Diavolezza: unansehnliche, schwierig zu interpretierende Gesteine.

Der Piz Trovat vom Persgletscher aus. Der ganze Berg ist aus Rhyolithen aufgebaut.

105 Arollagneis

Typ
Formation/
Komplex

Säure-Base-Charakter
sauer bis intermediär

Gesteinsklasse: Metamorphite **Unterklasse:** Orthogneis

Was wir hier in einem einzigen «Aufwisch» als *ein* Gestein vorstellen, ist in Tat und Wahrheit ein riesiger plutonischer Komplex mit Gesteinen von leukokratem Granit über Granodiorit bis zu Diorit, der zudem bei der Alpenbildung höchst unterschiedlich deformiert und metamorphosiert wurde. Demzufolge sind in diesem «Paket» mindestens ein Dutzend unterschiedliche Gesteinsarten untergebracht. Die Geologen reden denn auch eher von der «Arolla-Serie». Mach dies noch Sinn? Ja, und die Gründe dafür sind folgende:

- Die unterschiedlichen Ausprägungen kommen oft auf kleinem Raum nebeneinander vor, sodass sie auch kartografisch nicht mehr sinnvoll unterschieden werden können.
- Die ganze Serie bildet sowohl geografisch als auch geologisch eine Einheit.
- Die Gesteine als Ganzes sind trotz all der Vielfalt im Gelände gut von andern Gesteinskomplexen unterscheidbar.

Der häufigste Typ, der als eigentlicher Arollagneis im strengeren Sinne bezeichnet werden kann, ist ein mittelkörniger, heller Augengneis von weißlich-grünlich gefleckter Farbe, oft auch mit den für die ganze Arollaserie sehr typischen giftig-pistaziengrünen Epidotbändchen. Er zeigt ein grobflaseriges Gneisgefüge, stellenweise auch eine ausgeprägte Linearstruktur, wo die ehemaligen großen Kalifeldspäte zu 10–20 cm langen bleistiftartigen Gebilden ausgezogen sind (Stängelgneise). Der gesamte Intrusionskomplex wurde bei der Alpenbildung auch intern verfaltet. Man kann beispielsweise Riesenfalten in der Ostwand der Dent Blanche beobachten; häufig sind auch Verfaltungen im kleineren Maßstab, bis hin zu feinen Fältelungen im cm-Bereich. Wie es sich für einen plutonischen Komplex gehört, kommen in den Arollagneisen verbreitet auch Ganggesteine vor. Am häufigsten sind Aplitgänge (Nr. 123), daneben findet man jedoch auch Pegmatite (Nr. 124) und

Normaltypus Arollagneis, mit Chlorit (stumpfgrün) und Epidot (pistaziengrün) in Lagen angereichert, mit wenig schwärzlicher Hornblende.

Als Stängelgneis ausgebildeter Arollagneis aus der Nähe der Basisüberschiebung. Solche lineare Strukturen sind typisch für große Überschiebungen.

65	35 %
SiO_2	Rest

Landschaftsprägung
Äußerst stark – baut viele Walliser 4000er auf.

dunkle Lamprophyre (Nr. 56). Vereinzelt konnten auch Intrusivkontakte beobachtet werden; die meisten davon sind jedoch durch spätere Deformationen verwischt worden.

Bestandteile | Härte

Recht große Bandbreite von Modalbeständen von granitisch über granodioritisch, quarzdioritisch bis zu dioritisch.

- Fast undeformierte granitartige bis Augengneistypen: Quarz, Alkalifeldspat (oft große Einsprenglinge), Plagioklas, Biotit, oft auch schöne Hornblendestängel in den dunkleren Typen.
- Stark deformierte Gneise: Quarz, Feldspäte (Albit), grünlicher Muskovit (Phengit), grüner Biotit, Epidot, auch Chlorit, Aktinolith.

Mächtigkeit | Verbreitung

Die Arollagneisserien machen den Hauptteil der Dent-Blanche- und Mont-Mary-Decken aus. Sie sind aufgeschlossen in einer bis 12 km breiten und 55 km langen Zone vom Bishorn/Weisshorn im Nordosten, über Zinalrothorn, Obergabelhorn, Dent Blanche/Grand Cornier, Pigne d'Arolla/Aig. de la Tsa, Mont Gelée bis nordwestlich von Aosta. Die Aufschlussfläche beträgt rund 350 km^2.

Textur und Struktur

Höchst variabel, siehe Text.

Farbe(n), Patina, Verwitterung und Erosion

Helle, grünliche Gesteine, gegen die dioritischen Varianten zu auch mesokrat und grüngrau. Mit der für granitische Gesteine typischen rostbraunen Patina, vor allem an den hohen Bergen.

Einschlüsse | Fossilien

Keine.

Arollagneis mit Aplitgang, welcher leicht boudiniert ist; in den Boudinzwickeln kristallisierter Quarz und Feldspat sowie wenig Karbonat. Bildbreite ca. 3 m.

Die Dent de Veisivi dahinter die Dent Blanche, hinten das Obergabelhorn: alles Gneise der Arollaserie.

Adern|Klüfte|Bruchmuster
Aplitgänge häufig, Pegmatit- und Lamprophyrgänge kommen ebenfalls vor.

Alter|Bildungsetappen
Intrusionsalter des Komplexes spätvariszisch zur Wende Karbon/Perm, 290 Mio. J. Damit gehört er zusammen mit Aare- und Mont-Blanc-Granit zu den ganz großen spätvariszischen Plutonen. Früh- und mesoalpine metamorphe Überprägungen führten zu unterschiedlichen Graden der Verschieferung und Umwandlung.

Variabilität|Verwandte|Verwechslungen
Unverkennbare Gesteinsserien, in denen die Variabilität aufgrund der ursprünglichen Zusammensetzung von Granit bis Diorit und der selektiven alpinen Deformation jedoch enorm groß ist.

Verwendung
Lokaler Baustein.

Klettereigenschaften
Bestes hochalpines Klettergestein, vor allem in den wenig deformierten Bereichen, wie etwa an der Aig. de la Tsa oder am Südgrat des Zinalrothorns.

Gneis oder Granit? Das Beispiel Arollagneis
Ein Bergsteiger klettert über den fantastischen Südgrat des Zinalrothorns (4221 m): Bombenfester, grobblockiger Fels, ein richtiger Granit mit großen weißen Kalifeldspatkristallen, die dem Fels seine Rauigkeit verleihen und schon mal als Minitrittchen dienen. Auf dem Abstieg über den Nordgrat trifft er dann aber eindeutig auf plattigen Fels, auch als Laie erkennt er ohne Weiteres einen Gneis. Beide Gesteine gehören aber zum selben Gesteinskörper: dem Arollagranit. Auf dem Nordgrat wurde dieser Granit jedoch bei der Alpenbildung stärker verformt und zu einem Granitgneis umgewandelt, am Südgrat klettert man hingegen in einem

Serie von Aufschlussfotos von Arollagneisen mit zunehmender alpiner Deformation, vom fast undeformierten Granit mit eckigen Kalifeldspateinsprenglingen bis zum hochgradig

größeren, geschonten Bereich, der fast wie ein völlig unveränderter Granit daherkommt.

Solche zonenweise unterschiedliche Vergneisungen sind der Normalfall in allen größeren Granitplutonen, die bei einer Gebirgsbildung von einer Metamorphose und Deformation erfasst werden. Die Deformationen, und damit auch die Umkristallisationen, konzentrieren sich an diskreten Scherzonen, welche den Gesteinskörper in einem linsigen Netzwerk durchziehen. Je stärker die Metamorphose, desto größere Teile des Granits wurden von den Deformationen erfasst, und umgekehrt.

Dies führt dazu, dass der Bergsteiger und Laiengeologe in den Alpen folgende Situation antrifft:

- Granitkörper in den externen helvetischen Massiven (z. B. Mont-Blanc- und Aaregranite, 48/49) → schwache bis höchstens mittelstarke alpine Metamorphose und Deformation → Granitgefüge und -mineralbestand weitgehend erhalten, in diskreten Scherzonen Übergänge zu Gneisen bis zu mylonitischen Schiefern.
- Granitkörper der mittelpenninischen Grundgebirgsdecken (z. B. Arollaserie, Monte-Rosa-Granitgneis Nr. 72, Randa-Augengneis Nr. 71) → mittelstarke bis starke alpine Metamorphose und Deformation → Gesteine zum größeren Teil zu Gneisen bis Myloniten umgewandelt, Granitgefüge und -mineralbestand nur in wenigen, besonders geschonten Linsen erhalten.

Gerade in der Arollaserie konnte die Deformation so stark sein, dass helle schiefrige Gesteine oder gebänderte feinkörnige Mylonite entstanden. Dies ist insbesondere an der Basis der Überschiebung der ganzen Dent-Blanche-Decke zu beobachten; so etwa am Hörnligrat des Matterhorns, wo man oberhalb von rund 3400 m in stark gebänderten plattigen Gneisen klettert. Die hellen Partien waren einmal Granite, die dunkleren Quarzdiorite/Diorite.

ausgewalzten Feinbändergneis an der Basis der Deckenüberschiebung am Matterhorn. All das läuft unter dem Begriff «Arollagneis»!

106 Collon- und Matterhorn-Metagabbros

Typ
Formation/Komplex

Säure-Base-Charakter
basisch

Gesteinsklasse: Metamorphite

Unterklasse: basische Metamorphite

Größere Gabbrointrusionen abseits von ozeanischer Kruste sind bei uns selten. Die riesigen Gabbrozüge der Ivreazone (Nr. 112) sind ein Spezialfall, da sie aus dem Grenzbereich Mantel/Kruste stammen. Der klotzige Mont Collon (3637 m), der den Talschluss bei Arolla bildet, besteht gänzlich aus Gabbro. Dieser bildet eine schüsselförmige Intrusion in der Arollaserie, die sich vom Petit Mont Collon im SW bis zum Mont Miné im NO über 9 km erstreckt und 18 km^2 einnimmt. Der Matterhorngabbro bildet an der Basis der West- und Südflanke des Berges eine 600 m mächtige Linse.

Auch wenn in den Gabbros magmatische Gefüge und Mineralien noch recht weitgehend erhalten sind, müssen wir die Gesteine doch als Metagabbros bezeichnen, weil sie die mehrphasige alpine Metamorphose erlebt haben. So sind auch in den makroskopisch sehr frisch und undeformiert scheinenden Gabbros die Plagioklase fast immer vollständig saussuritisiert und die Olivine serpentinisiert. Einzig die magmatischen Augite sind meist noch gut erhalten. Die alpinen Deformationen nehmen in der Regel gegen den Rand der Körper zu; so ist etwa der Matterhorngabbro vollständig von einer hoch deformierten Schale umgeben.

Bestandteile | Härte

Plagioklas, zu weißlichen bis grünen Mineralgemengen saussuritisiert. Pyroxen, oft als schwarze Prismen erhalten, bei starker Deformation zu Amphibolen umgewandelt. Olivin meist völlig serpentinisiert. Selten auch magmatische Hornblende und Biotit.

Mächtigkeit | Verbreitung

Siehe Text.

Collon-Metagabbro mit gut erhaltenem magmatischem Gefüge und schwarzgrünem Pyroxen; der weiße Plagioklas ist fast vollständig saussuritisiert.

Olivingabbro; der Pyroxen ist frisch, die unregelmäßigen Olivinkörner sind vollständig serpentinisiert, der Plagioklas saussuritisiert.

SiO$_2$	Rest
55	45 %

Landschaftsprägung
Mächtiger Klotz des Mont Collon, Sockel des Matterhorns.

Zwei außergewöhnliche Intrusivkörper

Textur und Struktur
Große primärmagmatische Variation in Korngrößen und Mineralanteilen; magmatische Bänderungen im cm- bis m-Bereich.

Farbe(n), Patina, Verwitterung und Erosion
Dunkle Gesteine, immer auffällig gesprenkelt; Patina rostbraun.

Einschlüsse|Fossilien
Keine.

Adern|Klüfte|Bruchmuster
Gänge mafisch, aplitisch und pegmatitisch.

Alter|Bildungsetappen
Zirkonalter 284 Mio. J., etwas jünger als die Magmatite der Arollaserie (um 290 Mio. J.).

Variabilität|Verwandte|Verwechslungen
Siehe Text. Im Falle stark deformierter Flasergabbros bis Fuchsitschiefer mit Metagabbros der Ophiolitheinheiten zu verwechseln. Der Fundort ist entscheidend.

Klettereigenschaften
Ähnlich wie die umgebenden Gneise der Arolla-Serie.

Variationen der Korngrößen im Aufschlussbereich.

Der Mont Collon ob Arolla besteht gänzlich aus Gabbro.

107 Eklogitische Glimmerschiefer (micascisti eclogitici)

Typ
Lithologie

Gesteinsklasse: Metamorphite **Unterklasse:** hochdruck-metamorphe Metapelite

Ähnlich wie bei der Ivreazone des südalpinen Grundgebirges soll hier ein wichtiges Gestein der Sesiazone vorgestellt werden (auch wenn dieses auf Schweizer Boden kaum anzutreffen ist, jedoch im Piemont große Bedeutung hat). Die Sesiazone wird als interner, steil gestellter Teil der Dent-Blanche-Decken betrachtet. In ihren Gesteinen ist eine frühalpine Hochruckmetamorphose in Eklogitfazies weitgehend erhalten; in den weit verbreiteten metapelitischen bis metamergeligen Gesteinen ist ein eklogitfazieller Mineralbestand mit Granat, Omphacit und viel Hellglimmer vorhanden. Auch der dunkel violettblaue Hochdruckamphibol-Glaukophan ist zuweilen vorhanden. Die Glimmerschiefer sind recht grobkörnig mit gut erkennbaren Mineralien, wobei neben dem vielen Hellglimmer und Quarz vor allem die rotbraunen Granate und der grüne Omphacit hervorstechen. Die Schiefer sind recht harte und zähe Gesteine. Bei Traversella liegt gar ein überregional bekanntes Sportklettergebiet in diesen Gesteinen. In den Glimmerschiefern sind Lagen, Knollen und Boudins von echten Eklogiten (Metabasalten) häufig anzutreffen.

Bestandteile|Härte
Quarz, Hellglimmer, Granat, Omphacit, auch wenig Feldspat usw.

Mächtigkeit|Verbreitung
Die eklogitischen Glimmerschiefer machen einen bedeutenden Teil der ganzen Sesiazone aus (S. 330).

Variabilität|Verwandte|Verwechslungen
Im Alpenraum einzigartige Gesteine.

Ein typischer eklogitischer Glimmerschiefer mit den vier Hauptmineralien Quarz, Hellglimmer, Granat und Omphacit.

Aufschluss im Val Traversella (I); Schollen von Eklogit (Metabasalt) in eklogitischen Glimmerschiefern.

Menhire, Steinreihen, Dolmen: Gesteine am Beginn der Zivilisationen

99 % seiner Daseinszeit auf Erden verbrachte der moderne Mensch mit Steinwerkzeugen, wohnte in Steinhöhlen und schuf gewaltige Steinarrangements. Die irrwitzig rasche Evolution von der Stein- in die Erdöl- und Computerzeit macht nur einen winzigen Teil der Existenzerfahrungen von *Homo sapiens* aus – und ist daran, ihn ziemlich zu überfordern.

Die Steinzeit dauerte im europäischen Raum bis rund 2200 v. Chr. Zeugen steinzeitlicher Besiedelung sind in der Schweiz und im Alpenraum häufig. Schon vor rund 40 000 Jahren begannen Steinzeitmenschen am Rand der Eiszeitgletscher zu siedeln und folgten dann den sich zurückziehenden Gletschern in die Alpentäler. Die beiden weitaus bedeutendsten Zeugen steinzeitlicher Kulturen das Alpenraums sind die Felsritzungen (Petroglyphen) in den französischen Meeralpen (Vallée des Merveilles, Mont Bégo), vor allem aber im Val Camonica nördlich von Brescia, einem UNESCO-Weltkulturerbe mit bis heute über 300 000 bekannten Felsritzungen (www.vallecamonicaunesco.it).

Aber auch in der Schweiz finden sich viele Zeugen der Steinzeit. Besonders zu erwähnen sind die Menhire/Steinreihen von Clendy bei Yverdon-les-Bains, in Lutry bei Lausanne, Falera ob Flims (GR) und auf dem Käferberg in Zürich. Steinritzungen (Petroglyphen) sind recht selten. Am bekanntesten sind diejenigen von Carschenna ob Thusis (GR).

Sehr reich ist die Vielfalt an gefundenen Steinwerkzeugen in der Schweiz – kein Wunder bei der großen Gesteinsvielfalt bei uns. Häufig wurden Feuersteinknollen (Nr. 38) verwendet. Besonders geschätzt waren in der Westschweiz Gerölle des Allalin-Metagabbros (Nr. 92) mit seinen nephritartigen Partien, welche äußerst zähe und harte Gesteine sind, die sich ideal für Steinbeile und -klingen eignen.

Die Steinreihen (Menhire) von Clendy in Yverdon (VD).

Gesteinszone 12

Mesozoische Sedimentgesteine des Ostalpins

Nun befinden wir uns also in den Meeresablagerungen «am andern Ufer» der alpinen Meeresbecken, auf dem adriatischen Kontinentalrand, welcher zum afrikanischen Kontinent gehörte. Es gibt sowohl Ähnlichkeiten als auch Unterschiede zum europäischen, helvetischen, Kontinentalrand.

Im Val dal Botsch im Schweizerischen Nationalpark, Blick gegen Piz dal Botsch im grauen Hauptdolomit (Nr. 108) der S-charl-Decke; im Mittelgrund gelbliche Rauwacken (Nr. 64).

Piz Toissa oberhalb von Tiefencastel, eine tektonische Halbklippe aus Hauptdolomit der Eladecke über nordpenninischem Flysch, der die weichen Wald-/Wiesenhänge bildet.

Ähnlichkeiten:
- Die Abfolgen werden von Kalken (Dolomiten), Mergeln und Tonen mit wenig Sandsteinen geprägt;
- Die Sedimentgesteine sind alpin nicht oder schwach metamorphosiert;
- Die Sedimentserien wurden bei der Alpenbildung weitgehend von ihrer Grundgebirgsunterlage abgeschert und als Decken weiter gegen W/NW verfrachtet.

Unterschiede:
- Anders als zur geringmächtigen Trias des Helvetikums wurden in der Triaszeit im Ost- und Südalpin mächtige Karbonatabfolgen mit mächtigen Dolomitschichten abgelagert.
- In der unteren Jurazeit spielten synsedimentäre Tektonik mit Graben- und Horstbildungen, abgetrennten Becken etc. eine viel größere Rolle; die Bedeutung von Brekzien ist wesentlich größer; dies widerspiegelt die starke Zerdehnung des ganzen adriatischen Kontinentalrandes.
- In der oberen Jura- und der Kreidezeit herrschten Tiefseebedingungen; entsprechend wurden Radiolarite, Tiefseekalke und -tone abgelagert.
- Der Verformungsstil ist vor allem wegen der Dominanz der mächtigen Hauptdolomitserien mehr von Schuppenbau und Überschiebungen geprägt, weniger von Verfaltungen. Eigentliche Faltendecken wie etwa die helvetischen Morcles- und Diableretsdecken gibt es nicht.

Die Abb. S.355 zeigt ein Sammelprofil durch die ostalpinen Einheiten Graubündens. Sie können dieses mit dem Sammelprofil des Helvetikums (S. 161) vergleichen, um die Unterschiede zu erkennen. Im Bereich der unterostalpinen Grundgebirgseinheiten kommen eingeklemmte Sedimentgesteinspakete vor allem im Berninagebiet vor; sie bilden landschaftlich auffallende, helle Berge im Braun der Grundgebirgsdecken. Das schlägt sich in den Bergnamen nieder: Piz Alv und Sassalb. Bekannt sind die bunten Liasbrekzien des Piz Alv mit dem in verkehrter Stellung darüberliegenden hellen Hauptdolomit.

Ein größeres Gebiet mit ostalpinen Sedimenten beginnt im Oberengadin zwischen Madulain und S'chanf, zieht sich gegen Westen hoch über den Albula («weißen Pass»), bildet die Gruppe Piz Ela/Corn da Tinizong

Stark vereinfachtes stratigrafisches Sammelprofil durch die oberostalpinen mesozoischen Sedimentgesteine Graubündens. Die im Buch beschriebenen Gesteine sind eingezeichnet. Leicht modifiziert nach O. A. Piffner, Geologie der Alpen, 3. Auflage, Haupt Verlag 2015.

(Bündner Dolomiten), den Hoch Ducan, die Umgebung von Filisur bis in die Berge südlich und östlich von Arosa (Aroser Dolomiten). Ein Zug mit Fragmenten der Eladecke zieht sich unter der Überschiebung der Silvrettadecke durch bis an die Madrisa ob Klosters.
Flächenmäßig das größte Gebiet mit mesozoischen Sedimentgesteinen des Ostalpins sind jedoch die sogenannten Unterengadiner Dolomiten, welche die Berglandschaften auf der ganzen südöstlichen Seite des Unterengadins von Zuoz bis Scuol prägen. Der gesamte Schweizerische Nationalpark (mit Ausnahme der Erweiterung Macun) liegt darin, ebenso das Gebiet des Ofenpasses bis fast nach Sta. Maria. Landschaftlich prägend in all diesen Gebieten sind die hellen Bergflanken im Hauptdolomit (Nr. 108), mit seiner charakteristischen gebankten Schichtung. Ebenfalls auffällig können die roten Schichten des Blaisradiolarits in der Landschaft hervorstechen. Die bekanntesten Gebiete mit vielfältigen Lias-Dogger-Brekzien sind in erster Linie das Lischanagebiet – dort scheinen die Berge aus einer Art «Naturbeton» zu bestehen –, dann der Piz Nair ob St. Moritz (Saluverbrekzie) und der Piz Alv am Berninapass. Ein bekanntes Vorkommen liegt zudem am Mont Dolin oberhalb von Arolla, wo ein kleiner Rest von mesozoischer Sedimentbedeckung der Dent-Blanche-Decke erhalten blieb. Dass die ostalpinen Sedimentdecken auch in den Zentralalpen einmal als höchste Decken vorhanden waren, davon zeugen die kleinen aber geologisch bedeutenden tektonischen Klippen des Roggenstocks und Laucherenstöcklis bei der Ibergeregg (SZ), wo oberostalpine Sedimentgesteine analog zu den nördlichen Kalkalpen nachgewiesen werden konnten. Man findet dort Stücke von Hauptdolomit (Nr. 108) und Raiblerschichten, darunter Reste von Ophiolithen des Piemontbeckens und darunter mittelpenninische Sedimente (Gesteinszone 7). Zudem findet man solche ostalpinen Gesteine auch noch als Gerölle in der unteren Süßwassermolasse der Westschweiz.
Am Mont Dolin westlich von Arolla (VS) finden sich Reste der Sedimentbedeckung des kristallinen Grundgebirges der Dent Blanche-Decke, unter anderem auch Brekzien ähnlich denen des Piz Lischana.

⇢ Die folgenden Gesteine, welche in anderen tektonischen Einheiten beschrieben werden, können in der Gesteinszone 12 ebenfalls angetroffen werden: **Trias-Sandsteine** (Nr. 1), **Rauwacke Trias** (Nr. 64), **Radiolarit** (Nr. 118), **Weißer Tiefseekalk** (Nr. 120) und **Sillerknollen** (Nr. 38).

Mio. Jahre	geologisches Alter			Formationen/ Lithologien/Gesteine	Gesteinsporträt/ Seite
	Mesozoikum	Kreide	späte	→ Flysch Emmat-Formation: Mergel, Kalke, Tonsteine	Nr. 15–17 / S. 150–156
			frühe		
142 –		Jura	Malm	→ Aptychenkalk	Nr. 120 / S. 389
164 –			Dogger	→ Radiolarit (Blais-Formation)	Nr. 118 / S. 386
				→ Allgäu Formation	Nr. 109 / S. 360
174 –			Lias	→ Brekzien	Nr. 110 / S. 362
201 –		Trias	Rhätian		
			Norian	→ Hauptdolomit	Nr. 108 / S. 356
227 –			Carnian	→ Rauwacke Raibl Formation	Nr. 64 / S. 254
237 –			Ladinian	Dolomite + Kalke (Buffalora-Formation)	
			Anisian		
247 –			Skythian	Sandsteine («Buntsandstein»)	
252 –	Paläozoikum			Kristallines Grundgebirge (= Gesteinszone 11) ① Altkristallin ② Variszische Plutonite ③ Permokarbon-Gräben (Verrucano)	

Mächtigkeit in m: 500

108 Hauptdolomit

Typ
Formation bzw. Gruppe

Säure-Base-Charakter
basisch

Gesteinsklasse: Sedimentgesteine **Unterklasse:** flachmarine Karbonatgesteine

Nach unruhigeren Zeiten in der unteren und mittleren Trias mit differenziellen Faziesentwicklungen auf dem adriatischen Kontinentalrand (Ost- und Südalpin) beruhigt sich in der Obertrias (Norien) die Situation wieder. Durch eine riesige Karbonatplattform wird der gesamte Kontinentalrand gebildet. Dort lagern sich in einem stabilen Gleichgewicht zwischen konstanter Absenkung von etwa 0,1 mm/Jahr und Sedimentation die teilweise bis über 2000 m mächtigen monotonen Schichten des Hauptdolomits ab.

Bestandteile|Härte

In der Regel fast reiner, monotoner Dolomit, mit Spuren von Calcit, Siderit, Ton und organischem Material; teilweise mergelig-tonige Zwischenlagen, auch einzelne Kalksteinlagen. Harte, verwitterungsresistente Gesteine.

Mächtigkeit|Verbreitung

Der Hauptdolomit prägt etliche Berggruppen des südöstlichen Graubündens mit seinen bis über 1200 m mächtigen Schichten; manche Berge mit der Bezeichnung «Alv» oder «Alb» haben diese vom hellen, in der Landschaft je nach Licht fast weißen Hauptdolomit:

- Tinzenhorn (Corn da Tiniziong)/Piz Ela/Piz Üertsch am Albulapass
- Aroser Dolomiten und Gebiet des Gletscherducan
- Piz Alv und Sassalb im Bernina-Puschlav-Gebiet
- Berge der «Unterengadiner Dolomiten» und des Schweizerischen Nationalparks, u. a. die Pizzi Quattervals, Diavel, Murtaröl, Tavrü, Foraz, Plavna Dadaint, Mingèr und die Gruppe des Piz Lischana.

In den weitläufigen oberostalpinen Decken der nördlichen Kalkalpen gleich nördlich der Lan-

Frischer Bruch im Hauptdolomit mit der typischen grauen Farbe.

Zwei feine Tempestitlagen in angewittertem Dolomit, südlich der Elahütte (GR), Eladecke.

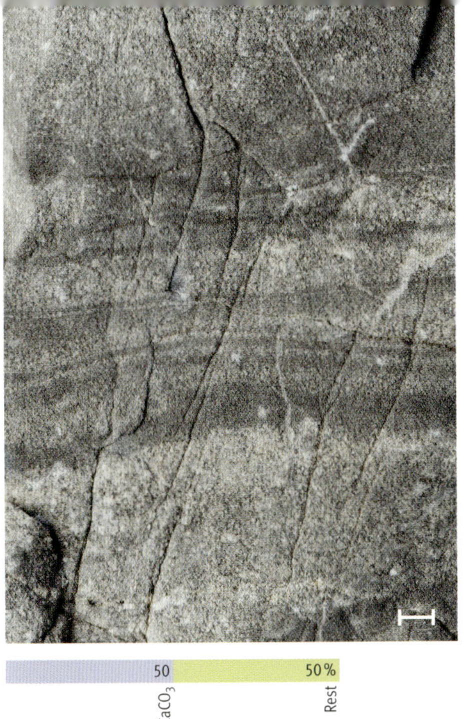

Angewitterter Dolomit mit feinen Algenmattenstrukturen, südlich der Elahütte (GR), Eladecke.

Megalodonten im Dolomit, südlich der Elahütte (GR), Eladecke.

$CaCO_3$	Rest
50	50 %

Landschaftsprägung
Sehr stark; helle Gesteine, helle Schichtberge, riesige Schutthalden.

desgrenze des Prättigaus prägt ebenfalls der Hauptdolomit die Berge; die Südflanke der Schesaplana, noch auf Schweizer Boden, wird ebenfalls daraus aufgebaut. Im Südalpin des Südtessins liegt nur noch gerade das Klettergebiet der Denti della Vecchia im Hauptdolomit. Dieser setzt sich dann noch Osten in die Bergamasker Alpen fort, um in der Brentagruppe und in den Dolomiten wieder dominant zu werden.

Textur und Struktur

Die Hauptmasse besteht aus feinkörnigen, fossilarmen, meist rekristallisierten Dolomiten. Oft ist nur eine undeutliche grobe Bankung ausgebildet, je nach Gebiet aber auch eine prägnante Schichtung/Bankung im dm/m-Bereich – wie man es von den Fotos der Dolomiten- und Brentaberge kennt (etwa der Drei Zinnen). So monoton der Hauptdolomit als Ganzes ist, so vielfältig sind die Sedimentstrukturen, die man in seinen Schichten finden kann:

- Häufig sind feingebänderte Algenmatten und stromatolithähnliche Gebilde.
- Fein brekziöse, schichtparallele Lagen, mit zerrissenen und verwirbelten Algenmatten. Dabei handelt es sich um durch Stürme entstandene Strukturen (Tempestite).
- Lokale Brekzienbildungen, die synsedimentäre Bruchbildungen anzeigen.
- Fraßspuren von bodenlebenden Organismen, z. B. Würmern.

Farbe(n), Patina, Verwitterung und Erosion

Frisch weißlich grau bis fast schwärzlich, in Abhängigkeit der Menge an organischen Pigmenten. Patina/Verwitterungsfarbe immer heller bis fast Weiß. Die Hauptdolomite der ostalpinen Decken «zerbröckeln» ziemlich stark und bilden kaum senkrechte Wände, sondern weitläufige steile Felsflanken. In den flach liegenden Dolomitschichten des Südalpins (Brentagruppe, Dolomiten) bildet der Hauptdolomit

oft vertikale bis überhängende Felsfluchten. Unter den Hauptdolomit-Felsfluchten bilden sich teilweise gigantische Schutthalden – das Gestein ist der Hauptschuttbildner der ganzen Ostalpen. Auch zahlreiche Blockgletscher bildeten sich daraus. Speziell zu erwähnen ist der mit rund 2 km längste Blockgletscher der Alpen im Val Sassa am Piz Quattervals.

Einschlüsse | Fossilien
Der Hauptdolomit ist insgesamt fossilarm. Als sehr charakteristische Makrofossilien findet man die bekannten Kuhtritt-Muscheln, eine große Muschelart (Megalodonten). Da die Hauptdolomitschichten weitläufige, oft trockengelegte Sabkhaebenen bildeten, waren die Voraussetzungen zur Erhaltung von Trittsiegeln hervorragend. So fand man bis heute zahlreiche Saurierspuren, u. a. am Piz Ela, Tinzenhorn, Piz Mitgel und Piz Diavel.

Adern | Klüfte | Bruchmuster
Der Hauptdolomit zeigt wenig Adern; in den Schichten der ostalpinen Decken sind starke Bruchverformungen, Verkippungen, Überschiebungen etc. sowie verschiedene Kluftsysteme die Regel.

Alter | Bildungsetappen
Obere Triaszeit (Norien), ca. 230–201 Mio. J.

Variabilität | Verwandte | Verwechslungen
Im Gelände bzw. im Handstück mit anderen, mächtigeren Dolomitabfolgen zu verwechseln; aufgrund des geologisch-tektonischen Kontextes jedoch in der Regel gut zuzuordnen.

Klettereigenschaften
Im Bereich der südalpinen Ablagerungen hervorragend.

Das stolze Tinzenhorn im Oberhalbstein (GR) ist aus flach gelagertem Hauptdolomit aufgebaut.

Blick von Cima am östlichen Luganersee hoch an den Monte dei Pizzoni, der gänzlich aus Hauptdolomit des Südalpins besteht.

Dolomit – skurrile Geschichte eines Gesteinsnamens

Im 18. Jahrhundert erlebten die Wissenschaften einen enormen Aufschwung. Für gebildete Menschen höherer Gesellschaftsschichten war es normal, sich forschend zu betätigen. Auf dem Landgut «Dolomieu» in Savoyen südlich von Genf kam 1750 Dieudonné Sylvain Guy Tancrède de Gratet de Dolomieu als Sohn adeliger Eltern zur Welt. Außerordentlich intelligent und interessiert, stürzte er sich auf die Geologie und Mineralogie. 1789 kam er in die heutigen Dolomiten, die damals «Monti Pallidi» hießen, die bleichen Berge, was ihrem Charakter bestens entspricht. De Dolomieu erwartete, dort viel Kalkstein zu finden. Doch bald stellte er fest, dass die Gesteine härter waren und nicht mit verdünnter Salzsäure reagierten. Im Austausch mit dem damals berühmtesten Alpenforscher, Horace Bénédict de Saussure, wurde klar, dass es sich tatsächlich nicht um Kalkstein handelte. Dolomieu wollte das neue Mineral und Gestein zu Ehren von de Saussure «Saussurite» taufen. Doch er starb 1801, bevor er das Vorhaben realisieren konnte. Der Sohn von de Saussure fand dann heraus, dass es ein Calcium-Magnesium-Karbonat war. Er taufte es nun nach dem Namen von De Dolomieu. So erhielten sowohl das Mineral als auch das daraus bestehende Gestein den gleichen Namen: «Dolomieu» (Deutsch: Dolomit). Die identische Benennung von Mineral und Gestein war allein schon nicht besonders hilfreich. Doch es kam noch besser: Der Name begann auch für die Monti Pallidi verwendet zu werden, und wurde schon ab 1876 auf den offiziellen Karten verwendet – wahrscheinlich nicht zur Freude der Einheimischen.

Geologische Namen sind also eine ziemliche Glückssache. Seien wir aber froh, dass wenigstens die Monti Pallidi nicht zu den «Saussuriten» wurden ...

Déodat de Dolomieu.

Die drei Zinnen in den Dolomiten: Inbegriff von Dolomitbergen.

109 Allgäuformation; Kalk-Mergel-Wechsellagerung

Typ
Formation

Säure-Base-Charakter
basisch intermediär

Gesteinsklasse: Sedimentgesteine **Unterklasse:** marine Karbonat-Ton-Gesteine

Wieder einmal begegnet uns die Schwierigkeit der Abgrenzung von Gestein vs. Formation für den «Alltagsgebrauch». Die Allgäuformation umfasst letztlich recht viele Einzelgesteine, ist in verschiedene Members unterteilt, und doch scheint uns eine Beschreibung hier als Gestein sinnvoll, weil die Formation im Gelände für den Laien recht einheitlich und wiedererkennbar daherkommt. Sie besteht aus recht regelmäßigen Wechsellagerungen im dm-Bereich von grauen, harten Kalkstein- bis Kieselkalkbänken mit tonig-mergeligen Zwischenlagen. In den Kalksteinbänken sind recht häufig Ammoniten und Belemniten zu finden. Ihren Namen hat die Formation vom weit verbreiteten Vorkommen in den ostalpinen Sedimentgesteinsdecken der Nördlichen Kalkalpen im deutschen Allgäu. Die Formation ist das Pendant zum lombardischen Kieselkalk der südalpinen Sedimente (Nr. 117), doch der Anteil an Mergeln bis Tonmergeln ist höher. Die Kalksteinlagen zeigen oft Strukturen, wie sie für Turbidite (submarine Lawinenströme) typisch sind. Das damalige submarine Relief war infolge der Zerdehnung des adriatischen Kontinentalrandes durch viele synsedimentäre Abschiebungen geprägt, wo auf Hochzonen sedimentiertes Material zyklisch als Trübeströme in die tieferen Becken geliefert werden konnte. An den Abschiebungen selbst bildeten sich gleichzeitig mächtige Brekzien (Nr. 110). Wie im lombardischen Kieselkalk können auch in der Allgäuformation Silexkonkretionen vorkommen.

Bestandteile | Härte

Kalksteine und Kieselkalke, dazwischen Mergel- und Tonmergel-Lagen.

Ausschnitt aus einer Kalkbank der Allgäuformation im Val Trupchun (Ortlerdecke); mit feinturbiditischen Strukturen.

Kalkbank bei der Elahütte ob Bergün (GR) mit Strukturen von turbiditischer Ablagerung; unten eine leicht boudinierte Silexlage.

30	60	10 %
SiO_2	$CaCO_3$	Rest

Landschaftsprägung
Oberhalb Waldgrenze auffällige gebankte, bräunlich verwitternde Abfolgen.

Die mächtigen Kalk-Mergel-Wechesllagerungen

Mächtigkeit|Verbreitung
200–500 m mächtige Abfolge in den unter- und oberostalpinen Sedimentdecken. Größere Vorkommen in einem Streifen vom Tinzenhorn/Piz Ela/Albulapass/Zuoz; im Val Trupchun im Nationalpark; Val Chamuera/Piz Mezzaun.

Textur und Struktur
Siehe Text; da solche Wechsellagerungen sehr «faltungsfreudig» sind, findet man oft intensive Verfaltungen in den Allgäuschichten.

Farbe(n), Patina, Verwitterung und Erosion
Im frischen Bruch graue bis dunkelgraue Gesteine; Anwitterungsfarben bräunlich.

Einschlüsse|Fossilien
Spurenfossilien recht häufig *(Zoophycus)*, auch Seelilienstücke, Belemniten und Bivalven.

Adern|Klüfte|Bruchmuster
Nichts Spezielles.

Alter|Bildungsetappen
Unterer Lias bis oberer Dogger, ca. 200–160 Mio. J.; Ablagerung in durch tektonische Subsidenz immer tiefer werdenden Becken; der darüber folgende Blaisradiolarit zeugt dann von tiefmarinen Bedingungen (Nr. 118).

Variabilität|Verwandte|Verwechslungen
Siehe Text.

Allgäuformation im Val Trupchun im Nationalpark, mit intensiver Verfaltung. Bildhöhe rund 10 m.

Die Allgäuformation der Eladecke hebt sich am Piz Spadlatscha mit ihrer bräunlichen Verwitterung deutlich vom hellgrauen Hauptdolomit dahinter ab.

110 Brekzien Lias | Dogger

Typ Lithologie

Säure-Base-Charakter variabel

Gesteinsklasse: Sedimentgesteine **Unterklasse:** tektonosedimentäre Brekzien

Wurden Brekzien schon vom europäischen Kontinentalrand (Nr. 22) und von der mittelpenninischen Schwelle (Nr. 67) beschrieben, so müssen sie zwingend auch für den adriatischen Kontinentalrand (Ost- und Südalpin) vorgestellt werden – denn hier sind sie am weitesten verbreitet. Der adriatische Kontinentalrand erlebte in der unteren Jurazeit, mit der Öffnung des Piemontbeckens, eine Phase von Anhebung und intensiver Zerdehnung an listrischen Brüchen, die zur Ausbildung von Hochzonen (teilweise über Meeresspiegel) und tiefen Becken führte, in denen etwa die Allgäuformation (Nr. 109) und der lombardische Kieselkalk (Nr. 117) abgelagert wurden. Die Brekzien zeichnen sich alle aus durch ihr gewaltiges Größenspektrum der Komponenten sowie durch ihre mehrphasige Zerbrechung. Manche der Brekzien mögen submarine Bergstürze oder Massengleitungen darstellen, andere Einsturzbrekzien in entstehenden Bruchspalten, wiederum andere submarine «Gehängeschuttkegel». Man kann sie insgesamt als «tektono-sedimentäre» Brekzien bezeichnen. Hier die bekanntesten Vorkommen:

Unterostalpin

Saluverbrekzie (Errdecke): Das bis 80 m mächtige Vorkommen baut den Piz Nair ob St. Moritz auf. Es ist eine polymikte Grob- bis Megabrekzie mit Kalk-, Dolomit- und Kristallin-Komponenten.

Alvbrekzie (Berninadecke): Bekanntes Vorkommen am Westfuß des Piz Alv an der Berninastraße. Eckige Komponenten von Hauptdolomit liegen in einer rötlich-gelblichen Matrix. Die Komponenten können bis mehrere Zehnermeter große Megablöcke sein.

Die Saluverbrekzie, hier mit fast ausschließlich Kristallingeröllen; Schutt Valletta Schlattain unter Piz Nair bei St. Moritz.

Lischanabrekzie mit Hauptdolomitkomponenten; oberstes Val Lischana (GR).

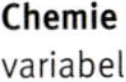

Chemie
variabel

Landschaftsprägung
Wenig ausgeprägt.

Wildes Durcheinander am adriatischen Kontinentalrand

Oberostalpin

Lischanabrekzie: Diese Brekzie hat bei Weitem die größte Ausdehnung, sie umfasst die Pizzi Lischana, Triazza, Curtinatsch und Rims in den Engadiner Dolomiten südöstlich von Scuol. Komponenten (v. a. Dolomit) bis über 10 m Größe liegen in einer kalkigen Matrix. Es gibt Anhäufungen von bis zu 500 m, die wahrscheinlich primär sind. Die Brekzien bilden teilweise Taschen im Hauptdolomit.

Südalpin

Arzobrekzie/Macchia-Vecchia-Brekzie: Die wohl berühmteste Brekzie dieses Typus; vor allem weil das Gestein bis vor Kurzem als beliebter dekorativer Stein abgebaut wurde. Die Brekzie liegt in Rissen und Spalten des Hauptdolomits, es lassen sich mehrfache Zerbrechungen und Wiederverheilungen nachweisen, Beleg für eine lang andauernde und immer wieder aktivierte Dehnungs-Bruch-Tektonik am adriatischen Kontinentalrand.

Verwendung

Die bunten Arzobrekzien sind und waren als «Macchia Vecchia» und «Brocatello d'Arzo» in ganz Europa sehr beliebte Dekorsteine, die vor allem im Innenbereich von Kirchen, Palästen etc. verwendet wurden. Allein in Norditalien kann man ihn in rund 1000 Kirchen bewundern – es reicht aber auch ein Ausflug in die Wandelhalle des Bundeshauses in Bern, wo eindrückliche Säulen aus diesem Gestein stehen.

Blick auf den Piz Lischana von Norden. Die Brekzien bauen den Mittelteil auf, der Rest ist Hauptdolomit.

Macchia-Vecchia-Brekzie von Arzo; polierter Stein in der Kirche von Arzo. Die mehrfache Zerbrechung ist leicht zu erkennen.

Gesteinszone 13
Grundgebirgsgesteine des Südalpins

Vom Erdmantel bis in die Oberkruste

Nur gerade 560 km² südalpines Grundgebirge liegen im Südtessin in der Schweiz (Gebiet südlich der Magadino-Ebene und des Centovalli). Ein kleiner Teil östlich des Lago di Lugano gehört hingegen zu den südalpinen Sedimenten (Gesteinszone 14). Wer das südalpine Grundgebirge in seiner ganzen Faszination erleben will, muss einen Blick über die Landesgrenzen hinaus werfen, und das tun wir auch in diesem Buch. Das südalpine Grundgebirge eröffnet uns nämlich gewaltige Erweiterungen über die Arten von Grundgebirge, die wir bisher in den Gesteinszonen 5, 8, 9 und 10 kennen gelernt haben. Dafür gibt es folgende Gründe:

- Die Gesteine des Südalpins wurden von den alpinen Deformationen und Metamorphosen nur geringfügig erfasst, sodass wir die alten Strukturen und Mineralogien wesentlich besser erkennen können.
- In der Ivreazone ist bei der Alpenbildung ein Stück aus dem Grenzbereich oberer Erdmantel/Unterkruste an die Oberfläche gedrückt worden. Direkte Einblicke in diese Tiefen sind außerordentlich selten.
- In der Strona-Ceneri-Zone sind Gesteine aus der unteren und mittleren Kruste aufgeschlossen, die uns eine Menge über die vergangenen variszischen, vor allem aber die ordovizischen Gebirgsbildungen verraten.
- In der Region Lugano erhalten wir Einblick in eine größere permische Vulkanprovinz; weiter westlich sind zum gleichen magmatischen Ereignis gehörende Granitplutone von Baveno und Montorfano mit ihren «Schulbuchgraniten» aufgeschlossen.

Blick vom Monte San Salvatore nach N auf den Monte Tamaro und Monte Gradiccioli; beide bestehen aus südalpinem Grundgebirge der Strona-Ceneri-Zone.

Blick vom Mottarone (1491 m) im Bavenogranit (Nr. 115) nach N an die Berge des Val Grande Nationalparks aus dunklen Gesteinen der Ivreazone (Nr. 111, 112).

Damit ist auch schon die Unterteilung des südalpinen Grundgebirges festgelegt, wie sie auch auf der Gesteinszonenkarte vorhanden ist.

Ivreazone

Die Ivreazone ist eine topografisch bananenförmige Zone, die sich von Locarno bis nach Ivrea erstreckt. Auf ihrer NW-Seite wird sie durch die Insubrische Linie begrenzt – der heutigen Grenze zwischen europäischer und adriatischer Platte –, auf der SO-Seite durch die Pogallolinie als Grenze zur Strona-Ceneri-Zone. In der Ivreazone finden wir granulitfaziell metamorphe Gesteine aus dem Grenzbereich oberer Erdmantel/Unterkruste, welche bei der Alpenbildung im Rahmen des Eindringens von adriatischer Lithosphäre in die alpine Kollisionszone hinein an steilen Rampen aufgeschoben wurden und verkippt an die Erdoberfläche gelangten. In der Ivreazone finden wir in einem Gesteinsprofil von rund 10 km Mächtigkeit Peridotite aus Erdmantel und Unterkruste (Nr. 111), große Mengen gabbroider Gesteine (sog. basischer Hauptzug, Nr. 112) und hoch metamorphe Gneise (Abb. S. 367).

Tektonisches NW-Profil durch die internen Alpen im Bereich Monte Rosa; die steil aufgeschobenen Teile des südalpinen Grundgebirges sind deutlich zu erkennen. Vereinfacht und ergänzt aus «Deep Structure oft the Alps», NFP 20, 1997.

Blick von der Morcote-Halbinsel nach SW an den Monte Piambello auf der italienischen Seite des Lago di Lugano, der aus Luganer Vulkaniten (Nr. 114) besteht.

Strona-Ceneri-Zone und Obere Orobische Decke

Die Gesteine dieser Zone nehmen auf Schweizer Boden das Gebiet Ceneripass/Monte Tamaro/Monte Lema ein. Die Fortsetzung auf italienischem Gebiet reicht etwa bis Borgosesia. Dieses faszinierende Grundgebirge repräsentiert ein Stück mittlerer Erdkruste, in welcher die ganz speziellen Eigenheiten der ordovizischen Gebirgsbildung sichtbar sind. Es läuft zum Teil auch unter dem Namen «Serie di Laghi» (Seengebirge). Eine entscheidende Rolle spielt dabei der Cenerigneis (Nr. 113). Bei der variszischen Gebirgsbildung bildete sich eine sogenannte Schlingentektonik aus, wo sich viele km große Falten an fast vertikalen Faltenachsen bildeten. Eine solche Schlingentektonik prägt übrigens auch die Silvrettadecke. Östlich der Achse Ceneri-Lugano liegen dann noch Grundgebirgsgesteine (Gneise und Schiefer) der auf die Strona-Ceneri-Zone überschobenen Oberen Orobischen Decke.

Permische Vulkanite von Lugano

Auf der Halbinsel Morcote südlich Lugano, am Nordhang des Monte San Giorgio und am Westhang des Monte Generoso, sind auf rund 50 km^2 permische Vulkanite und Subvulkanite aufgeschlossen (Nr. 114). Diese gehören zu den permischen Grabenbruchbildungen, die schon als Verrucano-Tröge im Helvetikum beschrieben wurden (Nr. 59). Die Luganeser Vulkanite sind nur ein kleiner Abklatsch, verglichen mit den gigantischen permischen Ergüssen weiter östlich in der Gegend von Bozen. Den Bozener Quarzporphyr kennen alle als *den* Baustein für würfelförmige rötlich braune Pflastersteine, die in ganz Europa verwendet werden. In der Umgebung von Lugano werden die praktisch identisch aussehenden Luganer Porphyre dazu verwendet.

Permische Granite (Baveno)

Zum gleichen magmatischen Ereignis gehören die Granitkörper von Montorfano und Baveno (Nr. 115); sie repräsentieren den plutonischen Unterbau der Luganer Porphyre. Diese Granite haben zwar kein Aufschlussgebiet auf Schweizer Boden, werden hier aber trotzdem beschrieben, weil es so auffällige und heute noch für Küchenabdeckungen etc. weitherum verwendete Gesteine sind.

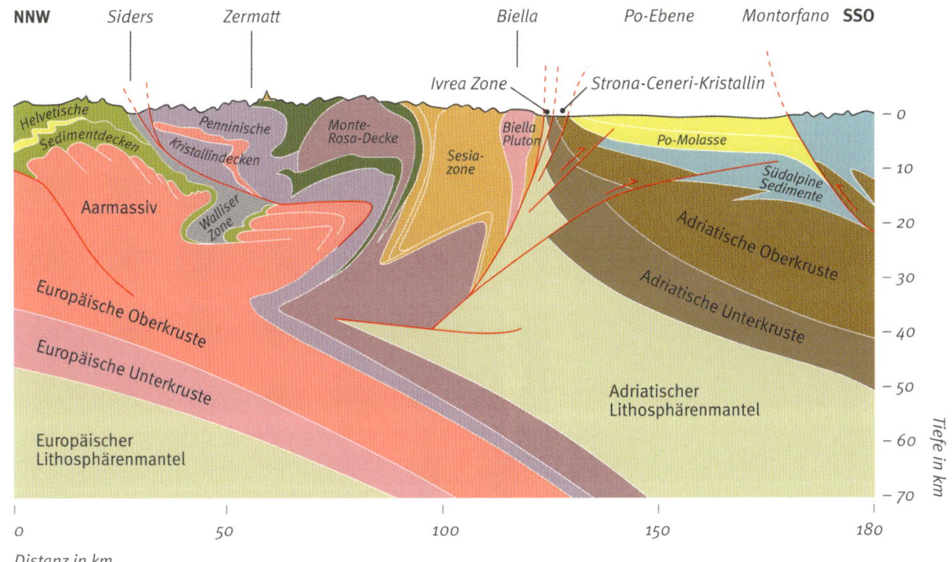
NNW
Siders
Zermatt
Biella
Po-Ebene
Montorfano
SSO
Ivrea Zone
Strona-Ceneri-Kristallin
Helvetische Sedimentdecken
Penninische Kristallindecken
Monte-Rosa-Decke
Biella Pluton
Sesia-zone
Po-Molasse
Südalpine Sedimente
Aarmassiv
Walliser Zone
Adriatische Oberkruste
Adriatische Unterkruste
Europäische Oberkruste
Europäische Unterkruste
Adriatischer Lithosphärenmantel
Europäischer Lithosphärenmantel
0
10
20
30
40
50
60
70
Tiefe in km
0
50
100
150
180
Distanz in km

111 Peridotit von Finero

Typ
Formation/Komplex

Säure-Base-Charakter
basisch

Gesteinsklasse: Magmatite **Unterklasse:** ultrabasische Plutonite

Der Peridotit von Finero (Dorf im obersten Valle Canobbina, I) ist eines der Gesteine, die jeder Geologe der Schweiz kennt. Warum? Der Erdmantel beginnt in rund 30–50 km Tiefe. Wir wissen, dass er bis in ca. 400 km Tiefe aus dem Olivingestein Peridotit besteht. Direkten Zugang zu Mantelgesteinen haben wir jedoch wenig. Manche direkt aus dem oberen Erdmantel aufsteigende Basaltvulkane führen mitgerissene Stücke von frischem Mantelperidotit mit; bekannt sind etwa die Vorkommen der Auvergne (F), der Eifel (D) oder der kanarischen Insel Lanzarote. Dann gibt es, auch in den Alpen, beträchtliche Stücke von Erdmantelgestein in den Ophiolithen. Leider sind diese allermeist schon kurz nach ihrer Entstehung zu Serpentiniten hydratisiert und bei der Einschuppung ins Gebirge dann noch arg zerschert worden, sodass wir keine primären Mantelmineralogien und -strukturen mehr erkennen können. Ein Fall wie bei der Ivreazone, wo ein großes Stück von oberstem Erdmantel und unterster Kruste als Entität durch eine Serie von geologischen Zufällen an die Oberfläche gelangte, ist deshalb eine aufregende Ausnahme. Neben dieser «intellektuellen Faszination» sind die Peridotite von Finero sehr schöne Gesteine, die auch durch ihr hohes spezifisches Gewicht von rund 3,4 g/cm³ beeindrucken. Im gleichen Gesteinsverband kommen auch Pyroxenite, Hornblendite und Gabbros vor.

Bestandteile | Härte

Olivin (oft › 90 %) graugrün, frisch, muscheliger Bruch mit Fettglanz; hellbrauner Biotit (Mg-Varietät Phlogopit, bis 5 %); bis zu 25 % schwarze Hornblende und bis 10 % grüner Pyroxen. Sehr hartes und zähes Gestein.

Mächtigkeit | Verbreitung

Der Finerokörper misst rund 13 × 2 km; auf Schweizer Boden ist er in den steilen Nord-

Der Fineroperidotit mit Phlogopitglimmer.

Pyroxenitlagen mit hellgrünem Chrompyroxen.

SiO_2	Rest
40	60 %

Landschaftsprägung
Analog zu umgebenden Grundgebirgsgesteinen.

Wow – ein frisches Stück Erdmantel!

hängen des Gridone im Centovalli aufgeschlossen. Weitere größere Vorkommen liegen bei Balmuccia und Baldissero weiter südwestlich.

Textur und Struktur
Mittel- bis grobkörnig, massig. Die Phlogopite und Hornblenden zeigen eine Einregelung, welche auf eine plastische Verformung schließen lassen. Im Aufschlussbereich gebändert in Wechsellagerung mit Gabbros.

Farbe(n), Patina, Verwitterung und Erosion
Gestein mattgrün, teilweise mit der für Ultrabasite typischen rostbraunen Verwitterungskruste.

Einschlüsse|Fossilien
Keine.

Adern|Klüfte|Bruchmuster
Gänge von Pyroxeniten (spektakuläres grobkörnig-grünes Gestein) durchschlagen den Peridotit.

Alter|Bildungsetappen
Das Alter des Peridotits ist wahrscheinlich ordovizisch. Die Gesteine wurden dann im Perm durch Interaktionen mit einer subduzierten Platte hochgradig metmorphosiert, von Gabbros intrudiert und geochemisch verändert. Dadurch entstand der an sich für Peridotite ungewöhnliche Phlogopit.

Variabilität|Verwandte|Verwechslungen
Große Bandbreite von reinen Peridotiten bis zu hornblende-/pyroxenreichen Varietäten.

Bachbett des Cannobino bei Finero mit rostbraun anwitternden Peridotitblöcken.

Blick auf die gebänderten Gesteine des Erdmantels in der kleinen Schlucht des Canobbino bei Finero.

112 Gabbros der Ivreazone

Typ
Lithologie

Gesteinsklasse: Metamorphe Gesteine **Unterklasse:** granulitfazielle Metabasika

Ein Hauptteil der Ivreazone wird durch basische Gesteine aufgebaut, die als «basischer Hauptzug» zusammengefasst werden. Es handelt sich um eine bis 10 km mächtige, magmatisch geschichtete Abfolge von basischen Intrusivgesteinen (Gabbros, Dioriten), die im unteren Perm vor rund 285 Mio. J. in die unterste Kruste intrudierten und praktisch zeitgleich durch eine granulit- bis amphibolitfazielle Metamorphose umgewandelt wurden. Dabei blieb nur ein Teil der magmatischen Gefüge erhalten, es entwickelten sich aber auch metamorphe Gefüge. So muss man die Gesteine heute als basische, oft granatführende Granulite bis Amphibolite bezeichnen. Man geht heute davon aus, dass die Intrusionen des basischen Hauptzuges an der Grenze Erdmantel/Erdkruste auch die notwendige Wärme geliefert haben für die ungefähr gleich alten Intrusionen in die obere Kruste (Baveno-Granit (Nr. 115) und Vulkanite des Luganese (Nr. 114)).

Bestandteile | Härte
In wechselnden Anteilen Plagioklas (weiß, transparent), Klinopyroxen (schwarz), Orthopyroxen (kupferbraun), Hornblende (schwarz), Granat (dunkelrot), seltener etwas Biotit (dunkelgoldbraun).

Mächtigkeit | Verbreitung
Auf Schweizer Boden ein max. 1,5 km breiter und 12 km langer Zug von Ascona zum Grenzberg Gridone/Monte Limidario; Fortsetzung in Italien für rund 90 km in der gesamten Ivreazone als bis 10 km breiter Zug.

Variabilität | Verwandte | Verwechslungen
Sehr große Variabilität innerhalb des basischen Hauptzuges.

Verwendung
Lokaler Baustein.

Ein Blick in die geschichtete Unterkruste des basischen Hauptzugs bei Finero.

Granat-Pyroxen-Granulit, hochgradig metamorpher Gabbro.

Kraft- und Heilsteine: Gigantischer Geldabzockerhumbug

Zwei Zitate von zwei der zahllosen Webseiten für Kraft- und Heilsteine:

«Das Wesentliche ist also das Potenzial der Steine, Informationen an uns weiterzugeben.»

«Lassen Sie sich von der Kraft der Heilsteine verzaubern – zum Shop!»

Schon im Altertum hat man Edelsteinen und Mineralien magische und heilende Wirkungen zugeschrieben. So befanden etwa die Griechen, der violette Amethyst helfe gegen Trunkenheit, und der Smaragd soll Augenkrankheiten heilen, Frieden bringen und die Liebe stärken.

Um hier einmal ungewöhnlich Klartext zu reden: Das ist alles ein gigantischer Humbug! Es gibt für solche medizinischen Wirkungen keinerlei wissenschaftliche Hinweise, keine Studienresultate, nicht einmal überlieferte Wirkungen. Die Wirkungszuschreibungen folgen plumpen «Zusammenhängen» wie etwa dem Violett des Amethysts und der Farbe des Weins. Es ist zum Weinen! Das Landgericht Hamburg befand in einem Urteil von 2008, dass das Bewerben von Heilwirkungen von Steinen und die Bezeichnung derselben als «Heilsteine» unlauterer Wettbewerb sei, selbst wenn auf den fehlenden wissenschaftlichen Nachweis der heilenden Wirkung hingewiesen wird. Doch heute, in unseren aufgeklärten Zeiten, boomt der Markt für Heil-, Wunder- und Kraftsteine, und das Ganze ist eine gewaltige und schamlose Geldmacherei. Da kann man beispielsweise ein Kilo gemahlenen gewöhnlichen Muschelsandstein von Würenlos AG, schön verpackt und mit allerlei Geschwafel versehen, in Drogerien für 35 Franken als «Schweizer Heilgestein Aion A» kaufen. Die Gestehungskosten des Pulvers belaufen sich vielleicht auf 50 Rappen.

Und nun kommt das «aber». Ich selbst habe zu Hause einige Steine stehen, die für mich eine Magie und eine Kraft ausstrahlen, so etwa ein kantiger Basalt aus der Wüste Omans, der vom sandigen Wüstenwind gerieft, abgerundet und poliert ist. Wie er da so in meiner Hand liegt, mit seiner Schwere, seiner seltsamen Oberfläche! Es ist jedoch nicht der Stein, der eine Wirkung hat, sondern mein ganz persönlicher Bezug zu ihm, den ich in ihn hineinlege. Und so ist es vorstellbar, dass jemand nach dem Kauf irgendeines «Heil-» oder «Kraftsteins» tatsächlich eine Wirkung spürt. In der trockenen medizinischen Sprache redet man dann vom Placebo-Effekt.

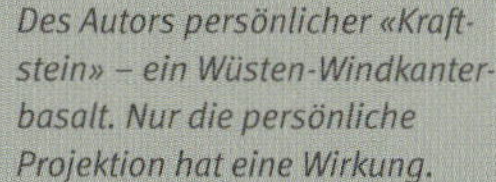

Des Autors persönlicher «Kraftstein» – ein Wüsten-Windkanterbasalt. Nur die persönliche Projektion hat eine Wirkung.

113 Cenerigneis

Typ
Formation/Komplex

Säure-Base-Charakter
sauer bis intermediär

Gesteinsklasse: Metamorphite **Unterklasse:** Metagranitoide

Die Strona-Ceneri-Zone besteht zum größten Teil aus hoch metamorphen Gneisen und Schiefern, vorwiegend Meta-Grauwacken (Biotit-Plagioklasgneise) und Metapeliten, mit eingelagerten Amphiboliten und wenig Metakarbonaten. Das Ablagerungsalter dieser ursprünglichen Sedimentgesteine ist kambrisch bis präkambrisch. Im unteren Ordovizium (ca. 480 Mio. J.) wurden sie unter Hochdruckbedingungen ein erstes Mal metamorphosiert. Recht bald danach (um 465 Mio. J.) intrudierten in diese Gesteine granodioritische Magmen, welche aus der Aufschmelzung dieser Metasedimentserien infolge Subduktion entstanden. Dies sind die Cenerigneise. Die Metasedimente schmolzen also zu Magmen auf und intrudierten quasi sich selbst wieder in höhere Krustenniveaus. Da dies in einem tektonisch kompressiven Umfeld geschah, wurden die neu gebildeten Magmatite mit ihrer Erstarrung gleich auch zu Gneisen umgewandelt. Aus diesem Grund finden sich im Cenerigneis sowohl Merkmale von plutonischen Gesteinen (Intrusivkontakte, Gänge etc.) als auch noch sedimentäre Relikte (Schichtungen) und zahlreiche nicht vollständig aufgeschmolzene Stücke der Rahmengesteine (auffällig die Kalksilikat-Marmore) als längliche Xenolithen, sowie drittens metamorphe Gefüge. Der Cenerigneis ist damit zu einem Beispiel für eine Art von Gebirgs- bzw. Krustenbildung (Kratonisierung) geworden, die komplett anders verlief als diejenige der Alpenbildung, und die man heute in vergleichbarer Form nur in den Gebirgszügen Alaskas finden kann. Zudem sind die Cenerigneise ein Beispiel von Gesteinsserien, in denen man makroskopisch die drei durchlaufenen Stadien sedimentär/magmatisch/metamorph noch erkennen kann. Da ganz analoge Gneisserien ordovizischen Alters weltweit vorkommen, wurde

Der durchschnittliche Ceneri-Orthogneis, mit einer biotitreichen Scholle.

Cenerigneis mit linsigen Kalksilikatfelseinschlüssen, Lago Maggiore Westufer.

SiO$_2$	Rest
65	35 %

Landschaftsprägung
Hebt sich nicht speziell aus den Gneisen und Schiefern heraus.

Namensgeber für einen speziellen Typus der Gebirgsbildung

neuerdings vorgeschlagen, diesen neu definierten Gebirgsbildungstyp als «cenerisch» und die entsprechenden alten Gebirge als «Ceneriden» zu bezeichnen. Damit würden die im dichten Waldgehölz der Südalpen gut versteckten Cenerigneise quasi «globalisiert».

Bestandteile|Härte
Biotit-Plagioklasgneis, teilweise muskovit- und granatführend.

Mächtigkeit|Verbreitung
Der Cenerigneis macht etwa 20 % der Strona-Ceneri-Zone aus; größere Gebiete liegen in der Schweiz im Bereich Bellinzona-Lugano-Lago Maggiore, die Aufschlüsse setzen sich auf italienischem Gebiet fort.

Textur und Struktur
Fein bis mittelkörnig, nicht sehr ausgeprägte Schieferung, dafür Streckungslineationen und Verfaltungen, insgesamt unruhige Strukturen und stellenweise zahlreiche Fremdgesteinseinschlüsse.

Farbe(n), Patina, Verwitterung und Erosion
Im frischen Bruch insgesamt grau, verwittert gerne braun bis rostbraun.

Einschlüsse|Fossilien
Zahlreiche Xenolithen, s. oben.

Adern|Klüfte|Bruchmuster
Nichts Spezielles.

Verwendung
Höchstens lokaler Baustein.

Komplexe Strukturen in einem Aufschluss im Cenerigneis der italienischen Val Cannobina.

Blick auf den Monte Zeda oberhalb von Verbania am Lago Maggiore. Der ganze Berg liegt im Strona-Ceneri-Zone.

114 Luganer Porphyr

Typ
Formation/ Komplex

Säure-Base-Charakter
variabel

Gesteinsklasse: Magmatite

Unterklasse: Vulkanite und Subvulkanite

Feuerwerke in Lugano? Und ob! Hoch dramatisch, mit viel Blitz und Donner, mit Staub- und Ascheregen, mit Glutlava-Lawinen, mit zähe zu Tale kriechenden glühenden Lavaströmen. Zum Glück allerdings geschah all dies vor rund 290 Mio. J.

Versetzen Sie sich in eine trockenheiße Wüstenlandschaft mit weiten Hochebenen, unterbrochen da und dort von Inlandsenken mit riesigen Trockenschuttkegeln, immer mal wieder große Vulkane – wie heute etwa in der chilenischen Wüste oder im Death Valley (USA). Vom Gipfel des gerade ruhigen Monte Lugano sehen Sie in der nördlichen Ferne die rauchenden Kegel der Urner Windgällen-Vulkane, rechts davon den schönen Kegel des Glarner Kärpfvulkans. Weit im Osten dräuen die vielen sehr aktiven Vulkane von Bozen. Das ist die Welt des permischen Verrucano (Nr. 59) und seiner Vulkane, die in den verschiedenen Verrucano- und Vulkanitserien der Alpen dokumentiert sind (s. a. Nr. 55).

Bei den Luganeser Vulkaniten liegen über einer basalen Tuffserie dunkle, andesitische Vulkanite (früher Hornblende-Porphyrite), darüber rötlich braune Rhyolithe (Luganer Quarzporphyr) und schließlich zuoberst subvulkanische Granophyre. Der Gesamtkomplex wird als große Vulkancaldera interpretiert.

Bestandteile|Härte

Andesit: braungrüngraue Matrix, Einsprenglinge grünliche Hornblende und etwas Feldspäte.
Rhyolith: rötlich braune Matrix, Einsprenglinge von Quarz, Kalifeldspat (rosa), Plagioklas (weißlich gelb alteriert), wenig Biotit/Erz.
Granophyr: wie Rhyolith, aber fein- bis mittelkörnig.

Mächtigkeit|Verbreitung

Um 800 m mächtige Abfolge, aufgeschlossen auf rund 50 km² auf der Halbinsel Morcote, an den Monti San Giorgio und Generoso.

Porphyrischer Luganer Rhyolith mit kleinen Schollen von Andesit; Halbinsel Morcote bei Carona.

Der feinkörnige, vollständig kristalline Granophyr von Figino, Halbinsel Morcote.

55–70	45–30 %
SiO_2	Rest

Landschaftsprägung
Bewaldete Hügelberge südlich von Lugano.

Textur und Struktur
Mikrokristalline Matrix mit kleinen Einsprenglingsmineralien; die Granophyre sind fein- bis mittelkörnig und teilweise miarolitisch.

Farbe(n), Patina, Verwitterung und Erosion
Andesit: Dunkel bräunlich-grünlich. Rhyolith/Granophyr: rötlich braun bis ockerfarben. Beide zeigen gerne eine dunkle, schmutzfarbene Patina.

Einschlüsse|Fossilien
In den Miarolen werden seltene Mineralien gefunden.

Adern|Klüfte|Bruchmuster
Orthogonale Kluftsysteme.

Alter|Bildungsetappen
Untere Permzeit.

Variabilität|Verwandte|Verwechslungen
Beide Gesteinstypen sind an sich unverkennbar, aber leicht mit analogen permischen Vulkaniten anderer Fundorte zu verwechseln.

Verwendung
Rhyolith/Granophyr: beliebter Baustein, vor allem für Straßensteine, Boden- und Wandplatten und Mauersteine. Analoge Gesteine werden in der Lombardei und im Trentino vielerorts abgebaut und verwendet. Die größten Mengen stammen von den gigantischen Vorkommen um Bozen (bis 2 km mächtig, um 4000 km^2). Andesite: Straßen- und Gleiseschotter.

Andesit («Porhphyrit») von Carona.

Die Kapelle Santa Maria degli Angeli, 1994 von Mario Botta auf dem Monte Tamaro aus dem roten Rhyolithporphyr von Lugano erbaut.

115 Baveno-|Montorfanogranit

Typ
Formation/
Komplex

Gesteinsklasse: Plutonite **Unterklasse:** Granite

Den Bavenogranit kennen alle. Er wird häufig für Küchen, Tische, Wand- und Bodenplatten verwendet. Er ist ein «Schulbuchgranit», weil er ein homogenes, mittelkörniges Gefüge hat und die Granitmineralien in exemplarisch klarer Ausprägung zeigt; wegen der meist rosa verfärbten Kalifeldspäte lassen sich zudem die beiden Feldspatarten klar auseinanderhalten. Die Bavenointrusion ist Teil einer ganzen Serie von wenigen größeren und vielen kleinen granitischen Plutonen zwischen Verbania und Borgosesia, die im Bereich einer Störungszone intrudierten. Ihr Alter liegt um 275 Mio. J. (mittlere Permzeit). Verbunden damit sind etwas ältere basische Intrusionen und Ganggesteine sowie vulkanische und subvulkanische Bildungen – u.a. die Luganer Porphyre (Nr. 114). In bestimmten Zonen weist der Granit zahlreiche kleine Drusen auf (Miarolen), die auf intensive Fluidaktivitäten bei der Auskristallisation hinweisen. Verbunden damit sind ebenfalls miarolithische Pegmatitgänge. In diesen Miarolen kristallisierte eine außerordentliche und unter Sammlern weltbekannte Vielfalt von seltenen Mineralien.

Bestandteile|Härte

Quarz (grau), Alkalifeldspat (oft rosa), Plagioklas (weißlich), Biotit (schwarz, oft ± grün chloritisiert); und Akzessorien.

Mächtigkeit|Verbreitung

Längliche Intrusionen bei Verbania, Fläche rund 30 km^2.

Verwendung

Bekannter Baustein in verschiedenen Varietäten. Wichtige Bauwerke: Galleria Vittorio Emanuele in Mailand, Säulen der Oper von Paris, Monument des Cristoforo Colombo in New York, Königspalast von Bangkok.

Der rosafarbene Bavenogranit.

Blick vom Mottarone, über die rosaroten Granitfelsen aus Bavenogranit nach Norden an die Berge des Val Grande in der Ivreazone.

Weltberühmte Steine: Ein Blick über die Schweiz hinaus – und zurück

Ein ganzes Zeitalter der menschlichen Entwicklung wird nach Gesteinen benannt: die Steinzeit. *Homo sapiens* lebte rund 99 % seiner bisherigen Zeit auf Erden in der Steinzeit. Gesteine waren die ersten Objekte, welche der Mensch bewusst und zielgerichtet zu bearbeiten begann. Seither begleiten Gesteine den Menschen als wichtiges Material seiner Umgebungsgestaltung, und zwar bis heute – und es wird wohl auch in Zukunft so bleiben. Da wäre genug Material für ein ganzes Buch, wir werfen hier nur einen kurzen Blick in diese faszinierende Welt.

Die ältesten Faustkeile wurden erst jüngst am Lake Turkana in Kenia gefunden und auf rund 3,3 Millionen Jahre datiert – lange bevor *Homo sapiens* die Weltbühne betrat. Als weltweit älteste Menschenskulptur wird die 1908 in Willendorf (A) entdeckte, 30 000 Jahre alte kleine Kalksteinfigur der Venus von Willendorf betrachtet. Die berühmtesten Bauwerke der Steinzeit sind die megalithischen Steinkreise, der allerbekannteste darunter ist die 4000 Jahre alte Struktur von Stonehenge in Südengland. Auch in der Schweiz gibt es Steinreihen und Steinkreise (S. 351).

Aus den frühen Hochkulturen Vorderasiens können die vor 4500 Jahren aus Kalkstein errichtete Sphinx von Gizeh und die zur Hauptsache aus dem lokalen Nummuliten-Kalkstein aufgebauten Pyramiden von Gizeh erwähnt werden. Die Steinhauerkunst der Ägypter war phänomenal; so schufen sie etwa die fantastischen Obelisken an einem Stück aus Granit und aus außerordentlich hartem und zähem Mikrogabbrogestein (Dolerit). Der wohl wichtigste Steinfund der Antike ist der 1799 in Ägypten gefundene Rosettastein aus Dolerit (196 v. Chr.), auf dem der gleiche Text in den drei Sprachen Altgriechisch, Ägyptisch (Hieroglyphen) und Demiotisch eingraviert ist. Dank dem Rosettastein gelang es, die Hieroglyphenschrift zu entziffern.

Aber auch in andern Hochkulturen finden wir gewaltige Zeugen höchster Steinmetz- und Steinbaukunst, denken wir nur an die gigantische Tempelanlage von Angkor Wat in Kambodscha aus dem 12. Jahrhundert, die große Mauer von China oder die Kultanlage von Machu Picchu in Peru.

Aber auch magische Steine gibt es berühmte; so etwa den schwarzen Stein von Mekka, dem größten Heiligtum der Muslime, oder den enigmatischen Stein der Weisen – bis heute nicht gefunden …

Aus der uferlosen Welt der Steinskulpturen soll nur der von Michelangelo (1501–1504) aus einem einzigen großen Block reinweißen Carraramarmors gearbeitete, 5 m hohe David erwähnt werden, und, als modernes Beispiel, die Riesenskulpturen vom Mount Rushmore (South Dakota USA), wo zwischen 1927 und 1941 vier 18 Meter hohe Porträts der bis dahin bedeutendsten US-Präsidenten aus dem Granit/Gneisfels gehauen wurden.

Schließlich soll die Reise wieder zurück in die Schweiz führen, wo wohl der Unspunnenstein, ein 83,5 kg schwerer, gerundeter Großkiesel aus Aaregranit, den Titel des berühmtesten Steines führen dürfte – oder wird dieser vom Teufelsstein bei Göschenen beansprucht?

Gesteinszone 14
Mesozoische Sedimentgesteine des Südalpins

Blick vom Monte S. Salvatore nach E. Bewaldete Berge links = Hauptdolomit (Nr. 108), Kette dahinter = südalpines Grundgebirge; steile Hänge rechts = lombardischer Kieselkalk des M. Generoso (Nr. 117).

Ausschnitt aus den tiefmarinen Sedimentgesteinen des Doggers in der Breggiaschlucht, mit spektakulären synsedimentären Rutschungen.

Mesozoische Sedimentgesteine des Südalpins nehmen nur eine sehr kleine Fläche auf Schweizer Boden ein: nur gerade der südlichste Zipfel des Tessins, vom Monte Brè über den Monte Generoso, das Valle di Muggio bis nach Mendrisio sowie die Berge Monte San Giorgio und San Salvatore gehören dazu. Dort prägen sie die Landschaft jedoch markant. Grundsätzlich gehörten die ostalpine und südalpine Ablagerungsräume zum selben adriatischen Kontinentalrand, weshalb es zwischen den beiden auch recht viele Ähnlichkeiten gibt. Etliche Gesteine, die hier zu finden sind, werden daher in andern Gesteinszonen vorgestellt. In der Triaszeit wurden im Südalpin – analog zum Ostalpin – mächtige Dolomitschichten abgelagert. Dominierte im Ostalpin der obertriassische Hauptdolomit (Nr. 108), so sind es im Südalpin des Tessins zwei mächtige Dolomitformationen: der bis über 600 m mächtige mitteltriassische San-Salvatore-Dolomit (Nr. 116) mit der weltberühmten Fossilfundstätte des Monte San Giorgio und der bis 500 m mächtige obertriassische Hauptdolomit (Nr. 108).

Ab der unteren Jurazeit war es dann vorbei mit der Gemütlichkeit auf dem flachen Küstengebiet. Pangäa begann zu zerbrechen, was den adriatischen Kontinentalrand ganz intensiv zerdehnte und zerriss. Dabei bildeten sich listrische Dehnungsbrüche, an denen einerseits tiefe Becken, andererseits Hochzonen entstanden sind (S. 380)). Diese Strukturierung ist im Südtessin zwischen Monte Generoso, der Halbinsel Morcote (Monte Arbòstora) und dem Lago Maggiore (Monte Nudo) exemplarisch gut erhalten. Das Gebiet Morcote/San Salvatore bildete eine Hochzone, auf die in der Lias-Dogger-Zeit lediglich einige Dekameter Flachwassersedimente abgelagert wurden, während im nur wenige km weiter östlich gelegenen Generosobecken bis 4000 m lombardischer Kieselkalk abgelagert wurden! An den großen Bruchzonen bildeten sich analog zum Ostalpin synsedimentäre Brekzien; an der Abschiebung zwischen dem Arbòstora-Hoch und Generoso-Becken sind dies die berühmten Brekzien von Arzo, die heute in einem Besucherpark zugänglich sind.

In der Doggerzeit beruhigte sich die Situation. Das Piemontozeanbecken war offen, wodurch sich der ganze Kontinentalrand langsam abzusenken begann. Über das ganze Gebiet wurden nun zusehends tiefer marine Sedimente abgelagert, u. a. der als Baustein so bekannte Rosso Ammonitico Lombardo (Nr. 119), darüber dann Radiolarite (Nr. 118) und rote Radiolarittone, schließlich in der Kreidezeit dann die weißen Tiefseekalke der Majolica (Nr. 120) und die recht mächtigen Mergel und Mergelkalke der «Scaglia». Darüber folgen lombardischer Flysch und dann jungtertiäre Molassekonglomerate. In der untersten Valle di Muggio, in der Breggiaschlucht nördlich von Chiasso, ist diese ganze tiefmarine Abfolge bestens aufgeschlossen und mit einem Lehrpfad erschlossen (www.parcobreggia.ch).

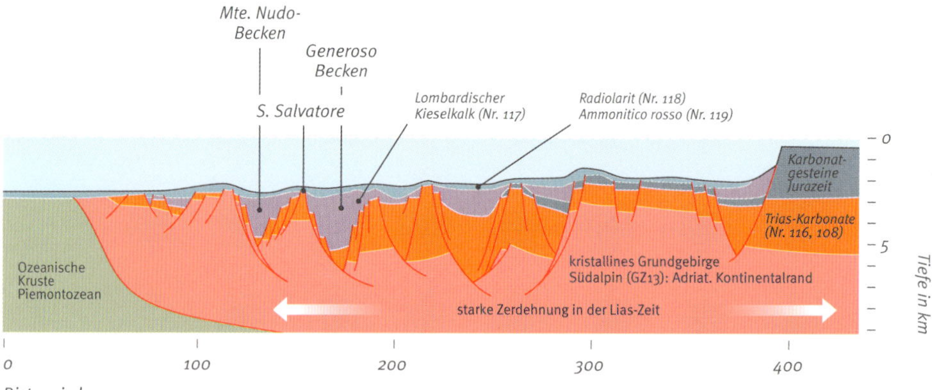

→ Die folgenden Gesteine, welche in anderen tektonischen Einheiten beschrieben werden, können in der Gesteinszone 14 ebenfalls angetroffen werden: **Hauptdolomit** (Nr. 108), **Brekzien Lias/Dogger** (Nr. 110).

Oben: W-O Profil des adriatischen Kontinentalrandes zur Zeit des Malms, das die extremen Beckenbildungen aufgrund der Zerdehnung illustriert. Leicht modifiziert nach O.A. Piffner, Geologie der Alpen, 3. Auflage, Haupt Verlag 2015.

Unten: Ein Steinbruch bei Arzo, der teilweise reaktiviert und zu einem imposanten Besucherpark zur Steinverarbeitung inkl. Kulturarena umgewandelt wurde (www.cavediarzo.ch)

Rechte Seite: Stark vereinfachtes stratigrafisches Sammelprofil durch die südalpinen mesozoischen Sedimentgesteine Graubündens. Die im Buch beschriebenen Gesteine sind eingezeichnet. Leicht modifiziert nach Jordan, P. in Nagra Technischer Bericht 08-04.

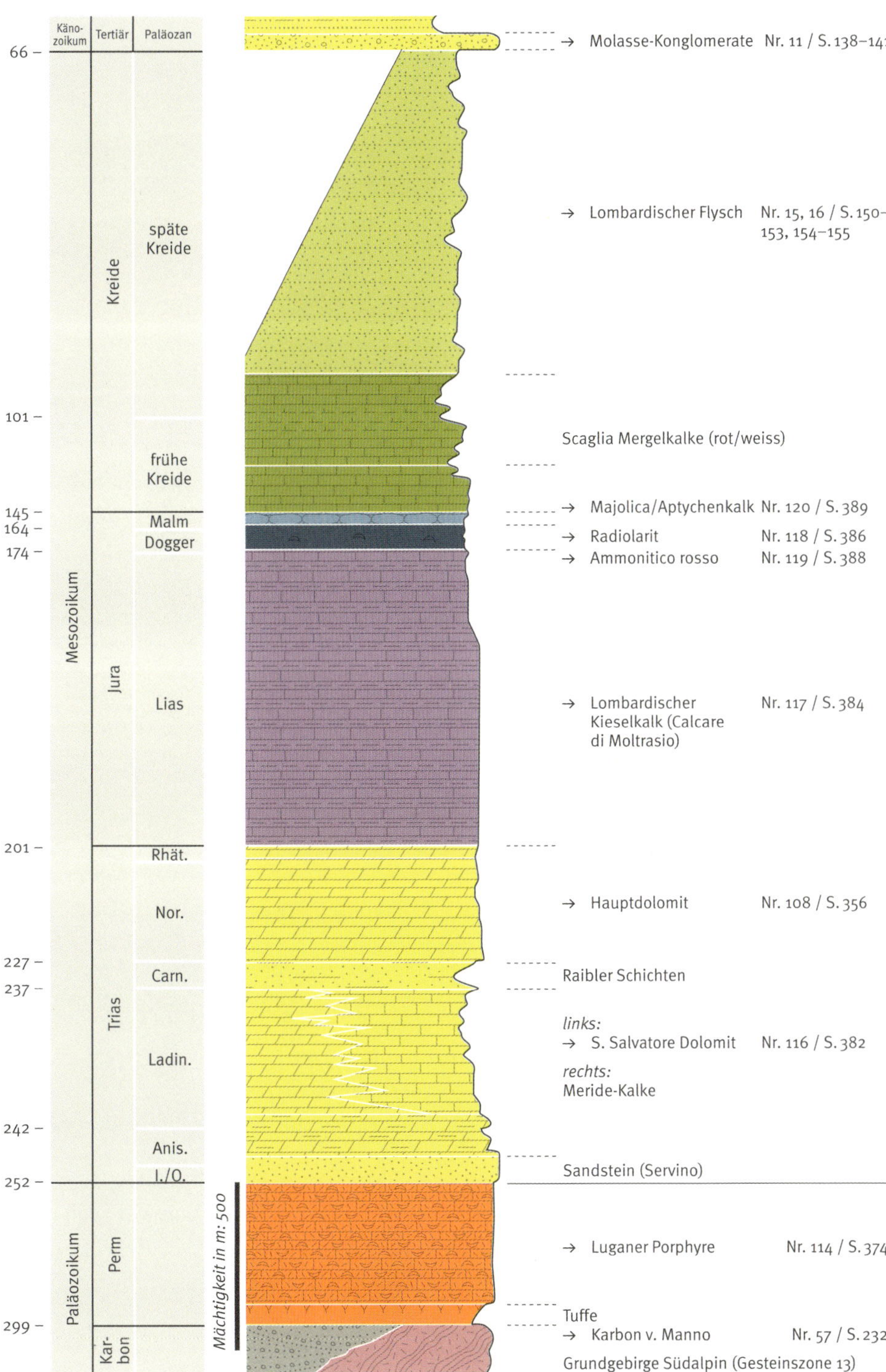
Mio. Jahre
geologisches Alter
Formationen/ Lithologien/Gesteine
Gesteinsporträt/ Seite
Känozoikum
Tertiär
Paläozan
66
Mesozoikum
Kreide
späte Kreide
101
frühe Kreide
145
164
174
Jura
Malm
Dogger
Lias
201
Trias
Rhät.
Nor.
227
Carn.
237
Ladin.
242
Anis.
I./O.
252
Paläozoikum
Perm
299
Karbon
Mächtigkeit in m: 500
→ Molasse-Konglomerate Nr. 11 / S. 138–141
→ Lombardischer Flysch Nr. 15, 16 / S. 150–153, 154–155
Scaglia Mergelkalke (rot/weiss)
→ Majolica/Aptychenkalk Nr. 120 / S. 389
→ Radiolarit Nr. 118 / S. 386
→ Ammonitico rosso Nr. 119 / S. 388
→ Lombardischer Kieselkalk (Calcare di Moltrasio) Nr. 117 / S. 384
→ Hauptdolomit Nr. 108 / S. 356
Raibler Schichten
links:
→ S. Salvatore Dolomit Nr. 116 / S. 382
rechts:
Meride-Kalke
Sandstein (Servino)
→ Luganer Porphyre Nr. 114 / S. 374
Tuffe
→ Karbon v. Manno Nr. 57 / S. 232
Grundgebirge Südalpin (Gesteinszone 13)

116 San-Salvatore-Dolomit

Typ
Formation

Gesteinsklasse: Sedimentgesteine **Unterklasse:** Karbonatsedimente

Grobbankig bis massig, mit heller, fast weißer Patina, präsentiert sich diese südalpine Dolomitschicht am Monte San Salvatore, dem zuckerhutartigen Hausberg von Lugano. Am südlich davon liegenden Monte San Giorgio liegt die Dolomitschicht gegen Süden schräg gestellt auf den permischen Vulkaniten. Dort bildete sich vor rund 245 Mio. J. ein kleines seichtes Becken aus, das von der Meerwasserzirkulation fast gänzlich abgeschnürt und am Boden sauerstoffarm war. Deshalb wurden dort abgestorbene Tiere nicht oxidiert, sondern blieben in den schwarzen ölig-bituminösen Lagen (Ölschiefer) teilweise sogar mit Weichteilen erhalten. So entstand die berühmte Fossillagerstätte, heute ein UNESCO-Weltnaturerbe (www.montesangiorgio.org). In verschiedenen Schichten wurden – und werden immer noch – bestens erhaltene Meeres- und Landfossilien gefunden, bisher 14 Saurierarten, über 40 Knorpel- und Knochenfische sowie Insekten.

Bestandteile|Härte
Ziemlich reiner Dolomit.

Mächtigkeit|Verbreitung
Im Gebiet um Lugano bis ca. 600 m, weiter östlich bis über 1000m.

Variabilität|Verwandte|Verwechslungen
In den noch viel mächtigeren südalpinen Ablagerungen der Dolomitenregion bilden untertriassische Dolomite bis über 1500 m mächtige Abfolgen.

Verwendung
Bis vor rund 100 Jahren wurde das Bitumen der schwarzen Ölschiefer des Monte San Giorgio abgebaut, um durch trockene Destillation zur antiseptischen, schmerzstillenden Saurolsalbe verarbeitet zu werden.

Der grob gebankte San-Salvatore-Dolomit im Aufschluss am Monte San Salvatore.

Makrobild des San-Salvatore-Dolomits.

Gesteine als Klimaarchive: Steinerne Thermometer

Sedimentgesteine speichern immer auch Klimainformationen, die uns Auskunft über die Klimata und Klimaschwankungen längst vergangener Zeiten liefern können. Heute kann man mit Messungen von Isotopenverhältnissen (Isotope = gleiches chemisches Element mit unterschiedlichem Atomgewicht infolge unterschiedlicher Neutronenzahl) direkt auf Temperatur und Klima bei der Ablagerung zurückschließen. Aus Eisbohrkernen der Arktis und der Antarktis – Gletschereis ist letztlich ja auch ein Gestein! – kennen wir die auffälligen Jahresschichtungen. Daraus können wir heute die Klimaschwankungen der letzten Million Jahre mit ihren Kalt- und Warmzeiten direkt messen. Analog dazu können in jungen Sedimenten, die eine Jahresschichtung zeigen (z. B. Seetone unserer Alpenrandseen und schalig aufgebauten Stalaktiten) durch Auszählen der Jahresschichten und Isotopenmessungen direkte Klimakurven ermittelt werden. In manchen mesozoischen Sedimentgesteinen gibt es auffällige rhythmische Schichtungen – exemplarisch etwa im südalpinen Ammonitico Rosso (Nr. 119). Diese werden mit Klimaschwankungen erklärt. Im Ammonitico Rosso bildet jede Schicht wegen der extrem langsamen Sedimentation einige Zehntausend Jahre ab. Man denkt heute, dass die Schichten ähnliche Klimaschwankungen wie die Kalt-Warmzeit-Wechsel der Quartärzeit widerspiegeln, ausgelöst durch die planetaren Erdbahn-Parameter (Milankovich-Zyklen).

Diese Schichten des Ammonitico Rosso umfassen einige Millionen Jahre mit zyklischen Klimaschwankungen.

Rund 40 m mächtige Abfolge von rhythmisch geschichteten Kalksteinen und Mergeln aus dem Dogger der Axendecke; vor Lauterbrunnen (BE).

117 Lombardischer Kieselkalk (Moltrasio-Formation)

Typ
Formation

Säure-Base-Charakter
basisch bis intermediär

Gesteinsklasse: Sedimentgesteine **Unterklasse:** tiefmarine Karbonatgesteine

Schon in der obersten Triaszeit beginnt der adriatische Kontinentalrand zu zerdehnen. Es entstanden erste, heute ungefähr N-S verlaufende Abschiebungen; eine der größeren davon ist die Luganer Störung, die zu einer Abtiefung eines Beckens westlich der Achse Lugano-Mendrisio führte. In der Liaszeit intensivierte sich diese synsedimentäre Tektonik, und im Bereich des Monte Generoso bildete sich ein tiefes Becken, in das der Lombardische Kieselkalk mit bis über 4000 m Mächtigkeit abgelagert wurde, während nur wenige km westlich davon, auf der Hochzone San Salvatore/Monte Arbòstora, kaum Sediment abgelagert wurde. Westlich davon schloss sich dann wieder ein Becken an (Monte Nudo). Die Zone der Abschiebung selbst war durch synsedimentäre Brekzienbildungen geprägt, welche die berühmten dekorativen Bausteine des «Broccatello» und der «Macchia Vecchia» von Arzo erzeugten (Nr. 110).

Die Luganer Störung ist heute noch als steil ostfallende, nord-süd-streichende Abschiebung zwischen Lugano und Mendrisio erhalten und grenzt den Lombardischen Kieselkalk im Osten von der Hochzone im Westen ab. Allerdings ist es zu einer Reliefumkehr gekommen: Der Lombardische Kieselkalk ist erosionsresistenter und bildet die Berge des Monte-Generoso-Massivs; in den reduzierten Ablagerungen der Luganer Schwelle liegen tief ausgeräumte Täler mit dem größten Teil des Lago di Lugano.

Bestandteile|Härte

Wechsellagerung aus dunklen mikritischen Kieselkalken mit Hornsteinlagen und -knauern (Nr. 38) und gut gebankten, hornsteinfreien, oft bituminösen Kieselkalken mit Mergelzwischenlagen. Der Quarz der Silexknollen stammt ursprünglich von feinsten Kieselschwammnadeln (Spicula), die in das Becken gespült wurden.

Der mikritisch-feinstkörnige, splittrige Kieselkalk im frischen Bruch.

Kieselkalk mit heller Patina und mit zahlreichen schwarzen Hornsteinknollen und -lagen.

10 90 %

SiO₂ CaCO₃

Landschaftsprägung
Baut den mächtigen Monte Generoso auf.

Das Tiefmeerbecken des Monte Generoso

Mächtigkeit|Verbreitung
Große Fläche um den Monte Generoso und Como sowie der ganze südliche Teil des Lago di Como; weiter westlich am Monte Nudo und östlich am Alpenrand entlang bis in die Gegend von Bergamo. Am Monte Generoso erreicht die Abfolge Mächtigkeiten von über 4 km. Sehr gute Aufschlüsse entlang der Straße von Lugano nach Menaggio.

Textur und Struktur
Charakteristisch ist die gute Schichtbankung im dm-Bereich, die zu leichter Verfaltung im m-/dm-Bereich führte.

Farbe(n), Patina, Verwitterung und Erosion
Frisch dunkel blaugrau, Patina mittel- bis hellgrau.

Einschlüsse|Fossilien
Lagenweise viel Silexknollen und -lagen.

Adern|Klüfte|Bruchmuster
Stark geklüftet senkrecht zu den Schichtbänken.

Alter|Bildungsetappen
Ablagerung in der Liaszeit in sich rasch absenkenden Becken zwischen Hochzonen, 195–180 Mio. J. Die Ablagerung der Kalkbänke erfolgte mehrheitlich als feinste Turbiditströme aus Kalkschlamm und Kieselalgen.

Variabilität|Verwandte|Verwechslungen
Siehe Text; als Formation im Gelände einfach zu erkennen.

Verwendung
Lokaler Baustein.

Klettereigenschaften
Aufgrund der starken Bankung mit Mergellagen nicht geeignet.

Verfaltungen im gut gebankten Kieselkalk, Seestraße bei Gandria östlich von Lugano.

Der Monte Generoso von Westen. Im Vordergrund Luganer Porphyr und Hauptdolomit, darüber die mächtigen Serien von Lombardischem Kieselkalk.

118 Radiolarit

Typ Lithologie

Säure-Base-Charakter sauer

Gesteinsklasse: Sedimentgesteine **Unterklasse:** biogene Tiefseesedimente

Radiolarite sind in der Regel leicht und eindeutig zu identifizieren! Sie werden hier im Rahmen der südalpinen Sedimente beschrieben; sie kommen jedoch auch in den ostalpinen, ober- und mittelpenninischen Sedimentabfolgen vor. Radiolarite sind Tiefseegesteine. Ihr Ursprung liegt in einzelligem Plankton, welches seine Innenskelette nicht wie die meisten andern aus Calciumkarbonat, sondern aus Quarz (bzw. Opal-CT) aufbaut. Abgestorbenes Plankton sinkt langsam ab, die karbonatischen Schalen werden mit zunehmender Tiefe aufgelöst. Ab einer Tiefe von 4000–5000 m ist alles Karbonat aufgelöst (= Calcit-Kompensationstiefe CCD). So gelangen nur noch Reste von Quarzplankton auf die Tiefseeböden, wo sie mit durchschnittlich wenigen Tausendstel Millimeter pro Jahr als Kieselschlamm abgelagert werden. Durch Kompaktion und Diagenese entstehen daraus die Radiolaritgesteine. Eingeschwemmte Tonpartikel können sich mit den Radiolaritschlämmen mischen oder zu rhythmischen Wechsellagerungen im cm-Bereich von harten Radiolarit- mit weichen Tonschieferlagen führen. Auch Manganbildungen sind in den Radiolariten recht oft zu finden, z. B. Falotta/Parsettens (GR).

Die meisten Radiolarite sind im Aufschluss rotbraun bis rotviolett, zurückzuführen auf geringe Beimengungen von Eisen und Mangan in der Tiefsee. Bei der Metamorphose wurden sie durch Redoxreaktionen «vergrünt». Grüne metamorphe Radiolarite können nahe der heutigen Oberfläche wieder «rückoxidiert» und damit wieder rotbraun werden. Recht oft findet man Aufschlüsse mit beiden Farben.

Bestandteile|Härte

Reine Radiolarite bestehen aus mikrokristallinem Quarz, ähnlich dem Hornstein/Feuerstein (Nr. 38). Sie sind ebenso hart und zäh. Mit zunehmender Beimengung von Ton werden die

Lage von reinem, splittrigem Radiolarit in hellerem, tonigem Radiolarit; obere Jurazeit, Südalpin, Breggiaschlucht im Valle di Muggio (TI).

Rote und grüne Radiolarite der oberen Jurazeit der unterostalpinen Errdecke am Lai Grond südlich des Piz Ela (GR).

90	10 %
SiO_2	$CaCO_3$

Landschaftsprägung
Zuweilen auffällige bordeauxrote Aufschlüsse.

Roter oder grüner, harter Tiefseestein

Gesteine weicher und deutlich ritzbar. Es gibt alle Übergänge zu eigentlichen roten Tiefseetonsteinen.

Mächtigkeit|Verbreitung
Meist eher geringmächtige Abfolgen (einige Meter bis Dekameter) – weil die Sedimentationsraten so gering waren. Radiolarite finden sich in den mittelpenninischen Abfolgen (Gesteinszone 7), in den Ophiolithen (Gesteinszone 10) und in den ostalpinen Sedimenten der Gesteinszone 12 (Blaisradiolarit).

Textur und Struktur
Feinstkörnig-mikrokristallin; die Wechsellagerung im cm-/ dm-Bereich von harten Radiolariten und weichen Tonschiefern ist sehr «faltungsfreudig» – spektakuläre Verfaltungen sind häufig.

Farbe(n), Patina, Verwitterung und Erosion
Rot- bis violettbraun oder hellgraugrün; Radiolarite verwittern sehr langsam und entwickeln kaum eine Oberflächenpatina.

Einschlüsse|Fossilien
Keine Makrofossilien.

Adern|Klüfte|Bruchmuster
Oft mit weißen Quarzadern durchsetzt.

Alter|Bildungsetappen
Je nach Ablagerungsbereich Dogger bis Unterkreide.

Variabilität|Verwandte|Verwechslungen
Siehe Text. Höher metamorphe Radiolarite sind oft grün und rekristallisiert.

Rot-grüner Radiolaritaufschluss in der Simmendecke der Préalpes Romandes, Mittel- bis Oberjura; Brendelspitz südlich von Jaun (FR). Bildbreite ca. 5 m.

Im Val Trupchun im Schweizerischen Nationalpark (GR). Auffällig das rotbraune Band des oberostalpinen Blaisradiolarits (Mittel- bis Oberjura).

119 Ammonitico rosso lombardo

Typ
Formation

Gesteinsklasse: Sedimentgesteine **Unterklasse:** tiefmarine Karbonatsedimente

Wetten, dass Sie dieses Gestein schon gesehen haben? Der braunrote Kalkstein mit seinen vielen großen Ammoniten ist einer der beliebtesten Natursteine in Italien, exportiert und verwendet in ganz Europa. Er ist Teil der jurassischen Tiefseeablagerungen in den südalpinen Sedimenten (mit Nr. 118 und 120), die nach den gewaltigen synsedimentären Horst- und Grabenbildungen der Liaszeit (Nr. 117) mit dem langsamen Absinken des adriatischen Kontinentalrandes abgelagert wurden. Die 15 m in der Breggiaschlucht aufgeschlossenen Schichten umfassen rund 8 Mio. J., weil die Sedimentationsrate nur einige Hundertstel mm pro Jahr betrug! Dies erklärt auch das gehäufte Auftreten von Ammoniten. Weitere auffällige Eigenschaften des Gesteins sind Knollenstrukturen, die rhythmische Schichtung, und die zahlreichen Lebenwesen (Bioturbation). Es gibt alle Übergänge von crèmefarbigen bis zu knallig orangerot oxidierten Varietäten.

Bestandteile | Härte

Kalkstein bis mergeliger Kalk; mit mergeligen bis tonigen Zwischenlagen.

Mächtigkeit | Verbreitung

In der Schweiz nur im Mendrisiotto in einer Schicht von 15 m Mächtigkeit zu finden.

Variabilität | Verwandte | Verwechslungen

Unverwechselbar.

Verwendung

Seit der Römerzeit einer der bekanntesten Natursteine (z. B. Arena von Verona). In Italien häufig als Bodenplatten und Wandverkleidungen, nördlich der Alpen viele Säulen von Barockkirchen.

Ammonitico rosso wie man ihn kennt; Straßenplatte in Verona (l).

Abgewetzte Sitzplatten in der Arena von Verona: römische Hintern haben mit der Politur begonnen …

120 Majolica-|Aptychenkalk

Typ
Formation
(Lithologie)

Gesteinsklasse: Sedimentgesteine **Unterklasse:** Tiefseekarbonate

Dieser im frischen Bruch hellbeige bis weißliche, weiß anwitternde Kalkstein ist auffällig, wo er aufgeschlossen ist. Er ist sehr dicht-mikrokristallin, mit splittrig-muschligem Bruch. Meist ist er sehr gut gebankt, mit Schichtung im cm- bis dm-Bereich. Er dokumentiert eine Zeit ruhiger Tiefseesedimentation auf dem adriatischen Kontinentalrand und auf der mittelpenninischen Schwelle. Die Ablagerungsrate durch den «Tiefseeschneefall» von Mikroplanktonschalen ist extrem gering: 1 cm Gestein heute entspricht 1000–2000 Jahren Sedimentation! Aptychenkalk wird das Gestein genannt, weil man darin die gleichnamigen Fossilien findet, die ein wenig an ein Paar Engelsflügel erinnern. Es sind jedoch Teile der Unterkiefer von Ammoniten. Da diese ursprünglich aus Calcit, die Ammonitenschale jedoch aus dem in Meerwasser leichter löslichen Aragonit aufgebaut war, haben sich Letztere aufgelöst, und nur die Aptychen sind übrig geblieben.

Bestandteile|Härte
Reiner Tiefseekalk, aus mikroskopisch feinen Planktonschalen (Coccolithen, Calpionellen), zuweilen mit etwas Silexknollen.

Mächtigkeit|Verbreitung
Im Südalpin 100–150 m, in einem schmalen Streifen entlang dem Alpenrand. Ähnliche weiße Tiefseekalke kommen auch im Ostalpin des Engadins vor (Russennaformation), sowie im Mittelpenninikum (Formation des Sciernes d'Albeuve in den Préalpes, Neokomkalke in den Klippen der Zentralschweiz).

Variabilität|Verwandte|Verwechslungen
Insgesamt leicht zu erkennen.

Verwendung
Für Zementproduktion abgebaut.

Aptychenkalk aus dem Unterostalpin bei Arosa.

Die weißen Kalksteinschichten der Majolica in der Breggiaschlucht.

Gesteinszone 15
Tertiäre Magmatite

Plutone im Süden

Die ordovizischen und variszischen Gebirgsbildungen waren durch die Bildung großer Mengen plutonischer Gesteine geprägt. Ein Großteil der berühmten Alpengranite – Mont-Blanc-, Aare- und Gotthardgranit – sind nicht bei der Alpenbildung entstanden.

Im mittleren Tertiär spielten sich im werdenden Alpengebäude dramatische Dinge ab, unter anderem der Plattenabriss der subduzierten europäischen Platte und die transpressiven Bewegungen an der periadriatischen Naht. Dies ermöglichte entlang dieser Naht zwischen 34–28 Mio. J. Bildungen von Magmen, die als Plutone aufstiegen. Der weitaus größte davon ist der an der Schnittstelle von periadriatischer Naht und Giudicarienbruchlinie eingedrungene Adamellokomplex, der vorwiegend aus Tonaliten besteht. Der zweitgrößte ist die Bergellerintrusion zwischen Engadiner und Insubrischer Linie. Kleinere Plutone finden sich von Traversella bei Ivrea bis ganz an das Ostende der Alpen. Verbunden mit diesen magmatischen Aktivitäten sind zahlreiche Ganggesteine im Bereich der periadriatischen Linie. Der Bergeller Pluton durschlägt zwar Deckenkontakte, ist aber im Süden entlang der Insubrischen Linie weit nach Westen bis in die Gegend von Bellinzona ausgezogen, was den engen Zusammenhang zwischen der Intrusion und den Bewegungen an der Insubrischen Linie verdeutlicht. Am Ostrand des Bergeller Plutons hat sich in den Rahmengesteinen eine intensive Kontaktmetamorphose ausgeprägt, die etwa die Kissenlaven des Malenco-Ophioliths am Monte Forno zu Amphiboliten umgewandelt hat.

Unterwegs auf der Südseite des Bergeller Granitplutons, am Passo Qualido, mit Blick auf die Pizzi del Ferro.

Der Hohentwiel im Hegau, einer der phonolitisch-basanitischen Vulkanschlote, welche der Erosion widerstanden haben.

Vulkane im Norden

Schon außerhalb der Schweiz, wenn auch grenznah, spielten sich im Jungtertiär vulkanische Aktivitäten ab. Am bekanntesten sind diejenigen des Kaiserstuhls nahe Freiburg i. Br. und des Hegaus nördlich von Schaffhausen um die Stadt Singen. Dort bildeten sich zwischen 15–7 Mio. J. über 300 vulkanische Schlote mit Vulkangesteinen, wie sie für direkt aus dem Erdmantel aufgestiegene Magmen typisch sind (Basanite, Melilithe, Phonolithe etc.). Einige vulkanische Ablagerungen (Deckentuffe) dieser Ereignisse sind auch noch auf Schweizer Boden zu finden. Deshalb werden die beiden wichtigsten Hegau-Vulkanite in diesem Buch auch vorgestellt.

121 Bergeller Granit | Granodiorit

Typ
Formation/Komplex

Säure-Base-Charakter
sauer

Gesteinsklasse: Magmatite

Unterklasse: granitoide Plutonite

Der Bergeller Granitkörper ist ein Paradebeispiel für eine mittelgroße granitische Intrusion. Im Granit/Granodiorit selbst können zahlreiche Phänomene eines Granitplutons beobachtet werden: Ganggesteine verschiedenster Art (Aplite Nr. 123, Pegmatite Nr. 124), magmatische Fließstrukturen und Einschlüsse (Xenolithe). Speziell bekannt sind die verschiedenen Kontaktphänomene am Ostrand der Intrusion im Gebiet Maloja/Forno/Sissone. Dort wurden die Grüngesteine und Marmore des Randes intensiv kontaktmetamorph umgewandelt, und der Granit entsendet ganze Scharen von Ganggesteinen in die Randgesteine hinein. Im Gegensatz dazu gibt es am Westende keine Kontaktmetamorphose, sondern eine intensive, teigartige Verfaltung von Intrusiv- und Rahmengesteinen, wie sie an der Basis eines so großen Plutons erwartet werden können. Man geht heute davon aus, dass sich dies mit einer starken ostwärts gerichteten Kippung des Plutons nach der Bildung erklären lässt, wir also heute im Osten in das Dach, im Westen hingegen in die rund 10 km tiefere Basis des Plutons blicken.

Der Granitpluton intrudierte vor 30 Mio. J. in das damals in Tiefen von rund 20 km entstehende penninische Deckengebäude; praktisch gleichzeitig mit der Intrusion wurde er auch etwas deformiert; so werden die meist eingeregelten großen Kalifeldspäte als Folge dieser Deformation interpretiert, und nicht als eigentliche magmatische Fließtexturen. Seine Entstehung hängt mit der tief greifenden Bruchzone der periadriatischen Naht und einem Abreißen der subduzierten eurasischen Platte («slab break off») zusammen; dadurch konnte Mantelwärme aufsteigen und die tief liegenden Gesteinseinheiten aufschmelzen. Neuere Untersuchungen legen den Schluss nahe, dass der Granitpluton aus dem tiefen Bereich mit dem etwas älteren Tonalit (Nr. 122) förmlich nach oben ausgepresst wurde – Granit aus der Tube, sozusagen.

Bergeller Granodiorit mit charakteristischen, leicht rosa gefärbten Kalifeldspateinsprenglingen. Val Forno (GR).

Bergeller Granodiorit mit eingeregelten Kalifedspäten. Albignagletscher.

Landschaftsprägung
Stark, markante Berggestalten.

Einziger Granit der Schweiz aus der Zeit der Alpenbildung

Rund um die zurückschmelzenden Gletscher liegt heute viel loses und gefährliches Moränenmaterial mit großen Granitbrocken. Die Gefahr von größeren Felsausbrüchen ist mit dem Auftauen des Permafrostes verstärkt zu beachten. Nach kleineren Bergstürzen am Pizzo Cengalo in den Jahren 2011/2012 lösten sich im August 2017 rund 3 Mio. m^3 Granit und donnerten mit riesiger Gewalt auf den Gletscher. Dort vermischte sich Gestein und Schmelzwasser zu einem Murgang, der das ganze Val Bondasca und einen Teil des Dorfes Bondo verwüstete. 8 Menschen starben.

Bestandteile|Härte

Die Zusammensetzung variiert von Granit bis zu Granodiorit. Mittlere Zusammensetzung: Kalifeldspat 25 %, Plagioklas 35 %, Quarz 20 %, Biotit 15 %, Rest 5 %. Hartes Gestein.

Mächtigkeit|Verbreitung

Ovaler Körper von ca. 25 × 15 km, bis über 10 km mächtig; baut im Wesentlichen die wilden Berge auf der Südseite des Bergells auf.

Textur und Struktur

Mittelkörnig, oft porphyrisch mit Kalifeldspateinsprenglingen von über 10 cm Größe. Massig, z. T. mit magmatischen Fließstrukturen. In den Randbereichen auch feinkörnig-helle Varietäten, teilweise mit Kugelgranitstrukturen.

Farbe(n), Patina, Verwitterung und Erosion

Im frischen Bruch grau. Oft rostbraune Patina. Nur in größeren Bruchzonen stärker verwittert. Zerfällt entlang von Klüften und Brüchen; in der Folge grobe Blöcke und Blockhalden. Einzelne Blöcke riesig.

Gletscherschliffaufschluss im Granit, mit einer Gneisscholle und Aplitgängen; Val di Ferro, Südseite Bergell.

Die wilden Bergeller Granitberge des Val Bondasca: Sciora-Gruppe mit Punta Pioda und Ago di Sciora.

Einschlüsse|Fossilien
Dunkle, gerundete Schollen von Diorit bzw. Tonalit. Am Ostrand bis über 10 m große Schollen des Rahmengesteins.

Adern|Klüfte|Bruchmuster
Häufig subparallele Scharen von Apliten (Mächtigkeit cm bis m) und Pegmatiten (Mächtigkeit cm bis m) mit schönen Mineralen (Granat, Glimmer, Turmalin und Aquamarin).

Alter|Bildungsetappen
Intrusion vor 30 Mio. J. in den sich bildenden penninischen Deckenstapel.

Variabilität|Verwandte|Verwechslungen
Variation in Korngröße und Modalbestand beträchtlich. Vor allem in Randzonen hellere/feinere Varietäten. Der im Westen (I) in den Bergeller Granit intrudierten helle feinkörnige Novategranit ist mit rund 24 Mio. J. deutlich jünger.

Verwendung
Lokaler Baustein.

Klettereigenschaften
Fantastisches Klettergestein mit bester Reibung. Die großen Kalifeldspateinsprenglinge dienen oft als kleine Tritte und Griffe.

Sasso Remenno: Der größte Gesteinsbrocken der Alpen, vielleicht der Welt
Wer von Süden her, vom Veltlin, durch das Val Masino in das Massiv des Bergeller Granits fährt, kommt zwischen Cataeggio und San Martino an einem riesigen – nein gigantischen, zyklopischen! – Felsbrocken vorbei. Die Straße muss extra eine Kurve darum machen. Es ist der in der Gegend gut bekannte, und auf der Landeskarte 1:50 000 eingetragene Sasso Remenno.

Punta d'Albigna im Abendlicht: Die bräunliche Patina und der grünliche Flechtenbewuchs kombinieren sich zu einer warmen Farbe.

Auf 900 m liegt der Megabrocken aus Bergeller Graniodiorit hier im Talboden, am Ausgang einer steilen Schuttrinne, zusammen mit andern, ebenfalls großen Felsblöcken Teil einer Sturzmasse bildend, am Fuß der rund 2200 m hohen Granitberge. Wo die Sturzmasse genau herkommt, und wie alt sie ist, ist nicht klar. Sicher ist sie erst nach dem Rückzug der letzten eiszeitlichen Gletscher vor rund 10 000 Jahren niedergegangen.

Der Sasso Remenno misst in der längsten Achse fast 100 m, ist bis 50 breit und bis 55 m hoch. Wie weit er in den Untergrund reicht, ist unbekannt. Sein sichtbares Volumen wird auf 180 000 m^3 geschätzt. Da er aus Bergeller Granodiorit mit einer Dichte von rund 2,75 t/m^3 besteht, wiegt der Kerl mindestens eine halbe Million Tonnen!

Der Sasso Remenno ist der größte isolierte Felsblock der Alpen, wohl auch Europas – vielleicht der ganzen Welt. Dieser Titel wird zwar vom sogenannten «Giant Rock» im Joshua Tree Nationalpark in den USA beansprucht, aber dieser ist mit seinen lächerlichen rund 7000 m^3 ein Winzling gegenüber dem Sasso Remenno. So viel zu «America first» ...

Weitere Superlative: An diesem Monolith wird auch geklettert, und zwar gibt es heute sage und schreibe etwa 110 Kletterrouten! Die einfachste ist im 3. Grad, die schwierigste im 11. Grad (8c). Ein einzelner Block als veritabler Klettergarten ...

Wie ist es möglich, dass ein derartiger Riesenblock seinen Sturz ohne Zerbrechen überlebt? Wahrscheinlich ist er nicht wirklich gestürzt, sondern eher abgeglitten. Eine klar zuzuordnende Ausbruchsnische ist jedoch nicht zu erkennen – oder es wurde noch nicht wirklich seriös danach gesucht. Vielleicht war ein größeres Erdbeben Auslöser für das Wegbrechen des Brockens.

Die Ostseite des Sasso Remenno; er setzt sich gegen hinten um 100 m weiter fort.

122 Bergeller Tonalit

Typ
Formation/
Komplex

Gesteinsklasse: Magmatite **Unterklasse:** granitoide Plutonite

Der Tonalit schmiegt sich zwiebelschalenartig an den südöstlichen, westlichen bis nordwestlichen Rand des Bergeller Granits an, wobei er im Südosten mit 2–3 km Breite am mächtigsten ist. Vom südwestlichen Rand des Plutons zieht sich ein rund 1 km breiter Zug von Tonalit gegen W bis nach Bellinzona hin. Seismische Untersuchungen lassen vermuten, dass dieser plattenartige Tonalitkörper noch bis in viele km Tiefe hinabreicht. Im Gelände und in der Berglandschaft hebt er sich vom Bergeller Granit durch seine etwas dunkleren, grünlicheren Farbtöne ab. Der Tonalit ist mit ca. 32 Mio. J. etwas älter der Bergeller Granit, gehört aber zum gleichen magmatischen Ereignis. Vom Gefüge her ist er eigentlich ein Gneis, zeigt er doch eine klare Einregelung der Hornblenden und Biotiten. Die Deformation erfolgte gleichzeitig mit der Intrusion und Erstarrung des Tonalits.

Bestandteile|Härte
Quarz (hellgrau transparent, um 15 %), Plagioklas (milchigweiß, semi-transparent, um 40 %), Kalifeldspat (weiß, wenige %), Hornblende (schwarze Stängel, um 30 %) und Biotit (schwarzbraun, um 15 %).

Mächtigkeit|Verbreitung
Siehe Text.

Variabilität|Verwandte|Verwechslungen
Insgesamt recht homogen und einfach zu erkennen.

Monte Disgrazia von NO; vorne der flechtenbewachsene Bergeller Granit, dahinter der graue Tonalit. Die Disgrazia besteht aus braunem Serpentinit.

Der Bergeller Biotit-Hornblende-Tonalit.

Saussuritisierung: Das Verwirrspiel der Plagioklas-Feldspäte

Die meisten gesteinsbildende Mineralien, die bei erhöhten Temperatur-Druck-Bedingungen gebildet wurden, sind bei tieferen Temperaturen und Drucken nicht stabil, schon gar nicht bei heutigen Oberflächenbedingungen, da sollten eigentlich nur noch Tonmineralien vorliegen. Die Tatsache, dass die Alpen kein Tonhaufen sind, ist letztlich nur reaktionskinetischen Gründen zu verdanken: Die Umwandlungen laufen viel zu langsam ab!

Aber sie laufen ab: Je nach Mineralart und seiner Geschichte aber unterschiedlich intensiv. Ein gutes Beispiel dafür ist die Saussuritisierung von Ca-reichen Plagioklasfeldspäten, wie sie in Graniten, Dioriten und Gabbros häufig sind. Benannt ist der Prozess und das Umwandlungsprodukt «Saussurit» nach dem eminent wichtigen Alpengeologen des 18. Jahrhunderts, H. B. de Saussure. Plagioklase reagieren empfindlich auf hydrothermale Fluids. Es braucht nur ganz wenig davon, und sie beginnen sich zu zersetzen. Dabei bilden sich äußerst feine Kristalle von Sekundärmineralien wie Albit, Zoisit, Epidot, Sericit, Chlorit, Aktinolith und Calcit. Makroskopisch kann das nur durch einen allmählichen Verlust des Glanzes, der Spaltbarkeit, und durch eine Verfärbung gegen grünliche Töne hin festgestellt werden. Eine leichte Saussuritisierung ist hilfreich, um etwa in Graniten den Plagioklas vom weißen oder eher rötlich sich verfärbenden Kalifeldspat zu unterscheiden. Bei fortgeschrittener bis vollständiger Saussuritisierung kann der Plagioklas zu einer mikrokristallinen grünen Masse umgewandelt werden (z. B. Nr. 91).

Durch ähnliche Prozesse werden Biotite chloritisiert, Amphibole und Pyroxene ebenfalls chloritisiert, und Olivin serpentinisiert.

Oben: Zentraler Aaregranit (Nr. 49); die reinweißen Körner sind Kalifeldspat, die grünlich angehauchten sind leicht saussuritisierter Plagioklas.

Unten: Metagabbro der Aiguilles Rouges d'Arolla (Tsatédecke, VS) mit vollständig saussuritisierten Plagioklasen. Die magmatischen schwarzen Augite sind praktisch nicht umgewandelt.

123 Aplit

Typ
Lithologie

Säure-Base-Charakter
sauer

Gesteinsklasse: Magmatite **Unterklasse:** Ganggesteine

Aplite und Pegmatite (Nr. 124) sind die weitaus häufigsten Ganggesteinsarten in granitischen Plutonen. Wir stellen diese beiden charakteristischen Gesteine hier beim Bergeller Granit stellvertretend für alle granitischen Plutonite und granitischen Gneise der Schweiz vor, wo Aplite häufig anzutreffen und selbst in stark metamorphosierten Granitgneisen meist noch gut erkennbar sind. Analog zu den mineralgefüllten Adern in Gesteinen (S. 57) ist auch bei den Ganggesteinen immer im Bewusstsein zu behalten, dass es dreidimensional plattenförmige Gesteinskörper sind, auch wenn sie am Aufschluss als «Streifen» zu sehen sind. Mächtigere Aplitgänge können in einzelnen Fällen über hunderte von Metern, sogar über etliche Kilometer, verfolgt werden. Sie treten gerne scharenweise auf; manchmal sieht man sie auskeilen oder sich in zwei oder mehr dünnere Gänge aufspalten.

Der Name Aplit leitet sich ab vom griechischen Wort haplos, was «einfach» bedeutet; dies bezieht sich auf seine immer sehr ähnliche, recht einfache mineralogische Zusammensetzung.

Bestandteile|Härte

Fast ausschließlich Quarz und Feldspäte in granitischer Zusammensetzung. Der Anteil von Glimmern und andern Mineralien liegt unter 5%. Harte, zähe und widerstandsfähige Gesteine.

Mächtigkeit|Verbreitung

In allen Granitkörpern der Grundgebirgseinheiten. Alpine Aplite kommen im Bergeller Pluton vor, sonst sind sie immer variszisch. Mächtigkeiten von wenigen cm bis mehreren m. Es gibt auch Granite mit aplitischen Randzonen.

Handstück eines typischen, fast glimmerfreien Aplits auf Zentralem Aaregranit (Nr. 49), in dem er enthalten war; Baltschiedertal (VS).

Granitführender Aplit mit einer pegmatitischen Randzone in dunklem Bergeller Tonalit; Pizzo Trubinasca, Bergell (I).

75	25 %
SiO_2	Rest

Landschaftsprägung
Oft auffällige helle «Bänder» im grauen Fels.

Das häufigste helle Ganggestein

Textur und Struktur
Massig-richtungslos; feinst- bis feinkörnig, mit eng verzahntem Quarz-Feldspat-Gefüge.

Farbe(n), Patina, Verwitterung und Erosion
Weiß bis hellgrau, manchmal infolge Verfärbung des Kalifeldspats auch gelblich bis rötlich. Verwitterungsresistent, wittert oft hervor.

Einschlüsse|Fossilien
Zuweilen losgelöste Stücke vom umgebenden Gestein als Schollen.

Adern|Klüfte|Bruchmuster
Häufig mit feiner Klüftung senkrecht zum Gang.

Alter|Bildungsetappen
Meist variszisch, im Bergell auch alpin. Entstanden durch rasche Abkühlung von Granitschmelzen, welche in die sich öffnenden Kluftspalten eindrangen.

Variabilität|Verwandte|Verwechslungen
Es gibt fast nahtlose Übergänge zu subvulkanischen Rhyolithgängen (Nr. 55, 104).

Klettereigenschaften
Herauswitternde Aplitgänge bilden oft willkommene Kletterstrukturen.

Aplitgang und kleiner Pegmatitgang in Bergeller Granodiorit; Albignatal, Bergell (GR).

Aplitgang am massiven Granitturm «Hannibal» im Zentralen Aaregranit, Sidelengletscher, Furka (UR).

124 Pegmatit

Typ
Lithologie

Säure-Base-Charakter
sauer

Gesteinsklasse: Magmatite **Unterklasse:** Ganggesteine

Pegmatite sind auffällige Gesteine: weiß, grob- bis riesenkörnig. Sie bilden als Ganggesteine helle «Bänder» im Muttergestein. Pegmatite gehören wie Aplite (Nr. 123) zu granitoiden Plutoniten wie eine Lokomotive zum Zug. Sie kommen sowohl im Innern der Plutonite als auch weit hinaus in die Umgebungsgesteine vor.

Pegmatite bilden sich in der Spätphase der Erstarrung von Plutonen. Wenn fast alles Magma zu Gestein kristallisiert ist, bleiben Si-reiche Restschmelzen übrig, in denen leichte und großatomige Elemente wie K, Na, Be, B, F, Li, aber auch U, Th, Seltene-Erden-Elemente und viel H_2O angereichert vorliegen. Da der Pluton in dieser Phase schon fest geworden ist, können sich durch die anhaltende Intrusionstektonik spröde Risse bilden, sowohl im Pluton selbst als auch im Umgebungsgestein. Dort können die Restschmelzen eindringen und als Pegmatit-Ganggesteine erstarren. Wegen ihres hohen Gehalts an leichtflüchtigen Bestandteilen wird der Schmelzpunkt stark erniedrigt, sodass Pegmatite erst bei etwa 450 °C erstarren. Zugleich ist die «Beweglichkeit» der Atome (Diffusionsrate) stark erhöht, was das schnelle Wachstum von großen Kristallen fördert. In Pegmatiten wurden etwa Feldspatkristalle von über 10 m Größe gefunden! Neben gangförmigen Pegmatiten gibt es auch «pegmatoide Nester» innerhalb von Plutoniten, die durch lokale Anreicherungen von Fluids und leichten Elementen entstanden. Solche pegmatoiden Partien sind beispielsweise in Gabbros der ozeanischen Kruste häufig (Nr. 91, 92).

Bestandteile|Härte

Kalifeldspat, Albit und Quarz, daneben oft große Glimmer (Muskovit/Biotit); in geringen Mengen weitere typische Pegmatitmineralien: schwarzer Turmalin («Schörl»), Granat, Beryll und Uranmineralien.

Großkörniger Pegmatit aus dem Bergeller Granit; Quarz grau, Kalifeldspat weiß, Biotit schwarz.

Schmaler zonierter Pegmatitgang mit Granat im Bergeller Granit.

SiO$_2$	Rest
75	25 %

Landschaftsprägung
Oft auffällige weiße «Bänder» im grauen Fels.

Die weißen großkörnigen Feldspatgesteine

Mächtigkeit|Verbreitung
In allen Granitkörpern der Grundgebirgseinheiten, ob nicht metamorph oder metamorph. Alpine Pegmatite im Bergeller Pluton und in höchst metamorphen Tessiner Migmatiten (Nr. 80), sonst immer variszisch. Mächtigkeiten von wenigen cm bis über 1 m.

Textur und Struktur
Massig-richtungslos; grob- bis riesenkörnig. Korngrößen bis mehrere cm sind häufig. Quarz und Feldspat manchmal runenähnlich miteinander verwachsen («Schriftgranit»).

Farbe(n), Patina, Verwitterung und Erosion
Hell, meist weiß, der Quarz deutlich grau; mit größeren Flecken/Flatschen von Biotit/Muskovit. Der Kalifeldspat kann auch rosarötliche Verfärbung zeigen. Verwittern relativ leicht entlang der Korngrenzen.

Einschlüsse|Fossilien
Zuweilen losgelöste Stücke vom umgebenden Granit als Schollen.

Adern|Klüfte|Bruchmuster
Keine.

Alter|Bildungsetappen
Meist variszisch, im Bergell und Tessin auch alpin.

Variabilität|Verwandte|Verwechslungen
Pegmatite sind unverwechselbar.

Verwendung
Muttergestein von seltenen Mineralien, z.T. Edelsteinen.

Geometrische Verwachsung von grauem Quarz in weißem Kalifeldspat aus einem Pegmatit am Westrand der Bergeller Intrusion.

Muskovitpegmatit in Paragneisen, Lavertezzo (TI).

125 Vulkanite des Hegaus: Phonolit und Nephelinit

Typ
Lithologie

Gesteinsklasse: Magmatite **Unterklasse:** Foidführende Vulkanite

Im Hegau nördlich der Landesgrenze bei Thayngen (SH) wird die Landschaft durch markante Vulkanschlote geprägt, die durch die eiszeitlichen Gletscher aus der Molasse herausmodelliert wurden. Der Vulkanismus dauerte von 15–7 Mio. J. Die Magmen wurden im obersten Mantel gebildet und durch die Kruste direkt zur Oberfläche gefördert. Deshalb haben die Gesteine für solchen «Intraplatten-Vulkanismus» typische SiO_2-arme Zusammensetzungen. Anstelle von Feldspäten kommen darin die SiO_2-untersättigten Foide (Feldspat-Vertreter) vor. Die beiden wichtigsten Vulkanite sind die mittelgrauen Phonolite und die dunkelgrauen Olivin-Nephelinite, früher als «Hegau-Basalte» bezeichnet. Der Phonolith («Klangstein») heißt so, weil er beim Anschlag einen hell klingenden Ton abgibt.

Bestandteile | Härte

Phonolite: sehr hartes feinkörnig-dichtes porphyrisches Gestein, mit hellen Einsprenglingen von Kalifeldspat («Sanidin») und dunklen Mineralien. **Olivin-Nephelinit:** dunkle Matrix mit Einsprenglingen von Olivin, Augit und Melilith (Foid).

Mächtigkeit | Verbreitung

Vertikal in der Landschaft stehende Schlote von einigen Hundert Metern Durchmesser. Die bekanntesten Schlotberge sind der Hohentwiel, Hohenstoffeln und Hohenkrähen – alle von Burganlagen gekrönt.

Variabilität | Verwandte | Verwechslungen

Beide Gesteine können mit ähnlichen, nicht SiO_2-untersättigten Vulkaniten verwechselt werden, insbesondere der Olivin-Nephelinit mit normalem Olivinbasalt.

Verwendung

Beide Gesteine wurden als lokale Bausteine abgebaut.

Die Burg Hohentwiel sitzt auf einem alten Vulkanschlot-Pfropfen aus Phonolith.

Phonolith-Gestein des Hegau-Vulkanismus.

Gesteine sammeln: Von locker bis seriös

Die meisten der geneigten Leser dürften zu den lustvoll-lockeren Gesteinssammlern gehören, welche Gesteine von ihren Wanderungen, Reisen und Exkursionen nach ästhetischen oder situativen Kriterien mitnehmen (z. B. ein Erinnerungsstein von einem Berggipfel). Allerdings gibt es auch das wissenschaftliche Sammeln sowie dazwischen alle möglichen Zwischenformen.

Vereinzelte Steine einfach so auflesen und mitnehmen, das darf man, zumal in der Schweiz, praktisch überall. Eine Ausnahme ist der Schweizerische Nationalpark. Will man Gesteine mit Hammer oder weiteren Werkzeugen von Aufschlüssen gewinnen, muss man schon überlegter vorgehen. In den Bergen ist das fast überall möglich, doch auch hier wieder mit einer Ausnahme: Im Kanton Tessin ist das Mitführen eines Geologenhammers bewilligungspflichtig! In Zukunft könnte es auch in neuen Naturschutzgebieten zu Einschränkungen kommen – informieren Sie sich also, bevor Sie losschlagen! Von Kiesbänken an Flüssen kann man in der Regel problemlos Steine mitnehmen, aber nicht größere Mengen, etwa für die Umgestaltung eines Gartens. Auch da kann es in Naturschutzgebieten Einschränkungen geben. Für Mineralien gelten noch weitere Regelungen, auf die hier nicht weiter eingegangen wird.

Falls Sie an einer möglichst genauen Bestimmung/Zuordnung ihrer Sammelstücke interessiert sind, sollten Sie Ihre Gesteine mit einer Nummerierung versehen (wasserfester Filzstift ist geeignet) und den Fundort möglichst präzis notieren. Falls Sie mehrere Gesteinsstücke gleichzeitig sammeln oder in ihren Rucksack einpacken, achten Sie darauf, dass sich die Stücke nicht berühren können – unschöne Kratzer entstehen sehr rasch! Manche Ihrer Stücke können eine gute Reinigung vertragen. Meist genügt eine kräftige Haushaltbürste und etwas Abwaschmittel. Bei einer Kupfer- oder Messingbürste müssen Sie die Härte Ihres Gesteins kennen, um keine Kratzer zu erzeugen. Bei zäherer Verschmutzung, bei Flechten, Algen oder mineralischen Überzügen braucht es jedoch bald einmal Ultraschall oder Chemie. Informationen dazu finden Sie in Büchern zum Mineraliensammeln.

Falls Sie ein Stück zu Hause noch besser formatieren möchten, können Sie evtl. bei einem steinverarbeitenden Betrieb einen Steinknacker benutzen; kleinere Kanten und Ecken können Sie auch mit einer langarmigen Beißzange abzwacken. Falls Sie größere Stücke im Freien zur Dekoration aufstellen, sollten Sie diese regelmäßig kräftig schrubben, sonst sind sie bald von Algen, Flechten und Schmutzüberzügen verunstaltet. Kieselsteine, die nass viel schöner aussehen als trocken, können Sie mit einem gewöhnlichen Klarlackspray sozusagen «dauernässen».

Gesteinszone 16

Quartäre Sedimentgesteine (überwiegend Lockergesteine)

Wirklich Gesteine?

Für manche dürfte es ungewohnt sein, dass die Geologen Sand, Kies, Gehängeschutt, Moränenmaterial etc. auch zu den Gesteinen rechnen. Aber so ist es. Letztlich ist der Übergang von Lockergesteinen zu festen Gesteinen fließend, und alles Lockermaterial wird, falls es nicht wieder erodiert wird, früher oder später einmal zu Festgesteinen umgewandelt werden. Es braucht nur etwas kalkreiches Grundwasser, und schon bald ist ein lockerer Kies zu einem festen Konglomerat (Nagelfluh) umgewandelt.

Was alles sind Lockergesteine?

Lockergestein sind ein nicht verfestigtes Gemenge von mineralischen Komponenten. Lockergesteine haben eine sehr geringe Scherfestigkeit; bei Böschungen oder Schüttungen lässt sich ihre Stabilität relativ gut mit dem Reibungswinkel beschreiben. Die wichtigsten Arten von Lockergesteinen sind – vom Groben zum Feinen:

Alpine Schwemmebene mit Kies- und Sandbänken unterhalb der Lämmernhütte SAC bei der Gemmi; links ein Schuttfächer.

Blick von der Hasenmatt über Solothurn (links) und das Mittelland zu den Alpen. Im nördlichen Mittelland dominieren quartäre Sedimentgesteine den Untergrund.

Lockergesteinstyp	Relevanz für die Schweiz
Bergsturzmaterial	sehr hoch
Sackungsmassen	hoch
Geröllhalden, Gehängeschutt	sehr hoch
Schotter, Geröll, Kies	sehr hoch
unverfestigte tektonische Brekzien	klein
vulkanische Bomben und Lapilli	keine
verschiedene Arten von Moränen	sehr hoch
Sand und Silt, Löss, Lösslehm	hoch
vulkanische Asche	klein
Ton	klein

In manchen Lockergesteinen können die Komponenten schon geringfügig miteinander verkittet sein, so etwa bei älteren, eiszeitlichen Schottern.

Die wichtigsten Gesteine der Schweiz?

Ein Großteil des Mittellandes ist mit Lockergesteinen bedeckt, an vorderster Stelle fluvioglaziale Schotter und Sande sowie eiszeitliches Moränenmaterial. Diese Gesteinskörper sind die wichtigsten Grundwasserträger und somit für die Wasserversorgung eines Großteils der Bevölkerung zentral. Zudem sind sie die Grundlage für die mittelländischen Landwirtschaftsböden. Gleichzeitig sind sie die bedeutendsten mineralischen Rohstoffe der Schweiz (S. 424). Neben den Lockergesteinen werden noch einige andere wichtige quartäre Bildungen vorgestellt, die ebenfalls in ein Buch über die Gesteine der Schweiz gehören.

126 Moräne (Geschiebemergel, Till)

Typ
Lithologie

Säure-Base-Charakter
unterschiedlich

Gesteinsklasse: Sedimentgesteine **Unterklasse:** glaziale, klastische Sedimente

Moränen sind vom Gletscher transportierte bzw. abgelagerte Lockergesteine. Heute bezeichnet man als Moräne nur die von den Ablagerungen gebildeten Strukturen, wie etwa Wälle von Ufer- und Stirnmoränen. Das Moränenmaterial selbst wird als Geschiebemergel (bzw. Geschiebelehm) oder Till bezeichnet. Altes, zu Festgesteinen umgewandeltes Moränenmaterial wird hingegen als Tillit bezeichnet.
Moränenwälle an den Alpengletschern kennen alle. Stark ausgeprägt sind bei uns die noch sehr gut erhaltenen Wälle rund um die heutigen Gletscher, welche den letzten Höchststand um 1850–1860 während der sogenannten «Kleinen Eiszeit» (ca. 1350–1860) dokumentieren. Diese sind auf den Außenseiten fast immer schon vegetationsbedeckt, auf den Innenseiten aber noch frisch und in steilen Partien oft mit «Orgelpfeifen»-Erosionsrinnen dekoriert.
Von der Verbreitung und Bedeutung her sind bei uns jedoch eiszeitliche Moränenablagerungen viel wichtiger. Diese bedecken große Flächen in den Alpentälern und vor allem auch im Mittelland. Die mittelländischen Ackerböden verdanken ihre gute Qualität dem darunterliegenden Grundmoränenmaterial. Im Mittelland und in den Alpentälern können verschiedene Rückzugsstadien der eiszeitlichen Gletscher anhand von markanten Moränenwällen datiert werden, die von kleineren Vorstößen zeugen, die während des «stop and go»-Prozesses der Rückzugphase entstanden. An verschiedenen Stellen haben sich in solchen gut verfestigten Moränenwällen bizarre Erosionsformen gebildet. Die eindrücklichsten und berühmtesten sind die Erdpyramiden von Euseigne (VS). Der Name ist etwas unglücklich, weil es sich eben um Moränen- und nicht um Erdpyramiden handelt.
Eine weitere, aus Moränenmaterial bestehende Landschaftsform sind die «Drumlins»: in Fließrichtung des ehemaligen Gletschers lang gestreckte, sehr regelmäßige Hügel, die

Aufschluss in einer spätglazialen Moräne im Val d'Hérens (VS).

Der Tschiervagletscher im Berninagebiet (GR) von NW aus, mit den markanten Ufermoränen des letzten Hochstands der «Kleinen Eiszeit» von ca. 1850.

Chemie
variabel

Landschaftsprägung
Sehr stark.

Nicht nur Wälle, sondern rund 5 % der Landesfläche!

im Mittelland oft mit einer Linde bestellt und sehr landschaftsprägend sind.

Bestandteile|Härte
Je nach Liefergebiet unterschiedliches Gesteinsspektrum. Eiszeitliche und spät- bis postglaziale Moränen können so stark kompaktiert sein, dass sie vertikale Wände bilden können.

Mächtigkeit|Verbreitung
Ein Großteil des Mittel- und Alpenvorlandes wird von eiszeitlichem Moränenmaterial bedeckt. Auch in den Alpentälern ist ein Großteil der Talflanken davon bedeckt.

Textur und Struktur
Charakteristisches Gemisch von teilweise leicht angerundeten Blöcken und Steinen in einer feinsandig-siltigen Matrix. Grundmoränen sind feinkörniger als Ufer-, Mittel- oder Randmoränen.

Farbe(n), Patina, Verwitterung und Erosion
Eine frische Moräne ist immer hellgrau; von Bodenbildung oder lokaler Oxidation erfasst, wird sie mit der Zeit ockergelb. Die eiszeitlichen Moränen des Mittellandes, vor allem die Grundmoränen, verwittern zu sehr guten Böden, weshalb sie vor allem für den Ackerbau genutzt werden.

Einschlüsse|Fossilien
Wichtig für Altersdatierungen sind eingeschlossene Baumreste, die mit der C14-Methode datiert werden können.

Adern|Klüfte|Bruchmuster
Keine.

Alter|Bildungsetappen
Unterdessen sind mindestens 15 große Eiszeiten bekannt, welche im Alpenraum die Landschaft maßgeblich prägten und im Mittelland

Die Moränenpyramiden von Euseigne im Val d'Hérens (VS). Das stark verkittete, siltige Grundmaterial erlaubt steile und relativ stabile Wände.

Moränen am Breithorngletscher im hintersten Lauterbrunnental; rechts diejnige von 1860, links diejnige des Vorstoßes um 1650.

zu Ablagerungen von Moränenmaterial und Flussschottern (Nr. 131) führten. In den Alpen sind vor allem die Ufermoränen des letzten Höchststandes von 1850 sehr markant.

Variabilität|Verwandte|Verwechslungen

Moränenmaterial ist in der Regel eindeutig erkennbar. Einzig mit Gehängeschutt kann es unter Umständen zu Verwechslung kommen.

Verwendung

Wegen der großen Heterogenität kaum Verwendung.

Die größte Moräne der ganzen Alpen

Wer aus dem Aostatal bei Ivrea in die Poebene hinaus fährt, wird bei guten Sichtverhältnissen unweigerlich den eigenartigen, wie mit der Schnur gezogenen geraden und hohen Waldrücken erblicken, welcher linkerhand sich von den Vorbergen ablöst und quasi in die Ebene hinaus schießt. Dies ist «La Serra di Ivrea», die längste gut erhaltene eiszeitliche Moräne der Alpen. Wahrscheinlich ist sie sogar die größte erhaltene Einzelmoräne der Welt. Sie erstreckt sich von NW nach SE, ist 18 km lang, am Beginn 600 m und am Ende immerhin noch 250 m hoch – eine gigantische Struktur. Auf der Alpensüdseite breiteten sich die eiszeitlichen Gletscher weniger weit im Vorland aus als diejenigen des Mittellandes; mächtig quollen sie aus den engen Alpentälern, verbreiterten

Die linksufrige Riesenmoräne des Dora-Baltea-Gletschers bei Ivrea (I).

sich am Ausgang pilzartig, stießen dann nur noch 10–30 km in die Poebene hinaus und endeten schließlich ziemlich rasch. Man nennt solche Gletscherausflüsse, die man heute in der Antarktis und in Alaska noch beobachten kann, «Piedmont-Gletscher». An den Talausgängen bildeten sich dadurch sehr ausgeprägte und steile Seiten- und Stirnmoränen. Auf Luft- bzw. Satellitenfotos kann man die blumenkohlartige Ausbreitung der Moränenkränze südlich des Talausgangs von Ivrea gut erkennen (Abb. oben). Innerhalb der komplexen, gestaffelten Stirnmoränen bildete sich eine von Seen durchsetzte Eben aus Grundmoräne, die heute landwirtschaftlich intensiv genutzt wird.

Die Ivreamoräne wurde von der vor- und vorvorletzten großen Vereisung durch den Dora-Baltea-Gletscher aufgebaut. Der letzteiszeitliche Gletschervorstoß (Würm – neu Birrfeld) trug nicht mehr viel bei, weil er etwas geringer war. Das ganze Gebiet wird als «anfiteatro morenico d'Ivrea» bezeichnet, und es gibt verschiedene geomorphologische Lehrpfade. Leider ist die Webseite www.anfiteatromorenicoivrea.it mehr eine touristische Plattform; über die Geologie des Gebietes erfährt man dort nichts.

Eine Anmerkung zur Bezeichnung der letzten vier großen Eiszeiten im Alpenraum: Früher wurden dafür die Begriffe «Günz», «Mindel», «Riss» und «Würm» nach Flüsschen in Bayern verwendet. Heute sollte man die Begriffe «Möhlin», «Habsburg», «Beringen» und «Birrfeld» nach Moränenständen der Nordschweiz verwenden.

Satellitenaufnahme (Google Earth) des Moränengürtels des eiszeitlichen Dora-Baltea-Gletschers am Ausgang des Aostatales.

127 Löss|Lösslehm

Typ
Lithologie

Gesteinsklasse: äolische Sedimente

Unterklasse: glazigene Lockersedimente

Löss ist ein homogenes, ungeschichtetes, feines Sediment von hellgeblicher (oxidiert) bis grauer Farbe. Es besteht vorwiegend aus eckigen Quarzfragmenten und andern Mineralbruchstücken von feinster Korngröße (Schluff, ‹0,02 mm). Der Name stammt vom alemannischen «lösch» für locker. Löss bildete sich in weiten Gebieten um die pleistozänen Gletschergebiete. Er bildete sich durch Windverwehung von gletschergemahlenem Gesteinsmaterial. Durch Konkretionsbildungen karbonatreicher Porenwässer entstehen im Löss gerne kalkige Knollen von cm- bis dm-Größe mit knorrigen Formen, die als «Lösskindl» bekannt sind.

Bestandteile|Härte

50–80% Quarzsplitter, 10–20% Kalkstein, dazu Feldspäte, Tonmineralien und weitere gesteinsbildende Mineralien.

Mächtigkeit|Verbreitung

In der Schweiz nur im Norden als wenige Meter mächtige Ablagerungen in den eiszeitlich nicht gletscherbedeckten Gebieten, südlich von Basel und im Klettgau. In Deutschland und Österreich sind große Gebiete lössbedeckt; die weltweit größten Lössgebiete befinden sich in China.

Variabilität|Verwandte|Verwechslungen

Löss ist kaum mit andern Lockergesteinen verwechselbar. Das feinstsandige Gefühl beim Zerreiben zwischen den Fingern verrät ihn. Bei zunehmender Verlehmung entsteht Lösslehm.

Verwendung

Lössböden bilden für die Landwirtschaft wertvollen Untergrund. Auf Löss entstehen tiefgründige, leicht zu bearbeitende und enorm leistungsfähige Böden. Schätzungsweise 80% des weltweit angebauten Getreides gedeihen auf Löss.

Leicht verlehmter Löss; Lössvorkommen bei Basel.

Lössaufschluss in der Pfalz (D).

128 Blockgletscher

Typ
Lithologie

Gesteinsklasse: Sedimente **Unterklasse:** gravitative Lockersedimente

Wenn Sie ein erstes Mal einen Blockgletscher bewusst erkannt haben, werden Sie auf jeder Alpinwanderung weitere erkennen. Blockgletscher sind Massen aus grobem kantigem Schutt, die infolge von Eisbindung in ihrem Inneren langsam zu Tale kriechen und dabei gletscherähnliche Formen entwickeln. Man unterscheidet drei Arten: Aktive Blockgletscher sind zurzeit kriechend und im Permafrost liegend, vegetationslos und mühsam zu begehen. Inaktive Blockgletscher kriechen nicht mehr, liegen aber immer noch in der Permafrostzone und sind mehr oder weniger vegetationsbedeckt. Fossile Blockgletscher liegen nicht mehr im Permafrost, sind meist überwachsen und mit runden Einsinkstrukturen infolge Eisverlust überzogen.

Aktive Blockgletscher weisen oft lobenförmige Stauchwülste an ihrem Zungenbereich und steile Ränder auf. Die Fließgeschwindigkeiten liegen im Bereich von wenigen dm/Jahr. Ihre Längen und Breiten betragen meist einige Zehner- bis Hunderte Meter. Der längste aktive Blockgletscher der Schweizer Alpen liegt im Val Sassa im Schweizerischen Nationalpark (ca. 2 km lang).

Bestandteile|Härte
Ungeschichtete Massen von ungerundeten Gesteinsblöcken in dm- bis m-Größen; Kristallin oder harte Sedimentgesteine.

Mächtigkeit|Verbreitung
Rund 5 % der Landesfläche liegen heute noch im Permafrostbereich. Dort können aktive Blockgletscher vorkommen. Inaktive und fossile Blockgletscher findet man auch in tieferen Lagen.

Variabilität|Verwandte|Verwechslungen
Manchmal ist eine Abgrenzung zu gewöhnlichen Blockschutthalden nicht einfach/eindeutig.

Aktive Blockgletscher im Galtürtälli östlich von Klosters im Silvrettagebiet (GR). Von links her ist noch ein inaktiver Blockgletscher zu erkennen.

Schulbeispiel eines fossilen Blockgletschers, Aschariner Alp ob St. Antönien (GR).

129 Gehängeschutt

Typ
Lithologie

Gesteinsklasse: Sedimente **Unterklasse:** terrestrisch-klastische Sedimente

Am Fuß aller Felswände bilden sich mehr oder weniger ausgeprägte Schutthalden. Sie entstanden aus den Steinen, die von den darüberliegenden Felswänden heruntergefallen sind. Die eindrücklichsten Schutthalden bilden sich unter Kalkstein- oder Dolomitwänden. Diese Gesteine zerfallen bei der Verwitterung/Erosion in kleinere Stücke als die meisten anderen Kristallingesteine, weshalb sie größere Schutthalden bilden können als andere Gesteine. Unter Wänden aus Gneis oder Granit bilden sich eher grobe Blockschutthalden. Diese sind oft recht gefährlich zu begehen, weil sich leicht auch große Steine lösen können.
Gehängeschutt zeichnet sich durch nicht oder höchstens minimal angerundete Gesteinsbruchstücke aus, die mehr oder weniger dicht gepackt vorliegen. Ansatzweise können in Profilen grobe Schichtungen festgestellt werden. Älterer Gehängeschutt kann durch zirkulierende Grundwässer auch zementiert und recht fest sein.

Bestandteile|Härte
Gesteinsmaterial der überliegenden Felswand.

Mächtigkeit|Verbreitung
In den ganzen Alpen unter allen größeren Felswänden.

Variabilität|Verwandte|Verwechslungen
Bachschuttkegel können ganz ähnliche Lockergesteinsmassen bilden.

Verwendung
Lokale Kies- und Schottergewinnung.

Kalksteinschutthalde an der Saaser Calanda ob St. Antönien (GR); die Sortierung – oben feiner, unten gröber – ist gut zu erkennen.

Grobe Blockschutthalde aus Rotondo-Granit (Nr. 53) bei der Pianseccohütte im Val Bedretto (TI).

Der Mensch macht Gesteine: Wir sind umgeben von künstlichen Gesteinen

Gesteine sind seit Jahrtausenden ein wichtiges Rohmaterial. Von den Mengen und der wirtschaftlichen Bedeutung her sind allerdings aus mineralischen Rohstoffen hergestellte künstliche Gesteine von viel größerer Bedeutung. Die folgende kleine Übersicht soll dies verdeutlichen.

Kalkmörtel wird durch Brennen von Kalkstein bei 900–1300 °C hergestellt. Das Verfahren wurde erstmals vor rund 10 000 Jahren in der Südosttürkei angewandt. Noch heute werden große Mengen Branntkalk für verschiedenste Mörtel- und Verputzmaterialien hergestellt.

Kalksandsteine sind hoch poröse, leichte Mauersteine, hergestellt aus Sand und Kalkmörtel durch hydrothermale Härtung bei etwa 200 °C. Das Verfahren wurde Mitte des 19. Jahrhunderts bei der Suche nach günstigem Mauerstein für sozialen Wohnungsbau erfunden.

Beton ist eine Art künstliches Konglomeratgestein. Kies und/oder Sand werden mit einem Zement vermischt, und dieser wird durch Zugabe von Wasser zum Abbinden gebracht. Der Zement wird durch Brennen von Gesteinsmehl mergeliger Zusammensetzung bei rund 1500 °C erzeugt. Die Produktion von jährlich 3 Milliarden Tonnen Zement weltweit trägt zu 6 % des weltweiten CO_2-Ausstoßes bei.

Kunststeine sind Steine, welche aus Sand oder Gesteinssplittern, gebunden mit Kunstharz oder Zement, bestehen.

Steinwolle wird durch Schmelzen von Gesteinen bei 1200–1600 °C und anschließender Abschreckung, verbunden mit einer Verfaserung erzeugt; es sind wollartige Substanzen aus Steinglasfäden. Bedeutender Werkstoff für Dämmungen und Isolationen (in der Schweiz als Flumroc bekannt).

Römische Mauer am Forum Romanum in Rom, mit den beiden «Kunstgesteinen» Ziegel und Kalkmörtel.

Moderner Dekorationssichtbeton: eine Art künstliches Nagelfluhkonglomerat.

130 Bergsturzmassen

Typ
Lithologie

Säure-Base-Charakter
variabel

Gesteinsklasse: Sedimentgesteine **Unterklasse:** gravitative Sturzablagerungen

Die Schweiz ist reich an Berstürzen. Sturzmassen von mehr als 1 Mio m³ (= Würfel von 100 × 100 × 100 m) bezeichnet man als Bergsturz, darunter als Felssturz, oder dann Steinschlag. Große Bergsturzablagerungen finden sich vor allen in den alpinen Talböden, solche von kleineren Stürzen auch überall im Hochgebirge. Die Ablagerungen zeichnen sich durch eine unruhige, höckerige Morphologie aus. Meist sind sie waldbedeckt, weil sie sich weder für Anbau noch Beweidung eignen. Sie sind in der Regel scharf umgrenzt. Die Ablagerungen sind in sich chaotisch, ohne Sortierung. Sie können – bei kleineren Bergstürzen – einfach aus Blockmaterial unterschiedlicher Größe bestehen, wobei einzelne Blöcke durchaus mehrfache Hausgrößen erreichen können. Bei großen Bergstürzen wird durch die hohe Energie ein Teil der Gesteine völlig zertrümmert, oft zu einem feinsiltigen Material, ähnlich dem Gesteinsabrieb von Gletschern. So entstehen chaotische Bergsturzbrekzien mit einer feinen Matrix, in der Steine und Blöcke aller Größen schwimmen. Solche Ablagerungen können teilweise durch Zementationen nach der Ablagerung ziemlich fest werden und auch vertikale Wände bilden – gut zu sehen etwa in der Rheinschlucht der Ruinaulta zwischen Reichenau und Ilanz (GR), die durch die Ablagerungen des größten Bergsturzes der Alpen, den Flimser Bergsturz (9 km³), gebildet werden. Dieser ging vor rund 9500 Jahren nieder. Die Sturzmassen blockierten das gesamte Vorderrheintal und dahinter bildete sich ein großer See, der Ilanzer See. Erst nach einiger Zeit schaffte sich der Rhein eine Schlucht durch die Bergsturzmassen, die eindrückliche Ruinaulta.

Weitere große und bekannte historische Bergstürze sind diejenigen von Derborence (VS), Siders (VS), Kandersteg (BE), Engelberg (OW), Goldau (SZ), Randa (VS), Glarus (GL) und Elm (GL). Letzterer wurde nicht natürlich, sondern

Der Bergsturz in Orthogneisen (Nr. 79) von Preonzo in der Riviera (TI). ; der letzte große Abbruch von rund 300 000 m³ ging 2012 nieder.

Im Bergsturzgebiet des Pfynwaldes bei Siders (VS); ursprüngliche Gesteinspakete blieben teilweise noch halbwegs zusammen.

Chemie
variabel

Landschaftsprägung
Bergsturzablagerungen prägen ganze Talböden.

durch unsachgemäßen Schieferabbau ausgelöst. Der größte Bergsturz der letzten Jahre war mit rund 3 Mio m^3 derjenige vom Piz Cengalo/Bondo (GR), der 8 Todesopfer forderte. Der kleine Felssturz an der Ostegg des Eigers von 2006 löste ein gewaltiges und weltweites Medienecho aus.

Bestandteile|Härte
Chaotische Brekzien, Gesteine der Sturzregion.

Mächtigkeit|Verbreitung
Siehe Text.

Textur und Struktur
Von chaotischen Massen großer bis riesiger Blöcke bis zu feinmehlig-unstrukturierten Bergsturzbrekzien.

Farbe(n), Patina, Verwitterung und Erosion
Farbe abhängig von Sturzgesteinen. Die Ablagerungen der großen alpinen Bergstürze sind meist von Wald bedeckt.

Einschlüsse|Fossilien
Mitgerissene/eingeschlossene Bäume können zur Datierung verwendet werden.

Adern|Klüfte|Bruchmuster
Siehe Text.

Alter|Bildungsetappen
Alle großen alpinen Bergstürze sind postglazial entstanden, und zwar ab ca. 15 000 Jahren vor heute, mit einer deutlichen Häufung zu Beginn des Holozän (ab 10 000 J.).

Variabilität|Verwandte|Verwechslungen
Die Variabilität der Ablagerungen ist sehr groß, die Verwechslungsmöglichkeiten mit andern Lockergesteinen eher gering (am ehesten noch mit Gehängeschutt (Nr. 129) möglich).

Quintnerkalk (Nr. 26) aus einem Bergsturz am Tödi; der Block wurde innerlich durch Mikrorisse intensiv zerbrochen und zerfällt nun in kleine Stücklein.

Ablagerungen des Flimser Bergsturzes in der Ruinaulta (GR), bestehend aus Gesteinsmehl-Matrix mit Steinen unterschiedlicher Größen.

131 Flussschotter | Kies | Sand

Typ
Lithologie

Säure-Base-Charakter
variabel

Gesteinsklasse: Sedimentgesteine **Unterklasse:** klastisch-terrestrische Lockersedimente

Flüsse transportieren Steine, Kies, Sand und Ton aus ihren Quellgebieten in Richtung Meer. Die feinste Tonfraktion wird in Seen abgelagert oder bis ins Meer transportiert. Sand und Kies werden hingegen zu einem guten Teil entlang des Weges abgelagert; bei uns etwa in den Alpentälern und im Mittelland. Ob Kies oder Sand abgelagert wird, hängt von der lokalen Strömungsgeschwindigkeit ab. Ab rund 0,5 m/s wird Sand weggeschwemmt und nur noch Kies lagert sich ab.

In der Schweiz wird eine bedeutende Fläche der Alpentäler und des Mittellandes von Schotterablagerungen eingenommen. Weil diese meist von Böden und Vegetation bedeckt sind, nehmen wir sie nicht wahr – außer wir stehen am Rand einer Kiesgrube. Wir können in der Schweiz zwei Arten von Flussschottern unterscheiden:

- **Fluvioglaziale, jungpleistozäne Terrassenschotter,** die zwischen den zahlreichen großen Eiszeiten gebildet wurden. Sie machen den Großteil unserer Schottervorkommen aus. Infolge ihrer meist mehrfachen Überlagerung durch dickes Gletschereis sind sie ziemlich kompaktiert und können beim Abbau senkrechte Wände bilden.
- **Holozän bis rezente, nacheiszeitliche Flussschotter,** welche die heutigen Flussbette bilden. Diese Schotterablagerungen sind echte Lockergesteine.

Flussschotter sind faszinierende Gesteine, erlauben sie doch Einblicke in die Gesteinsvielfalt des ganzen Einzugsgebietes; sie sind richtige «Freiluft-Gesteinslabors».

Die Rundung der Flusskiesel erfolgt geologisch gesehen sehr schnell: Schon wenige Hundert Meter vom Quellgebiet zeigen die Steine eine deutliche Rundung. In einer ersten, sehr raschen Phase werden die Kanten der Steine gebrochen. Diese Zurundung ist bei Kalksteinen nach 1–5 km, bei Graniten, Gneisen und Quarziten nach rund 10–20 km abgeschlossen!

Kiesbank des Rheins bei Landquart.

Wand der Kiesgrube Deisswil bei Bern, mit einer komplexen Abfolge von verschiedenen Schüttungen und Bodenhorizonten. Bildhöhe rund 10 m.

Chemie
variabel

Landschaftsprägung
Stark (alpine Flusstäler und ein guter Teil des Mittellands).

Danach werden die Kiesel nach und nach kleiner gerundet, und die Kiesgrößen nehmen flussabwärts kontinuierlich ab. Dabei streben massig-richtungslose Gesteine Kugelform an, alle andern elliptische bis plattige Formen. Am Missouri konnte man ermitteln, dass Gesteinsmaterial einige Hundert Jahre braucht, um die 3000 km von der Quelle zum Meer zurückzulegen (→ wenige km pro Jahr).

Bestandteile|Härte
Kies und Sandkörner, welche das Gesteinsspektrum des Einzugsgebietes widerspiegeln.

Mächtigkeit|Verbreitung
In allen Alpen- und Juratälern sowie im Mittelland. Die bedeutendsten fluviatilen Schotterablagerungen finden sich im zentralen und nördlichen Mittelland, wo sie teilweise große Flächen einnehmen. Die mächtigsten Schotterabfolgen finden wir jedoch in den alpennahen fluvioglazialen Rinnen wie etwa im St. Galler Rheintal und im Aaretal. Im massiv übertieften glazialen Trog von Martigny (VS) liegen fast 1000 m fluvioglaziale Sedimente!

Textur und Struktur
Häufig sind Schrägschichtungen, vor allem in den Sandlagen. Diese können linsenartig oder als Rinnenfüllungen, aber auch als durchgehende Schichten vorkommen. In den Kiesbänken ist oft die typische dachziegelartige Stapelung der elliptischen Steine zu erkennen. Manchmal findet man auch kontinuierliche Sortierungen oder Ablagerungszyklen.

Farbe(n), Patina, Verwitterung und Erosion
Frische Kiesvorkommen sind grau bis ockergelb – abhängig vom Oxidationsgrad. Die obersten Meter von Kiesablagerungen können oxidativ rostbraun verfärbt sein und/oder kontinuierlich in Böden übergehen.

Der untere Segnesboden bei Flims (GR). Der Wildfluss gestaltet Kies- und Sandbänke ständig um.

Rhonetal bei Martigny (VS). Die Eiszeitgletscher übertieften das Tal bis unter Meeresniveau, heute ist der Trog mit ca. 1000 m Sand und Kies aufgefüllt.

Einschlüsse|Fossilien
In den Kies- und Schotterablagerungen werden teilweise bestens erhaltene Hartteile von eiszeitlichen Tieren gefunden. Stellvertretend dafür seien die Schotter von Niederweningen (ZH) erwähnt, wo bisher 10 Mammute und Teile von Wollnashorn, Wildpferd, Steppenbison, Wolf und Höhlenhyäne gefunden wurden.

Adern|Klüfte|Bruchmuster
Keine.

Alter|Bildungsetappen
Pleistozän und Holozän.

Variabilität|Verwandte|Verwechslungen
Die Molassekonglomerate (Nr. 11) und Sandsteine (Nr. 12) sind die tertiären Äquivalente, die zu Festgesteinen umgewandelt worden sind.

Interessante Webseiten
www.fskb.ch, www.mammutmuseum.ch

Kies und Sand: wichtigste Rohstoffe der Schweiz
Ein geflügeltes Wort der Geologen lautet «Die Schweiz ist reich an armen Rohstofflagerstätten». Dies gilt für viele mineralische Rohstoffe – aber sicher nicht für Kies und Sand; da ist die Schweiz steinreich! Kies und Sand sind mit Abstand die wichtigste Gruppe nutzbarer Gesteine. Wir brauchen sie vor allem für die Herstellung von Beton; einem «Kunstgestein» aus Kies, Sand, Zement, Wasser und Gips. In den noch rund 500 Abbaustellen der Schweiz wurden im Jahre 2014 rund 31 Mio. t Kies und Sand abgebaut. Das macht rund 4 t pro Einwohner der Schweiz. Damit sind wir unter den Weltmeistern! Die im Untergrund vorhandenen Reserven an Kies und Sand sind gewaltig und reichen theoretisch noch für viele Jahrhun-

Das Kiesabbau-Gebiet Weiach (oben links) bis Glattfelden (rechts). Ein Großteil des nördlichen Mittellands ist von fluvioglazialen Schottern bedeckt.

derte. Und doch steuern wir beim Kies auf eine Mangelsituation hin. Der Grund liegt in den multipel überlagernden Nutzungsinteressen und in den immer längeren Bewilligungsverfahren, die zudem in allen 26 Kantonen verschieden sind.

Die besten Kiesvorkommen liegen in der Regel in den Talsohlen, wo die Gletscher und Flüsse am meisten Geschiebe ablagerten. Dort konzentrieren sich aber auch Siedlungen, Industrie- und Einkaufszonen, die Verkehrsinfrastrukturen und Naherholungsgebiete. Viele potenzielle Abbaugebiete liegen im Wald, der bei uns aus historischer Entwicklung tabu ist – obwohl die Waldfläche in der Schweiz seit Jahrzehnten zunimmt. Zudem wehren sich oft Anwohner gegen neue Abbaustellen. Alle wollen zwar, dass unsere Infrastrukturen verbessert werden, aber niemand will eine Kiesgrube in der Nähe. Nicht zuletzt spielen auch Natur- und Landschaftsschutz eine große Rolle. So dauern Bewilligungsverfahren oft 10–20 Jahre und sind mit hohen Kosten und Unsicherheiten verbunden.

Auch mit dem besten Baustoffrecycling werden wir auch in Zukunft noch viel Kies und Sand brauchen. Deshalb werden wir wohl nicht um eine gesamtschweizerische Rohstoff-Zukunftsplanung herumkommen. Kies und Sand über weite Distanzen zu transportieren und womöglich aus dem Ausland zu importieren, wäre unsinnig. Es braucht ein Wegkommen vom immer mehr grassierenden «nimbyism» bei allen von uns: «not in my backyard» ist keine zukunftstaugliche Lösung. Dazu kommt, dass Kiesgruben keine permanenten Eingriffe sind, sondern nach einer gewissen Zeit als wertvolle Sonderbiotope renaturiert an die Natur zurückgegeben werden können. Und, last but noch least, sind es wichtige Forschungs- und Lehrorte, und Abenteuergelände für unsere Kinder.

Der Kiesabbau der Weiacher Kies AG am Rhein bei Weiach (ZH).

132 Kalksinter | Quelltuff | Travertin

Typ
Lithologie

Säure-Base-Charakter
basisch

Gesteinsklasse: Sedimentgesteine **Unterklasse:** chemische Sedimente

Quelltuff – die bei uns häufigste Form von Kalksinter – entsteht an kalkreichen Fließgewässern, oft im Quellbereich. Der Begriff stammt aus dem lateinischen «tofus»; er wird vor allem für die Bezeichnung von feinkörnigen, oft auch etwas porösen vulkanischen Auswurfablagerungen verwendet. Dass sich für Kalksinter an Quellen der Begriff «Kalktuff» eingebürgert hat, hilft natürlich nicht, die an sich schon so komplexe Gesteinswelt dem Laien zugänglicher zu machen. Da wir in der Schweiz keine vulkanischen Tuffe kennen, relativiert sich das Problem etwas (allerdings gibt es in gewissen Sedimenten, z.B. des Südalpins, durchaus alte Tuffhorizonte, die jedoch durch Veränderungen nach der Ablagerung zu dichten Tonsteinen [«Bentonit»] umgewandelt wurden). Die Kalktuffablagerungen bilden sich an Oberflächengewässern, wenn diese CO_2 verlieren, sei es durch Erwärmung, durch Durchwirbelung oder durch Pflanzen. Letztlich ist Kalktuff das Oberflächen-Analogon zum Höhlensinter (Nr. 133).

Bestandteile | Härte

Mikrokristalline Calcitkrusten, oft mit umkrusteten Pflanzenresten; insgesamt weiches Gestein, leicht zu bearbeiten.

Mächtigkeit | Verbreitung

Jura, Mittelland und Bündnerschiefergebiete Graubündens, vereinzelt auch im Wallis – überall dort, wo kalkreiche Quellwasser vorkommen. Die bedeutendsten Vorkommen liegen bei Corpataux (FR) und Leuzingen (BE).

Textur und Struktur

Zellig-chaotische Struktur, oft mehr oder weniger porös (Porosität kann gegen 50 % erreichen).

Quelltuff mit von Kalksinter umwachsenen Ästchen.

Mauer aus Quelltuff-Quadern, Schloss Aarwangen (BE).

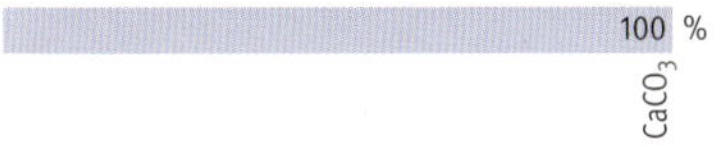

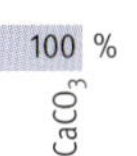

100 %

$CaCO_3$

Landschaftsprägung
Nur ganz lokal.

Das frühere Gestein für Tür- und Fensterstürze

Farbe(n), Patina, Verwitterung und Erosion
Beige und ockerbraun von sehr hell- bis mittelbraun durch kleine Beimengungen von Limonit (Eisenhydroxid); im Aufschluss gerne von Moos überzogen. An Gebäuden verarbeiteter Quelltuff ist erstaunlich verwitterungsresistent. Bei hoher Luftverschmutzung bildet sich eine grauschwarze Patina.

Einschlüsse|Fossilien
Je nach Standort können sehr viele Blätter, Zweige und andere Pflanzenteile eingeschlossen sein.

Adern|Klüfte|Bruchmuster
Keine.

Alter|Bildungsetappen
Rezent bis subrezent.

Variabilität|Verwandte|Verwechslungen
Rauwacke (Nr. 64) kann verblüffend ähnlich aussehen und wird vor allem im Wallis anstelle von Kalktuff verwendet. Travertin ist kaum poröser, dichter und deutlich lagig gebänderter Kalksinter (ähnlich zu Höhlensinter Nr. 133).

Verwendung
Früher sehr beliebter, da leicht zu bearbeitender Baustein für Außenmauern, vor allem aber für Tür- und Fensterrahmen und -stürze. Bekanntere Gebäude aus Kalktuff: Stockalperpalast Brig, Pont du Milieu in Fribourg und die Kirche von Eglisau (ZH). Heute wird Kalktuff vor allem noch für Bodenplatten verwendet.

Klettereigenschaften
Ein einziges Klettergebiet «la Tufière» bei Corpataux (FR).

So entsteht Quelltuff an einer kalkreichen Quelle, la Tufière, FR.

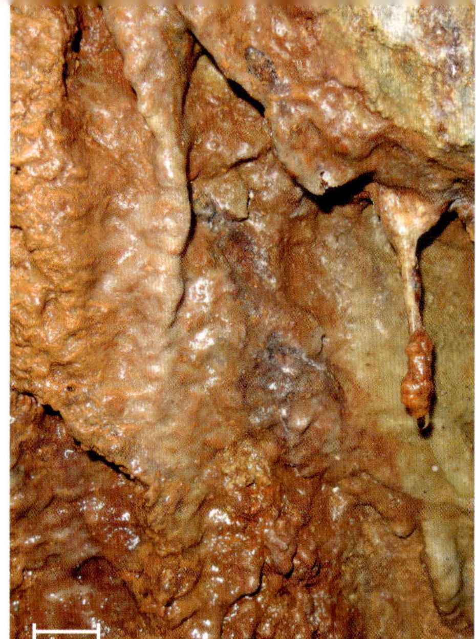

133 Sinter- und Höhlengesteine

Typ
Lithologie

Gesteinsklasse: Sedimente **Unterklasse:** chemische Sedimente

Kalkstein wird durch CO_2-haltiges Regenwasser gelöst (vgl. Nr. 30). Dieser «Kalksteinfraß» setzt sich im Untergrund entlang von Klüften, Schichtfugen und Bruchzonen fort. So können gewaltige Höhlensysteme entstehen. Wenn die Höhlenwässer gegenüber der Höhlenatmosphäre an CO_2 übersättigt sind, wird beim Herabrinnen und -tropfen Calcit abgelagert. So entstehen Kalksinterbildungen in Form von Stalaktiten, Stalagmiten und ganzen Wandbelägen. Kalksinter ist meist durch organisches Material bräunlich gefärbt. Durch wechselnde Beimengungen entstehen fein geschichtete Strukturen. Der Calcit ist häufig grobspätig, kann aber auch feinkörnig bis leicht porös sein. Die Höhlensysteme des Juras und der Alpen bildeten sich über Zeiträume von Hunderttausenden von Jahren. Die Wachstumsgeschwindigkeit von Höhlensinter liegt meist im Bereich von wenigen cm pro Jahrtausend. Aus der Analyse von Stalaktiten können Klimainformationen über die vergangenen Jahrtausende gewonnen werden.

Bestandteile|Härte
Calcit.

Mächtigkeit|Verbreitung
Fast nur im Jura, den helvetischen und mittelpenninischen Voralpen und im Südtessin. Weitestgehend in unterirdischen Karsthöhlensystemen, aber auch an freigelegten Kalksteinwänden, z. B. im Jura.

Variabilität|Verwandte|Verwechslungen
Auch Quelltuff/Travertin ist ein Sintergestein → s. Nr. 132

Interessante Webseite
www.speleo.ch

Höhlensintergestein aus grobblockigen Calcitkristallen, mit fein gebänderten Wachstumslagen, durch Verwitterung leicht aufgelockert.

Rezente Sinterbildung im Eisenbergwerk Gonzen bei Sargans (SG) im Quintnerkalk, Rotfärbung durch Eisenhydroxide.

134 Torf

Typ
Lithologie

Gesteinsklasse: - **Unterklasse:** -

Torf besteht aus nicht oder nur unvollständig zersetztem (oxidiertem) Pflanzenmaterial in Mooren, mit einem Hauptanteil von Torfmoos *(Sphagnum)*. Man kann es als Boden betrachten oder, wie durchaus üblich, als organisches Sediment. Weil Torf das Anfangsstadium der Inkohlung darstellt, bei der über Braunkohle (Nr. 14) schlussendlich Steinkohle (Nr. 58) entsteht, haben wir es als Lockergestein in dieses Buch aufgenommen. Die Torfvorkommen der Schweiz liegen praktisch alle im Mittelland und im Jura. Sie sind seit dem Rückzug der letzteiszeitlichen Gletscher vor rund 10 000 Jahren durch sehr langsames Wachstum entstanden (um 1–2 mm pro Jahr). Torf ist im getrockneten Zustand brennbar. Er wurde in der Schweiz ab dem Beginn des 18. Jahrhunderts als Brennstoff genutzt. Während des ganzen 18. Jahrhunderts diente er als Brennholzersatz, am häufigsten wurde Torf zu Heizzwecken verwendet. Dadurch wurden große Flächen von Moorlandschaften im Mittelland zerstört. Zum Schutz der Moore verbot die 1987 angenommene Rothenthurm-Initiative den Torfabbau.

Bestandteile|Härte
Anaerob zersetzte Torfmoose; weicherdiges Material.

Mächtigkeit|Verbreitung
Ehemals große Verbreitung im Mittelland und Jura, in bis zu vielen Metern mächtige Schichten.

Variabilität|Verwandte|Verwechslungen
Unverwechselbar. Es gibt viele Unterteilungen von Torf, je nach Alter, Porosität, Wassergehalt etc.

Verwendung
Heute noch für Pflanzenerden. Die Schweiz importiert jährlich rund 150 000 t Torf, vor allem aus dem Baltikum.

Trockener Torf.

Das große Torfgebiet von Les-Ponts-de-Martel; hier wurde früher intensiv abgebaut, heute ist es ein Naturschutzgebiet.

Nutzbare Gesteine und mineralische Rohstoffe

Die meisten Erzvorkommen der Schweiz sind im internationalen Vergleich sehr klein, oft auch infolge von tektonischen und metamorphen Prozessen bei der Alpenbildung zerschert und schwierig abzubauen. Der Abbau von Erzen spielte jedoch bis ins 19. Jahrhundert, vor allem aber in den Weltkriegszeiten und lokal bis in die 1960er-Jahre regional und lokal eine große Rolle. So ist das kulturelle Erbe des Erzabbaus in der Schweiz reichhaltig, und es gibt etliche spannende Besucherbergwerke, welche dieses Erbe aufleben lassen (S. 429).

Für «gewöhnliche» mineralische Rohstoffe wie Hartgesteine, Kies, Sand und Ton gilt dies allerdings nicht! Davon verfügt die Schweiz über bedeutende Reserven. Diese Rohstoffe bilden eine wesentliche Grundlage unseres täglichen Lebens, ihre Verfügbarkeit ist uns selbstverständlich, und der Verbrauch nimmt laufend zu. Die folgende Tabelle stellt die aktuellen Abbaumengen in der Schweiz in Tonnen pro Jahr dar (Stand 2016, SGTK):

Mineralischer Rohstoff	Tonnen/Jahr	hauptsächliche Verwendung
Kies und Sand	38 094 000	Mit Abstand die wichtigsten mineralischen Rohstoffe der Schweiz, vorwiegend für die Betonherstellung
Kalkstein und Mergel	5 696 000	Verwendung vor allem für Portlandzement zur Betonfabrikation
Natursteine/ gebrochene Steine	2 886 000	Schotterbette von Straßen und Gleisen
Ton und Mergel	1 094 000	Ziegel- und Keramikherstellung
Steinsalz	586 000	Streu- und Speisesalz, chemische Industrie

Die folgenden wichtigen und in diesem Buch porträtierten Hartgesteine werden heute noch abgebaut: Opalinuston (5), Altdorfer Sandstein (15), Quintnerkalk (26), Kieselkalk (28), Aaregranit (49), Tessiner Gneise (79), Peccia-Marmor (85).

Für die Geologen schmerzlich ist das dramatische «Steinbruch-Sterben» der letzten Jahrzehnte. Steinbrüche sind einerseits «Wunden» in der Landschaft, aber sie geben oft auch ganz hervorragende Einblicke in unseren Untergrund, in die Vielfalt an Gesteinen und Strukturen, und sie sind auch ein kulturhistorisches Erbe. Der Autor ist der Ansicht, dass eine Inventarisierung und die Aufstellung einer Liste der erhaltenswerten Steinbrüche sinnvoll wäre. Wie groß war seine Enttäuschung, als er beim Versuch, den herrlichen und in ganz Europa verbreiteten Edelbaustein «Castione nero» (Nr. 86) im Steinbruch nördlich Bellinzona anzuschauen und zu beproben, auf eine wüste, halb zugeschüttete Restgrube stieß» – wo Generationen von Geologen einen Exkursionsstopp einlegten.

Daraus wurde das alte Bern gebaut. Der Steinbruch Ostermundigen im Berner Sandstein der oberen Meeresmolasse (Nr. 12).

Der Salvisberg-Bau der Universität Bern beherbergt das Geologische Institut und ist mit Baujahr 1931 ein Denkmal früher Betonbaukunst.

Steinbruch von St. Triphon im Waadtländer Rhonetal («Noir de St. Triphon»). Heute ist der aufgelassene Steinbruch ein wertvolles Biotop.

Teil V

Anhang

Geotope, Geoparks, Welterbe

Was sind Geotope? Geotope sind schützenswerte, räumlich begrenzte Gebiete von besonderer geowissenschaftlicher Bedeutung. Die meisten Geotope haben auch eine kulturelle und bildungspolitische Bedeutung. Sie illustrieren die Entwicklung des Untergrunds, der Landschaften, des Lebens und des Klimas, sie lassen Vorgänge im Erdinnern oder an der Oberfläche leichter nachvollziehbar werden.

Geotop-Inventare in der Schweiz: 1996–99 entstand aufgrund von Umfragen ein schweizerisches Geotopinventar, welches heute 322 Objekte umfasst. Ein Teil davon ist auf map.geo.admin.ch abrufbar. Leider wurde das Inventar nicht systematisch erhoben, sondern hing von der «Meldefreudigkeit» und Einschätzung der angefragten Kreise ab. Ganz anders als bei biologischen Inventaren, gibt es keine kohärente nationale Gesetzgebung für den Schutz der Geotope; ebenso stehen keine Ressourcen oder Anstrengungen beim zuständigen Bundesamt bafu zur Verfügung. Aus diesem Grunde sind sehr viele wichtige und hervorragende Aufschlüsse, gerade was Gesteine und Fossilien betrifft, im Inventar nicht enthalten oder «vergammeln» (siehe z. B. Nr. 86). Dass das geologische Erbe der geologisch so außerordentlich reichen und für die Forschungsgeschichte bedeutenden Schweiz derart vernachlässigt und teilweise dramatisch beeinträchtigt wird, ist jammerschade.

Geoparks? Ein Geopark ist ein größeres Gebiet, das besondere geologische und geomorphologische Phänomene und Objekte enthält, die von der Erdgeschichte, der Evolution des Lebens sowie der Entwicklung der Landschaft zeugen. Einen Geopark im Sinne der UNESCO- und EU-Definitionen gibt es in der Schweiz noch nicht; die Schweiz hinkt da der Entwicklung klar hinten nach.

Geologische Weltnaturerbe: Dafür gibt es in der Schweiz zwei geologische UNESCO Weltnaturerbe: Einerseits die Fossilfundstätte in den Trias-Gesteinen des Monte San Giorgio (Nr. 116, www.montesangiorgio.org), und andererseits die Region rund um den Piz Sardona (3056 m) im Tripelpunkt der drei Kantone Glarus, Graubünden und St. Gallen; sie ist unter dem Namen «Tektonikarena Sardona» bekannt (www.unesco-sardona.ch). Dort kommen wesentliche Elemente der alpinen Gebirgsbildung hervorragend zur Geltung (z. B. als Modellfall alpiner Deckenbildung die sogenannte «Glarner Hauptüberschiebung»).

Auch das dritte Weltnaturerbe der Schweiz, die Region Jungfrau-Aletsch (www.jungfraualetsch.ch) hat wichtige geologische Aspekte. Dies steht in ziemlich krassem Gegensatz zur Bedeutung, welche die Schweiz auf nationaler und kantonaler Ebene ihrem geologischen Erbe versagt.

S. 426: Gebänderte Hornblende-Biotit-Gneise am Ufer der Verzasca (TI).

S. 427: Tonschiefer können an sich schneidenden Schieferungs- und Schichtungsflächen zu bleistiftartigen Stücken zerbrechen. Tonschiefer der Emmatformation aus der ostalpinen Kreide der Errdecke, Fuorcla da Tschitta (GR).

Geologie und Gesteine erleben

Wer in der Schweiz mehr über Geologie und Gesteine erfahren und erleben will, findet ein reichhaltiges Angebot.

Erlebnis Geologie (www.erlebnis-geologie.ch): Dabei handelt es sich um eine Web-Plattform, auf der geo-didaktische Bildungs- und Erlebnisangebote zugänglich gemacht werden. Diese sind auf einer interaktiven Karte abrufbar. Mit Suchfunktionen können auch gezielt bestimmte Angebote gesucht werden.

Geowege: Es gibt derzeit rund 50 Themenwege in der Schweiz, die sich mit Geologie und/oder Gesteinen befassen. Qualität und Erhaltungszustand sind sehr variabel. Auf der Webseite www.erlebnis-geologie.ch werden auch die geologischen Themenwege und Installationen kartenbasiert präsentiert.

Schau- und Besucherbergwerke: In der Schweiz ist eine große Anzahl alter Bergwerke vorhanden, die meistens ganz oder teilweise verfallen. Einige wurden von lokalen, enthusiastischen Gruppen instandgestellt und als Besucherbergwerke zugänglich gemacht. Diese stellen ein wichtiges kulturelles Erbe dar. Als zwei der spektakulärsten und erfolgreichsten seien das Eisenbergwerk Gonzen/Sargans und das Schieferbergwerk Landesplattenberg im Glarner Sernftal erwähnt.
Homepages: www.bergwerk-gonzen.ch und www.plattenberg.ch.

Gesteine und Geologie in der Stadt: In etlichen Städten gibt es Führungen oder Rundgänge zu den Bausteinen der Stadt – auch so lassen sich Gesteine erleben, und das erst noch in einem kulturellen Kontext. Angebote gibt es in Fribourg, Bern, Zürich, Winterthur, Glarus und Chur. Die Angaben sind über die Webseite zu finden: www.erlebnis-geologie.ch

Via GeoAlpina: Via GeoAlpina ist ein internationales Projekt, mit dem Wanderer in die geologische Entstehung der Alpen eingeführt werden sollen (www.viageoalpina.eu). In der Schweiz sind bisher vier Etappen realisiert und dokumentiert: die Tektonikarena Sardona, das Berner Oberland, das Unterwallis und die Tessiner Alpen. Der einfachste Zugang erfolgt über die Webseite www.swisstopo.ch/viageoalpina.

Museen, Sammlungen, Ausstellungen: Alle großen Naturmuseen haben geologische Abteilungen mit Gesteinen: die Naturhistorischen Museen Bern und Basel; die Naturmuseen Solothurn, Olten, Luzern, Winterthur, St. Gallen und Chur; das Naturama Aarau, das Focus Terra Zürich, der Gletschergarten Luzern und das Museum zu Allerheiligen in Schaffhausen.

Exkursionen, Kurse: Es gibt von verschiedenen Anbietern geologische Exkursionen, u. a. auch von den Naturforschenden Gesellschaften. Geo-life.ch bietet ein reichhaltiges Programm, und beim Autor können Sie maßgeschneiderte Angebote anfragen (www.rundumberge.ch).

Gesteine online

Auch in Sachen Gesteine ist das World Wide Web uferlos geworden. Präsentiert wird hier eine Auswahl von Webseiten, die zur Zeit der Erarbeitung dieses Buches (2016) verfügbar und empfehlenswert sind. Hinweise auf weitere Seiten nimmt der Autor sehr gerne entgegen (ibex@gmx.ch).

map.geo.admin.ch: Die Seite von swisstopo, mit sämtlichen kartenbasierten geologischen Informationen der Schweiz, leicht zugänglich, bis zum Maßstab 1:10000 und einfach exportierbar. Wunderbare Webseite – es kann nicht oft genug betont werden!

geologieportal.ch: Die Informationsplattform der Schweizer Geologie-Szene. In erster Linie für die Geo-Profis gedacht, aber auch für Laien zum Stöbern lohnend.

erlebnis-geologie.ch: Die Schweiz entdeckt die Geologie! Fast alle Geo-Events und geo-touristischen Bildungsangebote und -erlebnisse der Schweiz. Für Geo-Laien wertvolles Portal.

strati.ch: Das lithostratigrafische Lexikon der Schweiz, betreut von der Landesgeologie und SCNAT. Für viele Gesteinsformationen wichtige Informationen, teilweise auch gute Beschreibungen.

erdwissen.ch: Ein Angebot der NAGRA. Seit 2010 werden monatlich kurze illustrierte Beiträge zu geologischen Themen aller Art aufgeschaltet. Eine schöne Seite zum Stöbern oder um nach bestimmten Themen zu suchen. Die Beiträge sind sorgfältig gemacht und in gut verständlicher Sprache verfasst.

unesco-sardona.ch: Die Webseite des UNESCO-Weltnaturerbes Tektonikarena Sardona. Informationen zum Welterbe, über Gebirgsbildung sowie zu den Angeboten.

geo-alpstein.ch: Mineralien, Fossilien und Geologie des Alpsteins; Seite betrieben von P. Kürsteiner. Beispiel einer guten regionalen Geo-Seite; auch die Gesteinsformationen sind gut beschrieben.

nvs.ch: Schweizer Natursteinverband, Liste aller aktiven Steinbrüche und Schweiz. Naturstein-Datenbank. Die als pdf verfügbare Naturstein-Datenbank enthält schöne und hoch aufgelöste Fotos aller in der Schweiz noch abgebauten Natursteine.

http://www.lead.ethz.ch: Learning Earths Dynamics – die erdwissenschaftliche Lern-Plattform der ETH Zürich. Viele gute Animationen, Vorlesungen etc. Auch der Laie findet hier sehr viel Wertvolles.

www.lead.ethz.ch/gesteinsbestimmung: Training für die Gesteinsbestimmung an vorgegebenen Proben, die jeweils mit hervorragenden Gesteinsfotos dokumentiert sind. Durch Zoomen kann das Betrachten mit der Lupe simuliert werden. Mittels Fragen wird man zum Gestein herangeführt. Ein Super-Tool für die Beobachtungsschulung an Gesteinen. Für Laien sehr zu empfehlen!

geologie.uni-frankfurt.de/gesteine.html: 110 Fotos von angeschliffenen Gesteinen in hoher Auflösung. Sehr schöne Gesteinsproben, leider neben dem Namen ohne jegliche weitere Informationen.

https://de.wikipedia.org/wiki/Liste_der_Gesteine: Direkter Überblick und Zugang zu allen auf Wikipedia beschriebenen Gesteinen. Nützlich, um rasch einen Überblick über die auf Wikipedia gut beschriebenen Gesteine zu erhalten.

sandatlas.org: Vom estnischen Geologen Siim Sepp betriebene Seite mit vielen Mineralien, Gesteinen und Lockergesteinen. Viele gute Gesteinsbeispiele mit ebenso guten Fotos und informativen, fundierten Erklärungen dazu.

http://www.alexstrekeisen.it/index.php: Seite des italienischen Petrologen Alessandro do Mommio, mit vielen gesteinsbildenden Mineralien und Gesteinen, fotografisch in Makro- und Mikro-(Dünnschliff)-Aufnahmen bestens dokumentiert. Tolle Seite, um eine große Anzahl von Gesteinen makro- und mikroskopisch kennenzulernen.

Literatur

Allgemeine Geologie für Laien	
Geologie. R. Hürlimann et al. 2013 Compendio Bildungsmedien ZH.	Hervorragend. Als Einstieg für Laien wärmstens empfohlen.
Steinkunde kompakt. Grundwissen für Berufe der natursteinverarbeitenden Branche. A. Mojon. 2006 Eigenverlag Autoren.	Ebenfalls super für Einsteiger, starker Bezug zur Schweiz und ihren Gesteinen. Mit Extrakapitel für die Naturstein-Branche.
Alpengeologie/Geologie der Schweiz	
Wie Berge entstehen und vergehen. In 30 Etappen durch die Alpengeologie. Jürg Meyer, 2021. Haupt Verlag AG Bern.	30 pointierte, gut verständliche Essays über grundlegende Konzepte sowie neueste und erstaunliche Erkenntnisse zur Alpenbildung. Es korrigiert überholte Vorstellungen und vermittelt zahlreiche Aha-Erlebnisse. Besonders ausgerichtet auf Geologie-Lehrende, Amateure und Wissenschaftsjournalisten.
Landschaften und Geologie der Schweiz. O. A. Pfiffner. 2019, Haupt Verlag AG, Bern.	Ein sehr schönes und für Amateure wichtiges Buch, das sich dem geologischen Bau der Schweiz anhand von Landschaftsfotos annähert. Auch mit einer Einführung in die Gesteinswelt der Schweiz.
Das Matterhorn aus Afrika. Die Entstehung der Alpen in der Erdgeschichte. M. Marthaler. 2013, 3. Auflage, Ott Verlag.	Hervorragender Einstieg ins Thema, mit stark plattentektonischem Blickwinkel; leider fast alle Beispiele und Illustrationen aus dem Wallis.
Der Ozean im Gebirge. Eine geologische Zeitreise durch die Schweiz. H. Weissert, I. Stössel. 2015, 3. Auflage, vdf Verlag ETHZ.	Ebenso hervorragend, mit etwas anderem, eher erdgeschichtlichem Ansatz.
Geologie der Schweiz. C. Gnägi, T. Labhart. 2015, 9., vollst. überarbeitete Auflage, Ott Verlag.	Der berühmte «Labhart» hat Generationen von Studierenden geholfen und Laien begleitet.
Geologie der Alpen. O. A. Pfiffner. 2015, 3. Auflage, UTB.	Die Herkulesarbeit des Autors hat eine lange offene Lücke geschlossen. Umfassend, bestens illustriert – aber nur mit soliden Vorkenntnissen verdaubar.
Geologie der Alpen aus der Luft. K. Stüwe, R. Homberger. 2015, 5. Auflage, Weishaupt Verlag.	Abenteurer-Fotograf-Pilot und Geologe fliegen über die ganzen Alpen und präsentieren die besten Bilder mit viel geologischem Kontext. Sehr schön, sehr reichhaltig, und nicht ganz einfach für den Laien.
Regionale Geologien	
Geologische Wanderungen. 15 Routen zu Hotspots in der Schweiz. Jürg Alean & Paul Felber, 2019. Haupt Verlag AG Bern.	Die 15 Geologie-Wanderungen werden bestens verständlich präsentiert, mit hervorragenden Fotos, guten Karten und präzisen Ortsangaben. Eine schöne Einladung für thematische Wanderungen.
Geologie des Kantons Uri. P. Spillman et al. 2011, Naturforschende Gesellschaft Uri.	Top! Einfach hervorragend, was das Autorenkollektiv da präsentiert. Auch die Gesteine werden ausführlich beschrieben.
Ausflug in die Glarner Geologie. 300 Millionen Jahre faszinierende Erdgeschichte. M. Feldmann. 2016 Verlag Baeschlin.	Auch dieser Titel ein Bijou! Eine Reise durch 300 Mio. J. Geologie der Glarner Alpen; mit hervorragenden Gesteinsfotos und -beschreibungen.
Der Alpstein. Natur und Kultur im Säntisgebiet. H. Büchler (Hrsg). 2004, 4. Auflage, Appenzeller Verlag.	Beispiel eines regionalen Werks, in dem die Geologie sehr gut, fundiert und bestens illustriert dargestellt wird.

Gesteine und Gesteinsbestimmung	
Gesteine einfach bestimmen. Der Bestimmungsschlüssel. J. Meyer. 2022, Haupt Verlag.	Der erste wirklich umfassende Bestimmungsschlüssel für Gesteine – die ideale Ergänzung zum vorliegenden Buch «Gesteine der Schweiz».
Steinland Alpen. Ein Einstieg in die Geheimisse der Alpengesteine und der Alpenbildung. J. Meyer & T. Scheiber. 2013 Filidor Verlag.	Die wichtigsten Alpengesteine und die Alpenbildung aus Sicht der Bergsteiger in bestens verständlicher und lockerer Sprache erklärt.
Stein. M. Amman et al. 2006 NAGRA.	Eine Art Mini-Mini-Pocket-Ausgabe des vorliegenden Buches. Breite Abdeckung des Themas Stein in der Schweiz, sorgfältig gemacht, in klarer einfacher Sprache. Als Einstiegsdroge geeignet!
Die Mineralischen Rohstoffe der Schweiz. R. Kündig et al. 1997 Schweizerische Geotechnische Kommission.	Das Standardwerk zu allen mineralischen Rohstoffen der Schweiz – und auch eine Fundgrube zu allen nutzbaren Gesteinen.
Stein und Wein. Autorenkollektiv. 2018. Verein Stein und Wein.	Diesem Projekt wurden vielleicht zu viele Gesteine in den Weg gelegt, oder die Autoren blieben zu heftig an den Weinen hängen, dass es trotz langer Erwartung immer noch nicht erschienen ist. Die Hoffnung darf nicht aufgegeben werden.
Gesteine Berns. T. Labhart & K. Zehnder. 2017 Haupt Verlag	Ein Beispiel der vielen Spuren, die T. Labhart als Vermittlungs-Geologe hinterlassen hat. Um ein Wort zu verwenden, das er gerne braucht: «es Bijou!»
Gesteinskunde. Ein Leitfaden für Einsteiger + Anwender. 2014. 3. Auflage, Springer Akademischer Verlag.	Textlich und grafisch sehr guter und anschaulicher Einstieg. Für den Laien schade: von den total 156 Seiten sind 90 der technischen Gesteinskunde gewidmet – weniger sein Interessengebiet. Aber die 66 Seiten zu den Gesteinen sind hervorragend!
Gesteine . Systematik, Bestimmung, Entstehung. W. Maresch et al. 2014 Schweizerbart.	Alle diese Werke sind gut und empfehlenswert – am besten gefällt uns das erstgenannte. Alle sind von der Auswahl der Gesteine und Beispiele stark auf Deutschland ausgerichtet.
Gesteinsbestimmung im Gelände. R. Vinx. 2014 4. Auflage Springer Akademischer Verlag.	
Der große BLV Steine- und Mineralienführer. W. Schumann. 2016, 10., überarbeitete Auflage.	
Flusskiesel	
Sitterkiesel . O. Keller & U. Hochuli. 2000, Edition Ostschweiz.	Klein, aber sehr fein! Eine wunderschöne kleine geologische Auslegeordnung, mit ebensolchen Farbzeichnungen der Kieselgesteine.
Steine an Fluss, Strand und Küste. F. Rudolph et al. 2015 Franck-Kosmos Verlags GmbH.	Kiesel sammeln ist an Norddeutschlands Stränden schon lange ein verbreitetes Hobby. Hier werden erstmals auch Kiesbänke von Alpenflüssen vorgestellt.
Erlebnis- und Lernort Kiesbank. J. Meyer et al. 2018.	Spielerische und kreative Aktivitäten für die naturkundliche Annäherung an Kieselgesteine der besten Kiesbänke der Schweiz. Für Lehrer, Exkursions- und Wanderleiter.

Glossar

Es werden nur Fachbegriffe aufgeführt, welche im Buch nicht näher erklärt werden. Weiterführende Erläuterungen sieh unter www.geodz.com.

Adria, Adriatica: Kleiner, zu Afrika gehörender Kontinentalblock, der im Alpenraum den afrikanischen Teil des Plattensystems bildete.

Akkretionskeil (-prisma): Sedimentkeil, der sich an einer Subduktionszone bildet; oben wird sedimentiert, unten gleichzeitig subduziert, was zu keilförmig gestapelten Sedimentserien führt.

Akzessorien, akzessorisch: In geringster Menge in einem Gestein vorhandene zusätzliche Mineralien.

Alkaliserie: Magmatische Gesteinsserien mit einem Überschuss an Alkalien gegenüber Ca und SiO_2/Al_2O_3; entstehen meist bei Magmatismus innerhalb von Platten durch direkte Aufschmelzungen von Mantelmaterial.

Andalusit: Eine der drei Polymorphe des Alumosilikats Al_2SiO_5, bei tiefen Drucken stabil.

Antiklinale: Scheitel einer Falte, das Gegenstück ist die → Synklinale.

Aragonit: Modifikation von Calcium-Karbonat $Ca(CO_3)$ neben Calcit. Die meisten marinen Organismen bauen ihre Schalen primär aus Aragonit auf, der dann später calcitisiert wird.

Asthenosphäre: Plastische Schicht im obersten Teil des Erdmantels (ca. ab 150–400 km). Auf ihr gleiten die tektonischen Erdplatten. Auch «Low-Velocity-Zone» genannt.

autochthon: Wörtlich «einheimisch, ortsfest», in der Geologie für Gesteinseinheiten, die bei Gebirgsbildungen nicht oder nur geringfügig verschoben wurden.

basisch: In der Geologie verwendet für relativ SiO_2-arme Magmatite/Metamorphite mit SiO_2-Gehalten von 45–52 Gew.-%. (z. B. Basalt, Amphibolit); → sauer.

Batholith: Großer, komplex aufgebauter und sich gegen unten verbreitender plutonischer Intrusionskörper.

Becken-Horst: Bei Zerbrechungen der Erdkruste entstehen durch Absenkungen Becken, dazwischen «Horste» genannte Hochzonen.

Caldera: Großflächiges Einsinkgebiet über einer Magmakammer eines aktiven Vulkans; kann einige 100 bis bis viele km groß sein.

Calpionellen: Ausgestorbene planktonische Einzeller aus der Jura-/Kreidezeit, die charakteristische glockenartige Gehäuse um 0,1 mm Größe bildeten; wichtig für Fazies und Stratigrafie dieser Zeit.

CCD: Calcit-Kompensationstiefe im Ozean; Tiefe unter welcher alle Calcitschalen aufgelöst sind; abhängig von verschiedenen Faktoren, bei 3000–5000 m Tiefe.

Chronostratigrafie: Die zeitliche Einteilung der Erdgeschichte.

Coccolithen: Gruppe von marinen planktonischen Einzellern, welche scheibenförmige Calcitschalen ausbilden, die sich zu kugeligen Aggregaten verbinden. Im Mesozoikum sehr wichtige kalkbildende Lebewesen; die Schreibkreiden von England und Norddeutschland sind Coccolithenkalke.

Cordierit: Blaues Gerüstsilikat, das hohe Metamorphosetemperaturen bei relativ geringen Drucken anzeigt; oft in Migmatiten.

detritisch: Sedimente, die durch Transport und Ablagerung von mineralischen Partikeln aufgebaut werden (z. B. Sand, Ton, Kies etc.); synonym für «klastisch».

diskordant, Diskordanz: Eine jüngere Gesteinseinheit lagert sich mit einer Zeitlücke an eine ältere und verformte Gesteinseinheit an.

Drumlin: Glazial gebildete, in ehemaliger Gletscherfließrichtung lang gestreckte, tropfenförmige Hügel (Länge 100–5000 m, Höhe 10–40 m); in etlichen Gegenden des Mittellandes sehr häufig.

duktil: → plastisch.

extern: In den Alpen verwendet für Gesteinszonen/Decken, welche weiter weg von der adriatischen Platte bzw. der Südalpen sind.

Fallen, Einfallen: Die Steilheit einer Gesteinsfläche, z. B. einer Schichtung, im Lot gemessen; vgl. Streichen.

Fanglomerat: Chaotische klastische Sedimentablagerung, meist durch epochale Regengüsse in ariden Gebieten gebildet, oft Zwischending zwischen Konglomerat und Brekzie, auch Schlammbrekzie genannt.

Fazies/Fazieswechsel: Zwei unterschiedliche Bedeutungen/Verwendungen in der Geologie: Sedimentgesteine: Summe aller Eigenschaften eines Gesteins, welche aus seiner Entstehungsgeschichte herrühren; oft auch nur auf die Ablagerungsbedingungen bezogen, z. B. flachmarine Riff-Fazies. Metamorphite: Druck-Temperatur-Felder der Metamorphose.

fluviatil: Durch oder von Flüssen gebildet oder geprägt.

fluvioglazial: Durch oder von Gletscherflüssen gebildet oder geprägt.

frühalpin: Frühe Phasen der alpinen Kollisionsprozesse, heute im Paläozän/Eozän angesiedelt (früher Oberkreide).

Glaukonit: Grünfarbiges Schichtsilikat, das sich in flachmarinen Sedimenten bei der Diagenese bilden kann; recht oft in Sandsteinen.

Grauwacke: Klastisches Sediment, Sandstein bis Feinbrekzie, welches neben viel Quarz auch viele andere Mineralien führt.

Hornfels: Extrem feinkörniges, hartsplittriges, hoch metamorphes Gestein der Kontaktmetamorphose, Protolith = Tonstein.

hydrothermal: Bildung oder Umwandlung von Mineralien und Gesteinen bei Temperaturen unterhalb rund 400 °C unter Mitwirkung von heißen Fluids (meist wässrig).

idiomorph: Wörtlich «eigengestaltig», Mineralien in Gesteinen mit gut bis sehr gut ausgebildeten Kristallformen.

inkompetent: Bei Gesteinen solche, welche sich vergleichsweise leicht verformen lassen, z. B. Tonsteine, Gips-/Salzgesteine.

Insubrische Linie: Westlichster Teil der 700 km langen Periadriatischen Linie.

intern: In den Alpen verwendet für Gesteinszonen/Decken, welche näher an der adriatischen Platte bzw. den Südalpen sind.

Isograden: Abbild metamorpher Mineralreaktionen im Gelände, z. B. die «Staurolith»-Reaktion bei Metapeliten.

isostatisch, Isostasie: Massenausgleich nach dem archimedischen Auftriebsprinzip zwischen der festen Lithosphäre und dem plastischen obersten Mantel (Asthenosphäre).

Isothermen: Linien gleicher Metamorphosetemperaturen im Gelände.

Kalkalkaliserie: Magmatische Gesteine mit einem vorherrschenden Ca-Gehalt vor den Alkalien. Na und K, im Gegensatz zu den Alkaliserien. Bei den Plutoniten weitaus die häufigeren Gesteinstypen.

klastisch: Sedimente, die durch Transport und Ablagerung von mineralischen Partikeln aufgebaut werden (z. B. Sand, Ton, Kies etc.); synonym für detritisch.

kompetent: Bei Gesteinen solche, welche sich vergleichsweise schwer verformen lassen, z. B. Dolomite, Quarzite, Gneise.

Kondensationshorizont: Schicht/Phase in einer Sedimentabfolge, wo sehr wenig Sediment abgelagert wurde; oft fossilreich und mit Pyrit- oder Phosphoritknollen.

Kraton: Sehr alte, präkambrische Kerngebiete der Kontinente.

Kristallwasser: H_2O, welches als Molekül (meist als sog. OH^--Gruppe) im Kristallgitter von Mineralien eingebaut ist.

Kruste: Der obere Teil der festen Erdrinde (= Lithosphäre); es ist zwischen den grundverschiedenen kontinentalen (30–50 km dick) und ozeanischen Krusten (5–8 km) zu unterscheiden.

listrisch (Brüche): Nach oben konkave, gebogene Abschiebungsfläche, oft in Scharen in großräumigen Dehnungszonen ausgebildet.

Lithologie: Eigenschaften eines Gesteins nach Zusammensetzung und Textur.

Lithosphäre: Die feste Schicht, aus welcher die Erdplatten bestehen; aufgebaut aus Kruste oben und festem Lithosphären-Mantel (Peridotit) darunter; die Grenze zur darunterliegenden plastischen Asthenosphäre wird durch die «Moho» gebildet; Dicke 100–200 km.

Lithostratigrafie: Gliederung von Gesteinsabfolgen rein nach ihren Lithologien.

Mangelsedimentation: Stark reduzierte Sedimentationsraten, v. a. in Kondensationshorizonten.

marin: Im Meer gebildet oder stattfindend.

Mélange: In der Geologie verwendet für chaotische Mischungen von Gesteinen im Dekameter-/Kilometerbereich, meist tektonisch entstanden (z. B. in tektonischem Akkretionskanal).

mesoalpin: Mittlere Phasen der alpinen Kollisionsprozesse, im Oliogozän.

Miarolen, miarolithisch: Kleine blasenförmige bis unregelmäßige Hohlräume in seichten bis subvulkanischen Granitoiden; oft mit idiomorphen Mineralbildungen.

Mikrit, mikritisch: Äußerst feinkörnige, mikrokristalline Kalksteine, welche aus feinstem Karbonatschlamm entstanden sind.

Milanković-Zyklen: Zyklische Schwankungen der Erdbahnbewegungen um die Sonne, welche als Hauptursache der quartären Klimaschwankungen mit ihren Eiszeiten gelten.

Mylonit: Sehr feinkörnige metamorphe Gesteine, oft fein gebändert und/oder mit starker Streckungslineation, die an höher temperierten duktilen Scherzonen entstehen, z. B. alpinen Deckenüberschiebungen.

Olistolith, Olistostrom: Fremdgesteinsblock (Dimensionen dm bis 100erte m) in einer sedimentären Matrix; ein solches Ensemble wird «Olistostrom» genannt; Beispiele aus den Alpen sind die «Wildflysche».

Paläogeografie: Die «alte Geografie»; Rekonstruktion der lokalen, regionalen oder globalen Geografien, z. B. der Konfigurationen der Erdplatten und Meeresbecken.

parautochthon: Nur wenig gegenüber der ursprünglichen Unterlage verschoben.

pelagisch: Zur Wasssersäule des offenen Ozeans gehörend; beschreibend für marine Lebewesen, die im offenen Ozean leben.

periadriatische Linie: Alte, tief greifende Störungszone der Alpen, welche die adriatische von der eurasischen Platte trennt bzw. die penninischen/ostalpinen von den südalpinen tektonischen Einheiten.

Phosphoritknollen: In marinen Flachwassersedimenten durch komplexe Vorgänge gebildete Knollen in Kalksteinen/Mergeln, welche zum großen Teil aus Apatit bestehen.

plastisch: Irreversible Verformung von Gesteinen im Festzustand durch materialinterne Verformungsprozesse, meist auf mikroskopischer bis atomarer Ebene; kann fließartige Verformungsmuster erzeugen; in der Geologie synonym zu «duktiler Verformung» verwendet.

porphyrisch: Magmatisches Gefüge, geprägt durch deutlich größere, subidiomorphe bis idiomorphe Kristalle (Einsprenglinge) in einer feineren Matrix (Grundmasse); häufig in Graniten und Rhyolithen.

Pseudomorphose: Mineral, das in der Form eines anderen Minerals sekundär kristallisiert.

Pseudotachylit: Gesteinsglas, das durch Reibungswärme an einer tektonischen Störung in geringen bis mittleren Krustentiefen entsteht. Äußerlich ist ein Pseudotachylit einem schwarzen Basaltglas (Tachylit) ähnlich.

Reliefumkehr: Durch Erosion erzeugte topografische Erhöhung eines tektonisch tiefer gelegenen Krustenteils.

rezent: Gegenwärtig oder vor geologisch kurzer Zeit.

Rutschharnisch: Auf einer spröden Bruchfläche gebildete lineare Striemungen, meist verbunden mit feinen Mineralneubildungen, die treppenartig angeordnet sind, und anhand deren die Bruchrichtung ermittelt werden kann.

Sabkha: Marine Küstensalzebenen in ariden Klimata, wo sich Gips, Salz und Dolomit bilden können.

sauer: In der Geologie verwendet für relativ SiO_2-reiche Magmatite/Metamorphite mit SiO_2-Gehalten über 60 Gew.-% (z. B. Granit, Orthogneis, Rhyolith); vgl. basisch.

Scherzone: Durch tektonische Verschiebungen erzeugte planare Zone erhöhter plastischer Verformung; in Scherzonen-Netzen kann sich ein Großteil der Verformung eines Gesteinskörpers konzentrieren.

Schichtlücke: Zeitliche Lücke innerhalb einer konkordanten Sedimentabfolge; kann enstehen durch Aussetzen der Sedimentation oder durch Erosion vorhandener Schichten; oft verbunden mit Kondensationshorizonten.

Schwermineralien: Verwitterungsresistente (harte) Minerale mit einer Dichte über 2,9 g/cm^3, die sich in klastischen Sedimenten ablagern und dort u. U. durch Absinken angereichert werden.

Septarien: Sedimentäre runde Konkretionen (oft aus Kalk in Tonsteinen), in denen in Schrumpfungsrissen Mineralneubildungen kristallisieren können.

slab pull/slab push: Zwei Möglichkeiten für die Motoren der tektonischen Plattenbwegungen; slab pull (Plattenziehen): Die in eine Subduktionszone absinkende Platte zieht; slab push (Plattenstoßen): die an Spreizungszonen aufsteigenden Magmenströme stoßen die Platten seitlich weg.

spätalpin: Späte Phasen der alpinen Kollisionsprozesse, etwa ab Miozän.

Spatkalk: Kalkstein, der aus makroskopisch gut sichtbaren Calcitkristallen besteht, die beim Bewegen aufglitzern; meist aus Seelilien-Teilen entstanden.

Stratigrafie: Lehre von den Schichtabfolgen in Gesteinen, die dazu dient, die Entstehungsgeschichte zu enträtseln; aufgeteilt in zahlreiche Unterdisziplinen wie Litho-, Chrono-, Bio-, Sequenz-, Magnetostratigrafie u. a. m.

streichen: Die Orientierung einer planaren geologischen Fläche (Schichtfläche, Schieferung, Bruchfläche etc.), gemessen an der Schnittlinie der Fläche mit der Horizontalen (z. B. Streichen = N37°O); zusammen mit dem Fallen ist damit eine Fläche im Raum definiert.

Stromatolith: Feinlagig-konzentrische biosedimentäre Kuppelstrukturen von dm-m-Dimensionen, erzeugt durch flachmarine Algen- oder Bakterienmatten; die ältesten Lebensspuren der Erde sind ca. 3800 Mio. J. alte Stromatolithenfossilien.

Stylolithen: Feine, wellig-zackige Linien, meist in Kalksteinen, die durch Drucklösung entstanden sind; oft infolge Eisenhydroxid-Bildungen rötlich.

subglazial: Unter dem Eis/Gletscher stattfindend oder gebildet.

subvulkanisch: Zwischenstufe zwischen klar plutonischen und vulkanischen Strukturen und Gesteinen; ca. 1–4 km Tiefe unter Vulkanen.

Synklinale: Mulde einer Falte, das Gegenstück ist die → Antiklinale.

synsedimentär: Während der Ablagerung von Sedimenten geschehend, z. B. Bruch- und Brekzienbildungen.

terrestrisch: Nicht unter Meeresbedeckung.

Transgression: Landwärtiges Vorrücken der Meeresbedeckung; Gegenteil: Regression.

Tuff: Vulkanische Auswurfsablagerung; wenn diese sehr feinkörnig ist, wird sie Asche genannt, mittelkörnig heißt sie Lapilli, grobkörnig vulkanische Brekzie. Aschetufflagen können weit vom Vulkan weg abgelagert werden und leicht zu Tonhorizonten (Bentonit) umgewandelt werden.
Dabei können auch wilde tektonische Brekzien entstehen, wo dunkler Serpentinit von wirr angeordneten weissen Calcit-Adern durchzogen wird (= Ophicalcit). Dies sind heute noch beliebte Fassadensteine.

Turbidit: Klastisches Sedimentgestein, das durch einen submarinen Trübestrom (Turbiditstrom) abgelagert wurde. Sehr häufig in Flyschgesteinen.

ultrabasisch: Sehr SiO_2-arme Magmatite/Metamorphite mit SiO_2-Gehalten unter 45 Gew.-%. Dazu gehören in erster Linie alle Erdmantelgesteine wie Peridotit bzw. Serpentinit.

variszisch: Bedeutende Gebirgsbildung in der Zeit von Oberdevon/Karbon bei der Kollision von Gondwana und Laurasia; sie prägt einen großen Teil des Grundgebirges der Schweiz; die meisten «Alpengranite» entstanden damals.

Xenolith: Fremdgesteinseinschluss in einem magmatischen Gestein.

xenomorph: Wörtlich «fremdgestaltig», Mineralien in Gesteinen ohne ausgebildete Kristallformen.

Übersetzungstabellen der in diesem Buch verwendeten Mineral- und Gesteinsnamen Deutsch – Französisch – Italienisch – Englisch sind als pdf auf folgenden Webseiten zugänglich: www.haupt.ch/gesteinederschweiz und www.rundumberge.ch

Bildnachweis

Ein Großteil der Fotos stammt vom Autor.

Die meisten Makroaufnahmen bei den Gesteinsporträts wurden von Ueli Bula, www.artbula.ch, Zollikofen, fotografiert. Dafür sei Ueli Bula ganz herzlich gedankt.

Folgende Fotos stammen aus anderen Quellen:

Seite	Quelle
8 o	Ueli Raz, Bern, www.ueliraz.ch
9	Cities of Switzerland/Pierrot Heritier
16	Shutterstock.com/Brum
17 or	www.quartzpage.de
18 o	www.crystallography365.word-press.com
18 u	Wikimedia Commons
22 o	Shutterstock.com/Elvis Hellyar
23 o	Shutterstock.com/Kris Grabiec
24 ol	Shutterstock.com/Paul Cowan
24 or	Shutterstock.com/Martin Maun
25 o	NASA/Landsat
33 u	Research vessel joidesresolution.org
35 o	Shutterstock.com/Fineart1
35 o	Insert-Foto: OpenCourseWare AGH
42 m/u	Mineralogical Society United Kingdom
46	Andalusit: Shutterstock.com/Coldmoon Photoproject
46	Disthen: Shutterstock.com/Ray Rohner
46	Sillimanit: Earthphysicslearning/ homestead.com/Michael P. Klimetz
47 u	www.schmuckstein-shop.de
48	Halit: Shutterstock.com/Photografiero
73 o	Natural History Museum London/William Purvis
85	Ron Blakey, Colorado Plateau Geosystems inc, license 10917
94	Shutterstock.com/Martin M303
117 ol	www.seldesalpes.ch
117 or	Alexander Grütter/www.Buelipix.ch
123 or	Wikimedia Commons/H. Zell
123 u	NASA
145 ol	Kath. Kirchgemeinde Dübendorf/Rolf Anliker
145 or	Wikimedia Commons/Prisantenbär
163 o	Prof. Dr. J. Mullis, Universität Basel
180 or	Ostschweizerische Gesellschaft für Höhlenforschung
184	Philippe Crochet, Montpellier, F
185	Mapio.net/Jaroslava Hašková
195 or	Shutterstock.com/W. Scott McGill
197 o	Shutterstock.com/Eder
220	Franz von Arx/www.vonarx.bergkristalle.ch
221	Werner Schmidt/www.schweizerbergkristalle.ch
235	Shutterstock.com/Nataliya Hora
263 o	Shutterstock.com/Perseo 8888
283 u	Shutterstock.com/Mirko Graul
301 ol	www.mikroskopie.de/Holger Adelmann
301 or	zvg
327 or	Kraftwerke Oberhasli KWO/Nick Barcley
359 ol	Wikipedia.org
359 or	Flickr.com/Jon Shave
375 or	https://pirctures.wooont.com
391 u	Shutterstock.com/Bildagentur Zoonar GmbH
395	Mapio.net/stan58
402 ol	mb events & adventures, D–78345 Moos
402 or	Technische Universität Berlin
405 u	Shutterstock.com/Silvan Januth
409	Google Earth
418	CNES Spot Image, swisstopo NPOL
419	Weiacher Kies AG, Weiach

Verdankung | Sponsoren

Die Realisierung des vorliegenden Buches wurde durch die folgenden Sponsoringbeiträge und Gesteinspatenschaften ermöglicht:

Hauptsponsor

Schweizerische Eidgenossenschaft
Confédération suisse
Confederazione Svizzera
Confederaziun svizra

Bundesamt für Landestopografie swisstopo

Landesgeologie

Landesgeologie, Bundesamt für Landestopografie, swisstopo, Wabern

Sponsoren

B-I-G
Büro für Ingenieurgeologie AG

B-I-G Büro für Ingenieursgeologie, Gümligen

GEOBER GmbH
Baugeologie • Hydrogeologie • Altlasten

GEOBER GmbH, Frutigen

Geoformer ipg AG, Brig-Glis

Geologiebüro Ryser, Riehen

Geologische Beratungen SCHENKER KORNER RICHTER AG

Geoplan AG

Geoplan AG, Steg

Lotteriefonds Kanton Aargau, Aarau

Lotteriefonds Kanton Basel Landschaft, Liestal

Lotteriefonds Kanton Glarus, Glarus

Unterstützt vom
Kanton Zug

Lotteriefonds Kanton Zug, Zug

Louis Ingenieursgeologie GmbH, Weggis

magma

magma AG, Zürich

Naturstein-Verband (NVS), Bern

SF Geotechnik AG, St. Gallen

WSS
WERNER SIEMENS-STIFTUNG

Werner Siemens Stiftung, Zug

Gesteinspatenschaften

Kategorie «TopRock»

Nr. 7	Oberjurakalk (Malmkalk)	Martin Hess Naturstein GmbH, Martin Hess, Muttenz
Nr. 26	Quintnerkalk	Dr. Roger Gutzwiller, Bottmingen
Nr. 49	Zentraler Aaregranit	Thomas und Elisabeth Tschopp, Ettingen
Nr. 79	Tessiner Gneise, Orthogneise	Dr. Werner Häfliger, Finhaut/Giétroz
Nr. 87	Granatperidotit	Urs Lehmann, Basel
Nr. 92	Allalin-Metagabbro	Dr. Benjamin Meylan Grundwasserschutz & Grundwassernutzung, Bern
Nr. 115	Baveno-/Montorfanogranit	UNESCO-Welterbe Tektonikarena Sardona
Nr. 121	Bergeller Granit/Granodiorit	BauGrundRisk GmbH, Ruedi Krähenbühl, Chur

Kategorie «RocknRoll»

Nr. 3	Muschelkalk	Proseis AG, Zürich
Nr. 5	Opalinuston	Gestein-Wasser-Interaktion (RWI), Institut für Geologie, Universität Bern, Bern
Nr. 16	Flysch-Tonschiefer	Kaspar Marti, Engi
Nr. 20	Rötidolomit	Hans Fischli, Näfels
Nr. 37	Lochsitenkalk und Marmor von Saillon, Kalkmylonite	Hans Blumer-Vital, Schwanden (GL)
Nr. 63	Dolomitmarmor/zuckerkörniger Dolomitmarmor	Philippe Roth, Forschungsgemeinschaft Lengenbach, Zürich
Nr. 67	Brekzien Lias	Ueli Gruner, Muri
Nr. 72	Monte-Rosa-Granitgneis	Berg-Adventure, Otto Kehrli, Visp
Nr. 81	Antigorio- und Monte-Leone-Gneise	Peter Heitzmann, Geowissenschaftliche Öffentlichkeitsarbeit und geologische Beratungen, Bern
Nr. 106	Collon- und Matterhorn Metagabbros	Caspar Vogel, Binningen
Nr. 113	Ceneri-Gneis	Roger Zurbriggen, Neuenkirch
Nr. 114	Luganer Porphyr	Franz Schenker, Meggen

Kategorie «BaRock»

Nr. 2	Steinsalz	Geotechnisches Institut AG, Martin Meyer, Basel
Nr. 4	Gips (und Anhydrit)	Dr. von Moos AG, Beat Rick, Zürich
Nr. 8	Effinger Mergel	Dr. Peter Burri, Geologe, Basel
Nr. 10	Boluston und Bohnerz	Beat Meier, Olten
Nr. 13	Muschelkalk/Muschelsandstein	Thomas Hofmeier, Seewen – www.pilgertouren.ch
Nr. 14	Braunkohle	CSD Ingenieure AG, Zürich, www.csd.ch
Nr. 19	Melser Sandstein	Peter Schuler, Bern
Nr. 21	Quartenschiefer	Claudio Vanoli, Oberrieden
Nr. 22	Brekzien des Lias (und Doggers)	Barbara Kellerhals Born, Lorenz, Florian und Kaspar Born, Bern
Nr. 23	Tonschiefer Lias-Dogger	Reto Hänni, Uettligen
Nr. 27	Öhrlikalk	Anita Weber, Tartar
Nr. 29	Drusbergmergel	Monika Frehner, Sargans
Nr. 31	Garschellaformation/Grünsandstein	anonym
Nr. 33	Nummulitenkalk	Henri Kruysse, Uebeschi
Nr. 36	Grindelwaldner Marmor	Peter Zwahlen, Sargans
Nr. 42	Amphibolit und Amphibolitmigmatit	Trifthütte Sektion Bern SAC, Hüttenwarte Nicole Müller und Artur Naue
Nr. 44	Marmor und Kalksilikatfels	Anna Thomé, Hattersheim am Main, Deutschland
Nr. 46	Granat–Hornblende–Garbenschiefer	Geologische Untersuchungen Christian Huber, Herrliberg
Nr. 50	Düssi-Diorit	Gabi Aschwanden, www.bergzyt.ch und Fridolinshütte SAC, Linthal
Nr. 51	Puntegliasgranit und Giuvsyenit	Michael Josuran, Geologe & Strahler, Malans
Nr. 53	Rotondogranit	Geo-Uri GmbH, Peter Amacher, Amsteg
Nr. 56	Lamprophyre	Thomas Ziegler, Altdorf
Nr. 57	Karbonische Konglomerate und Sandsteine	Anna-Verena Fries, Zürich
Nr. 74	Chloritoid-Glimmerschiefer	Karl Hossmann, «- stets unterWEGs -», Rubigen
Nr. 77	Zevreilagneis/Valsergneis	Ueli Neuhäusler, Pfäfers
Nr. 85	Marmor: Beispiel Pegga/Cristallina	Daniela Schwitter, Sargans
Nr. 93	Eklogit	Mathias Rickli, Mittelhäusern
Nr. 112	Gabbros der Ivreazone	Béatrice Buchenel, Flims Waldhaus
Nr. 122	Bergeller Tonalit	Cornelia Conzelmann, Basel
Nr. 125	Vulkanite des Hegau: Phonolit und Nephelinit	Hansueli Dubach, Winterthur, www.hdubach.ch
Nr. 128	Blockgletscher	Burchard GmbH, Büro für Geologie, Geotechnik und Naturgefahren, Brig
Nr. 133	Sinter- und Höhlengesteine	Andres Wildberger, Zürich
Nr. 134	Torf	Christian Gysi, Wädenswil

Das Bundeshaus – ein Schaufenster der Gesteine der Schweiz

Parlamentsgebäude Bern, Eingang zu den Räumen des Nationalrats. Türgewände aus Berner Oberländer Kalkstein von Brienz mit Säulen aus Serpentin von Hospenthal (UR) und Kapitellen aus Carrara-Marmor. Aus der Reihe Schweizerische Kunstführer «Steinführer Bundeshaus Bern» (2002) von Toni P. Labhart.

Kaum war Bern 1848 zur Bundeshauptstadt gewählt, wurde ein ambitioniertes Bauprojekt gestartet, um den Bundesbehörden rasch repräsentative Räumlichkeiten zur Verfügung zu stellen. Zwischen 1852 und 1902 wurden drei imposante Bundeshäuser erbaut: Das Bundeshaus West, das Bundeshaus Ost und das zentrale Parlamentsgebäude. In und an diesen Bauten spielen schweizerische Natursteine eine zentrale Rolle. Zur Verwendung kamen über dreißig Gesteinsarten aus allen Regionen der Schweiz, die unterschiedlich bearbeitet und für Böden, Kamine, Fassaden, Balustraden und als Dekorationsgesteine eingesetzt wurden. Die Baumeister berücksichtigten die ganze Fülle an Bausteinen in der Schweiz und formten so ein beeindruckendes Gesamtbild der schweizerischen Gesteinsvielfalt, wie sie im Buch «Gesteine der Schweiz» dargestellt wird.

Gesteine prägen unseren Lebensraum

Wer die geologische Vergangenheit unseres Lebensraums kennt, der kann auch die Zukunft besser planen. Dies gilt für die Einschätzung von Naturgefahren ebenso wie für Baugrundabklärungen, den Grundwasserschutz, die Erkundung von mineralischen Rohstoffen, die Energiegewinnung oder die sichere Lagerung von Abfällen. Im Buch «Gesteine der Schweiz» sind die wichtigsten Gesteinsarten vom Jura über das Mittelland bis zu den Alpen zu finden. Neben der Beschaffenheit der Gesteine werden auch ihre Erscheinungsformen in der Landschaft erläutert.

Die Gesteinsbestimmung: unverzichtbare Grundlage für die geologische Kartierung

Geologische Karten bilden die räumliche und strukturelle Gliederung von Gesteinseinheiten ab. Im Jahr 1930 haben Geologen die ersten geologischen Atlasblätter der Schweiz erstellt; sie legten damit den Grundstein für den Geologischen Atlas der Schweiz im Maßstab 1 : 25 000. Geologen gewinnen ihre Kenntnisse in erster Linie aus Gesteinsaufschlüssen wie Bergflanken und Schluchten oder aus von Menschen gemachten Aufschlüssen wie Kiesgruben, Steinbrüchen, Bohrungen und Tunnelausbrüchen. Jürg Meyer liefert im vorliegenden Buch einen wertvollen Überblick über die kartierten Gesteine und deren Verteilung in der Schweiz.

Gesteine sind heimische Rohstoffe

Gesteine können selbst Rohstoffe sein oder solche enthalten. Zu den mineralischen Rohstoffen zählen Tonsteine für die Ziegelindustrie, Kalke und Mergel für die Zementherstellung, Kiese und Sande sowie Natursteine für Bauzwecke. Der größte Teil der in der Schweiz benötigten mineralischen Rohstoffe wird auch in der Schweiz abgebaut und verarbeitet. Zu den Rohstoffen, die in den Gesteinen eingelagert sind, zählen Grundwasser, Kohlenwasserstoffe wie Erdöl oder Erdgas sowie die Erdwärme, die durch Geothermiebohrungen auch in der Schweiz zunehmend genutzt wird. Ohne detaillierte Kenntnisse über unsere Gesteine, wie sie auch im vorliegenden Buch übersichtlich und verständlich präsentiert werden, wäre es nicht möglich, Rohstoffe für unser tägliches Leben zu nutzen.

Die Landesgeologie sammelt und fördert Wissen

Wir freuen uns über das Erscheinen des Buchs «Gesteine der Schweiz» von Jürg Meyer. Als Kompetenzzentrum des Bundes ist die Landesgeologie bei swisstopo für die Erhebung, Analyse, Speicherung und Bereitstellung geologischer Daten zuständig. Sie erstellt Entscheidungsgrundlagen für die Gestaltung unseres Lebensraums und fördert das Verständnis für unseren Lebensraum. Darum greifen auch Fachleute der Landesgeologie auf Werke wie das vorliegende zurück. Das Buch «Gesteine der Schweiz» gehört aus unserer Sicht in das Bücherregal jedes Geologen und aufgeschlossenen Laiengeologen.

Olivier Lateltin
Bereichsleiter Landesgeologie swisstopo

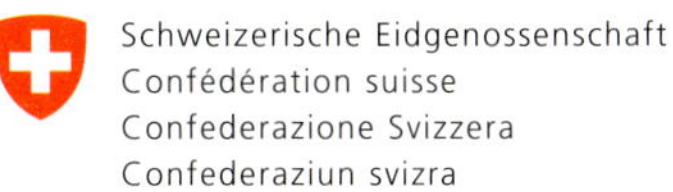

Bundesamt für Landestopografie swisstopo

Landesgeologie

Register

Alle **fett gesetzten** Einträge verweisen auf Gesteinporträts.

Jürg Meyer

Gesteine einfach bestimmen

Der Bestimmungsschlüssel

2022.
160 Seiten, ca. 300 Fotos, Flexibroschur
ISBN 978-3-258-08277-6

Sie sind an Geologie interessiert, scheitern im Gelände aber immer wieder an der Bestimmung von Gesteinen? Sie lieben schöne Steine, bringen solche von Ihren Wanderungen oder Reisen mit und möchten wissen, um was es sich dabei genau handelt? Dann haben Sie das richtige Buch in der Hand! Dieser Gesteinsbestimmungsschlüssel ermöglicht auch interessierten Laien eine Gesteinsbestimmung. Notwendig sind dazu Lupe und Stahlklinge sowie etwas Übung und Ausdauer. Zahlreiche Gesteine lassen sich mit dem Schlüssel problemlos bestimmen; in schwierigen Fällen wird auf Verwechslungsmöglichkeiten hingewiesen, sodass eine Bestimmung zumindest bis zur Gesteinsfamilie möglich ist. Eine leicht verständliche Einführung vermittelt die notwendigen elementaren Vorkenntnisse und Fachbegriffe und führt in die Eigenschaften der Gesteine ein.

Jürg Meyer

Wie Berge entstehen und vergehen

2021. 272 Seiten, 75 Fotos, 120 Illustrationen,
10 Tabellen, rund 30 Cartoons, gebunden
ISBN: 978-3-258-08254-7

Die Alpenbildung geschah doch im Wesentlichen so, wie wenn auf einem Tisch ein Stapel Tücher zusammengeschoben wird? - Diese und andere weitverbreitete Vorstellungen haben mit der Realität und dem heutigen Stand der Wissenschaft wenig zu tun.

Das vorliegende Buch berichtet in 30 pointierten, gut verständlichen Essays über grundlegende Konzepte sowie neueste und erstaunliche Erkenntnisse zur geologischen Alpenbildung. Es korrigiert überholte Vorstellungen und vermittelt zahlreiche Aha-Erlebnisse. Die Texte werden illustriert durch zahlreiche Grafiken, Fotos und augenzwinkernde Cartoons.

Jürg Alean, Paul Felber

Geologische Wanderungen

2019. 208 Seiten, rund 250 Farbfotos,
16 Karten, Flexobroschur
ISBN: 978-3-258-08098-7

Die Schweiz – ein geologisches Wunderland: In Mittelland, Jura und Alpen wandern wir über Millionen Jahre alte Gesteine mit Versteinerungen, die von Lebewesen längst verschwundener Meere erzählen. Glänzende Kristalle, bunte Mineralien und vielfältige Gesteine zeugen von der ereignisreichen Erdgeschichte unseres Landes. An ausgewählten Haltepunkten entlang der Wanderrouten sehen wir, wie gewaltige Gesteinsverschiebungen und Faltungen Berge aufgebaut haben, und wie die Erosion sie wieder abträgt. Dem Wanderland Schweiz gehen wir – buchstäblich – auf den Grund.

Geologische Zeittafel mit Bezug zur geologischen Geschic

Äon	Ära	Periode	Epoche	Beginn Mio. J.	Phasen der Alpenbildung
Phanerozoikum	**Anthropozän**			0,0001	**Anthropogene Klimaerwärmung,**
	Känozoikum (Erdleben-Neuzeit)	**Quartär**	Holozän	0,01	**7b Heutige Alpen** Feingestaltung der Landschaf
			Pleistozän	2,6	**7a Eiszeitalter** Formung der Alpen durch Glet
		Neogen	Pliozän	5,3	**6 Hebung und Erosion, und am** Weitere Überschiebungen un ungefähren Gleichgewicht →
			Miozän	23,0	
		Paläogen	Oligozän	33,9	**5 Kollision – Deckenbildungen** Subduktion der kontinentalen Überschiebungen und Verfaltu Bei 30 Mio. J: Plattenabriss u
			Eozän	55,8	
			Paläozän	66,0	
	Mesozoikum (Erdleben-Mittelalter)	**Kreide**	Oberkreide	100,5	**4 Afrika kehrt um – die Subduk** Zerfall von Gondwana, Afrika päischen Kontintent zu, die C
			Unterkreide	145	**3 Mikroplatten-Puzzle** Komplizierung mit verschiede tung des Mikrokontinents Ibe
		Jura	Oberer Jura (Malm)	164	**2 Ozeanbildung mit ozeanisch** Aufspaltung von Pangäa in N des alpinen Piemontozeans afrikanischen (→ Ost- und Si
			Mittlerer Jura (Dogger)	174	
			Unterer Jura (Lias)	201	
		Trias	Obere Trias (Keuper)	237	**1 Beginnende Zerdehnung von** Krustenverdünnung und -abs Flach- und Küstenmeere → T Im ganzen zukünftigen Alpenr
			Mittlere Trias (Muschelkalk)	247	
			Untere Trias (Bundsandstein)	252	
	Paläozoikum (Erdleben-Altertum)	**Perm**	Oberes|Mittleres|Unteres	299	**Einebnung des variszischen**
		Karbon	Pennsylvanium	323	**Variszische Gebirgsbildung** Superkontinents Pangäa, Gr
			Mississippium	359	
		Devon	Oberes|Mittleres|Unteres	419	
		Silur	Oberes|Mittleres|Unteres	444	Einebnung des ordovizische
		Ordovizium	Oberes|Mittleres|Unteres	485	**Ordovizische (kaledonische)**
		Kambrium	vier verschiedene Epochen	541	Zerfall des Superkontinents
Präkambrium	Proterozoikum			2500	
	Archaikum			4000	
	Hadaikum			4550	

Ablagerungszeiten wichtiger alpiner Gesteinsverbände: V = Verrucano; B = Bündnerschiefer; F = Flysche; M = Molasse